高炉流程冶炼含铬型钒钛磁铁矿
——理论与实践

薛向欣　杨松陶　张　勇　著

科学出版社

北京

内 容 简 介

　　含铬型钒钛磁铁矿是一种铁、钒、钛、铬等多元素共伴生的复杂难处理矿，它既是钢铁行业又是有色金属行业的重要战略资源，共轭两大行业，综合利用价值极高。本书在国内外研究现状及发展的基础上，结合作者近年来的研究成果，系统分析、介绍了该矿的物理化学和高温特性、烧结矿和氧化球团的制备及性能、高炉冶炼过程、高炉冶炼渣系优化、高炉流程有价组元迁移规律、钒工业废水处理和有价组元回收等内容。

　　本书可供有关专业的研究人员、工程技术人员、高等学校师生阅读参考。

图书在版编目（CIP）数据

　高炉流程冶炼含铬型钒钛磁铁矿：理论与实践 / 薛向欣，杨松陶，张勇著. —北京：科学出版社，2020.3

　ISBN 978-7-03-064485-5

　Ⅰ. ①高… Ⅱ. ①薛… ②杨… ③张… Ⅲ. ①钒钛磁铁矿－高炉炼铁－研究 Ⅳ. ①TF53

　中国版本图书馆 CIP 数据核字（2020）第 029631 号

责任编辑：张淑晓　高　微 / 责任校对：王萌萌
责任印制：肖　兴 / 封面设计：东方人华

科　学　出　版　社 出版
北京东黄城根北街 16 号
邮政编码：100717
http://www.sciencep.com

北京通州皇家印刷厂印刷
科学出版社发行　各地新华书店经销
*
2020 年 3 月第 一 版　开本：720 × 1000　1/16
2020 年 3 月第一次印刷　印张：32 1/4
字数：630 000
定价：180.00 元
（如有印装质量问题，我社负责调换）

前　　言

钒钛磁铁矿是一类储量巨大、分布广泛的矿产资源，尤其钒钛产品战略地位十分重要。除我国外，俄罗斯、南非、澳大利亚、乌克兰、巴西、新西兰、加拿大、挪威、芬兰、马达加斯加和莫桑比克等国均已发现钒钛磁铁矿资源。若不计海砂型钒钛磁铁矿，我国统计的钒钛磁铁矿储量暂居世界第三位，位于俄罗斯和南非之后，其主要分布在攀西和承德地区，辽西北、云南、新疆和陕西等地也具有可观储量，其规模性综合利用前景光明。

目前，国内利用钒钛磁铁矿主要的技术路线是高炉分离—转炉吹钒渣—钒渣氧化钠化焙烧—水浸提钒—铵盐沉钒。20 世纪 60 年代初，国家冶金部组织的攀枝花钒钛磁铁矿资源综合利用科技攻关，首选的就是李殷泰教授提出并在马鞍山 250m³ 高炉上成功实现的钒钛磁铁矿（块儿矿）高炉火法分离工业技术；20 世纪 90 年代，攀钢与杜鹤桂教授等合作完成了一座 1320m³ 和三座 1200m³ 大高炉强化冶炼钒钛磁铁矿技术攻关。

与普通钒钛磁铁矿相比，含铬型钒钛磁铁矿矿相组成更加复杂，其冶炼与资源综合利用更加困难。作为一种特殊资源，含铬型钒钛磁铁不仅蕴含铁、钒、钛，还伴有我国短缺的铬资源，综合利用价值较高。2013 年建龙集团与东北大学合作，实现了俄罗斯高钒高铬型钒钛磁铁矿的高炉火法分离，为年产 200 万 t 含钒铬微合金钢和 7000t 五氧化二钒提供了合格的铁水。迄今为止，除建龙集团外，尚无大规模利用高钒高铬型钒钛磁铁的工业生产实践。我国不仅攀西红格地区拥有 36 亿 t 含铬型钒钛磁铁矿资源，而且承德地区的钒钛资源以及辽西北地区的200 亿 t 超低品位的晚期岩浆分异型钒钛磁铁矿也含有铬。作者认为这些资源均可通过高炉流程加以利用。

鉴于此，近年来作者与相关企业合作，在国家科技部、国家自然科学基金委员会等的项目经费大力资助下，以含铬型钒钛磁铁矿为研究对象，系统开发了含铬型钒钛磁铁矿烧结和氧化球团生产、高炉合理炉料结构、渣系优化、有价组元高效分离提取与二次资源综合利用等关键技术，取得了一批具有自主知识产权的发明专利技术。将这些成果疏理成文字，就形成了本书的基本结构和素材。

本书是对高炉流程冶炼含铬型钒钛磁铁矿技术的理论探索和企业生产实践的总结。主要内容分为九章：第 1 章为绪论；第 2 章为含铬型钒钛磁铁矿粉特性及冶炼流程概述；第 3 章为含铬型钒钛烧结矿制备与性能；第 4 章为含铬型钒钛磁铁矿氧化球团制备及性能；第 5 章为含铬型钒钛磁铁矿有价组元还原热力学基础分析；第 6 章为高炉冶炼含铬型钒钛磁铁矿过程；第 7 章为高炉冶炼含铬型钒钛磁铁矿渣系优化实验研究；第 8 章为含铬型钒钛磁铁矿冶炼中有价组元的迁移；第 9 章为钒工业废水处理和有价组元回收。

　　本书的部分研究成果是在作者主持的国家科技部重大国际合作项目"含铬型钒钛磁铁矿冶炼和钒钛铬分离提取技术""863 计划""高钒含铬型钒钛磁铁矿高效综合利用技术开发"，作者任首席的国家自然科学基金重大项目中第四课题"钒钛组元相际迁移的动力学规律及其影响因素"，与攀钢集团有限公司合作承担的国家科技支撑计划"含铬型钒钛磁铁矿高效冶炼关键技术研究"等课题资助下完成的。在本书的前期研究和著书过程中，黑龙江建龙钢铁有限公司、承德建龙特殊钢有限公司、攀枝花钢铁公司、河北钢铁集团承钢公司等企业；北京科技大学杨天钧教授和郭兴敏教授、华北理工大学吕庆教授、辽宁科技大学汪琦教授、东北大学段培宁高级工程师等给予了鼎力相助。同时，东北大学储满生、姜涛、杨合教授为实验工作付出了大量的时光和心血；周密、程功金、刘建兴、汤卫东、张立恒、何占伟、岳宏瑞、滕艾均、李万礼、周延、张学飞、史晓国、董梦格、马科、方德安、高子先、黄壮、周新磊、李想和张波等博士和硕士研究生亲自参加现场和实验室研究工作，为本书的完成付出了许多。作者在此一并致以深深的谢忱！

　　本书虽在高炉流程冶炼含铬型钒钛磁铁矿技术上做了许多探索和实践，但无论是理论还是现场操作控制上均有许多方面需要进一步深化和提高。同时，写作过程仓促，难免存在疏漏和不足之处，恳请读者不吝赐教、批评指正。作者借此先致谢意！

　　　　　　　　　　　　　　　　　　　　　　　　　　　　作　者

　　　　　　　　　　　　　　　　　　　　　　　　　　　2019 年 9 月

目　　录

第1章 绪 论

我国是世界上最早实现钒钛磁铁矿高炉冶炼的国家。我国钒钛磁铁矿储量也较丰富，其中攀西地区钒钛矿的工业储量在 100 亿 t 以上，目前大规模开采使用的是攀枝花矿区基本不含铬的钒钛磁铁矿，攀枝花红格地区的含铬型钒钛磁铁矿因铬含量占全国已探明储量的两倍，作为国家的战略资源储备，暂时实行封闭性保护而未能得到大规模开发利用[1, 2]。

近年来，铁矿石等原料价格上涨，我国钢铁企业的成本日趋增大，进入了"微利"甚至亏损的时代。因此，不少钢铁公司有意尝试使用价格低廉、综合价值高的含铬型钒钛磁铁矿粉，试图通过在炼铁的同时利用其中的钒、铬资源来降低成本，提升企业竞争力。同时，基于我国缺"铬"以及缺乏铁矿石定价权的现状，从国家的战略安全角度出发，大规模地高效开发利用含铬型钒钛磁铁矿资源中的铁、钒、钛、铬资源也提上了新的日程。

与普通钒钛磁铁矿相比，含铬型钒钛磁铁矿矿相组成更加复杂，其冶炼与资源综合利用更加困难。迄今为止，除建龙集团外，尚无大规模利用含铬型钒钛磁铁矿的工业生产实践。选择高炉流程利用含铬钒钛磁铁矿资源，是基于如下两点：第一，钒和铬均为过渡元素，化学性质相近。钒位于元素周期表第五族（VB 族），原子序数为 23，原子量为 50.94，体心立方结构；铬位于元素周期表第六族（ⅥB 族），原子序数为 24，原子量为 52.00，体心立方结构。在高炉条件下，钒铬的迁移方向基本一致，二者的还原非常彻底，并且钒铬在铁中的溶解度很大，且钒铬互溶；第二，高炉这种反应器有高度的可靠性、可操控性，对反应过程的突变有自适应性。同时高炉有很高的原料、燃料充填率及与反应介质充分接触的条件，充分利用外部能量及反应过程所产生的能量，对所获得的冶金产品质量有自保护性、长的服役寿命，以及对类似的冶金过程有可复制性。高炉的上述原则性优势，在处理含铬型钒钛磁铁矿时优势明显，而且在相当长的时期内其他反应器无法替代高炉。我国不仅攀西红格地区拥有 36 亿 t 含铬型钒钛磁铁矿资源，而且承德地区的钒钛资源以及辽西北地区的 200 亿 t 超低品位的晚期岩浆分异型钒钛磁铁矿也含有铬。笔者认为这些资源均可通过高炉流程加以利用。

1.1 含铬型钒钛磁铁矿概况

钒钛磁铁矿是一种以铁为主，钒、钛及多种有价元素（如铬、钴、镍、铜、钪、镓和铂族元素等）伴生的多元共生铁矿，由于铁、钛紧密共生，钒以类质同象的形式赋存于钛磁铁矿中[3, 4]。

在自然界中，钒钛磁铁矿主要生成于基性、超基性岩体中，在形成的矿床中，钛磁铁矿和钛赤铁矿是主要的常见有价矿石矿物，除此之外，还有少量的赤铁矿、磁铁矿和硫化物等。钛磁铁矿是一种含有钛铁晶石、钛铁矿、镁铝尖晶石等固溶体分离物的磁铁矿，经区域变化可结晶为钛铁矿和磁铁矿。一般钒钛磁铁矿含 1wt%～15wt% 的 TiO_2，0.1wt%～2wt% 的 V_2O_5[5, 6]。

世界钒钛磁铁矿资源储量非常大，并且主要集中在少数几个国家，如俄罗斯、美国、中国和南非等。根据报道的资料统计，上述几个国家钒钛磁铁矿的储量总和达到 400 亿 t 以上。表 1-1 列出了世界主要钒钛磁铁矿床及其储量概况[7]。

表 1-1　世界主要钒钛磁铁矿床及其储量概况

国家	矿区	储量/万 t	TFe/wt%	V_2O_5/wt%	TiO_2/wt%
中国	攀枝花矿区	107892.0	16.7～43.0	0.16～0.44	7.76～16.7
	白马矿区	120334.0	17.2～34.4	0.13～0.15	3.9～8.2
	红格矿区	35451.0	16.2～38.4	0.14～0.56	7.6～14.0
	太和矿区	75120.0	18.1～16.6	0.16～0.42	7.7～17.0
俄罗斯	卡奇卡纳尔	621900.0	16.0～20.0	0.13～0.14	1.24～1.28
	古谢沃尔	350000.0	16.6	0.13	1.23
	第一乌拉尔	233260.0	14.0～38.10	0.19	2.30
	普道日戈尔	—	28.8	0.36～0.45	8.00
南非	塞库库纳兰	41935.0	—	1.73	—
	芝瓦考	44636.0		1.69	
	马波奇	54573.0	53.0～57.0	1.40～1.70	12.0～15.0
	斯托夫贝格	4219.0		1.52	
	吕斯腾堡	22327.0		2.05	
	诺瑟姆	19722.0		1.80	
美国	阿拉斯加州	100000.0		0.02～0.2	
	纽约州	20000.0	34.0	0.45	18.0～20.0
加拿大	马格皮	100000.0	46.30	0.40	12.0
	阿莱德湖	15000.0	36.0～40.0	0.27～0.35	34.30
芬兰	奥坦梅德	35000.0	35.0～40.0	0.38	13.0
	木斯塔瓦拉	3800.0	17.0	1.60	4.0～8.0
挪威	罗德桑	1000.0	30.0	0.31	4.0
瑞典	塔别尔格	15000.0	—	0.70	—

续表

国家	矿区	储量/万 t	TFe/wt%	V$_2$O$_5$/wt%	TiO$_2$/wt%
澳大利亚	巴拉矿	1500.0	35.0~40.0	0.45	13.0
	巴拉姆比矿	40000.0	26.0	0.70	15
	科茨矿	—	25.40	0.54	5.40
新西兰	北岛西海岸	65400.00	18.0~20.0	0.14	4.33

　　我国钒钛磁铁矿储量居世界第三位，仅位于南非和俄罗斯之后[8]。我国的钒钛磁铁矿主要分布在四川攀西、河北承德地区，云南和陕西等地也具有可观储量。自 2008 年以来，辽西地区也探明具有储量巨大的低品位钒钛磁铁矿。按照钒钛磁铁矿中 Cr$_2$O$_3$ 含量的不同可将其分为普通型钒钛磁铁矿（基本不含 Cr$_2$O$_3$）和含铬型钒钛磁铁矿两种类型。我国钒钛磁铁矿多为普通型钒钛磁铁矿，如四川攀西地区钒钛磁铁矿储量 100 亿 t 以上，其中约 60%为低钒（V$_2$O$_5$ 0.28wt%~0.34wt%）高钛（TiO$_2$ 12wt%~13wt%）型普通钒钛磁铁矿，40%属于含铬（Cr$_2$O$_3$ 约 0.47wt%）型钒钛磁铁矿。承德地区钒钛磁铁矿总储量超过 80 亿 t，其中绝大部分为普通型钒钛磁铁矿，少部分为高钒（V$_2$O$_5$ 约 0.5wt%）低钛（TiO$_2$ 8wt%~9wt%）型钒钛磁铁矿；实际上还有含铬（Cr$_2$O$_3$ 约 0.35wt%）超贫钒钛磁铁矿 32 亿 t（TFe 13wt%~20wt%，V$_2$O$_5$ 0.1wt%~0.2wt%，TiO$_2$ 1.6wt%~2.8wt%）。另外，我国黑龙江双鸭山地区从俄罗斯进口含铬型钒钛磁铁矿（V$_2$O$_5$ 2.54wt%，Cr$_2$O$_3$ 0.41wt%）。目前，我国普通型钒钛磁铁矿综合利用的生产流程已基本形成，可从中同时回收铁、钒、钛三大资源，但总体收率不尽人意。截至 2017 年，攀西钒钛磁铁矿中铁、钒、钛收率较低，分别为 70wt%、46wt%和 25wt%，其他有价组元（如铬、钪等）基本没有回收。

1.1.1　攀枝花红格矿

　　国内许多科研单位、专家自 20 世纪 60 年代以来从未停止对红格共生多金属的研究。已有的研究成果表明，红格矿中的铁基础储量为 35.7 亿 t，为全国基础储量的 16.72%；钛储量为 3.25 亿 t，为全国储量的 32.5%；钒储量为 684.7 万 t，占全国储量的 24.28%；更为重要的是，矿中赋存的钴、铬、铜、镍、铌、钽、锆、铂类元素，稀土元素等，正是国家当前和今后紧缺的战略矿产资源，也是当前世界各大国争相猎取的战略矿产资源。保护性开发这些资源事关国家安全、资源安全和经济安全。

　　红格多元素共生矿探明储量为 35.5 亿 t，既是全国最大的贫铁矿（TFe 22.23wt%），更是全国伴生元素最多的大矿（其中，TiO$_2$ 9.12wt%，V$_2$O$_5$ 0.19wt%，Cr$_2$O$_3$ 0.22wt%，

CuO 0.23wt%，Co 0.014wt%，Ni 0.044wt%）。矿中含钛 3.79 亿 t，为攀西资源量 45%左右；含钒 684 万 t，为攀西资源量 40%左右；含铬（Cr_2O_3）900 万 t，相当于两个大型铬铁矿床；含钴 59 万 t，而中国其他地区钴资源量为 47 万 t；含钪 9.45 万 t，相当于上万个大型钪矿床；铂类元素含量 0.129～0.341g/t，与甘肃金川矿铂含量 0.38g/t 相当。此外，矿中镍、铜、铌、钽、锆、铀、硫、磷等元素都达到或接近综合利用品位。

红格矿分为南、北两个矿区，南矿铁精粉铁品位 53%左右，钛含量 11wt%左右，铬含量 0.8wt%左右，硅含量 4.7wt%左右；北矿铁品位 57wt%左右，钛含量 11wt%左右，铬含量 0.5wt%左右，硅含量 2.6wt%左右。与周边的攀枝花矿、白马矿等资源不同，红格矿除富含铁、钒、钛等金属外，还伴生铬、镍、钴等金属，是我国为数不多的特大型多元素共生矿，具有很高的综合利用价值。以伴生的铬元素为例，红格南矿区 Cr_2O_3 品位达 0.8wt%，铬资源储量十分可观。

1.1.2　承德超贫钒钛磁铁矿

超贫钒钛磁铁矿主要分布于承德地区[9-11]。超贫钒钛磁铁矿采矿、选矿是承德市近年来发展起来的大宗、特色、优势产业。承德市位于华北地台北缘，具有良好的成矿地质条件，是国家确定的重点找矿靶区。大宗优势特色矿产超贫钒钛磁铁矿十分丰富，在全省乃至全国均占重要地位[9-11]。

承德市是全国除四川省攀枝花市之外唯一的大型钒钛磁铁矿资源基地，全市共探明矿产地 8 处，累计探明钒钛磁铁矿储量 2.60 亿 t，保有储量 2.19 亿 t；主要分布在双滦区大庙、承德县黑山-头沟一带[12]。经过多年的开采，大庙、黑山和头沟等主要矿产地浅部的高品位钒钛磁铁矿（一级品）已基本采空，且矿产地外围找矿前景不大。但随着采选技术的不断进步，矿产地内探明的大量低品位钒钛磁铁矿（二级品）价值凸显。所谓超贫钒钛磁铁矿，是指在当前技术和经济条件下，磁铁矿石低于中国现行《铁矿地质勘探规范》（GB/T 13728—1992）边界品位（TFe<20wt%），全铁（TFe）平均品位为 10wt%～20wt%，钒（V_2O_5）平均品位为 0.02wt%～0.30wt%，钛（TiO_2）平均品位为 1wt%～6wt%，属易采易选、能产生经济效益、符合市场需求的铁矿石，也可称为"超低品位铁矿"。即达不到现行《铁矿地质勘探规范》边界品位要求，在当前技术经济条件下可以开发利用的含铁岩石的统称[13]。

超贫钒钛磁铁矿经选矿获得含铬型钒钛磁铁精矿，其主要矿物是含钒的钛磁铁矿，其中的主要有价元素是铁、钒、钛以及少量的铬，钒以类质同象形式赋存于钛磁铁矿中，置换高价铁离子。钛磁铁矿是由主晶矿、客晶矿、钛铁矿、铝镁尖晶石等形成的复合体。其中的客晶矿物主要以微细粒状或板状沿主晶矿物裂隙或晶粒边缘结晶,紧密共生、嵌布微细[3, 14]。对含铬型钒钛磁铁精矿的综合利用主要是从如何回收铁、钒和钛开展的,其中具有代表性的方法为高炉法。

1.2 钒钛磁铁矿综合利用现状

钒钛磁铁矿是一种铁、钒、钛等多种有价元素共生的复合矿,目前钒钛磁铁精矿的综合利用方法主要分高炉法和非高炉法两大类,但用于大规模工业生产的主要途径仍是传统的"高炉-转炉"流程。

1.2.1 钒钛磁铁矿高炉法综合利用

目前采用高炉法的主要有攀钢、承钢、俄罗斯的下塔吉尔钢铁厂和邱索夫钢铁厂。其基本流程如图1-1所示[4]。

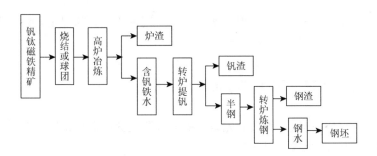

图 1-1 高炉法冶炼钒钛磁铁矿流程图

原矿经过选矿后,获得以钛磁铁矿为主的钒钛磁铁精矿。再经过烧结或球团造块后送入高炉冶炼。目前,高炉冶炼的炉渣,按 TiO₂ 含量可以分为低钛型($TiO_2 < 10$wt%)、中钛型(10wt% $< TiO_2 < 20$wt%)和高钛型($TiO_2 > 20$wt%),随渣中 TiO₂ 含量的提高,高炉冶炼的难度逐渐增大。高炉冶炼过程中大部分的钒被氧化进入生铁,生成低钒生铁。再经过转炉提钒,低钒生铁中的大部分钒被氧化进入提渣,获得富钒渣。钒渣用传统的水法提钒工艺提钒,或用于冶炼钒铁合金。半钢经转炉炼钢进一步脱碳而形成钢水。攀钢目前一部分采用的是 120t 雾化提钒。它的特点是能较好地满足铁水去钒保碳的要求,获得较高的钒氧化率(84%)、钒回收率(71.5%)和合适半钢温度(1331℃)。在高钛渣冶炼条件下,经高炉冶炼后,Fe 的回收率约为 90%(铁损高,5%～10%),钒的回收率为 70%～75%。

泡沫渣、铁水粘罐、粘渣、铁损高、脱硫能力低是钒钛矿高炉冶炼实验中的重要技术难题。而其中影响最大的是渣中 TiO_2，一般情况下高炉冶炼的难度随着渣中 TiO_2 含量的提高而增大，当渣中 TiO_2 含量大于 25wt%后，高炉渣的黏性会大幅升高，将出现泡沫渣和铁损升高现象，造成冶炼过程难以进行，俄罗斯、北欧、北美等国家或地区高炉法研究工作开展得较早，但始终未能解决当炉渣中 TiO_2 含量大于 10wt%后炉渣变黏的问题[15]。目前除俄罗斯下塔吉尔钢铁厂和邱索夫钢铁厂的高炉冶炼渣中 $TiO_2 \leqslant 10wt\%$外，其他国家尚无冶炼钒钛磁铁矿的高炉。

高炉流程处理钒钛磁铁矿的主要优点是生产效率高、可以大规模生产，但是基于自身的技术原因，也存在着很多缺点[16]：

（1）高炉法生产中需要使用大量的冶金焦炭，而世界冶金焦炭储量普遍较少，这给高炉的可持续发展带来危机。

（2）高炉流程中涉及烧结矿、球团矿和焦炭的生产，生产过程中会造成严重的大气、水及粉尘污染。

（3）高炉法生产规模大导致生产设备庞大、复杂，生产流程过长，投资增加，竞争力降低。

（4）高炉法生产过程中所得钒钛渣，由于高炉焦炭和喷煤带入较多杂质和灰分，从而降低了钒、钛的品位和活性。

1.2.2　钒钛磁铁矿非高炉法综合利用

非高炉法分先提铁后提钒的先铁后钒流程和先提钒后提铁的先钒后铁流程。其中，先铁后钒的流程应用较多。

1. 先铁后钒流程

目前，先铁后钒流程研究较多的是回转窑-电炉法和还原-磨选法。

1）回转窑-电炉法

钒钛磁铁矿回转窑直接还原-电炉炼钢流程是一个钢铁冶炼新流程，于 20 世纪 70 年代中期开始重点研究。该流程的主要目标：①以煤取代焦炭作为炼铁的能源；②综合提取钒钛磁铁精矿中的铁、钒、钛。根据冶炼过程钒的走向，回转窑-电炉法可分为电炉熔分流程和电炉深还原流程两大类，具体流程见图 1-2[17]。

电炉熔分流程是将钒钛磁铁精矿的还原产物在电炉内以较低温度进行熔化分离，钒和钛选择性进入渣相得到钒钛渣，然后对钒钛渣进行湿法提钒、提钛。电炉深还原流程是将钒钛磁铁精矿的还原产物在电炉内以较高温度进行深度还原，使钒被还原进入铁水形成含钒铁水，钛大部分进入渣相，其原理实际上与高炉法类似，只是冶炼难度相对降低了。

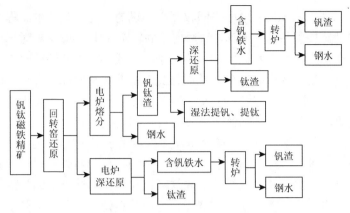

图 1-2　钒钛磁铁矿回转窑-电炉法流程图

　　南非、俄罗斯、新西兰等国家对回转窑-电炉法都有一定的研究并进行了一定的工业化，其工业化的主要产品是钒渣和铁、钢，而矿石中的 TiO_2 并没有得到有效利用，这主要是由于炉渣中 TiO_2 含量大于 30wt%后，电炉熔炼同样存在着炉渣过黏、操作难度大的问题，冶炼十分困难，仅南非和新西兰根据其资源和能源条件，将回转窑-电炉法流程应用于工业生产，主要用于回收其中铁和钒，所得到的含钛渣 TiO_2 的品位在 30wt%左右，而目前这部分钛渣也未能实际利用。

　　2）还原-磨选法

　　还原-磨选法是将钒钛磁铁精矿在固态条件下进行选择性还原，使其中的铁氧化物充分还原为金属铁，并长大到一定粒度，得到金属化球团，而钒钛在其中仍保持氧化物形态，然后将所得高金属化产品细磨、分选成铁粉精矿和富钒钛料，再对富钒钛料进行处理提取钒钛，其流程如图 1-3 所示[18]。我国和俄罗斯对还原-磨选法进行过较为详细的研究。研究结果表明，目前流程还有很多技术难点，而且在生产规模上还原-磨选法与高炉法和回转窑-电炉法无法相比，这也是其工业应用难度大的原因之一。

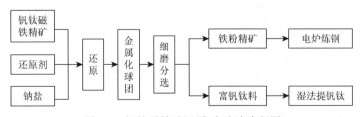

图 1-3　钒钛磁铁矿还原-磨选法流程图

2. 钒钛磁铁矿先钒后铁流程

鉴于钒是重要的战略资源，南非、澳大利亚等国家对含钒较高的钒钛磁铁精矿（精矿中 V_2O_5＞1wt%）采用先回收其中的钒的工艺。其基本流程为：将钒钛磁铁精矿与钠盐加入黏结剂造球，然后使用回转窑在 1000℃左右对球团进行氧化钠化焙烧，在焙烧过程中精矿中的钒会与钠盐生成溶于水的钒酸盐，得到的钒酸盐经水浸提钒，使钒同铁、钛分离从而得到含钒溶液和残球，含钒溶液经处理得到 V_2O_5，残球经回转窑还原、电炉熔分获得钢水和钛渣。这个流程是先提取钒钛磁铁矿中的钒，然后提取铁和钛，具体流程如图 1-4 所示[19, 20]。

在国外，南非和芬兰等国家虽已将此流程应用于工业生产，但仅限于回收钒；我国对此流程也进行过深入研究，铁、钒、钛均得到了回收利用，尤其是钒，其回收率明显高于高炉法和非高炉法的先铁后钒流程。但缺点是钠盐消耗量大，水浸提钒后残球强度低并含有钠盐，球团在窑内易粉化，还原温度要求高，回转窑易结圈，如送入高炉炼铁则影响高炉顺行，虽然完成了扩大实验和工业实验，由于其存在上述问题，而未获工业应用。

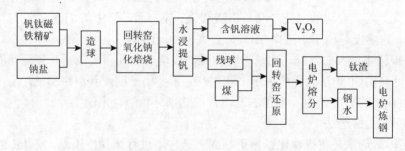

图 1-4　钒钛磁铁矿先提钒法流程图

参 考 文 献

[1] 张建廷. 红格铁矿铬的赋存、分布与回收利用[J]. 四川有色冶金，2005，（1）：1-4.

[2] 何桂珍，都兴红，张凯. 红格矿深还原-熔分过程及钒、铬走向的研究[J]. 材料与冶金学报，2014，13（1）：15-19.

[3] 王喜庆. 钒钛磁铁矿高炉冶炼[M]. 北京：冶金工业出版社，1994.

[4] 杜鹤桂. 高炉冶炼钒钛磁铁矿原理[M]. 北京：科学出版社，1996.

[5] 肖六均. 攀枝花钒钛磁铁矿资源及矿物磁性特征[J]. 金属矿山，2001，（1）：28-30.

[6] 汪镜亮. 国外钒钛磁铁矿的开发利用[J]. 钒钛，1993，（5）：5-11.

[7] 郭宇峰. 钒钛磁铁矿固态还原强化及综合利用研究[D]. 长沙：中南大学，2007.

[8] 段炼，田庆华，郭学益. 我国钒资源的生产及应用研究进展[J]. 湖南有色金属，2006，22（6）：17-22.

[9] 孟繁奎. 承德钛资源利用现状及展望[J]. 钒钛工业，2001，（5）：11-14.

[10] 马建明，陈从喜. 我国铁矿资源开发利用的新类型——承德超贫钒钛磁铁矿[J]. 中国金属通报，2007，（20）：31-34.

[11] 蒲会勇，张应红. 论我国矿产资源的综合利用[J]. 矿产综合利用，2001，（4）：19-22.

[12] 谢承祥，张晓华，王少波，等. 承德市超贫（钒钛）磁铁矿特征[J]. 矿床地质，2006，（s1）：487-490.

[13] 李耀明. 密云地体铁矿成矿规律及找矿方向研究[J]. 地质找矿论丛，2000，15（1）：56-63.

[14] 欧浩展. 高炉冶炼进口高铬型钒钛磁铁矿合理炉料结构的实验研究[D]. 沈阳：东北大学，2012.

[15] Jean B，Didier S，Rene M. Scale-up of the comet direct reduction process [A]. 2nd International Congress on the Science and Technology of Iron Making Conference Proceedings，1998，5（7）：869-875.

[16] 周继程，薛正良，李宗强，等. 高磷鲕状赤铁矿直接还原过程中铁颗粒长大特性研究[J]. 武汉科技大学学报（自然科学版），2007，30（5）：458-460.

[17] 中国科学技术情报研究所重庆分所. 铁矿石直接还原[M]. 重庆：科学技术文献出版社重庆分社，1979.

[18] Chu M，Yang X，Yagi J. Numerical simulation on innovative operations of blast furnace based on multi-fluid model[J]. Journal of Iron and Steel Research International，2006，13（6）：8-15.

[19] 李正平，薛向欣，段培宁，等. 碳热还原氮化法处理含钛高炉渣的研究[J]. 钢铁研究学报，2005，17（3）：15-17，29.

[20] 储满生. 钒钛磁铁矿高效清洁冶金过程有价元素相际迁移动力学研究[N]. 内部资料，2011.

第 2 章　含铬型钒钛磁铁矿粉特性及冶炼流程概述

采用高炉流程对铁矿粉进行高炉冶炼，是目前铁矿石工业化利用最主要的途径。铁矿粉的化学成分、粒度分布、形貌特征等性能对铁矿粉的应用有一定的影响。ARICOM 公司的含铬型钒钛磁铁矿粉来自俄罗斯阿穆尔州 Kuranakh 钛矿区，其基本原料特性目前并不清楚；承德地区的含铬型钒钛磁铁矿粉为近期通过新工艺对超贫矿山实施开采，经过多次选矿之后获得的精矿粉。红格铁矿作为攀西地区四大钒钛磁铁矿矿区之一，包括南、北两个矿区，其总储量达 35.45 亿 t，是我国目前最大的钒钛磁铁矿矿床。钒钛磁铁矿主要由钛磁铁矿、钛铁矿、硫化物和脉石矿物组成。其中铬资源相当丰富，红格北矿区铬含量大约 0.5wt%，南矿区达到 1.0wt%左右。我国作为一个不锈钢耗量巨大、铬金属贫乏的国家，红格矿区铬资源的集约化利用具有相当大的经济价值和战略意义。在利用此类铁矿粉之前，均需对其原料特性有一定的基础性了解。

2.1　常规特性

2.1.1　化学成分

对高炉冶炼含铬型钒钛磁铁矿所用的主要原辅料的化学成分进行了测定分析，其测定结果如表 2-1、表 2-2 所示，对 ARICOM 公司的含铬型钒钛磁铁矿粉（V-Ti-Cr）和攀枝花地区的红格矿的 X 射线衍射（X-ray diffraction，XRD）分析如图 2-1 所示，对承德地区的 4 种含铬型钒钛磁铁矿的 XRD 分析如图 2-2 所示。

表 2-1　原料化学成分（wt%）

项目		TFe	SiO$_2$	CaO	MgO	Al$_2$O$_3$	TiO$_2$	V$_2$O$_5$	Cr$_2$O$_3$
俄罗斯含铬型钒钛磁铁矿粉（CG）		61.42	2.54	0.32	1.20	2.95	5.12	1.01	0.47
承德超贫矿	大阪通运（DB）	63.08	4.41	1.73	1.52	1.44	1.98	0.42	0.03
	远通矿业（YT）	63.81	3.84	0.77	0.74	1.95	3.15	0.59	0.11
	恒伟矿业（HW）	63.62	3.20	1.28	1.12	1.82	2.61	0.53	0.04
	建龙矿业（JL）	63.52	4.20	1.69	1.76	1.23	1.45	0.37	0.12
含铬型钒钛混合粉（FH）		63.50	3.96	1.46	1.25	1.57	2.18	0.50	0.09

续表

项目		成分							
		TFe	SiO$_2$	CaO	MgO	Al$_2$O$_3$	TiO$_2$	V$_2$O$_5$	Cr$_2$O$_3$
攀枝花红格矿	红格南矿（HGN）	53.35	4.71	0.96	3.33	2.82	11.60	0.57	0.81
	红格北矿（HGB）	56.45	2.66	0.63	2.54	2.42	11.01	1.32	0.55
辽普矿（LP）		63.79	7.15	0.38	0.38	1.25	0.89	—	—
国产普通磁铁矿粉（GH）		62.99	5.30	0.49	1.01	3.36	—	—	—
俄粉（RI）		63.73	3.24	1.09	3.03	2.15	—	—	—
矿业粉（KY）		61.80	3.70	1.20	3.50	2.40			
印粉（YD）		56.06	5.57	0.06	0.15	5.63	—	—	—
马粉（MF）		51.71	6.57	0.21	0.15	8.48	—	—	—
自产粉（ZF）		65.55	3.04	0.46	3.5	0.65			
南非粉（NF）		63.00	6.50	0.16	0.16	1.90	—	—	—
大马粉（DMF）		48.87	19.28	0.16	0.30	7.76	0.27		—
钛铁矿		34.65	4.93	0.79	1.02	0.89	45.12	0.36	
铬铁矿		15.38	1.60	0.06	10.16	14.24	0.64	0.43	48.7
瓦斯灰		33.28	7.26	5.65	1.98	4.55	1.32	0.25	—
弃渣		30.68	16.97	2.44	2.82	1.53	9.81	1.22	—
冷返		54.06	5.37	10.39	2.72	2.45	1.78	0.33	
槽返		54.96	5.35	9.37	2.69	2.31	1.78	0.34	
磁选粉		21.20	10.58	37.89	9.49	4.34	1.25	1.60	
菱镁石			3.50	1.20	42.0				
白云石			2.47	44.26	31.67				—
石灰石			2.91	45.35	6.81				—
生石灰			2.52	83.07	3.50				

注：原料化学成分仅检测了物质主要化学成分，其他成分未检测。

表 2-2　焦炭成分（wt%）

固定碳	挥发分	有机物	灰分（14.00wt%）						总和
			FeO	CaO	SiO$_2$	MgO	Al$_2$O$_3$	其他	
84.00	0.50	1.50	0.14	0.48	7.50	0.15	2.72	2.89	100.00

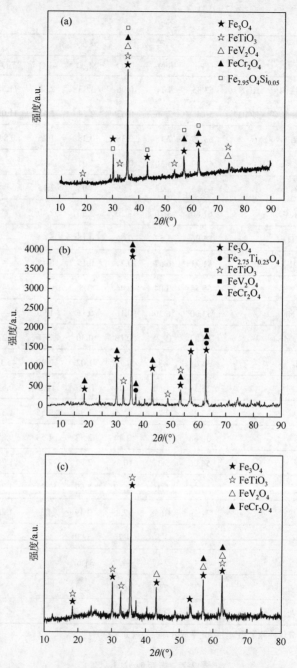

图 2-1　俄罗斯和红格矿含铬型钒钛磁铁矿粉的 XRD 图

（a）俄罗斯矿；（b）红格南矿；（c）红格北矿

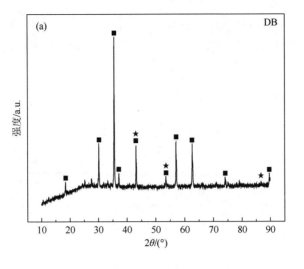

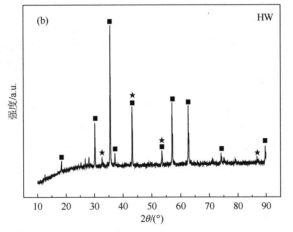

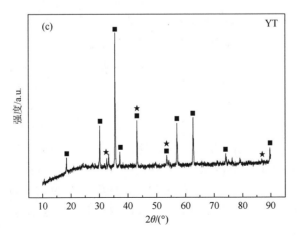

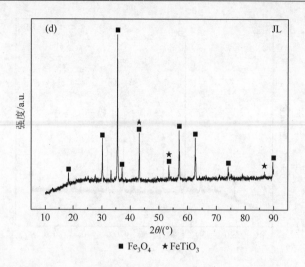

图 2-2　承德地区含铬型钒钛磁铁矿的 XRD 图谱

　　从表 2-1 可以看出，俄罗斯 ARICOM 公司的含铬型钒钛磁铁矿与攀枝花普通钒钛磁铁精矿（TFe 约 51.16wt%，V_2O_5 约 0.55wt%，TiO_2 约 12.29wt%，MgO 约 2.71wt%，Al_2O_3 约 2.82wt%）相比[1]，铁高（TFe 61.42wt%），铬高（Cr_2O_3 0.47wt%），钒高（V_2O_5 1.01wt%），钛低（TiO_2 5.12wt%）。由此可以看出，与攀枝花普通钒钛磁铁矿相比，俄罗斯含铬型钒钛磁铁矿具有较高的综合利用价值。而攀枝花红格含铬钒钛磁铁精矿与普通钒钛磁铁矿相比具有铬高（Cr_2O_3 0.81%）、钒高（V_2O_5 0.57%）、钛高（TiO_2 11.6%）的特点，也具有较高的综合利用价值。而普通磁铁矿属于高铁高硅铁精矿。

　　根据岩相鉴定及 XRD 分析[2,3]，铁在原矿中以磁铁矿、钛铁晶石（$2FeO \cdot TiO_2$）和钛铁矿（$FeO \cdot TiO_2$）三种形态存在。钛主要存在于钛磁铁矿和钛铁矿中，钒主要存在于磁铁矿中，以 V_2O_3 形态存在，因它置换了磁铁矿中的 Fe_2O_3，所以常以 $FeO \cdot V_2O_3$ 表示。铬主要以类质同象的形式存在于磁铁矿中而形成铬钛磁铁矿。

　　承德地区的含铬型钒钛磁铁矿因铬含量较低，在 XRD 分析中没有分析出明显的含有铬的物相。由物相分析可知，DB、HW、YT 和 JL 四种钒钛磁铁矿粉的主要物相为磁铁矿，含有少量的钛铁矿以及微量的金红石和锐钛矿。磁铁矿占体积含量的 2/3 左右，钛铁晶石的片晶微细，厚度小于 0.5μm，长达 20μm，占体积的 5%～10%，在钛磁铁矿颗粒中以钛铁晶石形式存在的 TiO_2 含量为 80%～90%。与攀枝花地区的普通钒钛磁铁矿相比，承德地区的含铬型钒钛磁铁矿含铁品位高，TiO_2 含量低，V_2O_5 含量与之相当，同时含有约 0.10wt%Cr_2O_3。同样，与攀枝花普通钒钛磁铁矿相比，承德地区的含铬型钒钛磁铁矿也具有较高的综合利用价值。

此外，应用的含铬型钒钛磁铁矿粉铁品位均较高，SiO_2 含量均小于 5wt%，属于高铁低硅铁矿粉。

2.1.2 铁矿粉粒度分布测定

表 2-3 为使用分样筛测得矿物粒度分布的结果。由表 2-3 可知，所测铁矿粉中印粉、马粉、南非粉为粗粉，其余铁矿粉均为铁精粉。承德地区的 4 种含铬型钒钛磁铁矿粉粒度分布差距较小，其中含铬型钒钛磁铁矿粉 JL 最细，含铬型钒钛混合粉 FH 为 4 种承德地区的含铬型钒钛磁铁矿粉的混合粉，粒度分布居于 4 种含铬型钒钛磁铁矿粉之间。俄罗斯含铬型钒钛磁铁矿粉比承德地区的含铬型钒钛磁铁矿粉粒度粗，200 目（−0.075mm）以下铁矿粉比例仅占 19.0wt%，与攀枝花普通钒钛磁铁矿粉相比，粒度较粗，而承德地区的含铬型钒钛磁铁矿粉则比攀枝花普通钒钛磁铁矿细[1]。

表 2-3 铁矿粉的粒度分布（wt%）

项目	>5mm	3~5mm	2~3mm	0.25~2mm	0.15~0.25mm	0.106~0.15mm	0.075~0.106mm	<0.075mm
俄罗斯含铬型钒钛磁铁矿粉（CG）	—	—	—	14.2	47.3	11.9	7.7	19.0
大阪通运（DB）	—	—	—	0.2	2.2	3.8	13.9	79.9
远通矿业（YT）	—	—	—	0.6	3.8	3.2	14.5	77.9
恒伟矿业（HW）	—	—	—	0.7	6.2	6.0	13.7	73.4
建龙矿业（JL）	—	—	—	1.6	0.8	1.9	13.4	82.3
含铬型钒钛混合粉（FH）	—	—	—	1.0	2.6	3.2	13.5	79.7
印粉	13.6	19.0	22.4	27.0	6.6	2.9	2.7	5.8
马粉	21.6	25.0	15.1	27.1	6.2	0.1	1.6	3.3
自产粉	—	—	—	3.4	26.7	15.0	12.4	42.5
南非粉	25.5	11.3	7.8	13.6	10.6	3.9	5.0	22.3
国混	—	—	—	2.6	10.6	8.4	12.7	65.8
俄粉	—	—	—	0.9	8.0	8.7	18.2	64.3
矿业粉	—	—	—	0.1	5.3	5.0	22.0	67.6

2.1.3 颗粒形貌

我们对 5 种含铬型钒钛磁铁矿粉［俄罗斯含铬型钒钛磁铁矿粉（A）、恒伟（B）、建龙（C）、远通（D）、大阪（E）]，3 种进口赤铁粉 [马粉（F）、南非粉（G）、印粉（H）]，2 种普通磁铁矿粉 [俄粉（I）、自产粉（J）] 以及菱镁石（K）、生石灰（L）进行了宏观形貌观察，并采用 JEOL S-3400N 型扫描电镜对其矿物颗粒的表面进行了扫描电镜-能量色散谱（scanning electron microscope-energy dispersive spectrometer，SEM-EDS）分析，其形貌分别见图 2-3～图 2-7。

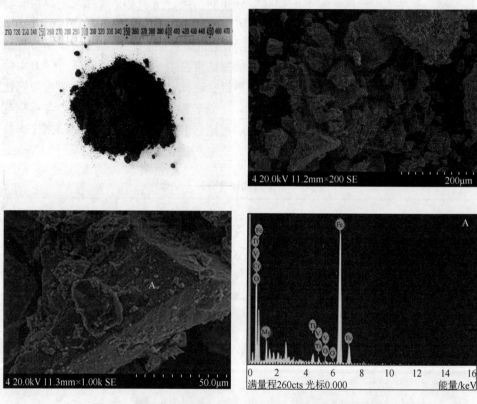

图 2-3　俄罗斯含铬型钒钛磁铁矿（A）粉宏观和微观形貌

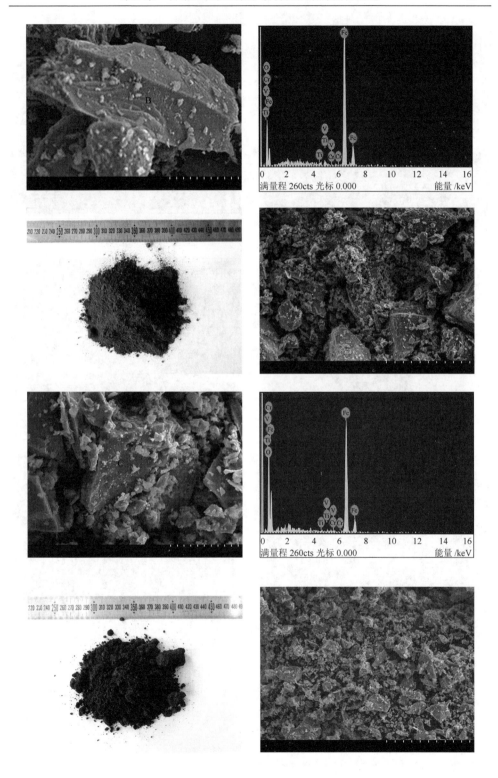

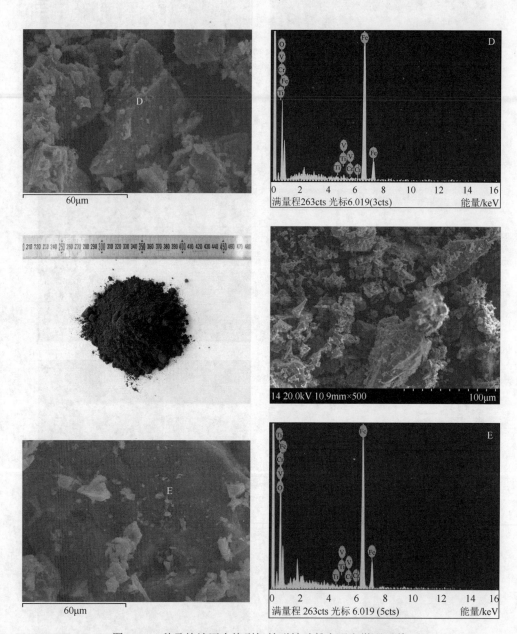

图 2-4　4 种承德地区含铬型钒钛磁铁矿粉宏观和微观形貌

B. 恒伟；C. 建龙；D. 远通；E. 大阪

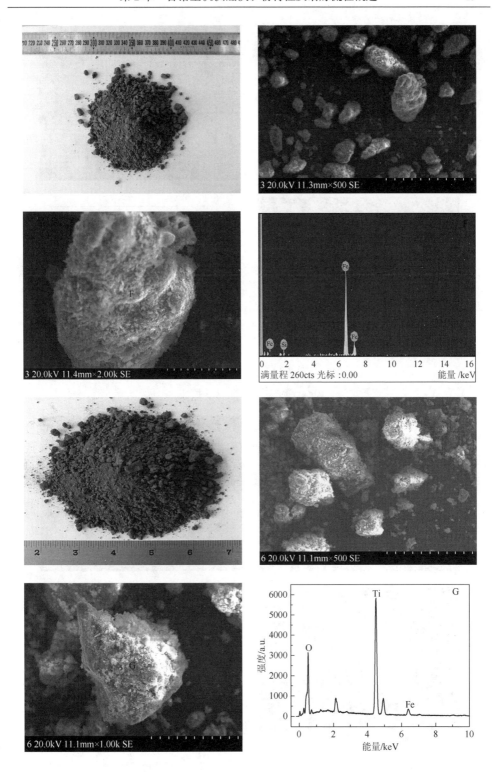

图 2-5　3 种进口赤铁矿粉宏观和微观形貌

F. 马粉；G. 南非粉；H. 印粉

图 2-6　2 种普通磁铁矿粉的宏观和微观形貌

I. 俄粉；J. 自产粉

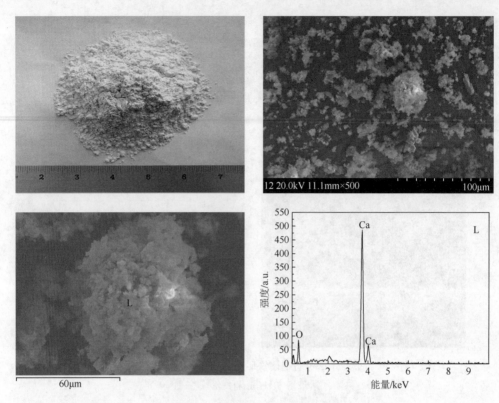

图 2-7　熔剂的宏观和微观形貌

K. 菱镁石；L. 生石灰

由图 2-3 可以看出，俄罗斯含铬型钒钛磁铁矿粉呈黑褐色，其边角光滑呈垂直状，结构致密，没有过多细微颗粒以及孔隙，由此可以推断其制粒性较差，其EDS 表明其主要成分除铁元素外还含有一定量的钒、钛、铬。

图 2-4 是承德地区 4 种含铬型钒钛磁铁矿粉 [恒伟（B）、建龙（C）、远通（D）、大阪（E）] 的宏观和微观形貌。

从图 2-4 可以看出，4 种含铬型钒钛磁铁矿粉同样均呈现黑褐色，粒度较俄罗斯含铬型钒钛磁铁矿粉细小，均含有一定量的钒、钛、铬元素。其因经过多次选矿工序，颗粒较多被破坏，其边缘虽较光滑但是均有一定层次感，此外，颗粒周边也存在较多絮状小颗粒，其颗粒的形状也有一定差别，因此，虽然 4 种含铬型钒钛磁铁矿也存在一定的颗粒垂直状，但是可以推断其制粒效果要优于俄罗斯含铬型钒钛磁铁矿粉。

图 2-5 是 3 种进口赤铁矿粉 [马粉（F）、南非粉（G）、印粉（H）] 的宏观和微观形貌。

从图 2-5 可以看出，3 种进口赤铁矿粉均为粗粉，粒度较大；其中马粉、南非粉呈现鲜黄色，印粉呈现黄褐色。马粉与南非粉表面粗糙度大，有很多小的纹理，可以推断其比表面积较大，易于制粒；另外马粉的 EDS 表明其含有一定量的 Si，这也与马粉化学成分 Si 含量较高的测定结果相一致。印粉粒度差距较大，从其微观形貌可以看出其颗粒棱角分明，但是较致密，表面没有明显的细小纹理，有一定量的絮状颗粒，由此可以推断其制粒效果要劣于马粉以及南非粉。

图 2-6 是 2 种普通磁铁矿粉［俄粉（I）、自产粉（J）］的宏观和微观形貌。从图 2-6 可以看出，俄粉和自产粉均呈现黑色，俄粉粒度较小，颗粒破坏度较大，形状不一，有较多的小颗粒附在较大的颗粒表面，颗粒表面有一定的纹理；自产粉颗粒表面光滑，结构致密，小纹理较少，颗粒有一定数量的垂直面。从两种普通磁铁矿粉的形貌可以推断，俄粉制粒效果要优于自产粉。

图 2-7 是熔剂菱镁石（K）和生石灰（L）的宏观以及微观形貌。从图 2-7 可以看出，菱镁石颗粒粒度分布区间较大，存在一定的大颗粒，在混合料中容易造成烧结混合料中 Mg 元素的分布均匀，其表面存在较多的纹理，结构相对疏松，将有利于含铬型钒钛混合料的制粒，其 EDS 表明菱镁石除含有一定量的 $Mg(MgO)$，还含有一定量的 Ca、Si 元素。

生石灰（L）的 EDS 表明其主要成分为 CaO，其微观形貌表明其结构疏松，层次多，多呈絮状，比表面积大，可以推断其在烧结混合料中吸水性强，易于形成溶胶，将大大提高含铬型钒钛混合料的制粒性。

2.2　铁矿粉的高温物化特性

采用高炉流程对铁矿粉进行高炉冶炼，是目前铁矿石工业化利用最主要的途径。铁矿粉的化学成分、粒度分布、形貌特征等性能对其应用有一定的影响。ARICOM 公司的含铬型钒钛磁铁矿粉来自俄罗斯阿穆尔州 Kuranakh 钛矿区，其基本原料特性目前并不清楚；承德地区的含铬型钒钛磁铁矿粉为 2017 年通过新工艺对超贫矿山实施开采，经过多次选矿之后获得的精矿粉；攀枝花地区的红格矿为 2017 年攀钢集团和龙蟒集团采冶后所得的南北精矿粉。因此，在利用此类铁矿粉之前，均需对其原料特性有一定的基础性了解。

2.2.1　实验原料、设备及原理

在本部分研究中以俄罗斯含铬型钒钛磁铁矿粉（CG），河北承德地区的 4 种含铬型钒钛磁铁矿粉 DB、HW、YT 和 JL 及其混合粉 FH，国产普通磁铁矿粉 GH，两种进口赤铁矿粉 YD、NF，以及四川攀枝花地区的两种红格矿 HGN 和 HGB 为研究对象。实验原料成分见 2.1 节。实验采用微型烧结法，主要设备如图 2-8～

图 2-10 所示，包括自动退模制样器（图 2-8）、RHL-45 型红外线快速高温实验炉（图 2-9）和抗压强度检测装置（图 2-10）。

图 2-8　自动退模制样器

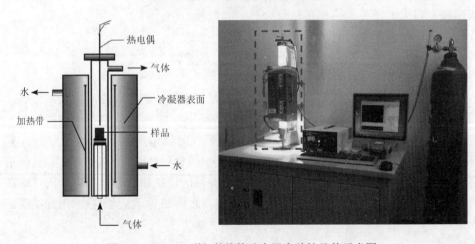

图 2-9　RHL-45 型红外线快速高温实验炉及其示意图

微型烧结法是根据烧结过程中的温度、废气成分变化和不同区域的矿相结构而设计的一种烧结固结机理的研究方法。微型烧结法使用的试样不含燃料，其物化反应和液相形成都靠外来热量支持。该方法能根据烧结温度、气氛的变化来定性模拟实际烧结生产过程，定性考察影响烧结矿质量的各因素，对生产实践有一定的指导意义。

图 2-10　抗压强度检测装置

2.2.2　铁矿粉高温物化性能实验研究及分析

在本节实验研究中，采用微型烧结法，以俄罗斯含铬型钒钛磁铁矿粉（CG）、4 种含铬型钒钛磁铁矿粉（DB、HW、YT、JL）及其混合粉（FH）、2 种进口赤铁矿粉（YD、NF）、1 种国产普通磁铁矿粉（GH）和 2 种红格矿（HGN、HGB）为研究对象，对其高温物理化学性能（同化性、液相流动性、黏结相强度、连晶强度等）进行测定及分析，并在铁矿粉的高温物理化学性能基础上进行铁矿粉的优化互补配矿及优化混合矿的高温物理化学性能检测验证。

1. 同化性实验研究及分析

在烧结过程中，烧结矿黏结相的形成始于 CaO 和 Fe_2O_3 的固相反应，而最终得到以铁酸钙为主的矿物组成。因此，铁矿粉的同化性成为考察铁矿粉烧结基础特性的重要指标。铁矿粉的同化性表征其在烧结过程中生成液相的难易程度，是烧结矿有效固结的基础。因此，研究铁矿粉的同化性，对合理利用铁矿石资源及优化配矿提供技术基础。之前的研究主要集中在普通铁矿粉及单种铁矿粉的同化性能差异研究，关于含铬型钒钛磁铁矿粉的同化性及其混合铁矿粉同化性没有报道。因此，需要对含铬型钒钛磁铁矿粉等铁矿粉的同化性进行详细的考察分析。该研究对掌握含铬型钒钛磁铁矿粉的特性及其优化配矿具有一定的指导意义。

1）铁矿粉同化性实验步骤

所谓铁矿粉的同化特性就是铁矿粉在烧结过程中与 CaO 反应的能力，它表征铁矿粉在烧结过程中生成液相的难易程度，是烧结矿有效固结的基础，以最低同化性温度表示，其发生反应的开始温度为同化性温度。

对目前广泛使用的高碱度烧结矿，其液相生成主要靠 CaO 与铁矿石反应，生成铁酸钙体系的液相成分。以铁酸钙作为烧结矿的主要黏结相时，烧结矿的强度和还原性都很好。因此，要获得铁酸钙体系液相，首先取决于铁矿粉的同化作用。

一般来说，若铁矿粉的同化性好，则其易和 CaO 反应生成铁酸钙液相，作为主要黏结相，对烧结矿强度的改善有一定的促进作用，烧结矿的强度也较好；若铁矿粉的同化性不好，则液相量少，不利于铁矿石的黏结，影响烧结矿强度；但铁矿粉的同化性也不能太好，如果同化性温度太低，同化性太好，则烧结过程中会生成大量液相从而使起到骨架作用的核矿石大大减少，从而恶化烧结透气性，影响烧结矿的产量。由以上分析可以发现铁矿粉的同化性好坏对烧结矿的性能有很大的影响，因此为了烧结指标的改善有必要研究各种铁矿粉的同化性。

有关研究表明同化性强的铁矿粉在烧结过程中会生成大量的液相，造成烧结料层中起骨架和透气作用的核矿减少，高温料层的透气性变差，影响了烧结效率和下部烧结矿的质量。同化性较差的铁矿粉液相生成量较少，不利于烧结矿的黏结，会造成烧结矿强度下降，成品率下降。通过测定铁矿粉的最低同化性温度，来判定铁矿粉的同化能力强弱（图 2-11）。同化性测定的过程控制参数如表 2-4 所示，选择空气气氛，同化性测试示意图如图 2-11 所示。

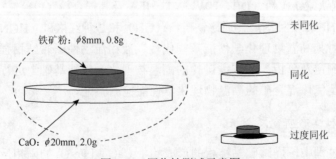

铁矿粉：$\phi 8mm$, 0.8g
未同化
同化
过度同化
CaO：$\phi 20mm$, 2.0g

图 2-11　同化性测试示意图

表 2-4　微型烧结实验温度及气氛控制系统

温度/℃	室温→600	600→1000	1000→1150	1150→实验温度
时间/min	4	1	1.5	1
气氛		空气/N_2（3L/min）		

续表

温度/℃	实验温度	实验温度→1150	1150→1000	1000→室温
时间/min	4	2	1.5	断电
气氛		空气/N₂（3L/min）		

注：表中是一组实验，温度从室温升到实验温度，再从实验温度降低到室温。

2）同化性实验结果及分析

对 9 种铁矿粉的同化性温度进行了测定，实验结果如图 2-12 所示。

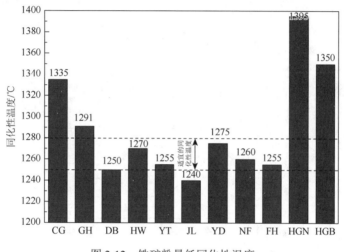

图 2-12　铁矿粉最低同化性温度

从图中可以看出，红格矿的同化性温度最高，红格南矿（HGN）达到 1395℃，红格北矿（HGB）达到 1350℃；俄罗斯含铬型钒钛磁铁矿粉（CG）同化性温度较高，达到 1335℃；含铬型钒钛磁铁矿粉的同化性温度统一较低，且基本处于适宜的范围内（1250～1280℃），且 4 种含铬型钒钛混合粉（FH）的同化性温度为1255℃，处于 4 种含铬型钒钛磁铁矿粉同化性温度最高的 HW（1270℃）和最低的 JL（1240℃）之间。国产普通磁铁矿粉（GH）同化性温度较高，两种进口赤铁矿粉同化性温度较为适宜，分别为1275℃（YD）和1260℃（NF）。

由结果可知，不同种类的铁矿粉具有不同的同化特性，这主要是由铁矿粉自身特性决定的。影响铁矿粉与 CaO 同化的因素有：铁矿粉的致密程度、结晶水含量、脉石成分、其他组元矿物及其赋存状态等。一般而言，结构疏松、结晶水含量高的铁矿粉与 CaO 有较强的同化能力，这是因为此类铁矿粉与 CaO 的反应动力学条件相对较好。另外，脉石成分中 SiO₂ 和 Al₂O₃ 含量较高，且以黏土类化合物存在的铁矿粉同化能力也相对较强。以俄罗斯含铬型钒钛磁铁粉为例，其除不具备上述有利影响因素外，还因矿粉中存在 Cr_2O_3 等高熔点矿物，在烧结过程中可能发生致密化烧结[4]，导致同化性温度升高。另外，在烧结过程中，TiO_2 易与 CaO 发生反应生成钙钛矿，而钙钛矿熔点很高（1970℃），也会导致同化性温度升高。红格含铬型钒钛磁铁矿粉中存在较多 TiO_2、Cr_2O_3 等高熔点矿物，在烧结过程中会形成钙钛矿等高熔点物相，降低了铁矿物与 CaO 之间的反应动力学，导致同化性温度升高。

　　另外 4 种含铬型钒钛磁铁矿的同化性温度均较适宜，但是也有一些差异，为此从化学成分的角度对 4 种含铬型钒钛磁铁矿粉同化性差异进行了初步分析，如图 2-13 所示。

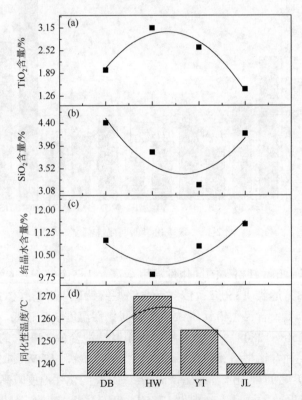

图 2-13　化学成分和结晶水含量与铁矿粉同化性温度之间的关系

　　图 2-13 为化学成分及结晶水含量对 4 种含铬型钒钛磁铁矿粉同化性温度的影响。铁矿粉的同化性温度随着结晶水含量的增加，呈现出逐渐降低的趋势，如图 2-13（c）所示。因为铁矿粉小饼在高温下焙烧时，其内部所含的结晶水分解，留下了残余气孔，使矿石结构变得疏松，同时新生成的赤铁矿晶格能较大，反应能力增强，在高温下结晶水分解产生的大量气孔加大了铁矿粉小饼和 CaO 小饼的

反应接触面积，有利于 CaO 小饼中的 Ca^{2+} 向铁矿粉扩散及铁矿物离子向 CaO 扩散，有利于低熔点液相的快速生成，使铁矿粉的同化性增强。所以随着铁矿粉结晶水含量的增加，铁矿粉的同化性温度逐渐降低。另外，图 2-13 给出了 TiO_2 含量和 SiO_2 含量对 4 种含铬型钒钛磁铁矿粉同化性的影响，由于本章实验中 TiO_2 含量的范围较小，因此关于其对同化性的影响需要进一步研究，而图 2-13（b）SiO_2 含量对同化性温度的影响则与之前的研究结果相反，这主要是因为较小的变化范围内，其他因素对同化性温度的影响超过了 SiO_2 含量的影响，从而未能真实地反映出其影响。关于化学元素对同化性的影响则需进一步地研究。

2. 液相流动性实验研究及分析

液相流动性是指烧结过程中铁矿粉与 CaO 反应生成的液相的流动能力，它表征的是黏结相的有效黏结范围，其对烧结矿强度有很重要的影响。

高碱度烧结矿的固结主要是依靠发展液相来实现，液相量对烧结矿强度有重要的影响，若液相生成量适度、黏度适宜，烧结矿形成微孔海绵状结构，这种烧结矿还原性好、强度高。高碱度烧结矿的液相生成主要依靠 CaO 与铁矿石反应，生成低熔点化合物，因而低熔点化合物的熔点是考察液相量的一个指标。但熔点高低并不能真正反映液相量的多少及其流动性。对烧结矿强度有实际意义的是液相的流动性，即 CaO 与铁矿石生成的液相的流动能力。矿石种类不同，其自身的化学成分、结晶水含量、致密度不同，其液相流动性必然有所差别。一般来说，液相流动性的提高使其有效黏结范围扩大，粉状烧结料团聚成块状的趋势增强，有利于烧结矿强度的改善。但液相流动性也不能太大，如果太大，则说明其黏度很小，黏度很小对周围的物料就几乎没有黏结作用。同时，烧结矿容易产生大孔薄壁结构，使烧结矿整体变脆，强度降低。由此可见，液相流动性是烧结矿强度的一项重要控制因素，适宜的液相流动性才是烧结矿强度的保障。因而比较各种矿石黏结相的液相流动性对认识以这些矿石为粉矿黏结而成的烧结矿的强度有重要的指导意义。

对于铁矿粉烧结来说，铁矿粉不仅需要良好的液相生成性能，即有一定的液相生成速度和液相生成量，还需要有较好的液相流动性能。液相流动性能即指生成的液相流动从而对周围的没有熔化的铁矿粉等进行浸润、反应和黏结等一系列行为。

1）实验方法

实验采用了"基于流动面积的黏度测定法"。具体实验方法是：将烘干后的铁矿粉以及 CaO（分析纯）磨成小于 200 目的粉状，按一定的二元碱度配成烧结黏附粉，混匀后压制成小饼试样，在模拟烧结温度曲线和气氛的条件下进行焙烧，

取出冷却后通过测定小饼试样焙烧前后的面积，并利用以下公式计算出铁矿粉的液相流动性指数

$$L = (S_2 - S_1) / S_1 \qquad (2-1)$$

其中，L 是铁矿粉流动性指数；S_1 是试样流动前原始面积；S_2 是试样流动后面积。

本次实验温度设定为 1280℃，在该温度下恒温保持 4min；此外，为了保证铁矿粉在实验温度下尽可能完全生成液相，因此，将实验的碱度定为 4.0，实验重复 3 次，取结果平均值。液相流动性实验示意图如图 2-14 所示。

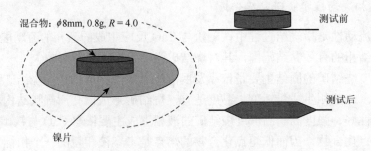

图 2-14　液相流动性实验示意图

2）实验结果及分析

几种铁矿粉的液相流动性指数如图 2-15 所示。

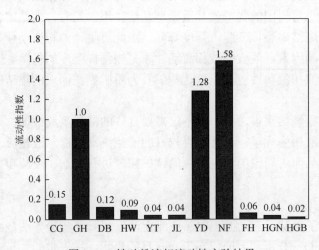

图 2-15　铁矿粉液相流动性实验结果

　　从图 2-15 可以看出，2 种红格矿的流动性最弱，4 种承德地区含铬型钒钛磁铁矿粉 DB、HW、YT 和 JL 及其混合粉 FH 液相流动性均较弱，在 1280℃下，液相流动性均小于 0.2，俄罗斯含铬型钒钛磁铁矿粉 CG 液相流动性为 0.15；而两种进口赤铁矿粉 YD 和 NF 液相流动性均较高，YD 为 1.28，NF 为 1.58；国产普通磁铁矿粉 GH 液相流动性也较为适宜，为 1.0。

　　含铬型钒钛磁铁矿粉液相流动性差可能是由于其 SiO_2 含量低，且在烧结过程中易于生成高熔点钙钛矿从而造成液相量生成较少等综合影响，目前无法根据其各项自身特性定量计算得出它的液相流动性，所以必须通过实验方法测得其液相流动性。

3. 黏结相强度实验研究

　　黏结相强度是指铁矿粉在烧结过程中形成的液相对其周围的矿粉进行固结的能力，它对烧结矿的强度有着至关重要的作用。

　　烧结矿是由黏结相（熔化物）黏结未熔的含铁矿物固结而成，因而黏结相和未熔的含铁矿物的自身强度对烧结矿强度有重要的作用。若黏结相和含铁矿物的自身强度高，则在其他条件相同的情况下，烧结矿强度也高。低温烧结下形成的非均质结构，其含铁矿物的自身强度要高于黏结相强度，故黏结相强度就成为制约烧结矿强度的因素。根据以往的研究结果可知，黏结相的矿物组成和结构不同，其机械强度也不同；矿粉种类不同，生成的黏结相的矿物组成和结构不同，这种不同是影响烧结矿强度的重要因素之一。因此，有必要研究烧结矿中的黏结相强度，从而评价以这种矿粉为黏结相时烧结矿的强度。

　　铁矿粉的黏结相强度是指铁矿粉在一定碱度、温度和气氛下烧结后的固结强度，可通过检测烧结小饼的抗压强度进行判断。根据材料的破损理论可知，烧结矿的液相固结强度主要受三个方面的影响，即：①核矿石自身强度；②黏结相自身强度；③核矿石与黏结相的结合强度。不同种类的铁矿石由于自身特性的差异，在烧结过程中形成的黏结相的自身强度不同。烧结生产时，通过优化配矿，在烧结温度、碱度和液相量适宜的情况下尽量多使用黏结相自身强度较高的铁矿粉，改善黏结相强度，从而提高成品烧结矿的强度。

　　1）实验方法

　　本实验采用微型烧结法，在试样未全部熔化的情况下（实验烧结温度为 1280℃），碱度为 1.9 条件下测定矿粉的黏结相强度。气氛控制同液相流动性实验，实验步骤为：用自动退模制样器压制铁矿粉小饼（小饼高度 5mm）；烧结步骤同同化性实验；烧结样品冷却后用抗压强度检测装置测试其抗压强度，实验示意图见图 2-16。

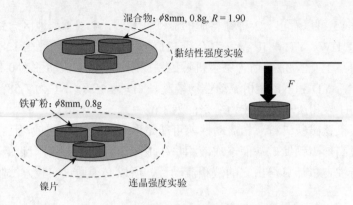

图 2-16　铁矿粉黏结相强度实验示意图

2）实验结果及分析

几种铁矿粉的黏结相强度如图 2-17 所示。

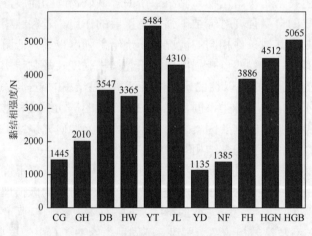

图 2-17　铁矿粉的黏结相强度

从图 2-17 可以看出，两种红格矿 HGN 和 HGB，4 种承德地区含铬型钒钛磁铁粉 DB、HW、YT 和 JL 及其混合粉 FH 黏结相强度均处于较高水平，国产普通磁铁粉 GH 处于中间水平；俄罗斯含铬型钒钛磁铁矿粉 CG 以及两种进口赤铁矿粉 YD 和 NF 黏结相强度相对较弱。含铬型钒钛混合粉 FH 的黏结相强度处于黏结相强度最高的 YT 和最低的 HW 之间。俄罗斯含铬型钒钛磁铁矿粉 CG 由于同化性温度较高，在 1280℃下与 CaO 反应的能力有限，从而生成的铁酸钙量较少，因此黏结相强度较低。4 种承德地区含铬型钒钛磁铁矿粉 DB、HW、YT、JL 同化性温度较低，在 1280℃时，相对同化性温度较高的含铬钒钛磁铁矿粉 CG 易与 CaO

发生反应生成铁酸钙。此外，由于含铬型钒钛磁铁矿粉中存在 TiO_2，在黏结相生成中将生成钙钛矿，钙钛矿硬度较大，在本实验过程中采用抗压强度来表征黏结相的强度，可能会造成测定抗压强度值偏高。因此，针对钒钛磁铁矿的黏结相强度的测定需要在一定程度上进行改进。

4. 连晶特性实验研究

连晶性是指铁矿粉在烧结过程中靠晶键连接获得强度的能力。通常认为铁矿粉烧结是液相型烧结，靠发展液相来产生固结。但在实际烧结过程中，物料化学成分和热源的偏析是不可避免的，从而导致在某些区域 CaO 含量很少，不足以产生铁酸钙液相；同时，在用低硅高品位矿粉生产高碱度烧结矿过程中，由于温度较低及配碳量较少，在某些区域也可能不会产生其他液相（如硅酸钙体系）。因此，在这部分区域，铁矿粉之间可能通过发展连晶来获得固结强度。由此可见，铁矿粉自身产生连晶的能力也可能影响烧结固结强度。实验室研究结果及对烧结矿的矿相观察结果也证实了连晶的存在[5]。

烧结过程中，燃烧层和预热层的废气中存在着还原气体 CO，特别是高温区的碳粒周围有较强的还原性气氛，这样料层中的赤铁矿可能被还原成 Fe_3O_4。当温度高于 900℃时，在还原性气氛中 Fe_3O_4 晶粒通过扩散产生 Fe_3O_4 晶键连接，随温度的升高，发生 Fe_3O_4 再结晶和晶粒长大，使颗粒结合成一个整体。但在烧结料层，气相成分分布很不均匀，在离碳粒较远处，氧化性气氛可能很强，且随配碳量的减少，料层中总的氧化性气氛也增强，在烧结矿层，大量空气抽入，更属强氧化性气氛。因此，Fe_3O_4 可能被再氧化，生成 Fe_2O_3 微晶，由于新生成的 Fe_2O_3 微晶中，其原子具有很高的迁移能力，促使微晶长大，形成 Fe_2O_3 微晶键，使各颗粒互相黏结起来。当 Fe_3O_4 在强氧化性气氛中加热到 900～1100℃时，Fe_3O_4 可以全部氧化成 Fe_2O_3，并发生再结晶长大，使互相隔开的赤铁矿微晶长大成为紧密连接成一片的赤铁矿晶体，获得很高的强度，同样磁铁矿也存在连晶固结作用。所以，铁矿石自身产生连晶的能力也成为影响烧结矿强度的一个因素，对其进行研究是很有必要的。

1）实验方法

铁矿粉的连晶固结强度测定，单纯用铁矿粉压制成小饼试样，经焙烧后，用抗压机测定其抗压强度。以此来评价铁矿石的连晶特性，其值越高，表明试样的强度高，连晶特性好。

本实验烧结小饼在高温区的停留时间为 4min，以此考察烧结时间对各种矿粉发展连晶的影响。气氛控制同液相流动性实验。

2）实验结果及分析

几种铁矿粉的连晶强度测定结果如图 2-18 所示。

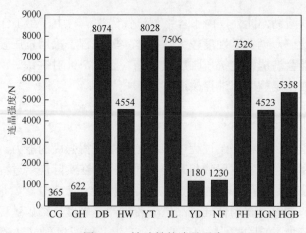

图 2-18 铁矿粉的连晶强度

从图 2-18 可以看出，含铬型钒钛磁铁矿粉的连晶强度较大，两种进口赤铁矿的连晶强度一般，而俄罗斯含铬型钒钛磁铁矿粉 CG 及国产普通磁铁矿粉 GH 的连晶强度则较弱。影响铁矿粉连晶能力主要有以下几种因素。①铁矿粉晶粒的大小：铁矿粉是通过单元或多元系的固相扩散形成固溶体产生连接。由于固相扩散能力有限，当铁矿物晶粒细小、分布集中时容易产生连晶，相反，当铁矿物晶粒粗大、且分布较散时，则不利于产生连晶。俄罗斯含铬型钒钛磁铁矿粉 CG 及国产普通磁铁矿粉 GH 晶粒粗大会对其连晶产生不利影响。承德地区含铬型钒钛磁铁矿粉 DB、HW、YT 和 JL 及其混合粉 FH 是从低品位矿石中经过选矿、磨矿等生产工艺制得的，其粒度很小，晶粒被破坏且粒级较小，这均有利于其提高连晶强度。②铁矿物中脉石存在形态以及分布：铁矿石中的脉石对铁矿物连晶的发展产生阻碍作用。磁铁矿在 200℃便开始氧化，放出热量，生成的 Fe_2O_3 微晶具有高度迁移能力，结晶和晶粒长大的速度都很快，这有利于连晶强度的提高，但是从对俄罗斯含铬型钒钛磁铁矿粉的 XRD 分析可知，俄罗斯含铬型钒钛磁铁矿粉的主要含铁矿物为 $Fe_{2.95}O_4Si_{0.05}$，脉石粒度小，分布广，且均匀地分布于磁铁矿周边，从而与铁矿粉共生，阻碍了 Fe_2O_3 微晶的迁移，这也是俄罗斯含铬型钒钛磁铁矿粉连晶强度较弱的重要原因。

2.3　本 章 小 结

（1）不同铁矿粉的高温物理化学性能差异较大，单一铁矿粉难以达到高温物理化学性能均优异的要求，可在不同铁矿粉之间依据铁矿粉高温物理化学性能的优劣实现互补配矿，优化混合铁矿粉的高温物理化学性能。

（2）2 种红格矿的同化性温度最高，5 种承德含铬型钒钛磁铁矿粉 DB、HW、

YT、JL 及 FH 同化性较好，黏结相自身强度和连晶强度高，而液相流动性的不足导致该类含铬型钒钛烧结矿有效黏结相较少、孔洞较多，造成其烧结矿强度较低；俄罗斯含铬型钒钛磁铁矿粉 CG 的同化性较弱，需选择同化性较好的铁矿粉与其配矿。

（3）针对承德地区含铬型钒钛烧结矿，在有效液相量较适宜的条件下，黏结相强度及连晶强度对烧结矿强度有重要影响。基于铁矿粉高温物理化学性能，对含铬型钒钛磁铁矿粉优化配矿提高其强度时，应首先考虑普粉液相流动性，其次为黏结相强度和连晶强度，同时兼顾同化性。

（4）基于铁矿粉高温物理化学性能，将液相流动性好的南非粉 NF 与含铬型钒钛磁铁矿粉进行优化配矿，混合铁矿粉的液相流动性得到较大提高，同化性、黏结相强度及连晶强度均较好，钒钛烧结矿的强度有较大提升。配加 7wt% NF 粉的钒钛烧结矿强度可以满足高于 65% 的生产要求，另外，基于铁矿粉的高温物理化学性能的优化互补，可实现将廉价劣质铁矿粉变劣为优的目的。

参 考 文 献

[1]　杜鹤桂. 高炉冶炼钒钛磁铁矿原理[M]. 北京：科学出版社，1996.

[2]　罗果萍，孙国龙，赵艳霞，等. 包钢常用铁矿粉烧结基础特性[J]. 过程工程学报，2008，8（增刊）：198-201.

[3]　张勇，周密，储满生，等. 含铬型钒钛磁铁矿烧结实验[J]. 东北大学学报（自然科学版），2013，34（3）：383-387.

[4]　陈肇友. Cr_2O_3 在耐火材料中的行为[J]. 耐火材料，1990，（2）：37-44.

[5]　Zhou M，Yang S T，Jiang T，et al. Sintering behaviors and consolidation mechanism of high-chromium vanadium and titanium magnetite fines[J]. International Journal of Minerals Metallurgy and Materials，2015，22（9）：917-925.

第3章 含铬型钒钛烧结矿制备与性能

烧结矿的化学成分如 MgO、CaO、SiO_2、TiO_2 对烧结矿的物理及冶金性能有重要的影响。此外,一些掺杂元素对特定烧结矿的物理及冶金性能也有重要的影响,如 B_2O_3 等。烧结矿中的 FeO 含量(注:全书未做特别说明的含量均指质量分数,wt%)对烧结矿的质量也有显著影响,其主要是由烧结过程中燃料配加量的不同等导致混合料烧结时温度及气氛不同而造成的。在本章中,主要对含铬型钒钛混合料的 MgO 含量、燃料水平、碱度[$m(CaO)/m(SiO_2)$]、TiO_2 含量以及含硼铁精矿(B_2O_3)对含铬型钒钛烧结矿产品质量的影响进行了相关研究,从而为含铬型钒钛烧结矿的产品质量优化提供一些基础参考,同时从矿相学方面对相关因素的作用机理等进行了初步讨论。

3.1 MgO 在含铬型钒钛混合料烧结中的作用及机理

含铬型钒钛磁铁矿的 Al_2O_3 含量较高,高炉生产中会导致高炉炉渣中 Al_2O_3 含量有所增加,导致炉渣黏度升高[1]。为了保持高炉炉渣黏度的稳定性,可适当提高炉渣中 MgO 含量。适宜的 MgO 含量对改善炉渣的流动性、稳定性、冶金性能及提高炉渣的脱硫能力有重要作用。

于淑娟等[2, 3]认为烧结混合料中的 MgO 含量增加,可以减少高硅烧结矿中玻璃质的生成,烧结矿的还原性和软熔温度都有所提高。赵志安等[4]、周明顺等[5]、Yadav 等[6]、Yang 和 Davis[7]的研究结果表明,烧结矿碱度较低时,适当提高烧结矿 MgO 含量,可以增加黏结相含量,改善烧结矿矿物组成和结构,有利于提高烧结矿强度。同时,含镁磁铁矿或铁酸镁对 Fe_2O_3 的还原粉化有抑制作用,可以改善烧结矿的冶金性能。此外,高含量 MgO 烧结矿有利于提高高炉冶炼的技术经济指标[8]。

每一特定的烧结混合料成分中 MgO 对烧结矿产量、质量的影响趋势及其适宜的值并不相同,目前关于 MgO 对烧结矿质量的影响及作用机理并不明确,并有争论,尤其是对矿物组成复杂的含铬型钒钛矿缺乏相关研究数据。本小节针对俄罗斯、承德和红格含铬型钒钛磁铁矿烧结生产条件下不同 MgO 含量的烧结矿的烧结产品质量规律进行研究,得到适合当前条件下最佳的 MgO 含量。

3.1.1 MgO 含量对俄罗斯含铬型钒钛烧结矿质量的影响及其成矿机理

1. 实验原料及方法

1）实验原料

本小节实验所用含铬型钒钛磁铁矿粉为来源于俄罗斯 ARICOM 公司的 Cr_2O_3 含量约 0.50wt% 的含铬型钒钛磁铁矿粉，其余原燃料由黑龙江建龙钢铁有限公司提供。实验原料的化学成分见第 2 章。

由第 2 章可知，该类型含铬型钒钛磁铁矿粉含 TFe 61.42wt%、V_2O_5 1.01wt%、Cr_2O_3 0.47wt%、TiO_2 5.12wt%，与攀枝花现在使用的钒钛磁铁矿粉相比是一种高铬、高钒、低钛型磁铁矿粉。俄罗斯含铬型钒钛磁铁矿粉具有高的同化性温度、较低的液相流动性、低的黏结相强度及较弱的连晶强度。

俄罗斯含铬型钒钛磁铁矿粉中主要含钛矿物为钛磁铁矿，钒和铬主要以固溶体形式存在于磁铁矿中形成钒磁铁矿和铬磁铁矿，根据相关研究，铁矿粉中铁与钛是致密的，主要以磁铁矿、钛铁晶石（$2FeO·TiO_2$）存在，铁矿粉中存在钙钛矿（$CaO·TiO_2$），但是不存在单独的 TiO_2。

2）实验方法

（1）熔化特性实验

如表 3-1 方案所示，将不同烧结配料中的铁矿粉、返矿、除尘灰、生石灰细磨到 0.074mm 以下，用 MgO（分析纯）代替菱镁石调节混合料中 MgO 含量，将混合料混匀后制成 ϕ3mm×3mm 的圆柱体。利用熔点熔速测定仪，如图 3-1 所示，对 MgO 含量在 1.95wt%~3.01wt% 的含铬型钒钛烧结混合料进行熔化特性的测定，根据试样的形态，采集不同温度下的照片，考察其熔化特性，进而可以分析 MgO 对含铬型钒钛烧结矿液相生成的影响。

表 3-1　不同 MgO 含量的含铬型钒钛混合料配矿方案（wt%）

名称	No.1	No.2	No.3	No.4	No.5	No.6
MgO	1.95	2.10	2.25	2.40	2.63	3.01
俄罗斯含铬型钒钛磁铁矿粉（CG）	13.44	13.37	13.30	13.23	13.11	12.95
国产普通磁铁矿粉	15.53	15.45	15.35	15.28	15.12	14.94
矿业粉	20.67	20.55	20.44	20.35	20.18	19.83
俄粉	12.41	12.35	12.28	12.22	12.12	11.98
竖炉灰	4.50	4.50	4.50	4.50	4.50	4.50

续表

名称	No.1	No.2	No.3	No.4	No.5	No.6
菱镁石	2.00	2.33	3.02	3.02	3.57	4.50
生石灰	12.45	12.45	12.40	12.40	12.40	12.40
煤粉	5.00	5.00	5.00	5.00	5.00	5.00

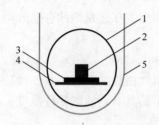

图 3-1　熔点熔速测定仪示意图

1. 刚玉管; 2. 试样; 3. 钼片;
4. 刚玉垫片; 5. MoSi₂ 加热体

（2）烧结杯实验

烧结实验在直径 150mm 的小烧结杯中进行，料层高度保持在 500mm。烧结实验设备及过程详见附录。烧结混合料中配加约 13wt%的俄罗斯含铬型钒钛磁铁矿粉、约 15wt%的国产普通磁铁矿粉、约 12wt%的俄粉、约 20wt%的矿业粉；竖炉灰含量 4.50wt%，自产返矿配比 14.0wt%、配煤量 5.00wt%、碱度固定为 2.25。通过调节烧结混合料中菱镁石的含量使得烧结矿中 MgO 含量分别达到 1.95wt%、2.10wt%、2.25wt%、2.40wt%、2.63wt%和 3.01wt%。具体实验方案及实验参数见表 3-1 和表 3-2。

表 3-2　烧结杯实验参数

参数	数值	参数	数值
料层高度	500mm	烧结杯直径	150mm
点火负压	5.0kPa	烧结负压	10.0kPa
点火温度	1000℃	点火时间	2min
混合料中配煤量	5.0wt%	混合料水分	（7.5±0.3）wt%
返矿配比	14.0wt%	铺底料高度	20mm
碱度 $R = m(CaO)/m(SiO_2)$	2.25	制粒时间	8min

（3）烧结矿冶金性能测定

对烧结矿进行落下强度实验和筛分实验，取粒级为 10～12.5mm 的矿样测定其还原粉化性能。烧结矿冷强度根据国家标准 YB/T 4605—2017 测定；低温还原粉化性能依据国家标准 GB/T 13242—2017 进行测定。

（4）SEM-EDS 分析

在每组烧结矿中随机取 3 块试样，将试样切割成长 3cm、宽 2cm、厚 1cm 的薄片，用树脂进行封样。将封装后的试样分别在 100#～1000#金刚砂磨盘中进行粗磨，再在毛玻璃板上进一步细磨，最后在抛光机上进行抛光、清洗，烘干之后喷金，在 JEOL S-3400N 型扫描电镜上进行 SEM-EDS 分析。

2. 结果分析与讨论

1）MgO 对含铬型钒钛混合料熔化特性的影响

烧结混合料是由不同的矿物组成的混合物，没有固定的熔点，根据国家标准 GB/T 219—2008，定义混合料的特征熔化温度为：收缩 30%时的温度为有效液相的开始形成温度（t_S），反映烧结过程中混合料开始生成有效液相的温度。收缩 60%时的温度为有效液相终止温度（t_F），反映烧结过程中混合料有效液相生成的难易程度。定义温度区间 $T = t_F - t_S$，反映烧结过程中有效液相量的生成范围，也可以间接对烧结过程中燃料配比提供参考依据。

本实验采用统一的升温速度，室温到 1000℃，升温速率为 10℃/min；1000～1200℃，升温速率为 8℃/min；1200～1400℃，升温速率为 5℃/min。定义熔化时间（T_M）为混合料在上述升温制度下，从收缩 30%～60%所经历的时间。烧结过程中，混合料具有较低的特征熔化温度（t_S，t_F）和较宽的熔化区间（T）有助于液相的稳定形成，适当的熔化时间将有助于液相的持续稳定流动。液相的生成难易及有效黏结对烧结矿的质量将产生重要影响。

从表 3-3 可见，随着 MgO 含量的增加，含铬型钒钛烧结物料有效液相开始形成，温度（t_S）相对变化不大，只是略有提高，为 1315～1325℃；有效液相终止温度（t_F）稍有提高，为 1336～1358℃，且随着 MgO 含量的增加，熔化区间 T 有所变宽，熔化时间 T_M 变大，液相稳定生成区间及连续稳定流动时间增加，从而可以形成有效的黏结。所以在含铬型钒钛烧结物料中，MgO 含量的增加对含铬型钒钛烧结矿熔化特性影响不大，从而可以说明 MgO 含量的增加对烧结混合料的液相生成没有产生明显的不利影响。而相关研究认为：在普通铁矿粉烧结物料中，随着 MgO 含量的增加，有效液相开始形成温度 t_S 与有效液相终止温度 t_F 提高，液相流动性下降，有效液相量下降，MgO 含量的增加对液相生成不利。含铬型钒钛磁铁矿由于自身矿物学性质，由前期研究可知，其烧结矿自身同化性温度高，达到 1335℃，且其在烧结过程中易产生高熔点物质，故在 MgO 含量 1.95wt%～2.63wt%范围内，随着 MgO 含量的增加，其对含铬型钒钛烧结矿液相开始形成温度 t_S 及有效液相终止温度 t_F 没有产生较大影响。相关生产研究也表明：钒钛烧结矿在一定范围内提高其 MgO 含量对其冶金性能产生有利影响。

表 3-3　MgO 含量对含铬型钒钛烧结物料熔化特性的影响

MgO 含量/wt%	t_S/℃	t_F/℃	T/℃	T_M/min
1.95	1315	1336	21	4.2
2.10	1315	1340	25	5.0
2.25	1320	1346	26	5.2

续表

MgO 含量/wt%	$t_S/℃$	$t_F/℃$	$T/℃$	T_M/min
2.40	1320	1350	30	6.0
2.63	1325	1358	33	6.6

2）烧结杯实验结果

对制备的不同 MgO 含量的含铬型钒钛烧结矿均匀取样，混合制样后检测其实际化学成分并对其进行 XRD 物相表征，实验结果如表 3-4 和图 3-2 所示。

表 3-4　不同 MgO 含量的含铬型钒钛烧结矿的化学成分（wt%）

名称	TFe	FeO	CaO	SiO₂	MgO	Al₂O₃	TiO₂	V₂O₅	Cr₂O₃
No.1	54.46	7.80	12.10	5.37	1.98	2.96	1.90	0.279	0.108
No.2	54.22	7.83	12.62	5.58	2.11	3.01	1.88	0.269	0.115
No.3	53.49	7.91	12.08	5.34	2.30	3.01	1.95	0.275	0.114
No.4	53.91	8.12	12.23	5.42	2.43	2.97	1.82	0.285	0.110
No.5	53.47	8.01	12.50	5.52	2.65	3.01	1.86	0.264	0.102
No.6	53.26	8.30	12.42	5.42	3.04	3.02	1.89	0.273	0.104

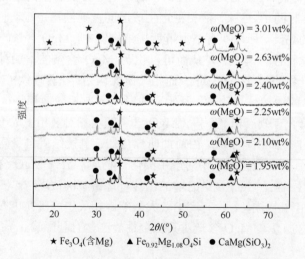

图 3-2　不同 MgO 含量的含铬型钒钛烧结矿的 XRD 图谱

从表 3-4 可以看出，该系列烧结矿的化学成分较为稳定，实际的烧结矿中 MgO 含量从 1.98wt%变化到 3.04wt%。从图 3-2 中 XRD 图谱可以得知，主要的含镁矿物是（含镁）磁铁矿，随着 MgO 含量的增加，其最强峰强度增大，并且有微量的镁铁矿峰出现。含有镁的硅酸盐的峰值较弱，并且主要以铁橄榄石相存在。在 XRD 图谱中没有发现含有镁的赤铁矿相以及含镁铁酸钙相，这也许可以说明，Mg 元素不是形成铁酸钙所必需的元素。另外，含镁磁铁矿 2θ 角轻微地向大角度方向偏移，这可能是由于 Fe^{2+} 和 Mg^{2+} 可以很轻易地互相取代彼此。Mg^{2+} 的半径比 Fe^{2+} 的半径略小（Mg^{2+} 的半径是 0.78Å，Fe^{2+} 的半径是 0.83Å），所以含镁磁铁矿的晶格变小，因此峰值的角度向大角度方向偏移。其详细作用机理将在后面的 MgO 作用机理部分介绍。

（1）MgO 含量对烧结速度的影响

不同 MgO 含量的含铬型钒钛烧结矿的烧结速度如图 3-3 所示。从图 3-3 可以看出，随着 MgO 含量的增加，垂直烧结速度下降。众所周知，含镁矿物与其他熔剂性矿物相比，较难发生同化反应。MgO 可以与 SiO_2 在温度高于 1350℃时形成熔体，也可以与 Fe_2O_3 在温度高于 1600℃时形成熔体等。MgO 的添加将升高熔体的液相形成温度，俄罗斯含铬型钒钛磁铁矿的同化性温度高达 1335℃，这将造成烧结速度的降低。另外，菱镁石在烧结的初期将分解成 MgO，反应的过程如下

$$MgCO_3 \longrightarrow MgO(s) + CO_2(s)（约 800℃）\tag{3-1}$$

在菱镁石分解生成 MgO 之后，MgO 将通过固相扩散的形式形成含镁磁铁矿。这一过程主要依照反应式（3-2）进行

$$MgO(s) + FeO_x(s) \longrightarrow (Fe, Mg)O \cdot Fe_2O_3(s)\tag{3-2}$$

菱镁石的这一矿化过程是吸热的，需要消耗一定的热量，这也是随着 MgO 含量增加烧结速度下降的原因。

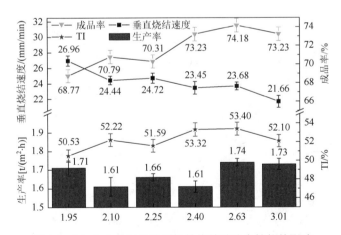

图 3-3　MgO 含量对含铬型钒钛烧结矿冶金性能的影响

（2）MgO 对成品率及转鼓强度的影响

图 3-3 也给出了 MgO 含量对含铬型钒钛烧结矿成品率及转鼓强度的影响。

图 3-3 表明，随着 MgO 含量的增加，烧结矿的转鼓强度提高。这是由于在高碱度条件下（$R = 2.25$），基于配加一定量含铬型钒钛磁铁矿粉的情况下，含铬型钒钛混合料在烧结中将优先反应生成大量的钙钛矿（$CaO \cdot TiO_2$），反应方程式如下

$$CaO + TiO_2 \Longrightarrow CaO \cdot TiO_2, \qquad \Delta G_1^{\ominus} = -19100 - 0.8T(298 \sim 973K) \tag{3-3}$$

$$CaO + Fe_2O_3 \Longrightarrow CaO \cdot Fe_2O_3, \qquad \Delta G_2^{\ominus} = -1700 - 1.15T(973 \sim 1489K) \tag{3-4}$$

从上述的方程式可以看出，在配加一定量含铬型钒钛磁铁矿粉条件下（含有一定量 TiO_2）钙钛矿比铁酸钙较易生成。从图 3-4 可以看出，在钙钛矿集中分布的区域，只有少量铁酸钙生成，这也进一步证实了钙钛矿优先于铁酸钙生成（图 3-4C 和 D）。钙钛矿分布在渣相和铁相之间，这减弱了硅酸盐黏结作用以及钛磁铁矿和钛赤铁矿之间的连晶固结作用。在含铬型钒钛烧结矿烧结过程中，具有高强度的铁酸钙黏结相较难生成，所以其数量较少，因此，硅酸二钙等硅酸盐相的黏结作用起着至关重要的作用。另外，磁铁矿的连晶作用是含铬型钒钛烧结矿固结的另外一种重要方式。MgO 的添加对铁酸钙的生成无好的影响，但是其有助于硅酸盐的生成，同时 MgO 的增加有助于磁铁矿的生成、长大，并且稳定了磁铁矿之间的连晶固结作用。此外，烧结矿转鼓强度的提高是由于 MgO 含量增加时，烧结速度明显变慢，烧结过程中高温段保持时间长，有利于液相的发展，同时随着含铬型钒钛烧结矿中 MgO 含量的增加，在局部 MgO 含量高的区域，玻璃相中镁质硅酸盐矿物会从中析出，从而降低了玻璃相的含量，玻璃相含量减少有利于提高烧结矿强度。在烧结冷却过程中，Mg^{2+}能部分固溶于 β-C_2S 的晶格中，抑制了 β-$C_2S \rightarrow \gamma$-C_2S 相变的发生，减少了 γ-C_2S 的生成，改善了烧结矿的强度。

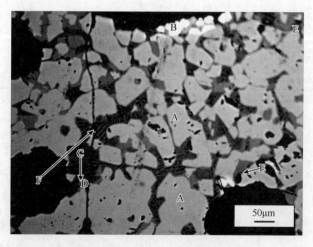

图 3-4　含铬型钒钛烧结矿矿物显微结构[ω(MgO) = 2.63wt%]

A. 钛磁铁矿；B. 钛赤铁矿；C. 钙钛矿；D. 铁酸钙；E. 硅酸盐；F. 裂纹

另外，随着烧结速度的降低，烧结时间增长，高温保温时间增长，烧结矿中矿物组织结晶更加充分，烧结矿的矿物组成结构也发展得更加完善，这也有助于增加烧结矿的成品率。因此，随着 MgO 含量的增加（1.95wt%～2.63wt%），成品率及转鼓强度提高。随着 MgO 含量的进一步增加，在同等燃料配比条件下，液相量降低，由于原本含铬型钒钛烧结矿的液相量就不充足，随着液相量的进一步降低，烧结矿的转鼓强度以及成品率迅速下降。MgO 对两种钒钛烧结矿在转鼓强度上的影响存在一定的差别。

（3）MgO 对生产率的影响

图 3-3 同时给出了 MgO 含量的变化对烧结生产率的影响。从图 3-3 可以看出，随着 MgO 含量的增加，烧结生产率呈现波动状态。这主要是由于生产率是根据以下公式计算所得

$$P = M_S \times y / (A \times t) \tag{3-5}$$

式中，P 是单位生产率[t/(m$^2 \cdot$h)]；M_S 是烧结饼质量（t）；y 是烧结成品率(%)；A 是烧结杯的横截面积（m^2）；t 是烧结时间（h）。

在含铬型钒钛烧结矿烧结过程中，随着 MgO 含量的增加，成品率 y 和烧结时间 t 同时变化（A 是固定的；在 MgO 系列中 M_S 变化较小可忽略其变化，将其当作固定数值），但是它们变化的比例不一致。当 MgO 含量由 1.95wt%增加到 2.25wt%时，成品率 y 由 68.77%增加到 70.79%，增加了 2.02%，但是烧结时间却延长了 9.34%，因此生产率 P 下降。当 MgO 含量由 2.40wt%增加到 2.63wt%时，成品率增加了 8.05%，但是烧结时间 t 只变化了 0.98%，因此生产率 P 增加，如此类推。因此，随着 MgO 含量的增加，含铬型钒钛烧结矿的生产率是波动的。

（4）综合指数

由于最优烧结速度、成品率、转鼓强度以及生产率等生产考察指标对应的最佳的 MgO 含量并不一致，所以需要采用最佳综合指数的方法来寻找当前条件下最佳的 MgO 含量。

为了便于比较和分析，第一组的综合指数被作为基准并被优化定量成 100。定义

$$F_i = f_i - f_1 + 100 \tag{3-6}$$

式中，F_i 为综合指标；f_i 是综合指数。且 $F_1 = 100$（$F_1 = f_1 - f_1 + 100$）

$$f_i = \sum_{j=1}^{m} \omega_j z_{ij} \quad (i = 1, 2, \cdots, n; j = 1, 2, \cdots, m) \tag{3-7}$$

式中，ω_j 是单位重要性系数，且 $f_i \geqslant 0 (i = 1, 2, \cdots, n)$

$$\omega_j = \frac{W_j}{R_j} \tag{3-8}$$

式中，W_j 是重要性系数，且 $\sum_j W_j = 100$；R_j 为极差。

$$R_j = (z_{ij})_{\max} - (z_{ij})_{\min} \tag{3-9}$$

式中，z_{i1} 是烧结速度；z_{i2} 是生产率；z_{i3} 是成品率；z_{i4} 是转鼓强度。

综合指数的计算过程如表 3-5 所示，综合指数的结果如图 3-5 所示。在计算过程中，$\sum\limits_{j} W_j = 100\ (j = 1, 2, \cdots, m)$，且参考攀枝花钢铁公司的指标分别给出重要性系数 $W_1 = 0$、$W_2 = 40$、$W_3 = 30$、$W_4 = 30$。

表 3-5　综合指数的计算过程

编号	z_{i1}	z_{i2}	z_{i3}	z_{i4}	$f_i = \sum\limits_{j=1}^{m} \omega_j z_{ij}$ $(i = 1, 2, \cdots, n;$ $j = 1, 2, \cdots, m)$	$F_i = f_i - f_1 + 100$
No.1 MgO 1.95wt%	26.96	1.71	68.77	50.53	1435.19	100.00
No.2 MgO 2.10wt%	24.44	1.61	70.79	52.22	1433.27	98.01
No.3 MgO 2.25wt%	24.72	1.66	70.31	51.59	1439.42	104.22
No.4 MgO 2.40wt%	23.45	1.61	73.23	53.32	1458.29	123.10
No.5 MgO 2.63wt%	23.68	1.74	74.18	53.40	1504.39	169.19
No.6 MgO 3.01wt%	21.66	1.73	73.24	52.10	1482.52	147.32
$R_j = (z_{ij})_{\max} - (z_{ij})_{\min}$	5.30	0.13	5.41	2.87		
W_j	0	40	30	30		结果：No.5>No.6>No.3>No.4> No.1>No.2
$\omega_j = \dfrac{W_j}{R_j}$	0	307.7	5.54	10.45		

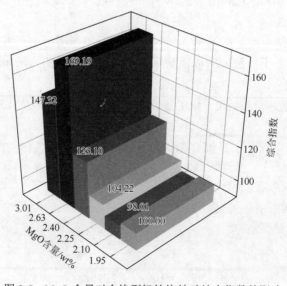

图 3-5　MgO 含量对含铬型钒钛烧结矿综合指数的影响

从表 3-5 和图 3-5 可以看出，MgO 含量从 1.95wt%提高到 2.63wt%时，综合指数呈现增长趋势，从 100.00 提高到 169.19，之后 MgO 含量进一步增加到 3.01wt%，综合指数迅速下降到 147.32。

3）MgO 对低温还原粉化（RDI）的影响

低温还原粉化性能是烧结矿一项重要性能，钒钛烧结矿 RDI 性能较差，尤其 $RDI_{+3.15}$ 值较低，严重影响钒钛烧结矿在高炉冶炼中的高效利用。关于 RDI 现象的原因是多方面的，这方面已经有大量的工作，现基本一致认为，烧结矿发生 RDI 的最根本原因是在 400～600℃时，烧结矿发生 $\alpha\text{-}Fe_2O_3 \rightarrow Fe_3O_4$ 的还原相变，体积膨胀了约 11%，在还原气体的作用下，晶格的改变造成其结构的扭曲，产生了极大的内应力，导致在机械力的作用下发生严重的碎裂。

由图 3-6 可看出，烧结矿中的赤铁矿在还原气氛的条件下，450℃左右就开始还原，在还原的同时，伴随着体积的膨胀和碎裂，产生粉化，450～550℃这一温度区，在高炉内属于中上部区域，在此部位烧结矿产生粉化将直接影响高炉料柱的透气性，造成炉况不顺。生产实践表明，当烧结矿 $RDI_{+3.15}$ 每减少 1%，高炉冶炼焦比增加 4%～7%。

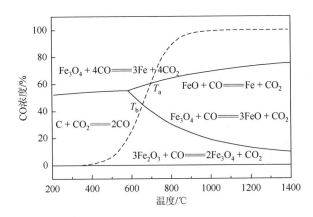

图 3-6　烧结矿铁氧化物被 CO 还原平衡点成分与温度的关系

据资料介绍，从矿物形貌观点上看，烧结矿中的赤铁矿有 8 种，每一种赤铁矿都对烧结矿的低温还原粉化有重要影响，特别是烧结反应中的再生赤铁矿有重大影响，再生赤铁矿是在温度下降过程中磁铁矿再氧化为赤铁矿而形成的骸晶状菱形赤铁矿和在烧结过程中由于铁酸钙分解及熔化而形成的赤铁矿。

这些赤铁矿形态的特点是具有磁铁矿晶型，或者铁酸钙在相图的转变点不均衡地分解，赤铁矿晶体迅速生长为不稳定晶体（如骸晶状晶体）。当这些晶体被还原时，会产生粉化。产生粉化的基本过程是：

（1）初始还原与初始裂纹的形成。在低温（450～550℃）并通入还原气体时，那些可接触到还原气体的赤铁矿晶粒（如在烧结矿颗粒表面或分布在气孔周围的赤铁矿晶粒）先被还原，发生相变，造成体积膨胀，产生内应力。随着赤铁矿的进一步还原，当产生的内应力超过周围黏结相的断裂韧性时，就会在黏结相内形成裂纹。

（2）裂纹扩展与进一步还原。裂纹的形成促进了还原过程，还原气体可以通过裂纹到达新的界面，使其进一步还原，而进一步还原又为裂纹进一步扩展提供了能量。实际上，由于黏结相的非均质性，裂纹可能分为若干小裂纹。另外，由于在烧结工艺的冷却过程中，不同的矿相在不同的时间结晶，其热收缩系数大不相同，也有可能在烧结矿中产生残余应力，这种残余应力又会促使分枝裂纹的扩展。随着裂纹的不断扩展，烧结矿便不断发生碎裂与粉化。

（3）在烧结矿还原并伴随着裂纹不断扩展的过程中，当受到冲击和挤压时，烧结矿碎裂与粉化又进一步加剧。

如图3-7所示，随着MgO含量增加，含铬型钒钛烧结矿的$RDI_{+3.15}$值从80.57%增加到82.98%。这个实验结果表明：添加MgO可以有效提高含铬型钒钛烧结矿的低温还原粉化性能，这一点与MgO对攀枝花普通钒钛磁铁矿的RDI性能影响规律一致。这一现象的基本原因正是如上所述的$\alpha\text{-}Fe_2O_3 \longrightarrow Fe_3O_4$的还原相变，体积膨胀了约11%。

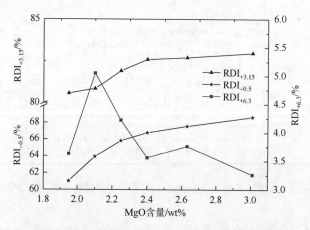

图3-7　MgO含量对含铬型钒钛烧结矿$RDI_{+3.15}$的影响

根据下面对含铬型钒钛烧结矿中MgO迁移研究可知：MgO固溶于含铬型钒钛磁铁矿的八面体晶位，因而使含铬型钒钛磁铁矿晶格中空位减少、Fe^{2+}减少、电价不平衡程度降低、晶格缺陷程度降低，故含镁磁铁矿比不含镁的磁铁矿稳定，这样在烧结冷却过程中，含镁磁铁矿就不易被二次氧化成赤铁矿，使易还原的赤铁矿逐渐减少，有效地抑制了再生赤铁矿的产生，减轻了再生赤铁矿的作用，改善了烧结矿的低温还原粉化性能。同时对于钒钛磁铁矿，固溶于硅酸盐相中的 TiO_2、Al_2O_3 能显著地破坏其断裂韧性，在钙钛矿聚集区，特别是大颗粒钙钛矿聚集区，都有粗大的裂纹穿过（图 3-4F），这些裂纹在还原过程中受应力的作用进一步扩大，使烧结矿产生粉化。随着 MgO 含量增加，粗大的菱形钛赤铁矿生成量减少，烧结矿形成微孔厚壁结构，强度提高；同时由于 MgO 能提高硅酸盐熔体的结晶能力，减少玻璃质含量，玻璃相中析出较多的含镁橄榄（$MgO \cdot FeO \cdot SiO_2$）（图 3-8G，图 3-9I），辉石矿物起骨架作用，增强了抵御应力变化和裂纹扩展的能力。另外，含镁橄榄石每提高 1%，烧结矿的 $RDI_{+3.15}$ 将提高 4%。因此，随着 MgO 含量的增加，低温还原粉化指数 $RDI_{+3.15}$ 提高。

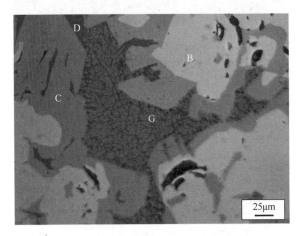

图 3-8　镁橄榄石在含铬型钒钛烧结矿中的分布

B. 钛磁铁矿；C. 铁酸钙；D. 硅酸盐；G. 镁橄榄石

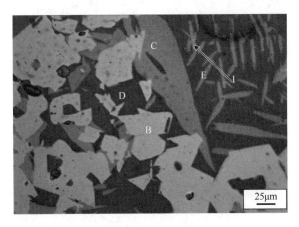

图 3-9　含铬型钒钛烧结矿中镁橄榄石从玻璃质中析出

B. 钛磁铁矿；C. 铁酸钙；D. 硅酸盐；E. 玻璃质；I. 橄榄石

4）矿相学分析

菱镁石及其他的含镁添加剂越来越多地被当作一种基本的熔剂原料添加在烧结矿的生产过程中。这些含镁材料的添加将显著地影响烧结矿制备过程中的矿物组成及结构。先前的大量研究也已经表明烧结矿的矿物组成及结构对烧结矿的质量有显著的影响，但是关于含铬型钒钛烧结矿的矿物学特性的研究基本没有。

一些典型的不同 MgO 含量的含铬型钒钛烧结矿的矿物学照片如图 3-10、图 3-11 及图 3-4 所示。

图 3-10　含铬型钒钛烧结矿矿物显微结构[ω(MgO) = 1.95wt%]

A. 钛赤铁矿；B. 铁酸钙；C. 钛磁铁矿；D. 硅酸盐；F. 孔洞

图 3-11　含铬型钒钛烧结矿矿物显微结构[ω(MgO) = 2.25wt%]

A. 钛赤铁矿；B. 铁酸钙；C. 钛磁铁矿；D. 硅酸盐；E. 钙钛矿；F. 孔洞

从图 3-10、图 3-11 以及图 3-4 可以看出，随着 MgO 含量的增加，含铬型钒钛烧结矿的矿物结构从熔化状态向磁铁矿交织连接状态转变。含铬型烧结矿的矿物组织分布非常不均匀。在 MgO 含量为 1.95wt%的含铬型钒钛烧结矿中，大量二次骸晶赤铁矿生成（图 3-10A），且烧结矿的矿物结构分布不均匀并且有轻微过熔状态（图 3-10）。在 MgO 含量为 2.25wt%的含铬型钒钛烧结矿中，仍然存在少量二次骸晶赤铁矿分布，并且有少量钙钛矿分布在硅酸盐中（图 3-11E）。在 MgO 含量为 2.63wt%的含铬型钒钛烧结矿中，没有发现明显的二次赤铁矿，且矿物结构分布也更加均匀，以大晶粒磁铁矿及少量铁酸钙为主（图 3-4）。有少量含镁橄榄石从玻璃质硅酸盐中析出（图 3-9I）。从图 3-10、图 3-11 和图 3-4 可以发现，MgO 含量的增加导致赤铁矿的含量减少，同时磁铁矿含量增加，并且促进了铁酸镁（$MgO \cdot Fe_2O_3$）的生成（图 3-13）。

5）MgO 的作用机理

烧结矿中 MgO 的增加，相对地减少了 CaO 在烧结矿中的分布。相关分析表明，MgO 添加到烧结混合料中，大部分的 Mg^{2+} 进入磁铁矿晶格取代 Fe^{2+} 形成 (Fe, Mg)$O \cdot Fe_2O_3$ 含镁磁铁矿，小部分的 Mg^{2+} 进入玻璃相以及硅酸盐相等物相中。分别对 MgO 含量为 1.95wt%、2.25wt%、2.63wt%的含铬钒钛烧结矿试样进行 SEM-EDS 分析，如图 3-12 所示，分析结果表明，在 a 试样（MgO 1.95wt%）中，Mg^{2+} 面分布较为稀疏，此时在磁铁矿中 Mg 的相对强度为 2.68wt%，如图 3-12A 所示；随着 MgO 含量的提高，在 b 试样中（MgO 2.25wt%），Mg^{2+} 面分布强度稍微增强，在磁铁矿中的分布密度有所增加（Mg 的相对强度为 2.76wt%），如图 3-12B 所示；在 c 试样中（MgO 2.63wt%），可以明显发现 Mg^{2+} 分布密度显著增加，在磁铁矿中分布密度明显增加（Mg 的相对强度为 3.65wt%），如图 3-12（c）所示。同时在图 3-12 中分析可以发现，赤铁矿处 Mg^{2+} 密度很低，在硅酸盐黏结相中 Mg^{2+} 分布密度也不高，并且在 MgO 含量为 1.95wt%～2.63wt%的范围内，固溶在硅酸盐黏结相中的 Mg^{2+} 密度增加不大。同时，在图 3-12（a～c）中，随着 MgO 含量的增加，磁铁矿晶粒明显增大。以上分析结果表明，在含铬型钒钛烧结矿中，MgO 含量在 1.95wt%～2.63wt%范围内，Mg^{2+} 主要分布在铁相中，主要以固溶于磁铁矿的方式存在，并随着烧结矿中 MgO 含量的增加，固溶量明显增加，并且促使磁铁矿晶粒长大，使其更加稳定。在 MgO 2.63wt%的试样局部发现有少量环状铁酸镁生成，如图 3-13 所示，其 Mg 元素相对强度达到 22.15%（图 3-13D），甚至高达 51.06%（图 3-13E）。

从图 3-12 和图 3-13 中可以发现，Mg^{2+} 在烧结过程中集中固溶于磁铁矿中形成含镁磁铁矿，磁铁矿中的 Fe^{2+} 和 Mg^{2+} 离子半径相近（Fe^{2+} 为 0.83Å，Mg^{2+} 为 0.78Å，Mg^{2+} 稍小于 Fe^{2+}），二者等电价，化学键均为离子键。因此，Mg^{2+} 和 Fe^{2+} 可以相互取代，形成连续的完全类质同象。即在一定的温度条件下，Mg^{2+} 很容易扩散迁

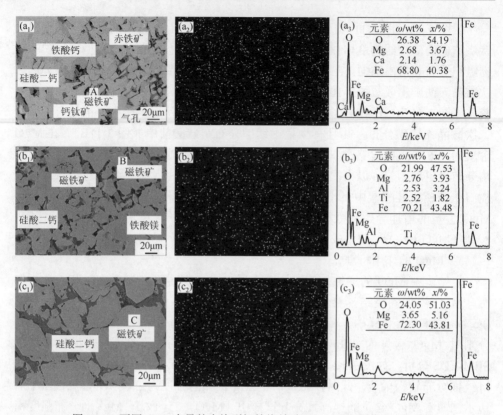

图 3-12　不同 MgO 含量的含铬型钒钛烧结矿 SEM-EDS 图像及 EDS 谱

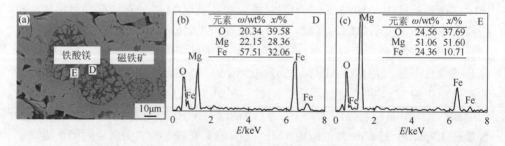

图 3-13　铁酸镁 SEM-EDS 图像及 EDS 谱

移到磁铁矿晶格中，取代 Fe^{2+} 并占据磁铁矿晶格中 Fe^{2+} 空位，形成含镁磁铁矿 $(Fe, Mg)O \cdot Fe_2O_3$，而其晶体结构则基本不变，其迁移变化历程为：$FeO \cdot Fe_2O_3 \rightarrow (Fe, Mg)O \cdot Fe_2O_3 \rightarrow (Mg, Fe)O \cdot Fe_2O_3 \rightarrow MgO \cdot Fe_2O_3$，磁铁矿及镁铁矿均属于等轴晶系的尖晶石型结构，其晶体结构相近，在电子显微镜下和 XRD 分析中均难以区分。根据对烧结前的天然磁铁矿粉和烧结后的磁铁矿的穆斯堡尔谱学研究分析可知，烧结前天然磁铁矿由 Fe^{3+} 构成 A 晶位（四面体晶位）和由 Fe^{3+}、Fe^{2+} 构成 B 晶位（八面体晶位）。两个谱峰面积比 $S_B/S_A \neq 2$，而完美无空位的理论值 $S_B/S_A = 2$，说明天然磁铁矿中八面体晶位存在空位。烧结后 S_B/S_A 明显变小，充分说明含 MgO 烧结矿中磁铁矿晶格内八面体晶位 Fe^{2+} 发生严重空位，由此可以证明，大量非 Fe^{2+} 进入磁铁矿晶格的八面体晶位，Fe^{2+} 离开晶格中八面体晶位。从图 3-12 和图 3-13 可以看出，以菱镁石形式添加到含铬型钒钛烧结混合料中的 MgO 在高温烧结之后主要以 Mg^{2+} 的形式分布于含铬型钒钛磁铁矿中，这也充分说明 Mg^{2+} 在磁铁矿中以类质同象形式取代 Fe^{2+} 而形成含镁磁铁矿 $(Fe, Mg)O \cdot Fe_2O_3$，Mg^{2+} 的含量随着烧结矿中 MgO 含量的增加而增加。

3.1.2　MgO 含量对承德含铬型钒钛烧结矿质量的影响及其成矿机理

1. 实验原料及方法

实验所用原料由国内某钢铁企业提供，各原料的化学成分和特点见第 2 章。

以企业的现场实际情况为参考，使用白灰调节碱度[$m(CaO)/m(SiO_2) = 1.9$]，固定碳含量[$\omega(C) = 3.2wt\%$]，在同等返矿条件下，使用白云石研究不同 MgO 含量[$\omega(MgO) = 2.66wt\% \sim 3.86wt\%$]对含铬型钒钛磁铁矿烧结过程及烧结矿质量的影响规律。实验所用的含铬型钒钛粉为大阪通运、恒伟矿业、远通矿业和建龙矿业以 20：15：45：20 的比例混合而成，各种矿粉做到均匀分散，齐整可比。将实验所得烧结矿做机械强度、低温还原粉化指数等实验，经过比较分析，得到不同 MgO 含量对烧结矿的影响规律。具体的实验方案见表 3-6，烧结杯参数见表 3-7。

表 3-6　烧结实验方案及配料情况（wt%）

方案	$\omega(MgO)$	含铬型钒钛粉	印度粉	马来西亚粉	自溶粉	冷返	槽返	瓦斯灰	弃渣	磁选粉	白云石	石灰石粉
M-1	2.66	49	5	3	5	18	10	1	1.5	2	1	4.5
M-2	2.96	48	5	3	5	18	10	1	1.5	2	2	4.5
M-3	3.26	47	5	3	5	18	10	1	1.5	2	3	4.5
M-4	3.56	46	5	3	5	18	10	1	1.5	2	4	4.5
M-5	3.86	45	5	3	5	18	10	1	1.5	2	5	4.5

表 3-7　烧结杯参数

项目	参数	项目	参数
烧结杯高度	700mm	烧结杯直径	320mm
铺底料高度	20mm	制粒时间	10min
点火温度	1050℃	点火时间	2min
点火风压	8.00kPa	烧结风压	12.0kPa

烧结矿机械强度（TI）按工业标准（YB/T 4605—2017）进行检测，烧结矿的低温还原粉化（RDI）测定和中温还原（RI）测定按国标（GB/T 13242—2017 和 GB/T 13241—2017）进行。荷重软化实验的试样粒度为 2.5～3.2mm、荷重为 1kg/cm²、料柱高度为 40mm。在升温过程中，料柱高度收缩 10%时的温度为软化开始温度（$T_{10\%}$），收缩 40%时的温度为软化终了温度（$T_{40\%}$），$\Delta T = T_{40\%} - T_{10\%}$ 为软化温度区间。

烧结矿的微观结构通过蔡司偏光显微镜（Cambridge Q500；Leica Microsystems）、XRD 分析、S-3400N 扫描电镜（JEOL Ltd.，Tokyo，Japan）进行观测。

2. 结果与分析

1）烧结过程参数与化学成分

表 3-8 为不同 MgO 含量的含铬型钒钛磁铁矿烧结过程的工艺参数。由表 3-8 可知，随 MgO 含量增加，垂直烧结速度从 15.22mm/min 下降到 14.58mm/min，废气最高温度从 208℃下降到 189℃，分析其变化主要原因为白云石粉在烧结混合料中是难以参与制粒的物料，其比表面积小，铁矿粉不易附在白云石粉表面，且由于白云石的亲水性较差、黏性差，因此，随着烧结混合料中 MgO 含量增加，其制粒变差、料层阻损增加、透气性变差、热交换条件恶化，使得垂直烧结速度下降。由于 MgO 属于高熔点物质，在同等燃料水平下，随着 MgO 含量的升高，烧结液相的形成温度上升，废气最高温度下降。随着烧结时间的变长，烧成率有所升高，烧结利用系数从 1.17t/(m²·h)降低到 1.14t/(m²·h)。

表 3-8　烧结过程的工艺参数

编号	水分/wt%	烧结时间/min	垂直烧结速度/(mm/min)	废气最高温度/℃	加入样品量/kg	产出量/kg	烧损率/wt%	烧成率/wt%	利用系数/[t/(m²·h)]
M-1	7.17	46	15.22	208	86.2	71.9	16.59	83.41	1.17
M-2	7.25	46.5	15.05	206	85.9	72.3	15.83	84.17	1.16
M-3	7.32	47	14.89	198	85.5	73.1	14.50	85.50	1.16
M-4	7.12	47.5	14.74	200	85.7	72.9	14.94	85.06	1.15
M-5	7.19	48	14.58	189	86.7	73.4	15.34	84.66	1.14

表 3-9 为不同 MgO 含量下烧结矿的化学成分。随着 MgO 含量的增加，烧结矿的 TFe、Al_2O_3 和 TiO_2 含量降低，其他成分无明显变化。

表 3-9　不同 MgO 含量下烧结矿的化学成分（wt%）

方案	TFe	CaO	SiO_2	V_2O_5	Al_2O_3	TiO_2	MgO
M-1	54.17	9.84	5.17	0.27	2.06	1.86	2.66
M-2	53.96	9.82	5.17	0.27	2.05	1.85	2.96

续表

方案	TFe	CaO	SiO$_2$	V$_2$O$_5$	Al$_2$O$_3$	TiO$_2$	MgO
M-3	53.73	9.83	5.17	0.27	2.05	1.84	3.26
M-4	53.49	9.84	5.17	0.26	2.04	1.84	3.57
M-5	53.26	9.83	5.17	0.26	2.03	1.83	3.87

2）烧结矿粒度组成分布

图 3-14 为不同 MgO 含量烧结矿的粒度组成分布。由图可知，随着 MgO 含量增加，大粒度和小粒度成品有上升趋势，中间粒度烧结矿变少。由于 MgO 属于高熔点物质，在燃料水平一定时，随着 MgO 含量的增加，烧结液相的形成温度上升，且形成的液相黏度变大，导致液相流动性变差，生成的烧结矿的粒度分布不均匀。

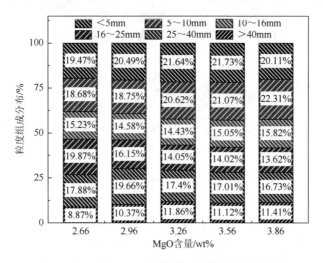

图 3-14　不同 MgO 含量烧结矿的粒度组成分布[①]

3）烧结矿的冷热态性能

图 3-15 为不同 MgO 含量烧结矿的主要冷热态性能，分别是大于 5mm 以上的成品率、冷态转鼓强度指数、低温还原粉化指数和中温还原指数。结合矿相分析对烧结矿的冶金性能进行了分析。

随 MgO 含量增加，烧结矿直径大于 5mm 的成品率变化不大。

随着 MgO 含量的增加，转鼓强度升高到 62.95%后，在 MgO 含量为 3.86%时略微降低到 62.36%。随着 MgO 含量增加，烧结矿中磁铁矿增加、镁质硅酸盐矿物含量增加、玻璃质含量减少、烧结矿转鼓强度有所上升。当烧结矿中添加白云石，

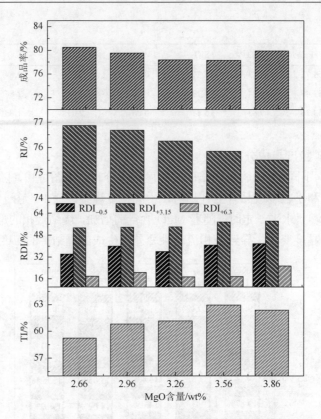

图 3-15　不同 MgO 含量烧结矿成品率和冶金性能

在烧结过程中将形成一系列含镁矿物，由于 Mg^{2+} 和 Fe^{2+} 离子半径相近，晶格能量系数相近，等电价且化学键均为离子键，Mg^{2+} 进入磁铁矿晶格，形成了镁尖晶石 $[(Fe, Mg)O \cdot Fe_2O_3]$，形成了稳定的磁铁矿晶格，不利于磁铁矿氧化为赤铁矿，Fe_2O_3 氧化再结晶也会减少；烧结矿中可能生成一些具有较高强度的含镁高熔点矿物，如镁橄榄石（熔点 1890℃）、钙镁橄榄石（熔点 1454℃）、镁蔷薇辉石（熔点 1570℃）、镁黄长石（熔点 1454℃）等。

随着 MgO 含量的增加，粉化指标变好。随着 MgO 含量增加，磁铁矿增加，引起粉化的赤铁矿减少，改善了烧结矿的低温还原粉化性能。同时，在烧结冷却过程中，β-硅酸二钙（β-C_2S）→γ-硅酸二钙相变（γ-C_2S）同样对烧结矿的质量有影响，使烧结矿容易产生粉化，Mg^{2+} 能部分固熔于 β-C_2S 的晶格中，抑制了 β-C_2S→γ-C_2S 相变的发生，减少了的 γ-C_2S 生成，改善烧结矿的粉化性能。

随着 MgO 含量的增加，还原指标略微下降。随着 MgO 含量的增加，难还原的磁铁矿增加，易还原的赤铁矿减少，难还原的钙镁橄榄石等矿物增加且与磁铁矿、铁酸钙形成熔蚀交织结构，烧结矿致密度增加，因此还原率有所下降。

图 3-16 为不同 MgO 含量的含铬型钒钛烧结矿的软化性能指标。由图可知，随着 MgO 含量升高，$T_{10\%}$ 上升，软化温度区间变窄。随着烧结矿中 MgO 含量增加，磁铁矿含量增加，且生成了钙镁橄榄石等高熔点矿物，故其软化温度上升。另外，由于烧结矿的赤铁矿含量减少，低温还原粉化有所改善，所以软化温度区间变窄，料柱透气性变好。

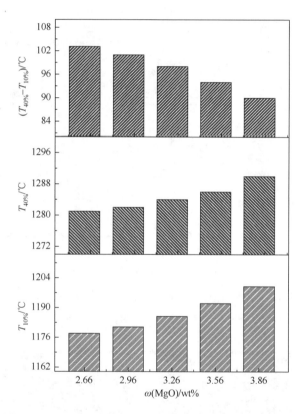

图 3-16　不同 MgO 含量的含铬型钒钛烧结矿软化性能指标

4）烧结矿的矿相显微结构

图 3-17 为不同 MgO 含量的含铬型钒钛烧结矿的 XRD 图谱。由图可知，烧结矿的主要物相为磁铁矿、赤铁矿、钙钛矿、铁酸钙和硅酸盐矿物，另外有少量的钛铁矿和铁酸镁。不同 MgO 含量下烧结矿的烧结温度不同，因此烧结矿的矿物组成有所差异。在本组实验条件下，对烧结杯实验所得含铬型钒钛烧结矿通过微观测定其烧结矿矿物组成，结果如图 3-18 所示。由图可知，随着 MgO 含量增加，磁铁矿和铁酸镁含量增加，赤铁矿含量有所减少，硅酸盐矿物含量有所增加，钙钛矿和铁酸钙含量变化不大，钙镁橄榄石有少量生成，而玻璃质黏结相略有减少。

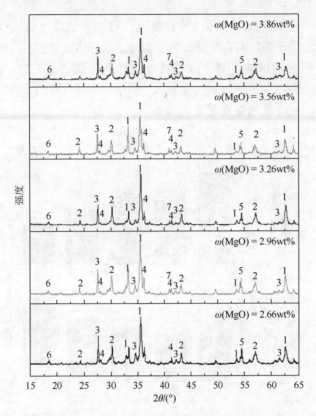

图 3-17　不同 MgO 含量的含铬型钒钛烧结矿的 XRD 图谱

1. 磁铁矿；2. 赤铁矿；3. 铁酸钙；4. 钙钛矿；5. 硅酸盐；6. 钛铁矿；7. 铁酸镁

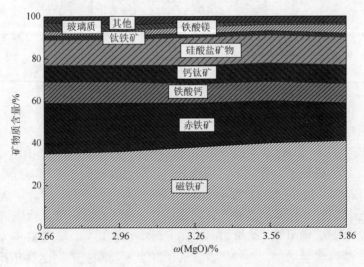

图 3-18　不同 MgO 含量下含铬型钒钛烧结矿的矿物组成

图 3-19 为不同 MgO 含量烧结矿的微观结构图。由图可知，提高 MgO 含量后，烧结矿的孔洞大幅减少，原因是铁酸镁大量结晶，填充孔洞，黏结孔壁，巩固了结构强度。烧结矿中最耐磨的矿物类型就是液相及紧密胶结的矿物。提高 MgO 含量后，呈粒状的赤铁矿含量降低，互连状的增多，微观结构趋于合理。但使用白云石提高 MgO 含量时要注意不要使 MgO 含量过高，由于白云石在烧结过程中首先进行分解

$$CaMg(CO_3)_2 \stackrel{=}{=} MgO + CaCO_3 + CO_2(g) \qquad (3\text{-}10)$$

$$CaCO_3 \stackrel{=}{=} CaO + CO_2(g) \qquad (3\text{-}11)$$

白云石分解反应过程是吸热过程，随着白云石配比的增加，它的分解吸热量增加，因此，在燃料水平一定的条件下，将影响烧结料层内的热量平衡，烧结温度有所降低，形成多种低熔点物相，各种物相的结晶膨胀系数差异比较大，加剧了烧结矿的粉化，且 MgO 抑制网状物的形成，不利于针状铁酸钙的形成。因此，过高的 MgO 含量不利于烧结矿强度的提高。

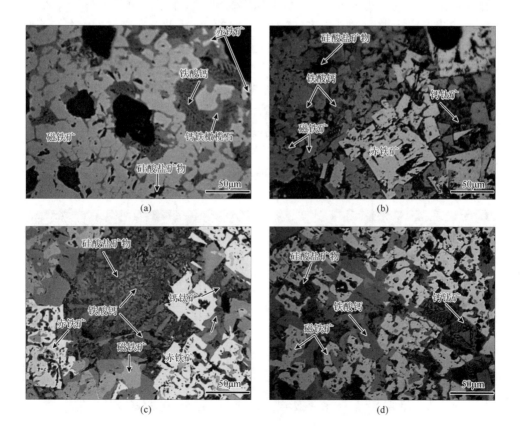

(e)

图 3-19　不同 MgO 含量烧结矿的微观结构

（a）$\omega(MgO) = 2.66wt\%$；（b）$\omega(MgO) = 2.96wt\%$；（c）$\omega(MgO) = 3.26wt\%$；（d）$\omega(MgO) = 3.56wt\%$；
（e）$\omega(MgO) = 3.86wt\%$

图 3-20 和图 3-21 为铁酸镁在烧结矿中的主要形态。铁酸镁在烧结矿中的含量并不多，与其他矿物紧密胶结，由于 Fe^{2+} 和 Mg^{2+} 离子半径相近（$Fe^{2+} = 0.83$Å、$Mg^{2+} = 0.78$Å），晶格常数差不多（2.10Å、2.12Å），因此，在烧结过程中 Fe^{2+} 和 Mg^{2+} 可相互取代，形成连续的完全类质同象，易生成含 Ca、Mg、Fe、Si 的多元矿物。根据对烧结前的天然磁铁矿粉和烧结后的磁铁矿的穆斯堡尔谱学研究分析可知[9, 10]，天然磁铁矿中八面体晶位存在空位，烧结后含 MgO 烧结矿中磁铁矿晶格内八面体晶位 Fe^{2+} 发生严重空位，由此可以证明，大量非 Fe^{2+} 进入磁铁矿晶格的八面体晶位，Fe^{2+} 离开晶格中八面体晶位[9-11]。MgO 在高温烧结之后主要以 Mg^{2+} 的形式分布于含铬型钒钛磁铁矿中，这也充分说明 Mg^{2+} 在磁铁矿中以类质同象形式取代 Fe^{2+} 而形成含镁磁铁矿 $(Fe, Mg)O \cdot Fe_2O_3$。

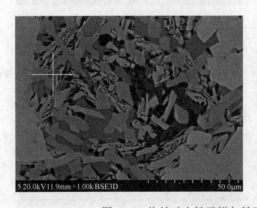
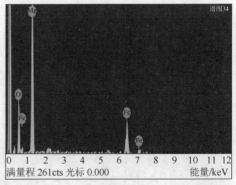

图 3-20　烧结矿中铁酸镁与铁酸钙胶结[$\omega(MgO) = 3.56wt\%$]

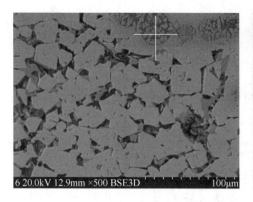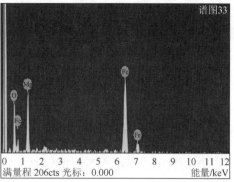

图 3-21　球状结晶的铁酸镁[$\omega(MgO) = 3.86wt\%$]

5）综合加权评分法分析

通过德尔菲法获得各项指标的主观权重，然后通过熵值法确定各项指标的客观权重，最后通过综合加权评分能客观、真实、有效地进行评价，得到最适宜的 MgO 含量。所选指标（烧结利用系数、TI、RDI 和 RI）的权重系数是由国内某钢铁企业根据企业实践确定。其中，X 为评价矩阵、Z 为标准矩阵、α 为主观权重、β 为客观权重、w 为综合权重。

将评价矩阵 X 进行标准化处理，由实验结果得到评价矩阵 $X = (x_{ij})$；本实验要求烧结利用系数、转鼓强度指数、还原粉化指数都越大越好，因此按综合加权评分值越大越好的评判准则，将 X 标准化，得到最终的评价矩阵 Z。

由实验结果可得评价矩阵 $X = (x_{ij})$

$$X_{ij} = \begin{bmatrix} 1.17 & 59.23 & 53.35 & 76.86 \\ 1.16 & 60.83 & 53.7 & 76.68 \\ 1.16 & 61.17 & 53.97 & 76.25 \\ 1.15 & 62.96 & 57.51 & 75.85 \\ 1.14 & 62.39 & 58.24 & 75.51 \end{bmatrix}$$

现按综合加权评分值越大越好的评判准则，将 X 标准化，得到 Z_{ij}

$$Z_{ij} = \begin{bmatrix} 0.37 & 0.00 & 0.00 & 0.37 \\ 0.25 & 0.15 & 0.03 & 0.32 \\ 0.25 & 0.19 & 0.06 & 0.21 \\ 0.12 & 0.36 & 0.42 & 0.09 \\ 0.00 & 0.30 & 0.49 & 0.00 \end{bmatrix}$$

设所得各项实验指标的权重为

$$\alpha = (\alpha_1, \alpha_2, \cdots, \alpha_m)^{\mathrm{T}}$$

其中，$\sum_{j=1}^{m} \alpha_j = 1$，$\alpha_j \geqslant 0 (j = 1, 2, \cdots, m)$。

在本实验的 4 个指标中，各项指标的主观权重：烧结利用系数 $\alpha_1 = 0.1$、还原指数 $\alpha_2 = 0.3$、还原粉化指数 $\alpha_3 = 0.5$、还原指数 $\alpha_4 = 0.1$，即

$$\alpha = [0.1, 0.3, 0.5, 0.1]^{\mathrm{T}}$$

其次，由熵值法确定出各项指标的客观权重

$$\beta = [0.19, 0.19, 0.40, 0.22]^{\mathrm{T}}$$

最后，取偏好系数为 0.5，得到各项指标的综合权重

$$w = [0.15, 0.24, 0.55, 0.26]^{\mathrm{T}}$$

图 3-22 为不同 MgO 含量烧结矿综合评价结果。在 $\omega(\mathrm{MgO}) = 2.66\mathrm{wt}\%\sim$ 3.86wt%范围内，烧结矿的综合评价最好的是 $\omega(\mathrm{MgO}) = 3.56\mathrm{wt}\%$时。MgO 含量对含铬型钒钛烧结矿的影响规律与 MgO 含量对俄罗斯含铬型钒钛磁铁矿的影响规律基本一致，随着 MgO 含量的增加（1.95wt%～3.01wt%），俄罗斯含铬型钒钛烧结矿的 $\mathrm{RDI}_{+3.15}$ 从 80.57%增加到 82.98%，转鼓强度从 50.53%增加到 52.10%，但是二者化学成分有差异，因此最佳 MgO 含量不一致。

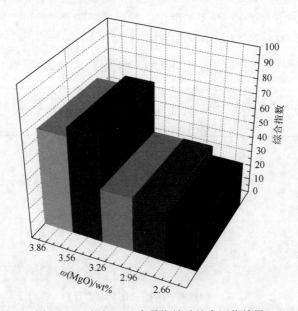

图 3-22　不同 MgO 含量烧结矿综合评价结果

3.1.3　MgO 含量对红格矿烧结矿质量的影响及其成矿机理

1. 实验原料及方法

实验所用原料由国内某钢铁企业提供，各原料的化学成分和特点见第 2 章。

以企业的现场实际情况为参考，使用石灰调节碱度$[m(CaO)/m(SiO_2) = 1.9]$，固定碳含量$[\omega(C) = 4.05wt\%]$，在同等返矿条件下，通过添加白云石来研究不同 MgO 含量分别对红格南矿$[\omega(MgO) = 2.7wt\% \sim 3.5wt\%]$和红格北矿$[\omega(MgO) = 2.0wt\% \sim 3.2wt\%]$含铬型钒钛磁铁矿烧结过程及烧结矿质量的影响规律。实验所用的含铬型钒钛磁铁粉分别为红格南矿和红格北矿，配加 30wt%的普通磁铁矿和烧结小料。将实验所得烧结矿做机械强度、低温还原粉化指数、还原和软熔滴落等实验，经过比较分析，得到不同 MgO 含量对烧结矿的影响规律。具体的实验方案分别见表 3-10 和表 3-11，烧结杯参数见表 3-7。

表 3-10　红格南矿烧结实验方案及配料情况（wt%）

序号	$\omega(MgO)$	红格南矿	普矿	返矿	高炉灰	磁选粉	石灰	白云石
1	2.7	35.0	30	20	1	1	11.6	1.5
2	2.9	34.2	30	20	1	1	11.3	2.5
3	3.1	33.1	30	20	1	1	11.3	3.6
4	3.3	32.8	30	20	1	1	10.5	4.7
5	3.5	32.2	30	20	1	1	10.1	5.7

表 3-11　红格北矿烧结实验方案及配料情况（wt%）

序号	$\omega(MgO)$	红格北矿	普矿	返矿	高炉灰	磁选粉	石灰	白云石
1	2.0	38.2	30	20	1	1	9.8	0
2	2.3	37.1	30	20	1	1	9.4	1.5
3	2.6	36.1	30	20	1	1	8.9	3.0
4	2.9	35.1	30	20	1	1	8.5	4.5
5	3.2	34.0	30	20	1	1	8.0	6.0

烧结矿机械强度（TI）按工业标准（YB/T 4605—2017）进行检测，烧结矿的低温还原粉化（RDI）测定和中温还原（RI）测定按国标（GB/T 13242—2017 和 GB/T 13241—2017）进行。软熔滴落实验的试样粒度为 10～12.5mm、荷重为 0.15kg/cm^2、料柱高度为 70mm。在升温过程中，料柱高度收缩 10%时的温度为软

化开始温度（$T_{10\%}$），收缩 40%时的温度为软化终了温度（$T_{40\%}$），$\Delta T_1 = T_{40\%} - T_{10\%}$ 为软化温度区间。压差陡升温度（T_S）为试样压差为 1000Pa 时的温度，滴落温度（T_D）为试样渣铁开始滴落的温度，$\Delta T_{DS} = T_D - T_S$ 为熔化温度区间。

烧结矿的微观结构通过蔡司偏光显微镜（Cambridge Q500；Leica DM1750M）、XRD 分析、扫描电镜（Ultra Plus；Carl Zeiss GmbH，Germany）进行观测。

2. 结果与分析

1）烧结过程参数与化学成分

表 3-12 和表 3-13 分别为不同 MgO 含量下的红格南矿和红格北矿含铬型钒钛磁铁矿烧结过程的工艺参数。由表 3-12 可知，随 MgO 含量增加，垂直烧结速度从 18.89mm/min 升高到 22.67mm/min，废气最高温度从 622℃升高到 666℃。由表 3-13 可知，随 MgO 含量增加，垂直烧结速度从 16.19mm/min 升高到 25.68mm/min，废气最高温度从 591℃升高到 695℃。分析其变化主要原因为白云石细粉改善了烧结混合料的制粒性能，因此，随着烧结混合料中 MgO 含量增加，红格矿的制粒性能改善、未成球的细粉减少、料层阻损减少、烧结透气性改善、热交换条件提高，使得垂直烧结速度增加。随着烧结时间的缩短，烧成率升高，烧结利用系数分别从 2.49t/(m²·h)升高到 2.99t/(m²·h)和 2.26t/(m²·h)升高到 3.66t/(m²·h)。

表 3-12　红格南矿烧结过程的工艺参数

编号	水分 /wt%	烧结时间 /min	垂直烧结速度 /(mm/min)	废气最高温度/℃	加入样品量/kg	产出量 /kg	烧损率 /wt%	烧成率 /wt%	利用系数 /[t/(m²·h)]
1	8.62	36.00	18.89	622	108.9	85.7	21.30	78.70	2.49
2	8.51	34.83	19.52	626	102.2	85.2	16.63	83.37	2.56
3	8.64	36.62	18.57	637	99.7	83.8	15.95	84.05	2.40
4	8.58	34.00	20.00	645	103.7	86.4	16.68	83.32	2.66
5	8.61	30.00	22.67	666	103	85.5	16.99	83.01	2.99

表 3-13　红格北矿烧结过程的工艺参数

编号	水分 /wt%	烧结时间 /min	垂直烧结速度 /(mm/min)	废气最高温度/℃	加入样品量/kg	产出量 /kg	烧损率 /wt%	烧成率 /wt%	利用系数 /[t/(m²·h)]
1	9.98	42.00	16.19	591	111.6	90.4	19.00	81.00	2.26
2	9.85	29.00	23.45	614	108.7	90.1	17.11	82.89	3.26
3	10.03	37.00	18.38	634	104.2	88.6	14.97	85.03	2.51
4	10.66	28.00	24.29	693	105.1	89.6	14.75	85.25	3.35
5	11.58	26.48	25.68	695	108.5	92.6	14.65	85.35	3.66

表 3-14 和表 3-15 分别为不同 MgO 含量下红格南矿和红格北矿含铬型烧结矿的化学成分。随着 MgO 含量的增加，烧结矿的 TFe 含量、Al_2O_3 和 TiO_2 含量均有不同程度的减少，而 SiO_2 含量稍微增加，其他成分无明显变化。

表 3-14　红格南矿烧结矿的化学成分（wt%）

方案	TFe	CaO	MgO	SiO_2	Al_2O_3	TiO_2	V_2O_5	Cr_2O_3
1	48.67	11.34	2.70	5.98	2.23	5.56	0.57	0.36
2	48.30	11.47	2.90	6.03	2.22	5.47	0.56	0.36
3	47.75	11.81	3.10	6.07	2.21	5.35	0.55	0.35
4	47.64	11.63	3.30	6.12	2.20	5.32	0.54	0.35
5	47.33	11.70	3.50	6.17	2.20	5.25	0.54	0.34

表 3-15　红格北矿烧结矿的化学成分（wt%）

方案	TFe	CaO	MgO	SiO_2	Al_2O_3	TiO_2	V_2O_5	Cr_2O_3
1	52.02	8.46	2.01	4.47	2.21	6.74	0.82	0.45
2	51.09	9.38	2.32	4.94	2.07	5.64	0.69	0.27
3	50.50	9.54	2.60	5.04	2.07	5.53	0.67	0.26
4	49.79	9.71	2.94	5.13	2.05	5.39	0.66	0.25
5	49.19	9.87	3.23	5.21	2.04	5.27	0.64	0.25

2）烧结矿粒度组成分布

图 3-23 为不同 MgO 含量的烧结矿的粒度组成分布。由图可知，随着 MgO 含量增加，大粒度和小粒度成品有上升趋势，中间粒度烧结矿减小。由于 MgO 属

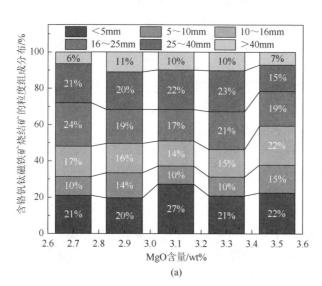

(a)

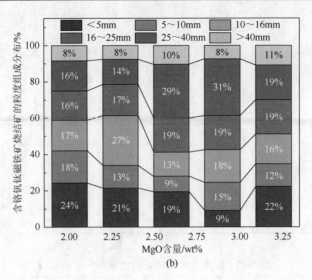

图 3-23　不同 MgO 含量的烧结矿的粒度组成分布

（a）红格南矿；（b）红格北矿

于高熔点物质，在燃料水平一定时，随着 MgO 含量的增加，烧结液相的形成温度上升，且形成的液相黏度变大，导致液相流动性变差，生成的烧结矿的粒度分布变不均匀。

3）烧结矿的冷热态性能

图 3-23（a）和（b）分别为不同 MgO 含量的红格南矿和红格北矿烧结矿的粒度组成分布。当 MgO 含量为 3.1wt% 时，红格南矿烧结矿的小粒度（<5mm）和大粒度（>40mm）占到最高为 37%，而当 MgO 含量高于 3.1wt% 时，中间粒度的占比提高。与南矿不同的是，当 MgO 含量在 2.32wt%～2.94wt% 范围内时，红格北矿烧结矿中间粒度的占比提高。结合矿相分析对烧结矿的冶金性能进行了分析。

图 3-24（a）和（b）分别为 MgO 含量对转鼓强度和还原性能的影响。随着 MgO 含量的增加，红格南矿的转鼓强度变化较小，而红格北矿的转鼓强度则逐渐增加。随着 MgO 含量增加，烧结矿中磁铁矿增加、镁质硅酸盐矿物含量增加、玻璃质含量减少、烧结矿转鼓强度有所上升。当烧结矿中添加白云石，在烧结过程中将形成一系列含镁矿物，由于 Mg^{2+} 和 Fe^{2+} 离子半径相近，晶格能量系数相近，等电价且化学键均为离子键，Mg^{2+} 进入磁铁矿晶格，形成了镁尖晶石 $[(Fe, Mg)O \cdot Fe_2O_3]$，形成了稳定的磁铁矿晶格，不利于磁铁矿氧化为赤铁矿，Fe_2O_3 氧化再结晶也会减少；烧结矿中可能生成一些具有较高强度的含镁高熔点矿物，如镁橄榄石（熔点 1890℃）、钙镁橄榄石（熔点 1454℃）、镁蔷薇辉石（熔点 1570℃）、镁黄长石（熔点 1454℃）等。因此，在还原过程中，含镁尖晶石抑制了赤铁矿的还原，从而红格南矿和红格北矿的低温还原粉化性能得到改善。同时，烧结矿的还原性能有所降低。

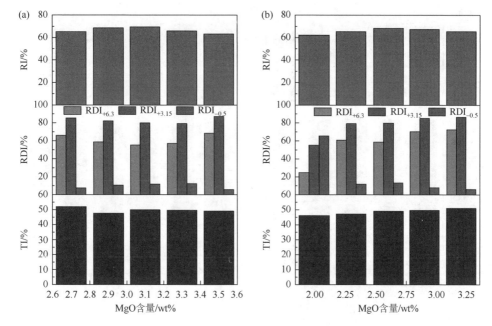

图 3-24　不同 MgO 含量的烧结矿的冶金性能

（a）红格南矿；（b）红格北矿

随着 MgO 含量的增加，粉化指标变好。随着 MgO 含量增加，磁铁矿增加，引起粉化的赤铁矿减少，改善了烧结矿的低温还原粉化性能。同时，在烧结冷却过程中，β-硅酸二钙（β-C_2S）→γ-硅酸二钙（γ-C_2S）相变同样对烧结矿的质量有影响，使烧结矿容易产生粉化，由于 Mg^{2+} 能部分固熔于 β-C_2S 的晶格中，抑制了 β-C_2S→γ-C_2S 相变的发生，减少了的 γ-C_2S 生成，改善烧结矿的粉化性能。

随着 MgO 含量的增加，还原指标略微下降。随着 MgO 含量的升高，难还原的磁铁矿增加，易还原的赤铁矿减少；同时，难还原的钙镁橄榄石和钙钛矿等矿物阻碍了部分还原气体和铁钛氧化物的反应，因此还原率有所下降。

图 3-25（a）和（b）分别为不同 MgO 含量的红格南矿烧结矿的软化性能和软熔性能指标。由图可知，随着 MgO 含量增加，$T_{10\%}$ 呈先上升后下降趋势、$T_{40\%}$ 呈下降趋势、软化温度区间变窄。T_S 呈上升趋势、T_D 呈下降趋势、熔化温度区间也变窄。随着烧结矿中 MgO 含量增加，虽然生成了钙镁橄榄石等高熔点矿物，但这些玻璃质物相含量随 MgO 含量的增加而减少，故其软化温度区间和熔化温度区间变窄。另外，由于烧结矿的赤铁矿含量减少，低温还原粉化有所改善，也是软化温度区间变窄的原因之一。因此，添加白云石改善了红格南矿烧结矿的软熔性能，同时料柱透气性变好。

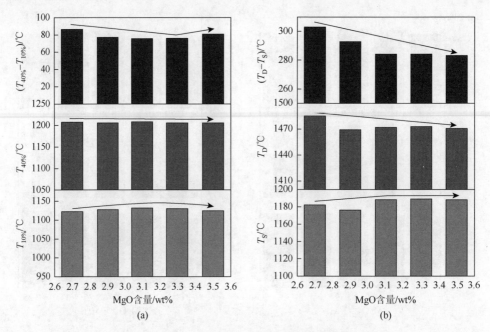

图 3-25　不同 MgO 含量的红格南矿烧结矿软熔滴落性能

（a）软化性能；（b）软熔性能

4）烧结矿的物相和矿相显微结构

图 3-26 为不同 MgO 含量的红格南矿烧结矿的 XRD 图谱。由图可知，烧结矿的主要物相为磁铁矿、赤铁矿、钙钛矿、铁酸镁和硅酸盐矿物，另外有少量的铬

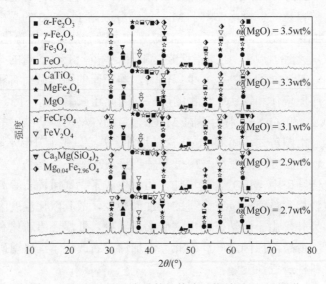

图 3-26　不同 MgO 含量的红格南矿烧结矿 XRD 图谱

铁尖晶石和钒铁尖晶石。不同 MgO 含量烧结矿的烧结温度不同，因此烧结矿的矿物成分有所差异。在本组实验条件下，对烧结杯实验所得含铬型钒钛烧结矿通过矿相显微镜测定其烧结矿矿物组成，结果如图 3-27 所示。由图可知，随着 MgO 含量增加，磁铁矿和铁酸镁含量增加，赤铁矿含量有所减少，钙钛矿和铁酸钙含量变化不大，钙镁橄榄石有少量生成，而玻璃质黏结相和硅酸盐相有所增加。同时，晶体颗粒尺寸逐渐变小。

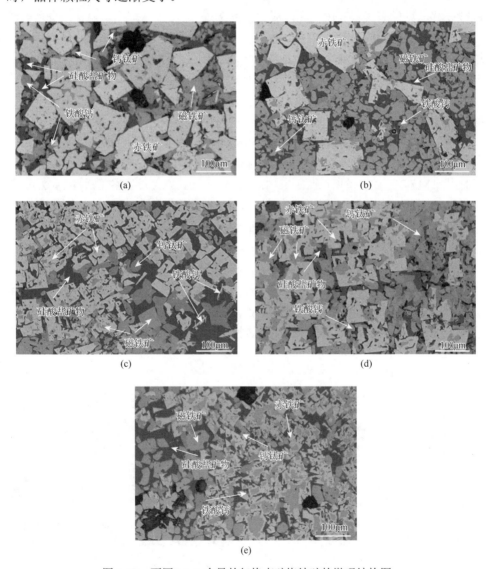

图 3-27　不同 MgO 含量的红格南矿烧结矿的微观结构图

（a）$\omega(\mathrm{MgO}) = 2.7\mathrm{wt\%}$；（b）$\omega(\mathrm{MgO}) = 2.9\mathrm{wt\%}$；（c）$\omega(\mathrm{MgO}) = 3.1\mathrm{wt\%}$；（d）$\omega(\mathrm{MgO}) = 3.3\mathrm{wt\%}$；
（e）$\omega(\mathrm{MgO}) = 3.5\mathrm{wt\%}$

图 3-27 为不同 MgO 含量下红格南矿烧结矿的微观结构图。由图可知，增加 MgO 含量后，烧结矿的孔洞大幅减少，原因是晶体尺寸逐渐变小，玻璃质黏结相和硅酸盐相生成，填充孔洞、黏结孔壁、巩固了结构强度，结构趋于均匀。烧结矿中最耐磨的矿物类型就是液相及紧密胶结的矿物。增加 MgO 含量后，呈颗粒状的赤铁矿含量降低，互连状赤铁矿逐渐增多，微观结构趋于合理。但使用白云石增加 MgO 含量时要注意不要使 MgO 含量过高，由于白云石在烧结过程中首先进行分解，见反应式（3-10）和反应式（3-11）。

白云石分解反应过程是吸热过程，随着白云石配比的增加，它的分解吸热量增加，因此，在燃料水平一定的条件下，将影响烧结料层内的热量平衡。在和白云石细粉接触的位置，烧结温度偏低，形成多种低熔点物相，且 MgO 抑制网状物的形成，不利于针状铁酸钙的形成。因此，过高的 MgO 含量不利于烧结矿强度的提高。

图 3-28 为 3.5wt% MgO 含量下红格南矿烧结矿的 SEM 图和主要元素分布情况。Mg 元素主要与含铁矿物结合在一起，而 Ca、Ti 和 Si 元素结合在一起。由于 Fe^{2+} 和 Mg^{2+} 离子半径相近（$Fe^{2+} = 0.83Å$，$Mg^{2+} = 0.78Å$）、晶格常数相近（2.10Å、2.12Å），因此，在烧结过程中 Fe^{2+} 和 Mg^{2+} 可相互取代，形成连续的完全类质同象，易生成含 Ca、Mg、Fe、Si 的多元矿物。根据对烧结前的天然磁铁矿粉和烧结后的磁铁矿的穆斯堡尔谱学研究分析可知[9, 10]，天然磁铁矿中八面体晶位存在空位，烧结后含 MgO 烧结矿中磁铁矿晶格内八面体晶位 Fe^{2+} 发生严重空位，由此可以证明大量非 Fe^{2+} 进入磁铁矿晶格的八面体晶位，Fe^{2+} 离开晶格中八面体晶位[9-12]。MgO 在高温烧结之后主要以 Mg^{2+} 的形式分布于含铬型钒钛磁铁矿中，这也充分说明 Mg^{2+} 在磁铁矿中以类质同象形式取代 Fe^{2+} 而形成含镁磁铁矿 $(Fe, Mg)O \cdot Fe_2O_3$。

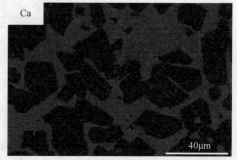

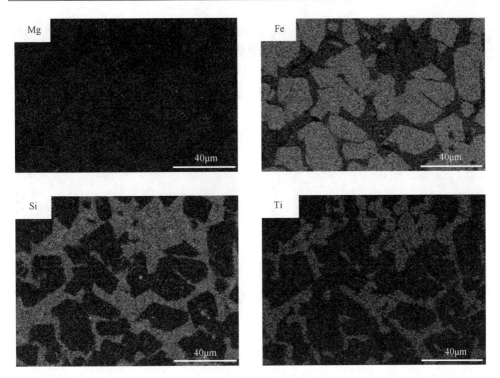

图 3-28　3.5wt% MgO 含量下红格南矿烧结矿的 SEM 图和主要元素分布情况

3.2　燃料水平对含铬型钒钛烧结矿质量影响规律及作用机理

　　铁矿石的烧结是依靠配加在混合料的燃料燃烧提供其矿化所必需的热量，同时还影响烧结料层中的气氛，对烧结混合料的成矿过程产生重要的影响并改变烧结矿的矿物组织与结构，而后者对烧结矿产质量有重要的影响。燃料水平配加过低，会导致烧结混合料层温度过低，液相量不足；燃烧水平配加过高，会导致烧结矿过熔，同时造成烧结混合料层中氧势降低，不利于铁酸钙的生成，甚至造成铁酸钙分解，从而降低烧结矿产质量，另外，燃料水平过高，将造成生产成本提高，CO_2 排放量也增加。

　　关于燃料水平对烧结矿影响的问题，张俊等通过压块法研究了温度跟气氛对烧结过程的影响，尤其是对铁酸钙的影响[13]；Pownceby 等研究了氧分压对烧结过程中矿物组成尤其是铁酸钙生成机理的影响[14]；吕庆等研究了钒钛烧结中配碳量对烧结矿的影响问题[15, 16]；范晓慧等研究了氧气含量对烧结矿产量、质量的影响[17]。

在本小节中,通过烧结杯实验模拟实际生产,研究了不同燃料水平下俄罗斯、承德和红格含铬型钒钛烧结矿烧结的行为及其对烧结矿产质量的影响规律,并通过矿物学性能、XRD 和 SEM-EDS 对不同燃料水平下烧结矿的矿物组成及显微结构进行了研究,得到适合目前配料结构下的最佳燃料水平。

3.2.1　燃料水平对俄罗斯含铬型钒钛烧结矿质量及其矿物组织的影响

1. 实验原料及方法

烧结实验在直径 150mm 的小烧结杯中进行,料层高度保持在 500mm。烧结混合料中配加 13wt%的俄罗斯含铬型钒钛磁铁矿粉、15wt%的国产普通磁铁矿粉、12wt%的俄粉、20wt%的矿业粉;竖炉灰含 4.5wt%、自产返矿配比 14.0wt%、碱度[$R = m(CaO)/m(SiO_2)$]固定为 2.25、MgO 含量固定在 2.63wt%、焦粉配比分别为 3.5wt%、4.0wt%、4.5wt%、5.0wt%、5.5wt%、6.0wt%。具体实验方案及实验参数见表 3-16 和表 3-17。

表 3-16　不同燃料水平下的含铬型钒钛混合料配矿方案（wt%）

名称	No.1	No.2	No.3	No.4	No.5	No.6
俄罗斯含铬型钒钛磁铁矿粉（CG）	13.11	13.11	13.11	13.11	13.11	13.11
国产普通磁铁矿粉	15.12	15.12	15.12	15.12	15.12	15.12
矿业粉	20.18	20.18	20.18	20.18	20.18	20.18
俄粉	12.12	12.12	12.12	12.12	12.12	12.12
竖炉灰	4.50	4.50	4.50	4.50	4.50	4.50
菱镁石	3.57	3.57	3.57	3.57	3.57	3.57
生石灰	12.40	12.40	12.40	12.40	12.40	12.40
焦粉	3.50	4.00	4.50	5.00	5.50	6.00

表 3-17　烧结杯实验参数

参数	数值	参数	数值
料层高度	500mm	烧结直径	150mm
点火负压	5.0kPa	烧结负压	10.0kPa
点火温度	1000℃	点火时间	2min
混合料中焦粉配比	3.5wt%～6.0wt%	混合料水分	7.5wt%±0.3wt%
返矿配比	14.0wt%	铺底料高度	20mm
碱度 $R = m(CaO)/m(SiO_2)$	2.25	制粒时间	8min

　　烧结料混合采用两次混合，铺底料采用 10～15mm 的自产返矿。烧结出的烧结饼经破碎后，从 2m 高处落下 3 次，之后烧结矿被筛分成 5 个粒度：>40mm、25～40mm、10～25mm、5～10mm、<5mm。

　　对烧结矿进行落下强度实验和筛分实验，取粒度为 10～12.5mm 的矿样测定其还原粉化性能。烧结矿冷强度根据国家标准 YB/T 4605—2017 测定；低温还原粉化性能依据国家标准 GB/T 13242—2017 进行测定。还原性能依据 GB/T 13241—2017 进行测定。

　　另外，在每组烧结矿中随机取 3 块试样，将试样切割成长 3cm、宽 2cm、厚 1cm 的薄片，用树脂进行封样。将封装后的试样分别在 100#～1000# 金刚砂磨盘中进行粗磨，再在毛玻璃板上进一步细磨，最后在抛光机上进行抛光、清洗，烘干之后在德国 Leica DM1750M 矿相显微镜下进行矿物组织观察并结合英国 Cambridge 生产的 Q500 对烧结矿的矿物组织进行统计，之后对烧结矿样进行喷金，在 JEOL S-3400N 型扫描电镜上进行 SEM-EDS 分析。

　　2. 结果分析与讨论

　　1）燃料水平对成品含铬型钒钛烧结矿化学成分的影响

　　不同燃料水平下的成品含铬型钒钛烧结矿的化学成分如表 3-18 和图 3-29 所示。从图 3-29 可以看出，随着燃料水平的提高（3.5wt%～6.0wt%），含铬型钒钛烧结矿中的 FeO 含量迅速增加，同时成品烧结矿中 SiO$_2$ 含量也从 5.37wt% 增加到 5.81wt%。烧结矿中形成的 FeO 含量除与烧结前铁矿粉的 FeO 含量有关之外，主要与以下两个因素有关：一是生成的 FeO，二是再氧化的 FeO。它们的具体关系如下

$$W_{\text{FeO（形成）}} = W_{\text{FeO（生成）}} - W_{\text{FeO（再氧化）}} \qquad (3\text{-}12)$$

根据上式的关系，可以进一步推测燃料水平通过改变烧结混合料层的温度及气氛从而影响烧结矿中 FeO 含量。随着烧结混合料中燃料水平的提高，烧结料层温度升高，这将有利于生成更多的含有 FeO 的熔体，所以 $W_{\text{FeO（生成）}}$ 值增大。同时，烧结混合料层中氧化性气氛减弱，还原性气氛增强，这将减小 $W_{\text{FeO（再氧化）}}$ 值，因此烧结矿中 FeO 含量增加。随着烧结混合料熔体中 FeO 生成量的增加，FeO 很容易与烧结熔体中 SiO$_2$ 反应形成低熔点的 2FeO·SiO$_2$。这也许是随着燃料水平的提高，成品烧结矿中的 SiO$_2$ 有所增加的原因。同时，成品烧结矿中 MgO 含量也有所增加，这也许是由生成 MgO·FeO·SiO$_2$ 数量增多造成的。与此相反，随着燃料水平的提高，成品烧结矿中的 TiO$_2$ 含量有所减少，这可能是由于烧结矿中钙钛矿 CaO·TiO$_2$ 生成量增加。随着燃料水平的提高，烧结混合料层中的温度及还原性气氛增强，这将有利于钙钛矿的生成。众所周知，钙钛矿不是烧结矿中的黏结相，且其具有高的硬度及较低的强度，这些均不利于烧结矿的强度及成品率。这也是造成钒钛烧结矿返矿（–5mm）比普通烧结矿多的原因。成品烧结矿中的 TiO$_2$ 含量减少，也可以从中推

测更多的 TiO_2 以钙钛矿的形成进入（–5mm）返矿中。所以随着燃料水平的提高，更多的 Ti 元素形成钙钛矿而进入返矿中，因此，成品烧结矿中的 TiO_2 含量减少。

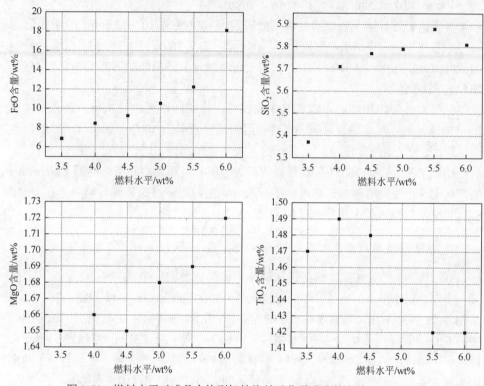

图 3-29　燃料水平对成品含铬型钒钛烧结矿化学成分的影响（＋5mm）

表 3-18　不同燃料水平下成品（＋5mm）含铬型钒钛烧结矿的化学成分（wt%）

编号	TFe	FeO	CaO	SiO2	MgO	Al2O3	TiO2	V2O5	Cr2O3
No.1 燃料 3.5wt%	54.46	6.86	12.10	5.37	1.65	2.96	1.47	0.279	0.108
No.2 燃料 4.0wt%	54.71	8.46	12.62	5.71	1.66	3.01	1.49	0.269	0.115
No.3 燃料 4.5wt%	54.85	9.26	12.08	5.77	1.65	3.01	1.48	0.275	0.114
No.4 燃料 5.0wt%	54.61	10.56	12.23	5.79	1.68	2.97	1.44	0.285	0.110
No.5 燃料 5.5wt%	55.23	12.26	12.50	5.88	1.69	3.01	1.42	0.264	0.102
No.6 燃料 6.0wt%	54.89	18.14	12.42	5.81	1.72	3.02	1.42	0.273	0.104

2）燃料水平对含铬型钒钛烧结矿矿物学及显微结构的影响

不同燃料水平下的烧结矿在经过破碎之后，选取烧结饼中间部分的烧结矿 3 块，经过制样之后，通过矿相显微镜观察、矿物组织统计及 SEM-EDS 等检测手段对其矿物组织形貌及矿物学性能进行分析观察统计，其典型矿物组织形貌如图 3-30 所示，不同燃料水平下的含铬型钒钛烧结矿的矿物相数量如图 3-31 所示。

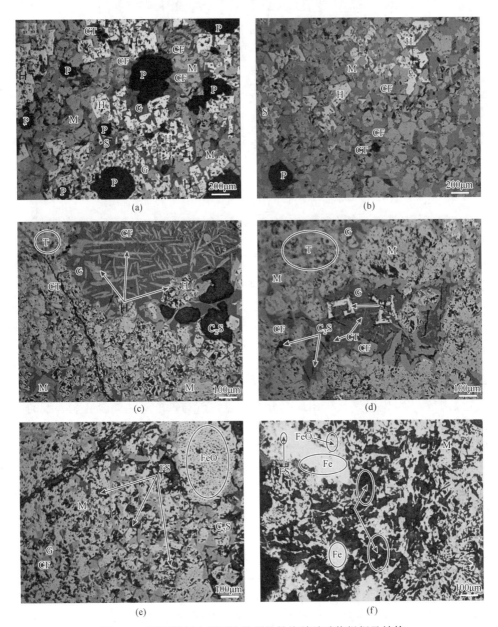

图 3-30　不同燃料水平下含铬型钒钛烧结矿矿物组织及结构

（a）燃料 3.5wt%；（b）燃料 4.0wt%；（c）燃料 4.5wt%；（d）燃料 5.0wt%；（e）燃料 5.5wt%；（f）燃料 6.0wt%
H. 赤铁矿；M. 磁铁矿；CF. 铁酸钙；S. 硅酸盐；G. 玻璃；CT. 钙钛矿；P. 孔洞；
C_2S. 硅酸二钙；FS. 铁橄榄石；T. 过熔区

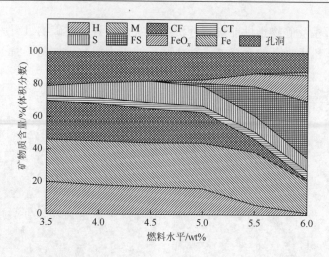

图 3-31　不同燃料水平下含铬型钒钛烧结矿矿物组织及结构

H. 赤铁矿；M. 磁铁矿；CF. 铁酸钙；S. 硅酸盐（硅酸二钙、玻璃质等）；CT. 钙钛矿；FS. 铁橄榄石

　　燃料水平对烧结矿的矿物组织以及结构的影响见图 3-30 和图 3-31。从图 3-30 和图 3-31 可以看出：随着燃料水平的提高，含铬型钒钛烧结矿的矿物组成、结构及矿物学性能有较大的变化。在燃料水平 3.5wt%焦粉配比下，在烧结矿的孔洞周围出现大量的赤铁矿及磁铁矿，孔洞分布较多。此外，磁铁矿及赤铁矿被铁酸钙、硅酸盐及少部分玻璃质黏结 [图 3-30（a）]。当燃料水平从 3.5wt%焦粉配比提高到 4.0wt%焦粉配比时，含铬型钒钛烧结矿的矿物组织结构趋向均匀，烧结矿中孔洞减少，赤铁矿也有所减少。烧结矿中以大量的磁铁矿被铁酸钙及少部分硅酸盐黏结为主，同时钙钛矿出现且分布在磁铁矿与铁酸钙之间及孔洞裂纹的周边 [图 3-30（b）]。随着燃料水平进一步提高到 4.5wt%焦粉配比，烧结矿中液相生成更加充分，烧结矿中孔洞减少，但是烧结矿中液相量的增加幅度是有限的。另外，随着燃料水平提高到 4.5wt%焦粉配比，烧结混合料中局部温度较高，出现铁酸钙分解生成二次赤铁矿的现象 [图 3-30（c）H]；烧结矿中铁酸钙含量减少，硅酸盐（硅酸二钙、玻璃质等）及钙钛矿生成量增多。此外，在钙钛矿分布的区域，有较多的裂纹生成 [图 3-30（c）T]。当燃料水平进一步提高到 5.0wt% 焦粉配比，更多的液相、钙钛矿及硅酸二钙等生成，同时烧结矿中的孔洞及赤铁矿进一步减少。另外，烧结矿中的核粒子有过熔现象出现 [图 3-30（d）T]，且铁酸钙分解成二次赤铁矿，以及从硅酸盐相中生成钙钛矿的现象更加明显 [图 3-30（d）CT]。当燃料水平进一步提高到 5.5wt%时，烧结矿中更多的核粒子处于过熔状态，失去了原先的粒子形貌。同时，大量的 FeO_x 和铁橄榄石生成，更多的铁酸钙发生分解，烧结矿中的孔洞数量及赤铁矿相数量迅速减少 [图 3-30（e）]。当燃料水平提高到 6.0wt%焦粉配比时，出现了一个较为有趣的现象：在局部过还原区域出现少量金

属铁粒子 [图 3-30（f）]，此时，烧结矿呈现出一种过度熔化状态，烧结矿孔隙率下降，烧结矿中主要的矿物为 FeO_x、钙铁橄榄石、硅酸二钙、磁铁矿、硅酸盐、钙钛矿及少量铁酸钙和赤铁矿。

3）燃料水平对含铬型钒钛烧结矿冶金性能的影响

不同燃料水平对含铬型钒钛烧结矿的矿物组成、结构及矿物学性能产生了重要的影响，而烧结矿的矿物特性对烧结矿的冶金性能及生产指标有重要的影响。燃料水平对含铬型钒钛烧结矿的冶金性能及生产率的影响如图 3-32 所示。

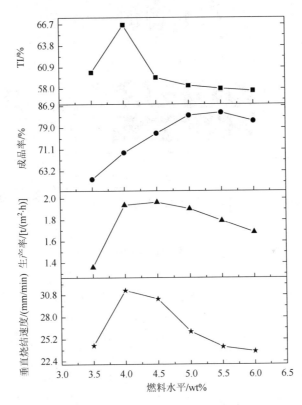

图 3-32　燃料水平对含铬型钒钛烧结矿的冶金性能及生产率的影响

（1）燃料水平对含铬型钒钛烧结矿烧结速度的影响

图 3-32 展示了含铬型钒钛烧结矿烧结速度随燃料水平的不同而变化的趋势。从图 3-32 可以看出，随着燃料水平从 3.5wt%焦粉配比提高到 4.0wt%焦粉配比，含铬型钒钛混合料的垂直烧结速度从 24.39mm/min 增加到 31.38mm/min。这可能是由于在燃料水平 3.5wt%焦粉配比下，烧结过程中热量损失相对较大，焦粉配比较低，燃烧所提供的热量不足，从而导致可供烧结混合料矿化的热量不足，烧结

料层温度较低，烧结速度较低。所以，当燃料水平提高到 4.0wt%时，更多的燃料水平提供较多的焦粉，从而使得焦粉燃烧提供的热量比燃料水平 3.5wt%时充足，使得烧结混合料的矿化反应有相对充足的热量保证其稳定持续发生，从而提高了烧结混合料的烧结速度。

众所周知，燃料燃烧不仅提供烧结混合料矿化反应所必需的热量，同时影响改变烧结混合料层中的气氛。烧结过程的反应示意图如图 3-33 所示。

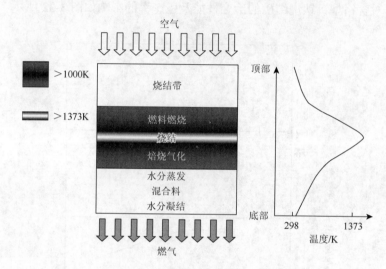

图 3-33　烧结过程的反应示意图

当燃料水平从 4.0wt%焦粉配比进一步提高到 6.0wt%焦粉配比过程中，含铬型钒钛烧结混合料垂直烧结速度从 31.38mm/min 迅速下降到 23.67mm/min。在燃料水平从 4.0wt%焦粉配比提高到 4.5wt%焦粉配比时，更多的燃料燃烧提供了更多的热量，从而有较多的液相生成，这将造成含铬型钒钛混合料层透气性下降。同时，更多的燃料燃烧消耗了更多的氧气，料层透气性的下降导致通过料层的气体的流速降低，进而烧结混合料层氧势及燃料反应活性降低。因此，烧结速度降低。特别是燃料水平提高到 6.0wt%焦粉配比时，过多的燃料燃烧提供了过量的热量从而造成液相生成量过大，烧结矿变得更加致密，气孔率降低，通过料层的空气流速进一步降低及燃料燃烧消耗的氧气量进一步增大，造成烧结料层中的氧气量进一步减少，从而造成焦粉不能充分燃烧甚至出现未燃焦粉（图 3-34），这些都是垂直烧结速度进一步下降到 23.67mm/min 的原因。这一过程与燃料水平对攀枝花普通钒钛磁铁矿烧结速度的影响一致，同时可以看出，含铬型钒钛烧结矿的烧结速度要大于攀枝花钒钛磁铁矿。

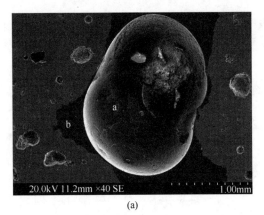

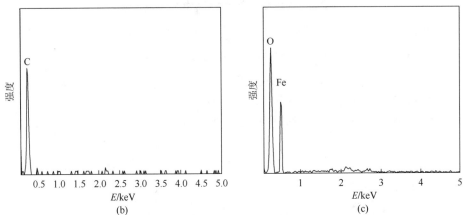

图 3-34　含铬型钒钛烧结矿中未燃焦粉 SEM 图和 EDS 图

（a）SEM 图；（b）a 点 EDS 图；（c）b 点 EDS 图

（2）燃料水平对含铬型钒钛烧结矿成品率（+5mm）的影响

图 3-32 也展示了不同燃料水平下含铬型钒钛烧结矿成品率的变化情况。结果表明：当燃料水平从 3.5wt%焦粉配比提高到 5.5wt%焦粉配比时，成品率迅速从 60.23%提高到 84.46%，随着燃料水平进一步从 5.5wt%焦粉配比提高到 6.0wt%焦粉配比时，烧结矿的成品率有所下降，从 84.46%降低到了 81.43%。出现这样的情况可能是由于随着燃料水平从 3.5wt%焦粉配比水平提高到 5.5wt%焦粉配比，液相生成量增多及孔洞减少。同时，随着烧结速度的下降，烧结混合料中的熔渣相有充足的时间去结晶，烧结矿中的玻璃相生成量也减少（图 3-31）。然而，当燃料水平继续提高到 6.0wt%焦粉配比时，烧结混合料中的核粒子过度熔化造成强度降低，从而形成烧结矿薄壁大孔结构（图 3-35）。进一步，在燃料水平达到 6.0wt%焦粉配比时，钙钛矿含量的增加及铁酸钙相的减少也是含铬型钒钛烧结矿生产率降低的原因（图 3-31）。总之，含铬型钒钛烧结混合料中的燃料配比水平不宜过高，从成

品率的角度来看，在目前的工艺及配料结构下，5.5wt%焦粉配比是较为适宜的。

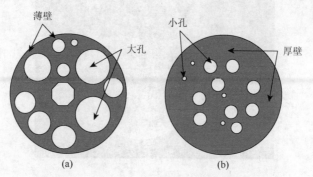

图 3-35　含铬型钒钛烧结矿宏观结构示意图
（a）薄壁大孔结构；（b）厚壁小孔结构

（3）燃料水平对含铬型钒钛烧结矿转鼓强度的影响

从图 3-32 很容易发现：在燃料水平在 3.5wt%焦粉配比提高到 4.0wt%焦粉配比时，转鼓强度从 60.2%增加到 66.6%，增加了 6.4%；但是，随着燃料水平继续提高到 4.5wt%焦粉配比，转鼓强度迅速下降到 59.5%，且随着燃料水平进一步提高到 6.0wt%焦粉配比，转鼓强度进一步下降到 57.7%。正如在前面章节对燃料水平对烧结速度及成品率讨论的一样，在燃料水平 3.5wt%焦粉配比条件下，燃料燃烧所释放的热量不足以使混合料生成足够充足的液相，从而造成烧结矿孔洞较多及液相量不足 [图 3-30（a）、图 3-31]，所以烧结矿的转鼓强度处于一个较低的水平。因此，当燃料水平提高到 4.0wt%焦粉配比时，由于燃料配比量较适宜，更多的热量通过燃料燃烧释放，从而提供了充足的液相量。如此，则烧结矿中的黏结相增多，孔洞减少。所以，烧结矿的转鼓强度迅速提高。

当燃料水平提高到 4.5wt%焦粉配比时，更多的热量、更多的液相量、更少的孔洞及孔隙率以及空气流速的降低导致混合料中的氧气含量降低，这些将造成烧结料层中的温度较高及氧分压较低，而这时不利于铁酸钙，尤其是高强度的针状复合铁酸钙（SFCAI）的生成，且将造成铁酸钙容易分解成二次赤铁矿 [图 3-30（c）和图 3-31]。因此，转鼓强度迅速下降。当燃料水平继续提高到 5.0wt%焦粉配比时，更多的铁酸钙分解，同时伴随着更多的钙钛矿生成，且此时烧结混合料中的核粒子有轻微过熔现象。当燃料水平进一步提高到 6.0wt%，烧结混合料中的核粒子过度熔化，将造成核粒子强度降低，从而造成烧结矿转鼓强度降低，同时造成烧结矿薄壁大孔结构（图 3-35）。因此，虽然此时烧结矿具有更多的液相量及更少的孔洞，但是其强度依然下降 [图 3-30（d）、（e）和图 3-31]。

（4）燃料水平对含铬型钒钛烧结矿粒度组成分布的影响

燃料水平对含铬型钒钛烧结矿粒度组成分布的影响见图 3-36。图 3-36 展示了落下实验之后不同燃料水平下的烧结矿的粒度组成分布。从图中可以看出，随着燃料水平从 3.5wt%焦粉配比提高到 5.5wt%焦粉配比条件下，烧结矿中粒度（-10mm）从 63.42%降低到 33.17%，粒度（10~25mm）的烧结矿比例从 24.38%提高到 48.09%，大粒度（+25mm）变化不大，大块粒度（+40mm）比例也有所提高。此外，当燃料配比低于 4.0wt%，大粒度比例大幅度下降。从粒度组成分布来看，在燃料配比 5.0wt%左右时，粒度组成分布最为合理。

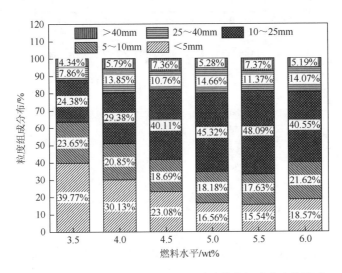

图 3-36　燃料水平对含铬型钒钛烧结矿粒度组成分布的影响

（5）燃料水平对含铬型钒钛烧结矿生产率的影响

图 3-32 也展示了燃料水平对烧结矿生产率的影响。当燃料水平提高到 4.0wt%焦粉配比时，含铬型钒钛烧结生产率有大幅度的提升，从 1.359t/(m^2·h)提高到 1.939t/(m^2·h)；且随着燃料水平进一步提高到 4.5wt%焦粉配比，生产率进一步提高到 1.965t/(m^2·h)。此后，随着燃料水平的进一步提高，生产率降低。

从图 3-32 可以看出，随着燃料水平从 3.5wt%焦粉配比提高到 4.0wt%焦粉配比，烧结速度提高，烧结时间缩短，同时，烧结矿的成品率提高。所以，烧结的生产率有大幅度提升。当燃料水平提高到 4.5wt%焦粉配比时，烧结速度下降导致烧结时间延长，与此同时，烧结矿的成品率有进一步的增大，且成品率的增加幅度超过了烧结时间的增加幅度，所以生产率有进一步的提升。同理，当燃料水平提高到 5.0wt%焦粉配比时，尽管烧结时间和成品率均提高，但是烧结时间增加的幅度超越了成品率提升的幅度，所以生产率有所降低。燃料水平从 5.5wt%焦粉配比提高到 6.0wt%焦粉配比时，烧结时间有所增加，同时成品率下降，所以烧结生产率有较大幅度下降。

（6）燃料水平对含铬型钒钛烧结矿低温还原粉化性能的影响

烧结矿的RDI是烧结矿的一项重要性能，含铬型钒钛烧结矿的RDI性能较差。本部分主要对不同燃料水平下含铬型钒钛烧结矿的 RDI 性能做分析，$RDI_{+3.15}$ 数值高于 70%，被认为是具有好的 RDI 性能，$RDI_{+3.15}$ 作为主要的考察指标，同时以 $RDI_{+6.3}$ 和 $RDI_{-0.5}$ 作为参考指标。实验结果如图 3-37 所示。

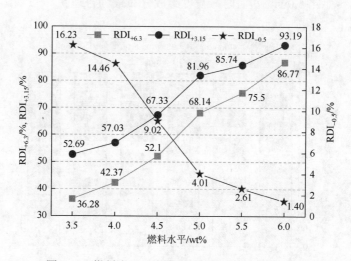

图 3-37　燃料水平对含铬型钒钛烧结矿 RDI 的影响

从图 3-37 可以看出，燃料水平提高可以明显提高含铬型钒钛烧结矿的 RDI 性能，这一点与燃料水平对攀枝花普通钒钛磁铁矿的 RDI 性能影响一致，同时可以发现含铬型钒钛烧结矿的 RDI 性能优于攀枝花地区的普通钒钛烧结矿。当燃料水平从 3.5wt%焦粉配比提高到 6.0wt%焦粉配比时，$RDI_{+6.3}$ 和 $RDI_{+3.15}$ 分别从 36.28%、52.69%提高到 86.77%和 93.19%，与此同时，$RDI_{-0.5}$ 值从 16.23%降低到 1.40%。烧结矿发生还原粉化最重要的原因是在高炉上部块状带 400~600℃时，$Fe_2O_3 \rightarrow Fe_3O_4$ 过程中发生了体积膨胀，体积膨胀率在 10%左右。从含铬型钒钛烧结矿的矿物组成、结构及矿物质含量变化（图 3-30 和图 3-31）可知，随着燃料水平的提高，烧结矿中赤铁矿含量迅速降低，尤其二次赤铁矿含量较少，这是烧结矿 $RDI_{+3.15}$ 大幅度提高的主要原因。另外，烧结矿中 FeO 含量的增多（图 3-29）及烧结矿中孔洞的减少（图 3-30 和图 3-31）均有利于烧结矿 $RDI_{+3.15}$ 的提高。同样，烧结矿中 FeO 含量提高 1%，$RDI_{+3.15}$ 将提高 4.0%。另外，成品烧结矿中有更多的含镁橄榄石（$MgO \cdot FeO \cdot SiO_2$）沉淀析出，这些橄榄石减少了烧结矿中裂纹的生成，均有利于烧结矿的 RDI 提高。

（7）燃料水平对含铬型钒钛烧结矿还原性 RI 的影响

矿石还原性能的优劣是通过还原度来度量的，即以 Fe^{3+} 状态为基准（即假定铁矿石中的铁全部以 Fe_2O_3 形式存在，并把这些 Fe_2O_3 中的氧算作 100%），还原一定时间后所达到的脱氧的程度，以质量分数表示。其数值大小表明了从铁矿石中排除与铁相结合的氧的难易程度。还原性的测定实验采用国际 ISO-4695 标准。实验在高温还原性气氛下进行，用以模拟高炉的还原性条件。

实验室对烧结矿的还原性测定具体步骤如下：采用筛分的方法选取落下实验之后 10～12.5mm 的烧结矿 500g。将烧结矿在 110℃ 下烘干 60min 之后冷却到室温。烧结矿还原性能测定设备示意图如图 3-38 所示。

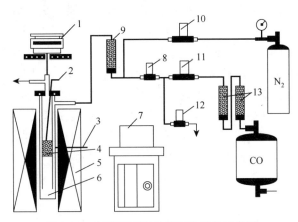

图 3-38　烧结矿还原性能测定设备示意图

1. 电子秤；2.、3. 热电偶；4. 样品；5. 电炉；6. 还原管；7. 计算机测控系统；8. 切断电磁阀；
9.、13. 硅胶；10.、11. 质量流量计；12. 排污电磁阀

将 500g 烧结矿放入还原管后，开启升温。升温速度 10℃/min。当试样达到 900℃ 时，增大 N_2 流量到 15L/min。在 900℃ 恒温 30min，使试样的质量达到恒定（记为 m_0），试样温度为（900±10）℃。

下面进行还原实验。通入流量为 15L/min 的还原气体（成分为 30mol% CO、70mol% N_2）代替 N_2，连续还原 180min。在开始的 15min 内，每 3min 记录一次试样的质量。以后每 10min 记录一次。还原 180min 后，实验结束。切断还原气体，先向还原管内通入流量为 5L/min 的 N_2，然后将还原管连同试样提出炉外，进行冷却。冷却终点温度需低于 100℃。

用下面的公式计算还原时间为 t 时的还原度 R_t，以 Fe^{3+} 状态为基准，用质量分数（wt%）表示。计算中温还原指数 RI 时，t 为 180min，

$$R_t = \left(\frac{0.11 W_{FeO}}{0.43 W_{TFe}} + \frac{m_0 - m_t}{m_0 \times 0.43 W_{TFe}} \right) \times 100\% \tag{3-13}$$

式中，R_t 是还原时间为 t min 时试样的还原度（%）；m_0、m_t 分别为还原开始前、还原 t min 时试样的质量（g）；W_{FeO}、W_{TFe} 分别为还原实验前试样的 FeO、全铁含量（wt%）。

　　烧结矿的还原性与其化学成分、粒度大小、孔隙率、矿物成分及结构相关。从图 3-39 可以看出，随着燃料水平的提高，含铬型钒钛烧结矿的还原度从 76.52% 下降到 50.35%，这一规律也适应于攀枝花普通钒钛磁铁矿，但是攀枝花普通钒钛烧结矿的还原性能要优于含铬型钒钛烧结矿。由于每组实验所采用的烧结矿粒度大小基本一致（10～12.5mm），因此，粒度大小对烧结矿还原性的影响在本实验中可以忽略。所以，本实验中，烧结矿的还原性的改变可能是由于不同燃料水平下烧结过程中混合料层温度及气氛的改变，从而造成含铬型钒钛烧结矿矿物组成、结构及孔隙率的变化。烧结矿中主要矿物的还原性大小顺序为：赤铁矿→铁酸钙→磁铁矿→橄榄石→硅酸铁。从图 3-30 和图 3-31 可以看出，随着燃料水平的提高，难还原的磁铁矿、橄榄石及 FeO$_x$ 含量增多，而具有较高还原性的赤铁矿、铁酸钙含量大幅度减少，因此烧结矿的还原性下降。此外，从图 3-31 可以发现，随着燃料水平的提高，烧结矿中的孔隙率（孔洞）减少，烧结矿变得致密，这也降低了烧结矿的还原度。从另外一个角度看，烧结矿中的 FeO 含量随着燃料水平的提高而迅速提高（图 3-29），烧结矿中 FeO 含量越多，烧结矿的还原性越弱，这是由于还原度是计算 Fe^{3+} 获得的，而 FeO 是计算 Fe^{2+} 获得的，烧结矿中含有 Fe^{2+} 的矿物大多是还原性的 Fe$_3$O$_4$、2FeO·SiO$_2$、CaO·FeO·SiO$_2$、MgO·FeO·SiO$_2$ 及 FeO 等。

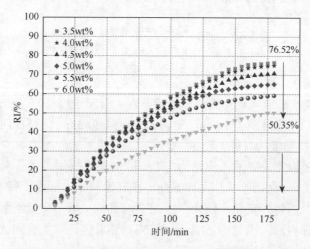

图 3-39　燃料水平对含铬型钒钛烧结矿还原性 RI 的影响

（8）燃料水平对含铬型钒钛烧结矿软化性能的影响

　　烧结矿不是纯物质晶体，没有固定的熔点，它具有一定范围内的软熔温度区间。在高炉炼铁生产中，要求烧结矿的熔化温度高，这样可以保持较多的气-固相的稳定操作，同时还要求软熔温度区间要窄，这样有利于煤气的运动。由于矿石的软熔温度区间不固定，本实验中在升温过程中，料柱高度收缩 10%时的温度为软化开始温度（$T_{10\%}$），收缩 40%时的温度为软化终了温度（$T_{40\%}$），$\Delta T = T_{40\%} - T_{10\%}$ 为软化温度区间。试样粒度为 1.5～2.5mm、荷重为 1kg/cm^2、料柱高度为 40mm。荷重软化实验装置示意图见图 3-40。

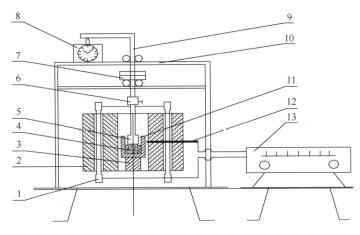

图 3-40 荷重软化实验装置示意图

1. 硅碳棒；2. 电炉；3. 坩埚底座；4. 试样；5. 硅碳棒压杆；6. 紧固螺丝；7. 配重；
8. 百分表；9. 钢棒压杆；10. 支架；11. 石墨坩埚；12. 热电偶；13. 温控仪

图 3-41 为 $T_{10\%}$、$T_{40\%}$ 和 ΔT 随燃料水平提升的变化。随着燃料水平从 3.5wt%焦粉配比提高到 6.0wt%焦粉配比，$T_{10\%}$ 和 $T_{40\%}$ 分别从 1274.5℃、1383℃下降到 1248℃和 1362℃，同时软化温度区间 ΔT 从 108.5℃增大到 114℃，软化温度区间变宽。这对高炉料层的透气性与煤气的运动以及高炉的稳定操作不利。烧结矿在升温还原过程中的软熔温度主要取决于烧结矿中低熔点矿物的种类及数量。低熔点物质形成的温度低、数量多，烧结矿的软熔温度就低；反之，软熔温度就高。正如前面讨论及从图 3-29 及图 3-30 所见，随着燃料水平的提高，FeO 含量的增加意味着烧结矿中低熔点的矿物如橄榄石类增多，这也可以从图 3-29 和图 3-31 得以证明。在软熔过程中，烧结矿中的 FeO 有两个去向：一是被还原成金属铁；二是与脉石结合形成低熔点液相。由于燃料水平提高，烧结过程中产生的热量增多、液相量增多、FeO 含量提高、烧结矿的还原性降低、渣相中的 FeO 量升高、FeO 与脉石形成的低熔点物质增多，从而导致渣相熔点降低、软熔带上移、软熔带变宽、透气性降低、软熔性能变差。烧结混合料中生成的低熔点物质增多，从而造成烧结矿的软化温度降低、软熔带上移。

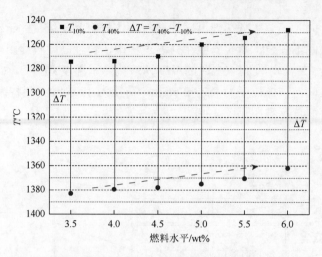

图 3-41　燃料水平对含铬型钒钛烧结矿荷重软化性能的影响

4）燃料水平对含铬型钒钛烧结矿影响综合评价

由于每个考察指标对应的最佳燃料水平不一定一致，故不能用某一个指标最好时作为最佳燃料比，需对不同燃料比下的烧结矿进行综合指标的考察。同 3.1节一样，采用国内外普遍使用的综合指数法，综合指数越高则烧结矿的指标越好，其对应的燃料水平则最佳。对于一个体系的多个指标，有的指标越高越好，称为高优指标，如烧结矿强度、利用系数、$RDI_{+3.15}$、RI；有的指标越低越好，称为低优指标，如燃料水平。本实验采用的综合指数法与参考文献的方法相同，参考攀钢的权值，其选取的考察指标分别为利用系数、转鼓强度、$RDI_{+3.15}$、RI 和燃料比，总权值为 100，利用系数、转鼓强度、$RDI_{+3.15}$、RI 和燃料比权值分别为 20、30、20、15、15。

为了便于比较及分析，燃料比最低的 3.5wt%（实验 No.1）被设定成参考并且被量化成 100。

本实验中，z_{i1} 是利用系数；z_{i2} 是转鼓强度；z_{i3} 是 $RDI_{+3.15}$；z_{i4} 是 RI；z_{i5} 是燃料比。具体计算评价过程和结果见表 3-19 和图 3-42。

表 3-19　燃料水平对含铬型钒钛烧结矿综合指数影响的评估

编号	z_{i1}	z_{i2}	z_{i3}	z_{i4}	$-z_{i5}$	$f_i = \sum_{j=1}^{m} \omega_j z_{ij}$ （ $i=1,2,\cdots,n$;　$j=1,2,\cdots,m$ ）	$F_i = f_i - f_1 + 100$
No.1 燃料 3.5wt%	1.359	60.2	52.69	76.52	3.5	296.60	100.00
No.2 燃料 4.0wt%	1.939	66.6	57.03	74.95	4.0	335.55	138.95
No.3 燃料 4.5wt%	1.965	59.5	67.33	70.84	4.5	312.21	115.61

续表

编号	z_{i1}	z_{i2}	z_{i3}	z_{i4}	$-z_{i5}$	$f_i = \sum_{j=1}^{m} \omega_j z_{ij}$ $(i = 1, 2, \cdots, n;\ j = 1, 2, \cdots, m)$	$F_i = f_i - f_1 + 100$
No.4 燃料 5.0wt%	1.904	58.4	81.96	65.23	5.0	307.51	110.91
No.5 燃料 5.5wt%	1.792	58.0	85.74	59.32	5.5	297.94	101.34
No.6 燃料 6.0wt%	1.684	57.7	93.19	50.35	6.0	288.91	92.31
$R_j = (z_{ij})_{\max}$ $-(z_{ij})_{\min}$	0.606	8.9	40.5	26.17	2.5		
W_j	20	30	20	15	15	结果：No.2＞No.3＞No.4＞ No.5＞No.1＞No.6	
$\omega_j = \dfrac{W_j}{R_j}$	33.00	3.37	0.494	0.573	6		

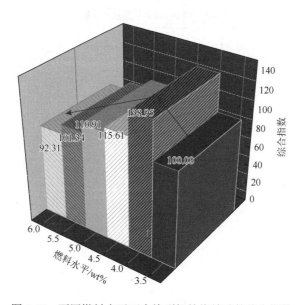

图 3-42　不同燃料水平下含铬型钒钛烧结矿的综合指数

从表 3-19 和图 3-42 可以看出，随着燃料水平从 3.5wt%焦粉配比提高到 6.0wt% 焦粉配比下，综合指数开始有较大的提升，之后持续下降，当燃料水平 4.0wt%焦粉配比时，最高的综合指数是 138.95。因此，在目前的工艺条件及燃料配比条件下，最佳的燃料水平是 4.0wt%焦粉配比，而攀枝花普通钒钛磁铁矿目前的最佳焦粉配比为 3.0wt%左右。

3.2.2　燃料水平对承德含铬型钒钛烧结矿质量及其矿物组织的影响

1. 实验原料及方法

实验所用原料的化学成分和特点见第 2 章。

以国内某钢铁企业的现场实际情况为参考,使用石灰调节碱度[$m(CaO)/m(SiO_2)$ = 1.9],在同等返矿条件下,研究不同配碳量[$\omega(C)$ = 2.8wt%~4.4wt%]对含铬型钒钛磁铁矿烧结过程及烧结矿质量的影响规律。实验所用的含铬型钒钛磁铁粉为大阪通运、恒伟矿业、远通矿业和建龙矿业以 20:15:45:20 的比例混合而成,各种矿粉做到均匀分散,齐整可比。将实验所得烧结矿做机械强度、低温粉化指数等实验,经过比较分析,得到不同配碳量对烧结矿的影响规律。具体的实验方案见表 3-20,烧结杯参数见表 3-7。

表 3-20　烧结实验方案及配料情况

实验编号	含铬型钒钛粉/wt%	印度粉/wt%	马来西亚粉/wt%	自溶粉/wt%	冷返/wt%	槽返/wt%	瓦斯灰/wt%	弃渣/wt%	磁选粉/wt%	白云石/wt%	石灰石粉/wt%	碱度	配碳量/wt%
C-1	49	5	3	5	18	10	1	1.5	2	1	4.5	1.9	2.8
C-2	49	5	3	5	18	10	1	1.5	2	1	4.5	1.9	3.2
C-3	49	5	3	5	18	10	1	1.5	2	1	4.5	1.9	3.6
C-4	49	5	3	5	18	10	1	1.5	2	1	4.5	1.9	4.0
C-5	49	5	3	5	18	10	1	1.5	2	1	4.5	1.9	4.4

2. 结果与分析

1)烧结过程参数与化学成分

表 3-21 为不同配碳量的烧结过程的工艺参数。由表 3-21 可知,随配碳量增加,垂直烧结速度从 17.57mm/min 降低到 14.14mm/min,废气最高温度从 159℃上升到 266℃,主要由于随配碳量增加,烧结料总体热量上升,烧结温度提高,废气最高温度上升,烧结过程中生成的液相量增加,混合料层的透气性降低,燃烧层厚度扩大,透气性变差,烧结时间延长,垂直烧结速度有所降低。另外,随配碳量增加,气流中含 O_2 相对量降低,焦炭燃烧速度也减慢。烧结时间延长,烧结过程中的物质损失增加,因此,烧成率也从 87.72wt%逐渐降低到 83.87wt%。综合以上诸因素,烧结利用系数随着配碳量增加从 1.43t/(m²·h)降低到 1.05t/(m²·h)。

表 3-21　烧结过程的工艺参数

编号	水分/wt%	烧结时间/min	垂直烧结速度/(mm/min)	废气最高温度/℃	加入样品量/kg	产出量/kg	烧损率/wt%	烧成率/wt%	利用系数/[t/(m²·h)]
C-1	7.37	39.84	17.57	159	87.1	76.4	12.28	87.72	1.43
C-2	7.17	45.99	15.22	208	86.2	71.9	16.59	83.41	1.17
C-3	7.57	47.52	14.73	209	85.3	71.8	15.83	84.17	1.13
C-4	7.34	48.18	14.53	220	83.9	72.1	14.06	85.94	1.12
C-5	7.86	49.50	14.14	266	83.1	69.7	16.13	83.87	1.05

表 3-22 为不同配碳量烧结矿的化学成分。随着配碳量的增加，烧结矿的 FeO 含量上升，其他成分无明显变化。

表 3-22　烧结矿的化学成分（wt%）

方案	TFe	FeO	CaO	SiO₂	V₂O₅	Al₂O₃	TiO₂	MgO
C-1	54.11	6.07	9.79	5.14	0.27	2.05	1.86	2.66
C-2	54.23	6.88	9.62	5.07	0.27	2.06	1.86	2.66
C-3	54.17	7.79	9.71	5.11	0.27	2.06	1.86	2.66
C-4	54.08	9.16	9.83	5.18	0.27	2.05	1.86	2.66
C-5	54.02	11.51	9.91	5.22	0.27	2.05	1.85	2.67

2）烧结矿粒度组成分布

图 3-43 为不同配碳量烧结矿的粒度组成分布。由图可知，随着配碳量增加，烧结矿大、中、小粒度成品率分布更趋于合理。随着配碳量增加，燃料燃烧产生

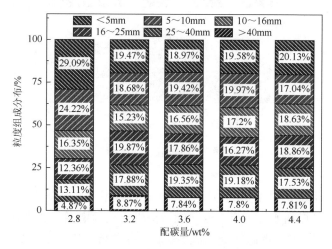

图 3-43　不同配碳量烧结矿的粒度组成分布

的热量增加，烧结液相量增加，烧结时间延长，铁氧化物的固相扩散、再结晶和重结晶也有所增加；另外，烧结时间延长，冷却速度相对降低，生成的玻璃质有所减少，使得烧结矿的微观结构更合理，改善了烧结成矿条件，因此使烧结矿的强度增加，成品率分布更合理。

　　3）烧结矿的冷热态性能

　　图 3-44 为不同配碳量烧结矿的主要冷热态性能，分别是大于 5mm 以上烧结矿的成品率、冷态转鼓强度指数、低温还原粉化指数和中温还原指数。结合矿相分析对烧结矿的冶金性能进行了分析。

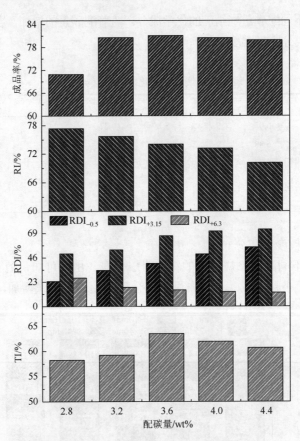

图 3-44　不同配碳量烧结矿的成品率和冶金性能

　　随配碳量增加，烧结矿直径大于 5mm 的成品率先上升后下降。配碳量为 3.6wt%以下时，燃料水平上升，燃料燃烧提供的热量增多，液相含量增多，烧结矿的微观结构更合理，改善了烧结成矿条件，因此烧结矿强度增加，成品率上升。但当配碳量超过 3.6wt%时，烧结温度过高，烧结矿有过熔趋势，烧结矿中产生大量的熔融层，烧结矿中的黏结相增多、孔洞减少、铁酸钙含量降低、钙钛矿含量增多；另外，液相量增多导致空气流速降低，通过混合料中的 O_2 含量降低，这些将造成烧结料层中氧分压较低，也不利于铁酸钙尤其是高强度的 SFCAI 的生成。因此，在高配碳量下烧结矿的转鼓强度降低。

随配碳量增加，冷态转鼓强度指数先上升后降低。当配碳量小于 3.6wt%时，烧结料层的热量不足以生成足够的液相量，从而造成烧结矿孔洞较多及液相量不足，此时，提高配碳量，有利于提高烧结矿的强度。但当配碳量大于 3.6wt%后，烧结料有过熔的趋势，随着配碳量增加，烧结料层中的还原性气氛有所增强，反而抑制了强度较好的针状复合铁酸钙的生成，促进了钙钛矿和玻璃质的发展，从而影响烧结矿的强度，温度过高还会造成已经形成的铁酸钙的分解，使铁酸钙黏结相含量降低，导致烧结矿强度下降。因此，烧结混合料中过高的配碳量，不利于改善含铬型钒钛烧结矿的转鼓强度。

随配碳量增加，低温还原粉化指数上升，中温还原指数下降。当配碳量小于 3.6wt%时，烧结料层的热量不足以生成足够的液相量，矿相分析表明，提高配碳量后，钙钛矿含量增加，不利于提高低温还原粉化性能。当配碳量大于 3.6wt%，随着配碳量的增加，焦炭燃烧产生热量增加，烧结过程热量充足。一方面，黏结相含量增加，可以抑制还原过程中产生的体积膨胀。另一方面，配碳量较高时，还原性气氛得到发展，导致烧结矿中难还原的矿物质如钙铁橄榄石的数量增加，易还原的矿物质赤铁矿与铁酸钙数量减少。最后，随着配碳量的增加，赤铁矿含量减少，硅酸盐含量增加，而硅酸盐黏结相有利于吸收导致粉化的赤铁矿还原相变应力。因此，综合来看，在本实验条件下，随着配碳量增加，烧结矿低温还原粉化性能得到改善，但还原性却变差。

图 3-45 为不同配碳量烧结矿软化性能指标。由图可知，随着配碳量增加，$T_{10\%}$ 降低、软化温度区间变宽。随着配碳量增加，烧结过程中产生的热量增多、液相量也增加、FeO 含量增加、烧结混合料中生成的低熔点物质增多、软化温度降低、软熔带上移、软化温度区间变宽、透气性降低。因此，配碳量的增加，不利于高炉料层透气性的改善和煤气的运动，以及高炉的稳定操作。

4）烧结矿的矿相显微结构

图 3-46 为不同配碳量烧结矿的 XRD 图谱。由图可知，烧结矿的主要物相为磁铁矿、赤铁矿、钙钛矿、铁酸钙和硅酸盐矿物，另外有少量的钛铁矿。不同配碳量烧结矿的烧结温度不同，因此烧结矿的矿物组成有所差异。在本组实验条件下，对烧结杯实验所得含铬型钒钛烧结矿微观测定其烧结矿矿物组成，结果如图 3-47 所示。由图可知，随配碳量增加，磁铁矿、硅酸盐矿物和钙钛矿的含量有所增加，赤铁矿和铁酸钙含量减少，黏结相中铁酸钙含量减少。

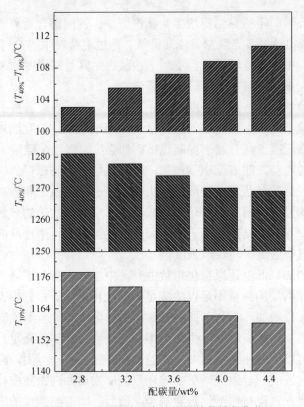

图 3-45　不同配碳量烧结矿的软化性能指标

在配碳量 3.6wt%～4.4wt%范围时，随着配碳量的继续增加，氧化性气氛得到抑制，还原性气氛强烈发展，高温时会造成铁酸钙的分解，导致铁酸钙黏结相含量降低。随着配碳量增加，烧结温度上升，有利于钙钛矿的生成，钙钛矿最高到达 11%，而烧结料层还原气氛增强，导致铁酸钙含量减少，而烧结矿的黏结相还是以硅酸盐矿物和铁酸钙为主。

燃料水平对含铬型钒钛烧结矿的微观结构影响很大，随配碳量增加，烧结温度升高、液相量增多、烧结矿的孔洞相应减少（图 3-48）。含铬型钒钛烧结矿的结晶规律复杂，烧结矿的微观结构多为粒状结构（图 3-49），针状交织结构较少见，气孔率较高，随配碳量增加，熔蚀结构增多（图 3-50），气孔率减少。磁铁矿和赤铁矿的结晶形态多为半自形晶和他形晶，自形晶较少，部分赤铁矿为骸晶状；随配碳量增加，骸晶状赤铁矿有所减少；硅酸盐中主要为硅酸二钙，大多呈他形粒状；铁酸钙和硅酸盐为主要黏结相，铁酸钙主要呈板状、他形晶；钙钛矿多呈不定形、他形晶，部分与其他成分胶结成交织熔蚀结构（图 3-50）；含有少量玻璃质和钙镁橄榄石，不均匀分布，部分与其他物质胶结。配碳量高时有熔蚀结构出现，黏结相中铁酸钙含量总体较少，因为钒钛磁铁矿烧结矿物熔点很高。

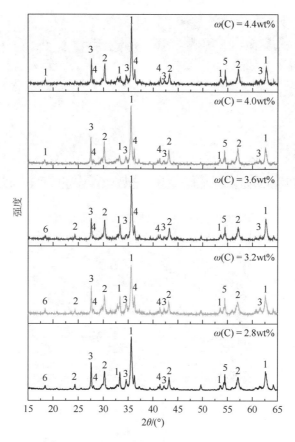

图 3-46　不同配碳量烧结矿的 XRD 图谱

1. 磁铁矿；2. 赤铁矿；3. 铁酸钙；4. 钙钛矿；5. 硅酸盐矿物；6. 钛铁矿

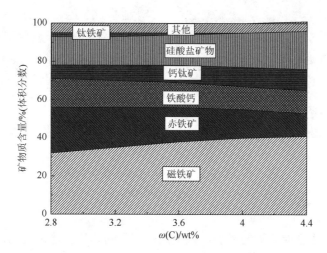

图 3-47　不同配碳量烧结矿的矿物组成

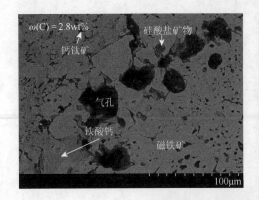
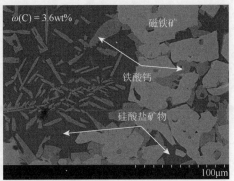
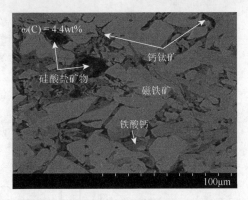

图 3-48　含铬型钒钛烧结矿的 SEM 图像

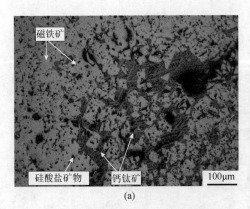
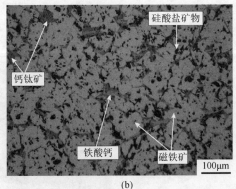

图 3-49　配碳量为 3.2wt% 的烧结矿矿相结构

（a）粒状结构和集中分布的钙钛矿；（b）粒状结构

　　一方面，随着配碳量的增加，铁酸钙呈下降的趋势，这是因为铁酸钙的形成需要的条件为低温、氧化气氛，而增加配碳量与发展铁酸钙为主要黏结相的条件

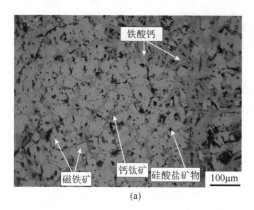 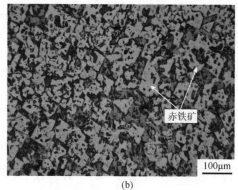

图 3-50　配碳量为 4.0wt%的烧结矿矿相结构

（a）熔蚀结构；（b）骸晶赤铁矿

相对立。另一方面，随着配碳量增加，烧结温度上升，高温有利于钙钛矿的发展，钙钛矿在烧结矿中不起黏结作用，相反会削弱钛磁铁矿和钛赤铁矿的连晶作用。钙钛矿是一种韧性差、脆而硬的矿物，这是导致钒钛烧结矿强度低、粉化严重、硬度大的主要原因，因此总体来看不宜选择较高的配碳量。但当实验中配碳量小于 3.2wt%时，赤铁矿的还原和分解不充分、磁铁矿结晶程度差、燃烧层液相数量偏少、孔洞较多、烧结矿的强度较差。

5）综合加权评分法分析

通过德尔菲法获得各项指标的主观权重，然后通过熵值法确定出各项指标的客观权重，最后通过综合加权评分客观、真实、有效地进行评价，得到最适宜的 MgO 含量。所选指标（烧结利用系数、TI、RDI 和 RI）的权重系数是由国内某钢铁企业根据企业实践确定的。其中，X 为评价矩阵，Z 为标准矩阵，α 为主观权重，β 为客观权重，w 为综合权重。

将评价矩阵 X 进行标准化处理，由实验结果得到评价矩阵 $X = (x_{ij})$；本实验要求烧结利用系数、转鼓强度、还原粉化指数和还原指数都越大越好，因此按综合加权评分值越大越好的评判准则，将 X 标准化，得到最终的评价矩阵 Z。

由实验结果可得评价矩阵 $X = (x_{ij})$

$$X_{ij} = \begin{bmatrix} 1.43 & 58.25 & 49.78 & 77.35 \\ 1.17 & 59.23 & 53.35 & 75.69 \\ 1.13 & 63.55 & 66.55 & 74.02 \\ 1.12 & 61.99 & 70.94 & 73.15 \\ 1.05 & 60.75 & 72.53 & 70.15 \end{bmatrix}$$

现按综合加权评分值越大越好的评判准则，将 X 标准化，得到 Z_{ij}

$$Z_{ij} = \begin{bmatrix} 0.58 & 0.00 & 0.00 & 0.37 \\ 0.18 & 0.08 & 0.06 & 0.28 \\ 0.12 & 0.42 & 0.26 & 0.20 \\ 0.11 & 0.30 & 0.33 & 0.15 \\ 0.00 & 0.20 & 0.35 & 0.00 \end{bmatrix}$$

设所得各项实验指标的权重为

$$\alpha = (\alpha_1, \alpha_2, \cdots, \alpha_m)^T$$

其中，$\sum\limits_{j=1}^{m}\alpha_j = 1$，$\alpha_j \geqslant 0(j = 1, 2, \cdots, m)$。

在本实验的 4 个指标中，各项指标的主观权重：烧结利用系数 $\alpha_1 = 0.1$、转鼓强度指数 $\alpha_2 = 0.3$、还原粉化指数 $\alpha_3 = 0.5$、还原指数 $\alpha_4 = 0.1$，即

$$\alpha = [0.1, 0.3, 0.5, 0.1]^T$$

通过熵值法确定出各项指标的客观权重

$$\beta = [0.33, 0.24, 0.24, 0.19]^T$$

最后，取偏好系数为 0.5，得到各项指标的综合权重

$$w = [0.21, 0.27, 0.37, 0.14]^T$$

图 3-51 为不同配碳量烧结矿综合评价结果。在 $\omega(C) = 2.8wt\% \sim 4.4wt\%$ 范围内，烧结矿的综合评价最好的是 $\omega(C) = 3.6wt\%$。配碳量对含铬型钒钛烧结矿的

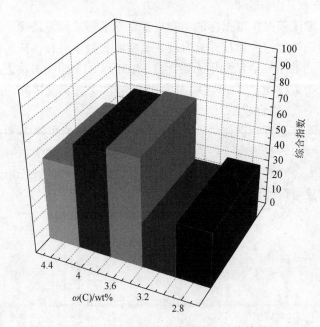

图 3-51　不同配碳量烧结矿综合评价结果

影响规律与配碳量对俄罗斯含铬型钒钛磁铁矿的影响规律基本一致[12]，随着配碳量的增加（燃料水平 3.5wt%～6.0wt%），俄罗斯含铬型钒钛烧结矿的 $RDI_{+3.15}$ 从 52.69%提高到 93.19%，RI 从 76.52%下降到 50.35%，转鼓强度从 60.2%增加到 66.6%后迅速下降到 59.5%，软化温度区间上移，软化温度区间变宽从 108.5℃到 114℃，但是二者在最佳配碳量方面存在一定的差异，这可能是由其化学成分的差异所致。

3.2.3　燃料水平对红格矿烧结矿质量及其矿物组织的影响

1. 实验原料及方法

以国内某钢铁企业的现场实际情况为参考，使用石灰调节碱度[$m(CaO)/m(SiO_2) = 1.9$]，在同等返矿条件下，分别研究了不同配碳量[$\omega(C)$= 4.0wt%～6.0wt%]对红格南矿和红格北矿含铬型钒钛磁铁矿烧结过程及烧结矿质量的影响规律。实验所用的含铬型钒钛磁铁粉分别为红格南矿和红格北矿，配加 30wt%的普通磁铁矿粉和烧结小料。将实验所得烧结矿做机械强度、低温还原粉化指数、还原性和软熔滴落实验，经过比较分析，得到不同配碳量对烧结矿的影响规律。具体的实验方案分别见表 3-23 和表 3-24，烧结杯参数见表 3-7。

表 3-23　红格南矿烧结实验方案及配料情况 （wt%）

序号	$\omega(C)$	红格南矿	普矿	返矿	高炉灰	磁选粉	石灰
1	4.0	36.0	30	20	1	1	12.0
2	4.5	35.9	30	20	1	1	12.1
3	5.0	35.9	30	20	1	1	12.2
4	5.5	35.8	30	20	1	1	12.2
5	6.0	35.7	30	20	1	1	12.3

表 3-24　红格北矿烧结实验方案及配料情况 （wt%）

序号	$\omega(C)$	红格北矿	普矿	返矿	高炉灰	磁选粉	石灰
1	4.0	38.1	30	20	1	1	9.9
2	4.5	33.8	30	20	1	1	14.2
3	5.0	38.8	30	20	1	1	9.2
4	5.5	39.1	30	20	1	1	8.9
5	6.0	38.0	30	20	1	1	10

2. 结果与分析

1）烧结过程参数与化学成分

表 3-25 和表 3-26 为不同配碳量红格南矿与红格北矿的烧结过程的工艺参数。由表 3-25 可知，随配碳量增加，垂直烧结速度从 16.19mm/min 升高到 20.80mm/min，废气最高温度从 884℃ 上升到 970℃；由表 3-26 可知，随配碳量增加，垂直烧结速度从 15.81mm/min 升高到 21.25mm/min，废气最高温度从 540℃ 上升到 742℃，主要由于随配碳量增加，烧结料总体热量上升、烧结温度升高、废气最高温度上升、火焰前锋的移动速度加快、烧结时间缩短、垂直烧结速度加快。同时，烧结过程中温度的升高、液相量的增加会导致部分烧结速度减慢而导致废气最高温度降低。另外随配碳量增加，烧结料层气流中 O_2 相对含量降低，导致矿物间的反应不充分。因此，烧损率分别从 13.81wt% 提高到 20.54wt%、13.54wt% 提高到 20.36wt%。而烧成率也分别从 86.19wt% 逐渐降低到 79.46wt%、86.46wt% 降低至 79.64wt%。综合以上因素，烧结利用系数分别从 2.26t/(m^2·h) 升高到 2.65t/(m^2·h)、2.21t/(m^2·h) 升高到 2.38t/(m^2·h)。

表 3-25　红格南矿烧结过程的工艺参数

编号	水分/wt%	烧结时间/min	垂直烧结速度/(mm/min)	废气最高温度/℃	加入样品量/kg	产出量/kg	烧损率/wt%	烧成率/wt%	利用系数/[t/(m^2·h)]
1	8.12	42.0	16.19	884	105.0	90.5	13.81	86.19	2.26
2	8.43	38.0	17.89	916	106.6	95.3	10.60	89.40	2.63
3	8.15	40.0	17.00	931	107.4	89.0	17.13	82.87	2.33
4	8.23	38.3	17.75	968	102.0	81.4	20.20	79.80	2.23
5	8.51	32.7	20.80	970	104.2	82.8	20.54	79.46	2.65

表 3-26　红格北矿烧结过程的工艺参数

编号	水分/wt%	烧结时间/min	垂直烧结速度/(mm/min)	废气最高温度/℃	加入样品量/kg	产出量/kg	烧损率/wt%	烧成率/wt%	利用系数/[t/(m^2·h)]
1	8.41	43.0	15.81	540	104.9	90.7	13.54	86.46	2.21
2	8.46	42.0	16.19	695	111.6	90.4	19.00	81.00	2.26
3	8.25	33.0	20.61	742	107.8	92.6	14.10	85.90	2.94
4	8.43	32.0	21.25	565	109.0	93.5	14.22	85.78	3.06
5	8.61	37.0	18.38	560	105.6	84.1	20.36	79.64	2.38

表 3-27 和表 3-28 分别为不同配碳量红格南矿和红格北矿烧结矿的化学成分。

表 3-27　红格南矿烧结矿的化学成分（wt%）

方案	TFe	CaO	MgO	SiO$_2$	Al$_2$O$_3$	TiO$_2$	V$_2$O$_5$	Cr$_2$O$_3$
1	49.22	11.15	2.43	5.88	2.22	5.67	0.58	0.37
2	49.14	11.19	2.44	5.89	2.24	5.70	0.58	0.37
3	49.04	11.15	2.47	5.87	2.26	5.85	0.59	0.39
4	48.99	11.17	2.47	5.89	2.28	5.84	0.59	0.39
5	48.95	11.33	2.43	5.96	2.29	5.67	0.58	0.37

表 3-28　红格北矿烧结矿的化学成分（wt%）

方案	TFe	CaO	MgO	SiO$_2$	Al$_2$O$_3$	TiO$_2$	V$_2$O$_5$	Cr$_2$O$_3$
1	51.66	9.21	2.04	4.81	2.05	5.75	0.70	0.27
2	49.02	12.21	2.05	4.89	2.00	5.21	0.64	0.24
3	51.69	9.21	2.04	4.87	2.09	5.75	0.70	0.27
4	51.67	9.26	2.04	4.90	2.10	5.75	0.70	0.27
5	51.60	9.35	2.04	4.94	2.13	5.74	0.70	0.27

2）烧结矿粒度组成分布

图 3-52（a）和（b）分别为不同配碳量红格南矿和红格北矿烧结矿的粒度组成分布。由图可知，随着配碳量增加，红格南矿和红格北矿小粒度成品率有明显降低趋势。随着配碳量增加，燃料燃烧产生的热量增加，烧结液相增加，铁氧化物的固相扩散、固液反应、再结晶和重结晶也有所增加；另外，烧结时间缩短，冷却速度相对提高，生成的玻璃质有所减少，使得烧结矿的微观结构更合理，改善了烧结成矿条件。

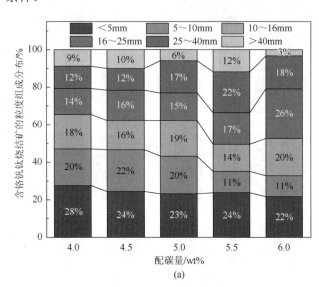

(a)

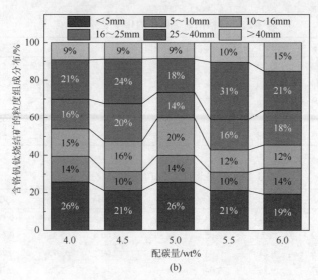

图 3-52　不同配碳量烧结矿的粒度组成分布

（a）红格南矿；（b）红格北矿

3）烧结矿的冷热态性能

图 3-53（a）和（b）分别为不同配碳量的红格南矿和红格北矿烧结矿的主要

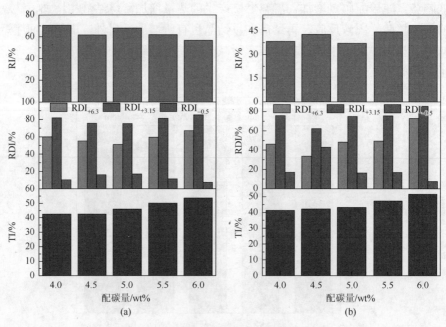

图 3-53　不同配碳量烧结矿的冶金性能

（a）红格南矿；（b）红格北矿

冷热态性能，分别是大于 5mm 以上烧结矿的冷态转鼓强度指数、低温还原粉化指数和中温还原指数。结合矿相分析对烧结矿的冶金性能进行了分析。

随配碳量增加，红格南矿和红格北矿烧结矿的冷态转鼓强度指数上升。当配碳量较低时，烧结料层的热量不足以生成足够的液相量，从而造成液相量不足。此时，增加配碳量，可以增加液相生成量、固相反应和固液反应，有利于提高烧结矿的质量和强度。但当配碳量大于 6.0wt%后，烧结料有过熔的趋势。随着配碳量增加，烧结料层中的固相还原及还原性气氛有所增强，反而抑制了强度较好的针状复合铁酸钙的生成，促进了钙钛矿和玻璃质的发展，从而影响烧结矿的强度，温度过高还会造成已经形成的铁酸钙分解，使铁酸钙黏结相含量减少。因此，烧结混合料中过高的配碳量，对烧结矿的物相和结构有很大的影响。燃料水平上升，燃料燃烧提供的热量增多，液相含量增多，烧结矿的微观结构更合理，改善了烧结成矿条件，因此烧结矿强度增加。但当配碳量过高时，烧结温度过高，烧结矿有过熔趋势，烧结矿中产生大量的熔融层，烧结矿中的黏结相增多，铁酸钙含量减少，钙钛矿含量增多；另外，液相量增多导致空气流速降低，通过混合料中的 O_2 含量降低，这些将造成烧结料层中氧分压较低，也不利于铁酸钙尤其是高强度的 SFCAI 的生成。

随配碳量增加，红格南矿烧结矿低温还原粉化指数先下降再上升，中温还原指数稍降。红格北矿烧结矿的还原粉化指数先下降再上升，还原性指标上升。当配碳量小于 5.5wt%时，烧结料层的热量不足以生成足够的液相量，矿相分析表明，提高配碳量后，钙铁矿含量增加，不利于提高低温还原粉化性能。当配碳量大于 5.5wt%，随着配碳量的升高，焦炭燃烧产生的热量增加，烧结过程热量充足。一方面，黏结相含量增加，可以抑制还原过程中产生的体积膨胀。另一方面，配碳量较高时，还原性气氛得到发展，导致烧结矿中难还原的矿物质如钙铁橄榄石的数量增加，易还原的矿物质赤铁矿与铁酸钙数量减少。最后，随着配碳量的增加，赤铁矿含量减少，硅酸盐含量增加，而硅酸盐黏结相有利于吸收还原过程中赤铁矿的还原相变产生的导致粉化的应力。因此，综合来看，在本实验条件下随着配碳量增加，烧结矿低温还原粉化性能得到改善，但还原性却变差。

图 3-54（a）和（b）分别为不同配碳量的红格南矿烧结矿软化和软熔性能指标。由图可知，随着配碳量增加，$T_{10\%}$ 和 $T_{40\%}$ 升高、软化温度区间变窄、T_S 先升高后降低，T_D 先升高后降低，熔化温度区间变窄。随着配碳量上升，烧结过程中产生的热量增多，液相量也增多；难还原的矿物质如钙铁橄榄石的数量增加，软化温度升高，但综合效果导致软化温度区间和熔化温度区间变窄，透气性改善。因此，配碳量的增加，有利于红格矿的烧结。

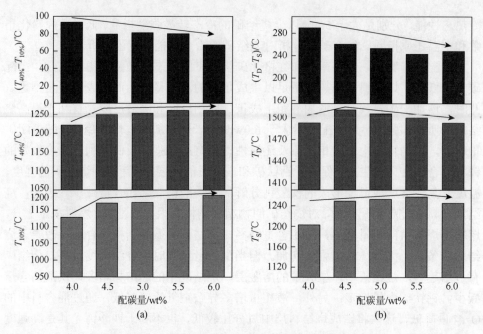

图 3-54　不同配碳量的红格南矿烧结矿软熔滴落性能

（a）软化性能；（b）软熔性能

4）烧结矿的矿相显微结构

图 3-55 为不同配碳量红格南矿烧结矿的 XRD 图谱。由图可知，烧结矿的主

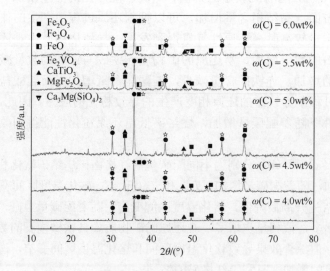

图 3-55　不同配碳量红格南矿烧结矿的 XRD 图谱

要物相为磁铁矿、赤铁矿、钙钛矿、铁酸镁、硅酸盐矿物和少量 FeO。不同配碳量烧结矿的烧结温度差异较大，因此烧结矿的矿物组成有所差异。在本组实验条件下，对烧结杯实验所得含铬型钒钛烧结矿通过微观测定其烧结矿矿物组成，结果如图 3-56 所示。由图可知，随配碳量增加，磁铁矿、硅酸盐矿物和钙钛矿的含量有所增加，赤铁矿和铁酸钙含量减少，黏结相中铁酸钙含量减少。随着配碳量的继续增加，氧化性气氛得到抑制，还原性气氛强烈发展，在高温时会造成铁酸钙的分解，导致铁酸钙黏结相含量减少。随着配碳量增加，烧结温度上升，有利于钙钛矿的生成，而烧结料层还原气氛增强，导致铁酸钙含量减少，而烧结矿的黏结相还是以硅酸盐和铁酸钙为主。

燃料水平对含铬型钒钛烧结矿的微观结构影响很大，随配碳量增加，烧结温度升高，液相量增多，因为燃料周围的气体生成量增多，烧结矿的孔洞相应增多［图 3-56（c）和（d）］。含铬型钒钛烧结矿的结晶规律复杂，烧结矿的微观结构多为粒状结构，且晶粒尺寸也随配碳量的增加而减小。当配碳量较低时，因为燃烧热量不足，显微结构表现为多微孔状［图 3-56（a）］，较大的钙钛矿晶粒穿插在黏结相和硅酸盐相中［图 3-56（b）］，导致裂纹产生，因此配碳量较低时，烧结矿强度和质量较差。磁铁矿和赤铁矿的结晶形态多为半自形晶和他形晶，自形晶较少，部分赤铁矿为骸晶状；随配碳量增加，骸晶状赤铁矿有所减少；硅酸盐矿物中主要为硅酸二钙，大多呈他形粒状；铁酸钙和硅酸盐为主要黏结相，铁酸钙主要呈板状、他形晶；钙钛矿由大晶粒变成小的树枝状晶粒穿插在黏结相中，降低了对黏结相的影响［图 3-56（d）］；含有少量玻璃质和钙镁橄榄石，不均匀分布，部分与其他物质胶结。配碳量高时有 FeO 和熔蚀结构出现。

一方面，随着配碳量的增加，铁酸钙含量呈下降的趋势，这是因为铁酸钙形成需要的条件为低温、氧化气氛，而增加配碳量与发展铁酸钙为主要黏结相的条件相对立。另一方面，随着配碳量增加，烧结温度上升，高温有利于

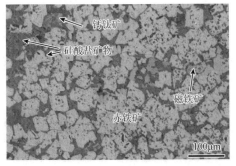

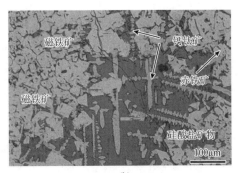

(a)	(b)

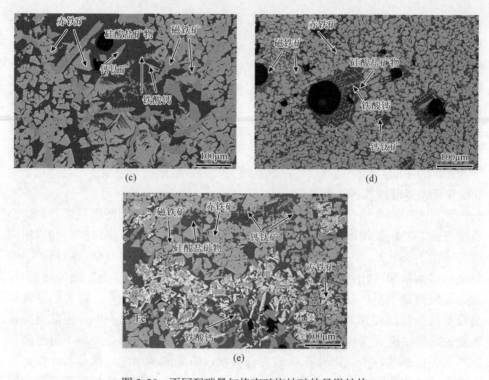

(e)

图 3-56　不同配碳量红格南矿烧结矿的显微结构

（a）$\omega(C) = 4.0wt\%$；（b）$\omega(C) = 4.5wt\%$；（c）$\omega(C) = 5.0wt\%$；（d）$\omega(C) = 5.5wt\%$；（e）$\omega(C) = 6.0wt\%$

钙钛矿的生成，但对钙钛矿晶粒的减小有促进作用，反而对烧结矿的强度有提高的作用。如图 3-57 所示为配碳量为 6.0wt%的红格南矿烧结矿 SEM 图和元素分布，其中仅有少量 C 元素残存在黏结相和硅酸盐中。Mg 元素分布在铁氧化物中形成铁酸镁等矿物，而 Ca、Si 和 Ti 元素结合在一起，说明钙钛矿相主要分布在硅酸盐等相中。

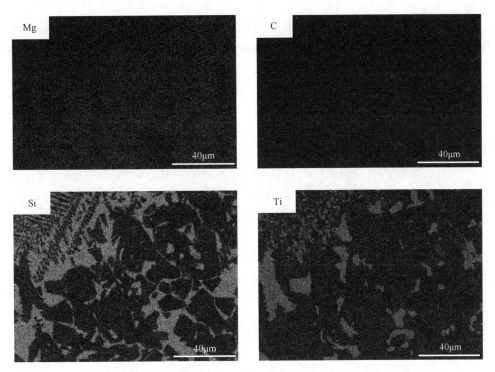

图 3-57　6.0wt%配碳量的红格南矿烧结矿的 SEM 图和元素分布

3.3　硼氧化物在含铬型钒钛烧结矿中的作用

由于含铬型钒钛磁铁矿中存在高熔点的 Cr_2O_3，其烧结混合料熔点比普通矿高，另外，由于含有一定量的 TiO_2，其液相量比普通烧结矿少，从而造成含铬型钒钛烧结矿液相量不足，此外含铬型钒钛混合料烧结时还会产生钙钛矿（$CaTiO_3$），该矿物韧性差、硬度大而性脆，熔点却高达 1970℃，$CaTiO_3$ 的出现会造成烧结熔点的进一步升高，进一步减少了液相量。

为了提高含铬型钒钛烧结矿的冶金性能，必须要增加含铬型钒钛烧结矿的液相生成量，单纯依靠提高燃料水平，升高含铬型钒钛混合料料层的温度是不可取的，也有悖于当前烧结发展的主流趋势——低温高料层烧结。另外，由 3.2 节燃料水平对含铬型钒钛烧结矿矿物生成机理研究可知，在当前条件下，过度提高焦粉配比对含铬型钒钛烧结矿质量不利。因此，必须在不提高燃料水平的情况下，降低混合料的熔点，提高混合料液相的生成能力，进一步提高含铬型钒钛烧结矿的质量。

硼离子半径较小（0.02nm）、电荷多、活化能力强。有关研究[18-23]表明添加少量的 B_2O_3 能降低烧结熔点与液相的黏度，可改善料层透气性，又有利于

液相中的 Ca^{2+} 向 Fe_2O_3 表面扩散，使得铁酸钙易于生成；同时，B_2O_3 熔点低（450℃），可与原料中许多氧化物形成低熔点化合物，促进烧结过程中液相的生成。除此之外，由于硼离子半径很小，可以较容易地扩散进入正硅酸钙的晶格之中，从而稳定正硅酸钙的晶型，可以在一定程度上抑制粉化作用。此外，在普通矿烧结中，添加含硼的物料有利于降低烧结矿熔点，改善烧结矿中矿物生成条件，形成良好的矿物结构和组成，能够有效地提高烧结矿强度、降低 RDI、减少粉化。

因此，本节在含铬型钒钛混合料中配加一定量的 B_2O_3，通过熔化性、同化性探讨 B_2O_3 在含铬型钒钛烧结矿中的作用。此外，基于 3.1 节研究结果，含铬型钒钛烧结矿需保持一定的 MgO 含量，并针对实际生产中 B_2O_3 难以做到混料均匀及其成本较高的问题，采用在含铬型钒钛烧结矿中配加一定量的含硼铁精矿的方式，通过烧结杯实验研究了不同含硼铁精矿配加量对含铬型钒钛烧结矿生产的影响，在改善含铬型钒钛烧结矿的同时为含硼铁精矿的利用开辟新的途径。

3.3.1　B_2O_3 对含铬型钒钛烧结混合料熔化特性的影响

在熔化特性实验中，实验所用原料 B_2O_3 为市售分析纯试剂。。为了尽量不改变烧结混合料其他特性，在熔化实验中，采用外配 B_2O_3（分析纯）的方法。按照表 3-29 中 No.1 的混合料配比，将磁铁矿粉、返矿、除尘灰、生石灰等细磨到 0.074mm 以下，分别配加 0wt%、0.10wt%、0.25wt%、0.50wt%、1.0wt%B_2O_3 后混匀，之后制成 $\phi 3mm \times 3mm$ 的圆柱体。利用熔点熔速仪，测定不同 B_2O_3 含量的含铬型钒钛混合料的熔化特性，实验结果如表 3-30 所示。

表 3-29　不同含硼铁精矿含量的含铬型钒钛混合料配矿方案（wt%）

名称	No.1	No.2	No.3	No.4
俄罗斯含铬型钒钛磁铁矿粉（CG）	13.11	13.11	13.11	13.11
国产普通磁铁矿粉	15.12	15.12	15.12	15.12
矿业粉	20.18	17.68	15.18	12.68
俄粉	12.12	12.12	12.12	12.12
竖炉灰	4.50	4.50	4.50	4.50
菱镁石	3.57	3.57	3.57	3.57
生石灰	12.40	12.40	12.40	12.40
含硼铁精矿	0	2.50	5.00	7.50

表 3-30　B_2O_3 含量对含铬型钒钛混合料熔化特性的影响

编号	B_2O_3 含量/wt%	软熔温度/℃	半球温度/℃	流动温度/℃
B-1	0	1325	1358	1436
B-2	0.1	1318	1339	1413
B-3	0.25	1303	1320	1401
B-4	0.50	1285	1317	1386
B-5	1.0	1245	1260	1290

由表 3-30 可知，在含铬型钒钛混合料中加入一定量的 B_2O_3 可以有效降低含铬型钒钛混合料的软熔温度、半球温度、流动温度，从而可以在不提高燃料水平的条件下改善含铬型钒钛混合料有效液相量。在含铬型钒钛混合料中配加 0.1wt% 的 B_2O_3 可降低软熔温度 7℃、半球温度 19℃、流动温度 23℃。当配加的 B_2O_3 含量达到 0.50wt% 时，可降低软熔温度 40℃、半球温度 41℃、流动温度 50℃。由此可见，虽然 B_2O_3 配加量少，但是效果显著。配加 1.0wt% 的 B_2O_3 含铬型钒钛混合料软熔温度降低到 1245℃，流动温度也只有 1290℃。这是由于硼氧化物熔点低，能同许多氧化物尤其是碱性氧化物形成低熔点的化合物，在烧结过程中降低了熔点，促进了液相生成，这对含有 Cr_2O_3 的高熔点的含铬型钒钛磁铁矿粉烧结具有重要的意义。

但是在工业生产中，添加 B_2O_3（分析纯）存在以下的问题：①B_2O_3 成本较高，不符合当前生产降低成本、提升竞争力的要求；②由于 B_2O_3 添加量少，在工业生产中难以做到混合均匀，在 B_2O_3 过度集中的区域，容易造成熔点降低过多，液相生成过多，造成烧结矿薄壁大孔，反而影响烧结矿质量。因此，需要一种成本较低，同时易于满足工业生产需求的含硼添加剂。

由 3.1 节可知，含铬型钒钛混合料中需要保持一定量的 MgO 含量，含硼铁精矿同时含有 B_2O_3 和 MgO，尽管其含铁品位只有 56.05wt%，但是将其作为一种硼氧化物及 MgO 熔剂添加后，其有效铁含量将大幅度提升；同时，硼铁矿储量丰富，可保证充足的来源；另外，在含铬型钒钛混合料中添加一定量的含硼铁精矿，较之直接配加 B_2O_3 易于工业操作、易于混合均匀，因此，尝试在含铬型钒钛混合料中配加一定量的含硼铁精矿，研究含硼铁精矿的添加对含铬型钒钛烧结矿质量的影响，同时为含硼铁精矿的开发利用开辟新的途径。

3.3.2　含硼铁精矿配加在含铬型钒钛混合料中的实验研究

1. 实验原料及方法

在烧结杯实验中，在表 3-29 中 No.1 方案基础上分别用 0wt%、2.5wt%、5.0wt%、

7.5wt%的含硼铁精矿代替矿业粉，实验原料除含硼铁精矿外见第 2 章。含硼铁精矿化学成分见表 3-31、粒度分布见表 3-32、宏观及微观形貌见图 3-58、XRD 分析见图 3-59。

表 3-31　含硼铁精矿化学成分（wt%）

项目	TFe	FeO	B_2O_3	CaO	SiO_2	MgO	Al_2O_3
含量	56.05	24.29	3.86	0.40	5.00	7.84	0.84

表 3-32　含硼铁精矿的粒度分布（wt%）

项目	>0.25mm	0.15～0.25mm	0.106～0.15mm	0.075～0.106mm	<0.075mm
含硼铁精矿	0.1	5.2	4.9	24.0	65.8

烧结实验在直径 150mm 的小烧结杯中进行，料层高度保持在 500mm。烧结混合料中配加约 13wt%的含铬型钒钛磁铁矿粉、约 15wt%的国产普通磁铁矿粉、约 12wt%的俄粉、约 20wt%～12.5wt%的矿业粉、约 0wt%～7.50wt%的含硼铁精矿；竖炉灰含量 4.50wt%、自产返矿比例 14.0wt%，碱度 $R = m(CaO)/m(SiO_2)$ 固定为 2.25、MgO 含量固定在 2.63wt%，具体实验方案见表 3-29。

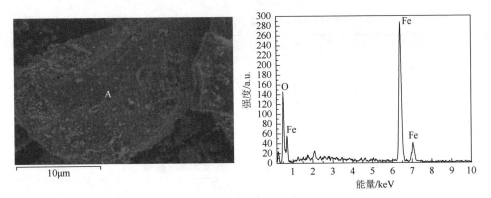

图 3-58　含硼铁精矿的宏观及微观形貌

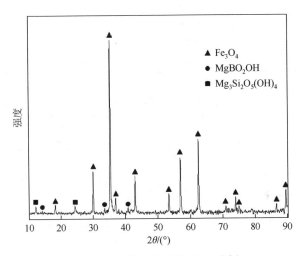

图 3-59　含硼铁精矿的 XRD 分析

由表 3-31 可知，含硼铁精矿含铁品位较含铬型钒钛磁铁矿粉低，其含铁品位只有 56.05wt%，MgO 含量较高，达到 7.84wt%，B_2O_3 含量为 3.86wt%。由表 3-32 可知，含硼铁精矿为细铁精粉，粒度较细，小于 0.075mm 的达到总比例的 65.8wt%。从图 3-58 可知，含硼铁精矿呈黑色，表面较光滑，棱角分明，但表面有毛边。由图 3-58 及图 3-59 可知，含硼铁精矿中铁主要以磁铁矿的形式存在，硼主要以硼镁石的形式存在，硼镁石在烧结过程中分解为遂安石

$$MgO \cdot B_2O_3 \cdot H_2O \longrightarrow MgO \cdot B_2O_3 + H_2O(g)$$

2. 实验结果及分析

分别对配加 2.5wt%、5.0wt%、7.5wt%含硼铁精矿的含铬型钒钛烧结矿进行烧结杯实验，实验结果如表 3-33～表 3-35 所示。

表 3-33　硼铁矿含量对烧结工艺指标的影响

编号	含硼铁精矿配比/wt%	烧结速度/(mm/min)	成品率/wt%	转鼓强度指数/%	利用系数/[t/(m²·h)]
No.1	0	26.15	82.60	58.4	1.904
No.2	2.5	27.57	84.13	59.8	1.913
No.3	5.0	28.84	86.02	61.2	1.919
No.4	7.5	27.36	84.62	59.6	1.907

表 3-34　硼铁矿对烧结矿冷态转鼓强度的影响（%）

编号	含硼铁精矿	落下强度	烧结矿粒径分布					转鼓强度	
		(+5mm)	−5mm	5～10mm	10～25mm	25～40mm	+40mm	+6.3mm	−0.5mm
No.1	0	83.44	16.56	18.18	45.32	14.66	5.28	58.36	4.02
No.2	2.5	84.52	15.48	19.86	42.92	15.27	6.47	59.82	3.94
No.3	5.0	86.64	13.36	21.83	40.54	17.42	6.85	61.18	3.46
No.4	7.5	84.96	15.04	25.02	37.68	16.48	5.78	59.62	3.87

表 3-35　硼铁矿对烧结矿低温还原粉化性能影响的实验数据

编号	含硼铁精矿/wt%	m_{D0}/g	$m_{+6.3}$/g	$m_{3.15\sim6.3}$/g	$m_{0.5\sim3.15}$/g	$RDI_{+6.3}$/%	$RDI_{+3.15}$/%	$RDL_{0.5}$/%
No.1	0	499	340	69	70	68.14	81.96	4.01
No.2	2.5	499	374	62	51	74.94	87.37	2.40
No.3	5.0	498	349	53	37	80.12	90.76	1.81
No.4	7.5	499	383	58	45	76.91	88.38	2.61

由表 3-33～表 3-35 可知，在含铬型钒钛烧结矿中配加一定量的含硼铁精矿（0wt%～5.0wt%），含铬型钒钛混合料的烧结速度、成品率、转鼓强度指数、利用系数、低温还原粉化指数均有所提高，但是含硼铁精矿配加量超过一定范围后（7.5wt%），将造成含铬型钒钛混合料的烧结速度、成品率、转鼓强度指数、利用系数及低温还原粉化性能下降。关于这种现象出现的原因在 3.3.3 节给予揭示。在现有实验方案及工艺条件下，配加 5wt%的含硼铁精矿较为适宜。

3.3.3　硼氧化物的作用机理

1. B_2O_3 对含铬型钒钛磁铁矿粉同化性的影响

由 3.3.1 小节和 3.3.2 小节可知，B_2O_3 的添加可以降低含铬型钒钛混合料的熔点，在不升高混合料层温度的情况下，混合料的液相量提高；适量的含硼铁精矿配加也有利于提高含铬型钒钛烧结矿的工艺指标。为了更好地探究 B_2O_3 在含铬型钒钛烧结矿中的作用机理,我们研究了 B_2O_3 对含铬型钒钛混合料中的主要含铬型铁矿粉——俄罗斯含铬型钒钛磁铁矿粉的同化性的影响。

实验原料为 B_2O_3（分析纯）、CaO（分析纯）、俄罗斯含铬型钒钛磁铁矿粉及含硼铁精矿;分别在俄罗斯含铬型钒钛磁铁矿粉中配加 B_2O_3 0wt%（CB-1）、0.1wt%（CB-2）、0.25wt%（CB-3）、0.5wt%（CB-4）、1.0wt%（CB-5）;分别测定 CB-1～CB-5 及含硼铁精矿（CB-6）的同化性,实验方法同第 2 章。实验结果如图 3-60所示。

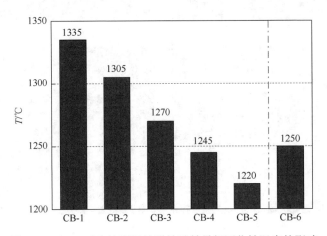

图 3-60　B_2O_3 对含铬型钒钛磁铁矿粉最低同化性温度的影响

由图 3-60 可见,随着 B_2O_3 添加量的增加,俄罗斯含铬型磁铁矿粉的同化性温度降低。因此,从提高含铬型钒钛磁铁矿粉同化性的角度考虑,添加适量的 B_2O_3 是有利的。从图 3-60 也可以看出,含硼铁精矿的同化性温度为 1250℃,同化性温度较适宜,处于最佳的 1250～1280℃ 范围内。因此,从同化性的角度也可以解释,适量的含硼铁精矿添加有利于含铬型钒钛烧结矿质量的提升。

2. B_2O_3 对含铬型钒钛烧结矿矿物组织的影响

分别对不同硼铁矿添加量的含铬型钒钛烧结矿进行了矿相分析,如图 3-61 所示。

由图 3-61 可以看出,在没有配加硼铁矿粉的含铬型钒钛烧结矿中［图 3-61（a）］烧结矿矿相组织较为均匀,有孔洞出现,在孔洞周边有钙钛矿分布,且存在少许赤铁矿;图 3-61（b）是配加 2.5wt%含硼铁精矿的含铬型钒钛烧结矿,矿物组织均匀,没有明显孔洞,铁酸钙较多,且有较多（硼）硅酸二钙,没有发现集中分布的钙钛矿;在配加 5.0wt%含硼铁精矿的含铬型钒钛烧结矿中［图 3-61（c）］,烧结矿矿相组织较为均匀,主要黏结相为硅酸二钙和少量铁酸钙,磁铁矿晶粒呈微熔状态,没有发现集中分布的钙钛矿,烧结矿较为致密,说明在烧结料层温度稍

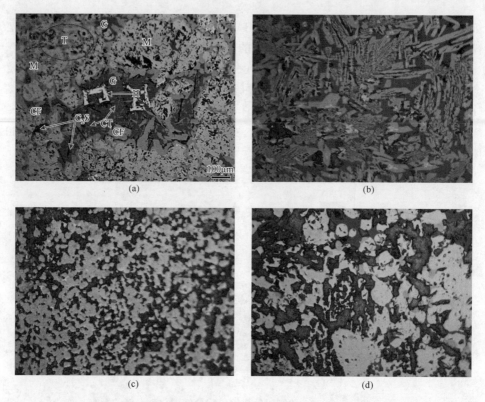

图 3-61　不同硼铁精矿配加量下含铬型钒钛烧结矿矿物组织及结构

（a）0wt%含硼铁精矿；（b）2.5wt%含硼铁精矿；（c）5.0wt%含硼铁精矿；（d）7.5wt%含硼铁精矿

高；在配加 7.5wt%含硼铁精矿的含铬型钒钛烧结矿中［图 3-61（d）］，磁铁矿呈现过熔状态，主要黏结相为硅酸二钙，烧结矿相不均匀。

B_2O_3 的加入能够抑制含钛型高炉渣中 $CaTiO_3$ 的析出。同时在含钛型钒钛磁铁矿烧结矿中 B_2O_3 的出现也抑制了 $CaTiO_3$ 的析出，这与本实验的实验结果相吻合，在本实验中也可以发现，配加一定量含硼铁精矿后，在含铬型钒钛烧结矿相中没有发现集中分布的钙钛矿。这说明 B_2O_3 的添加将通过抑制含铬型钒钛烧结矿中钙钛矿的形成，从而提高了含铬型钒钛烧结矿的冶金性能。

关于 B_2O_3 抑制钙钛矿的形成原因可以从热力学上得到很好的解释。图 3-62是烧结矿中可能发生的反应的吉布斯自由能随温度变化情况。据此可知，B_2O_3 和 SiO_2 都比 TiO_2 更容易与 CaO 反应。随着 B_2O_3 的加入，CaO 优先与 B_2O_3 发生反应生成 $Ca_3(BO_3)_2$，同时由于 CaO 与 SiO_2 反应的吉布斯自由能更小，从热力学上看，反应更容易生成硅酸二钙，同时 B 粒子较小，易于进入硅酸二钙的晶格形成（硼）硅酸二钙，起到稳定硅酸二钙又抑制钙钛矿生成的作用，这也是随着硼铁矿配加量增多，硅酸二钙增多的原因。

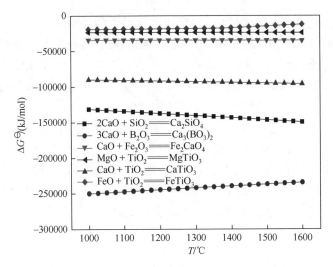

图 3-62　烧结反应中化学反应的吉布斯自由能与温度的关系

B_2O_3 的加入，导致混合料烧结中 CaO 的消耗，使得 TiO_2 不能与 CaO 发生反应，因此 TiO_2 会与 MgO 和 FeO 形成镁钛矿（$MgTiO_3$）和钛铁矿（$FeTiO_3$）。虽然 MgO 和 FeO 与 TiO_2 反应的吉布斯自由能高于 CaO 与 TiO_2 反应的吉布斯自由能，在 CaO 被 SiO_2 及 B 优先消耗的情况下，由于含铬型钒钛烧结矿中较多的 FeO 和 MgO，因此可能会存在反应生成 $FeTiO_3$ 和 $MgTiO_3$。另外，由于 CaO 与 Fe_2O_3 反应生成铁酸钙的吉布斯自由能大于钙钛矿生成的吉布斯自由能，因此，从热力学上看，钙钛矿将优先于铁酸钙的生成，硼氧化物抑制了钙钛矿的生成，自然也抑制了铁酸钙的生成，这也是在图 3-61 中铁酸钙含量减少的原因。

任山等采用键参数函数法[18]对高钛型钒钛烧结矿中矿物反应机理做出解释，也取得了很好的效果，在此借鉴引用。

表 3-36 给出了钒钛烧结矿中主要组分离子的 $X_p \times Z/R_k$ 值。$X_p \times Z/R_k$ 用于表示熔体中氧化物酸碱性的强弱，其中 X_p 表示元素的电负性，Z 和 R_k 分别表示离子的半径和实际半径。随着 $X_p \times Z/R_k$ 值增加，氧化物的碱性减弱，酸性增强。

表 3-36　钒钛烧结矿中氧化物离子的 $X_p \times Z/R_k$ 值[18]

Ca	Mg	Fe(Ⅱ)	Ti(Ⅲ)	Al	Ti(Ⅳ)	Si	B
2.02	3.70	4.45	6.10	9.00	9.44	18.56	22.67

由表 3-36 可知，该熔体中 B^{3+} 具有最强的酸性而 Ca^{2+} 具有最强的碱性，这也表明 B_2O_3 与 CaO 最易于反应而结合。因此，烧结时 $CaTiO_3$ 和 Ca_2SiO_4 中所含的部分 CaO 被 B_2O_3 夺取而产生了 $2CaO \cdot xSiO_2 \cdot 2/3(1-x)B_2O_3$ 相。

关于 B 促进硅酸二钙的形成，也可以通过炉渣的理论给予解释。如图 3-63（a）所示[24, 25]，单一 Si—O 结合体中与四个氧键相连的 Si 离子被 B 离子取代时，B 只能与三个氧离子结合，释放出自由氧离子。从图 3-63（b）可知，网状硅酸盐与 B_2O_3 反应，即发生 B 取代 Si、Al 使得氧桥断裂，也有自由氧离子使氧桥断裂成非桥键氧离子。图 3-63 说明，在高温熔体中 B_2O_3 能与 SiO_4^{4-} 反应，硼离子取代硅离子变为晶核，由于化学键的作用使其破坏了氧桥。此外，自由氧的析出使桥氧离子变为非桥氧离子。因此，随着样品中 B_2O_3 含量的增加，更多的硼离子进入 Ca_2SiO_4 取代其中的硅离子，硼硅酸二钙中硼的含量增加而硅的含量降低。这也相当于含铬型钒钛烧结矿中的 Si 含量提高，液相量增多，硅酸二钙含量增多，也说明 B_2O_3 可以促进含铬型钒钛混合料液相量的增加。

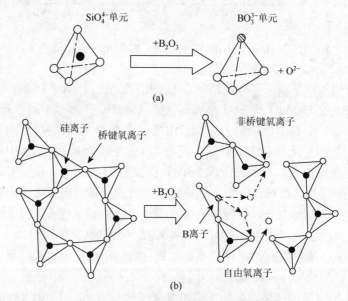

图 3-63　B 取代 Si 炉渣结构图[25, 26]

通过研究 B_2O_3 对俄罗斯含铬型钒钛磁铁矿粉同化性的影响及对配加不同含硼铁精矿的含铬型钒钛烧结矿的矿相分析，利用热力学、键参数法、炉渣理论等方法对 B_2O_3 在含铬型钒钛烧结矿中的作用机理给予了揭示。可以得出：①硼氧化物可以提高含铬型钒钛磁铁矿的同化性，降低其同化温度；②硼氧化物可以抑制含铬型钒钛烧结矿中钙钛矿的生成，促进（硼）硅酸二钙的生成。

3.4　碱度对含铬型钒钛烧结矿质量的影响规律及作用机理

高碱度烧结矿是目前高炉冶炼的主要炉料之一，在中国高炉入炉比占到

70wt%～80wt%。含铬型钒钛烧结矿的质量及产率等对含铬型钒钛磁铁矿粉的利用有着重要的影响，但是含铬型钒钛烧结矿仍然与普通烧结矿在产质量等方面存在一定的差距。含铬型钒钛烧结矿中性能优异的铁酸钙黏结相较少，磁铁矿连晶固结是一种重要的补充固结方式。在此基础上分别通过配加适量的 MgO 提高烧结矿中的磁铁矿连晶固结，从而提高烧结矿的质量，改善了矿物组成并提高了生产指标，然而，对于其主要黏结相铁酸钙的质量及数量等方面的问题则需要进一步地研究。

高碱度烧结矿多以铁酸钙为黏结相，碱度对于铁酸钙尤其是针状高强度铁酸钙（SFCA）的生成具有重要的影响。因此，在烧结矿中多发展铁酸钙黏结相是现代烧结矿发展的主流趋势。对于含铬型钒钛烧结矿，由于其含有一定量的 TiO_2，从热力学的角度，钙钛矿将优先于铁酸钙的生成，因此碱度对其矿物组织的形成，尤其是对铁酸钙的生成的影响并不清楚。

关于碱度对烧结矿产质量及矿物组织的研究已经有很多。例如，杨松陶等研究了碱度对低钛型钒钛烧结矿中元素迁移分布规律及矿物组成的变化，并通过热力学计算探讨了碱度对低钛型钒钛烧结矿矿物生成的影响[26]。吕庆等研究了碱度对分流制粒烧结中钒钛烧结矿矿物组织及性能的影响[27]。何木光等[28-30]对攀钢高钛型钒钛烧结矿进行了超高碱度的烧结实验及工艺优化。另外攀钢的烧结矿碱度已经提高到 2.4～2.5 的水平[31-33]。这些研究结果均证实了烧结矿碱度对烧结矿的矿物组织结构及质量有重要的影响。

因此，本节以俄罗斯、承德和红格含铬型钒钛磁铁矿混合料为研究对象，通过烧结杯实验尝试揭示碱度对含铬型钒钛烧结矿产质量及矿物组成结构的影响。计算了不同碱度下含铬型钒钛烧结矿的烧结速度、成品率，并对不同碱度条件下的含铬型钒钛烧结矿的转鼓强度、RDI 进行了测定。此外，通过矿相学、XRD、SEM、EDS 等检测分析手段对碱度在含铬型钒钛烧结矿中的作用机理进行了揭示。

3.4.1　碱度对俄罗斯含铬型钒钛烧结矿质量及其矿物组织的影响

1. 实验原料及方法

实验所用原料见第 2 章。烧结实验在直径 150mm 的小烧结杯中进行，料层高度保持在 500mm。烧结混合料中配加约 13wt% 的含铬型钒钛磁铁矿粉，约 15wt% 的国产普通磁铁矿粉、约 12wt% 的俄粉、约 20wt% 的矿业粉；竖炉灰含量 4.5wt%、自产返矿比例 14.0wt%、MgO 含量固定在 2.63wt%、外配焦粉比 4.0wt%。通过生石灰调节烧结混合料的碱度 $R = m(CaO)/m(SiO_2)$ 分别为 2.10(No.1)、2.25(No.2)、2.40(No.3)、2.55(No.4) 和 2.70(No.5)。生产出的烧结矿宏观形貌如图 3-64 所示。

(a)   (b)

图 3-64   含铬型钒钛烧结矿试样（碱度 2.1）

2. 结果分析与讨论

烧结杯实验制备出的不同碱度的含铬型钒钛烧结矿的实际化学成分如表 3-37 所示。碱度对含铬型钒钛烧结矿的烧结速度、成品率、转鼓强度及生产率的影响见图 3-65。由图 3-65 可知，随着碱度的增加，垂直烧结速度从 25.42mm/min 增加到 28.86mm/min，成品率从 75.29wt%提高到 87.24wt%，转鼓强度从 55.4%提高到 64.8%，生产率首先从 1.825t/(m²·h)提高到 1.936t/(m²·h)，之后有所降低，到 1.910t/(m²·h)。碱度对含铬型钒钛烧结矿的 RDI 的影响如图 3-66 所示，从图中可以看出，碱度的提高使 $RDI_{+3.15}$ 和 $RDI_{+6.3}$ 的数值增大。碱度对含铬型钒钛烧结矿的影响规律与碱度对攀枝花普通钒钛磁铁矿的影响规律基本一致[28]，但是二者在最佳碱度方面存在一定的差值。这可能是由其 TiO_2 含量不一致所造成的。

表 3-37   不同碱度的含铬型钒钛烧结矿的化学成分

编号	碱度	TFe/wt%	CaO/wt%	SiO₂/wt%	MgO/wt%	Al₂O₃/wt%	TiO₂/wt%	V₂O₅/wt%	Cr₂O₃/wt%
No.1	2.10	53.8	11.3	5.4	2.9	3.0	1.0	0.3	0.1
No.2	2.25	53.7	11.9	5.3	2.9	2.9	1.0	0.3	0.1
No.3	2.40	53.0	13.2	5.5	3.0	2.0	1.0	0.3	0.1
No.4	2.55	52.4	13.8	5.3	3.0	2.9	1.0	0.3	0.1
No.5	2.70	51.7	15.1	5.5	3.0	2.8	1.0	0.3	0.1

1）烧结速度

俄罗斯 ARICOM 公司的含铬型钒钛磁铁矿粉比表面积小、边缘呈垂直状、制粒性差。在混合料混合及制粒过程中，生石灰遇水消化成 $Ca(OH)_2$ 溶胶，具有较强的黏结作用。此外，烧结混合料层的温度随着生石灰消化放热得到提高，起到

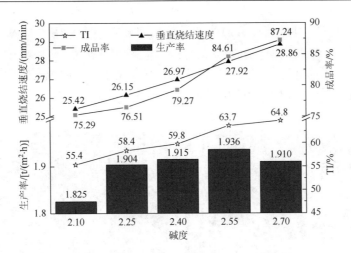

图 3-65　碱度对含铬型钒钛烧结矿烧结过程的影响

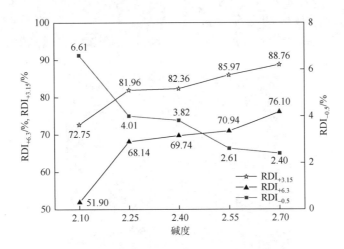

图 3-66　碱度对含铬型钒钛烧结矿 RDI 的影响

预热料层的作用。随着生石灰的增多，具有良好黏结作用的 Ca(OH)$_2$ 溶胶数量增多，从而提高了混合料的制粒效果，同时也提高了混合料层的抗压强度。这些变化导致料层烧结阻力减小，烧结速度增加，这与碱度对攀枝花普通钒钛磁铁矿烧结速度的影响规律一致[28]。

2）成品率和转鼓强度

混合料的碱度随着生石灰添加量增加而提高，含铬型钒钛烧结矿的成品率及转鼓强度显著地增加，该结果与文献[28]关于碱度对攀枝花钒钛烧结矿的影响规律一致。这均源自生石灰的增多提高了混合料层的透气性，改善了料层的氧势。当烧结料层温度可以提供足够的热量满足固相反应时，烧结混合料中低熔点物相将生成，且低熔点物质生成的温度将随着混合料中平均碱度的增多而降低。

　　为了进一步地确认其作用机理，在矿相显微镜下对不同碱度的含铬型钒钛烧结矿试样进行观察，如图 3-67 和图 3-68 所示。

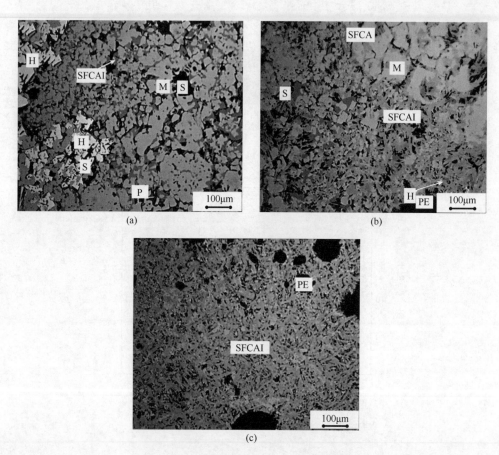

图 3-67　含铬型钒钛烧结矿的矿相显微结构

(a) $R = 2.1$；(b) $R = 2.4$；(c) $R = 2.7$

　　图 3-67（a）和图 3-68（d）展示了碱度为 2.1 的含铬型钒钛烧结矿的矿相显微形貌及结构。其主要矿物相有磁铁矿、柱状铁酸钙、硅酸盐（玻璃质、硅酸二钙）、赤铁矿和钙钛矿。此外，图 3-68（a）展示了在碱度为 2.1 的含铬型钒钛烧结矿显微形貌中集中分布的钙钛矿，众所周知，钙钛矿由于不具有黏结相作用和高硬度会减弱含铬型钒钛烧结矿的强度。赤铁矿作为高炉中容易还原的物相，在此表现为未反应及二次赤铁矿的形式［图 3-67（a）］。造成烧结矿粉化的最根本的

原因是在高炉上部块状带 450～500℃，$Fe_2O_3 \longrightarrow Fe_3O_4$ 过程中发生相转变，在这一过程中，烧结矿体积将发生膨胀，内应力将增大，从而造成裂纹甚至粉化。

图 3-68　不同碱度的含铬型钒钛烧结矿的典型矿相

（a）$R = 2.1$（100μm）（b）$R = 2.4$（100μm）（c）$R = 2.7$（100μm）（d）$R = 2.1$（25μm）

图 3-67（b）和图 3-68（b）指出，碱度 2.4 的含铬型钒钛烧结矿中的主要物相有磁铁矿、柱状铁酸钙、针状铁酸钙（SFCAI）、硅酸盐（玻璃质、硅酸二钙）、赤铁矿和钙钛矿。在某些区域呈现针状铁酸钙和磁铁矿熔融交织的形貌［图 3-67（b）］。针状铁酸钙的出现是一个重要的现象，因为针状铁酸钙是铁酸钙的一个高级形式，一般在较低的烧结温度下生成。在碱度 2.4 的显微形貌结构分布的其他区域，磁铁矿与柱状铁酸钙黏结良好。与针状铁酸钙形貌相比，磁铁矿呈现大块状或者柱状、板寸状的形貌。与碱度 2.1 的含铬型钒钛烧结矿不同，钙钛矿及二次赤铁矿沉淀析出减少［图 3-68（b）］。在含铬型钒钛混合料烧结中，从热力学的角度将优先生成钙钛矿（$CaO \cdot TiO_2$），因为在同一温度下，生成钙钛矿的 $\Delta G_1^{\ominus}$ 值小于生成铁酸钙的 $\Delta G_2^{\ominus}$ 值（图 3-69），但是烧结过程除了受热力学影响，也受动

力学的制约。在含铬型钒钛烧结矿中 Ti 含量较低（约 1.0wt%），且主要以易于氧化的钛铁晶石形式存在［图 3-68（d）］。因此，氧化的含钛赤铁矿将易与 CaO 反应生成铁酸钙。

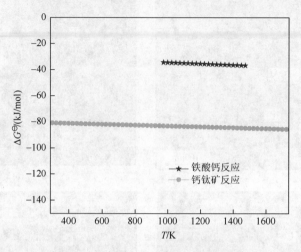

图 3-69　钙钛矿和铁酸钙的反应热力学

　　将含铬型钒钛烧结矿的碱度提高到 2.7［图 3-67（c）和图 3-68（c）］，试样的显微形貌结构主要是磁铁矿、SFCAI（SFCA）、赤铁矿和硅酸盐（钙铁橄榄石和玻璃质），在图 3-68（c）所示倍数下钙钛矿较难发现。此外，烧结矿试样以磁铁矿和 SFCAI（SFCA）熔融交织结构为主。另外，二次及骸晶状赤铁矿进一步降低。含铬型烧结矿的这种显微形貌和结构的变化将有利于其转鼓强度和低温还原粉化性能的提高。但是，碱度过高会使得烧结矿中大孔洞增多，这将降低烧结矿的强度和低温还原粉化性能。因此，当烧结矿中的碱度稍有偏高，更多的混合料粒子将不能保持原有的粒子形态，并且有过度熔化的行为。在含铬型钒钛烧结饼的表面出现一些含有生石灰的白点［图 3-70A］。这些白点来源于含有高 CaO 源的生石灰的未完全矿化。这些在烧结矿表面的白点容易吸收空气中的水分，从而产生膨胀影响烧结矿的强度。另外，在高炉入炉矿槽筛分后，白点容易脱离烧结矿，从而影响烧结矿的碱度，导致高炉炉渣碱度改变从而最终影响高炉冶炼效率。

　　总而言之，含铬型钒钛烧结矿碱度提高到 2.7 所带来的好处大于不好处。但是，从烧结矿强度看，其烧结矿强度只提高了 1.1%。

　　3）生产率

　　依据生产率计算公式（3-5）进行计算分析，可知：随着碱度的增加，在含铬型钒钛烧结矿烧结中，成品率 y 提高，烧结时间 t 减少，但是烧结饼质量 M_s 则由于生石灰增加过大造成的烧损过大而降低，生产率是它们综合作用的结果。

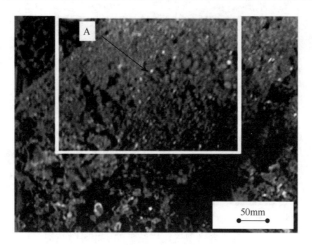

图 3-70　含铬型钒钛烧结饼的表面宏观形貌

4）RDI

如上文所述，烧结矿发生低温还原粉化的主要原因是还原过程中 $Fe_2O_3 \rightarrow Fe_3O_4$ 发生的相转变，特别是二次骸晶状赤铁矿的还原相转变。这是因为二次骸晶状的赤铁矿含有较多的杂质成分，从而造成在还原过程中不同的物相具有不一样的膨胀系数，且在含铬型钒钛烧结矿中存在钙钛矿的分布，其通过弱化矿物间的黏结相作用（通过分布在铁酸钙、赤铁矿、磁铁矿、硅酸盐中）而导致烧结矿在有外力作用下裂纹增多。

因此，对于含铬型钒钛烧结矿，碱度的增加导致烧结矿微观结构上形成了良好的磁铁矿和针状铁酸钙（SFCAI），同时钙钛矿和二次赤铁矿数量减少，这是含铬型钒钛烧结矿 RDI 提高的关键原因（图 3-71）。

(a)

(b)

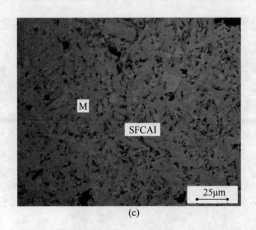

(c)

图 3-71　含铬型钒钛烧结矿的矿相显微结构

（a）$R = 2.1$；（b）$R = 2.4$；（c）$R = 2.7$
M. 磁铁矿；H. 赤铁矿；S. 硅酸盐；SFCA. 铁酸钙；P. 钙钛矿；PE. 孔洞；CF. 钙铁橄榄石

5）矿相学性能

为了进一步研究碱度对含铬型钒钛烧结矿的作用，通过 XRD 及矿相学表征了不同碱度的含铬型钒钛烧结矿样。为了确保实验分析数据的精确性，观察统计的区域是试样中 100 个观察统计区域的综合，在 200 倍镜下以 0.5mm 为步长移动选取。此外，还通过 SEM-EDS 对烧结矿试样进行了表征。

图 3-72 和图 3-73 展示了含铬型钒钛烧结矿中的主要矿物成分为磁铁矿［固溶一定的 Ti、V、Cr、Mg，图 3-74（b）］、赤铁矿［同样固溶一定量的 Ti、V、Cr、Mg，图 3-74（c）］、钙钛矿、硅酸盐（硅酸二钙、钙铁橄榄石和玻璃质）及

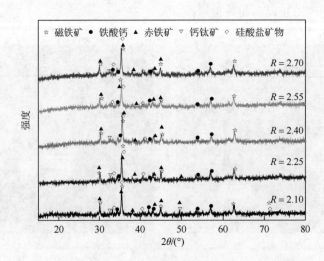

图 3-72　不同碱度的含铬型钒钛烧结矿的 XRD 图谱

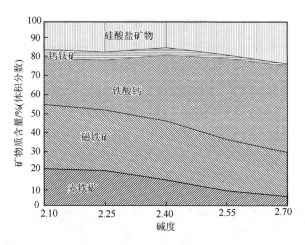

图 3-73　不同碱度的含铬型钒钛烧结矿中主要矿物含量的变化

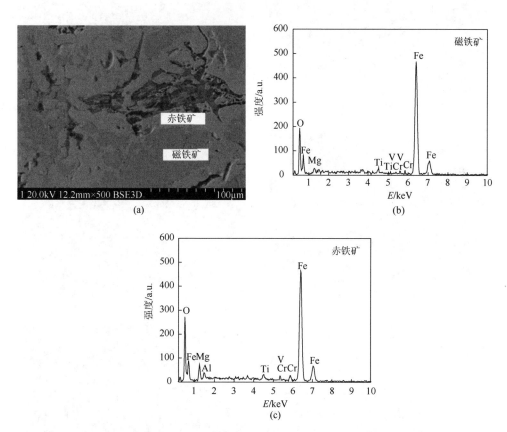

图 3-74　含铬型钒钛烧结矿中主要矿物的 SEM 图和 EDS 图（$R = 2.1$）

（a）SEM 图；（b）磁铁矿 EDS 图；（c）赤铁矿 EDS 图

铁酸钙［柱状铁酸钙[SFC(A)]和针状铁酸钙（SFCAI）］。尽管随着碱度的变化，烧结矿中主要的矿物种类未发生太大变化，但是其含量有一定的变化。

图 3-75 显示了 Fe、Ti、Mg、Ca 和 Si 的元素分布及它们对矿物形成的贡献。区域 A 是钙钛矿，有明显裂纹（E）贯穿而过，区域 B 是铁酸钙，区域 C 是硅酸盐矿物（玻璃质），区域 D 是磁铁矿。从图中可以看出，Fe 元素分布广泛，主要在磁铁矿及铁酸钙中。Ti 元素则主要分布在钙钛矿中，铁酸钙中也有些许分布，Mg 元素主要分布在磁铁矿中，Ca 和 Si 元素主要分布在铁酸钙及硅酸盐矿物中，Ca 元素在钙钛矿中也有较多分布。

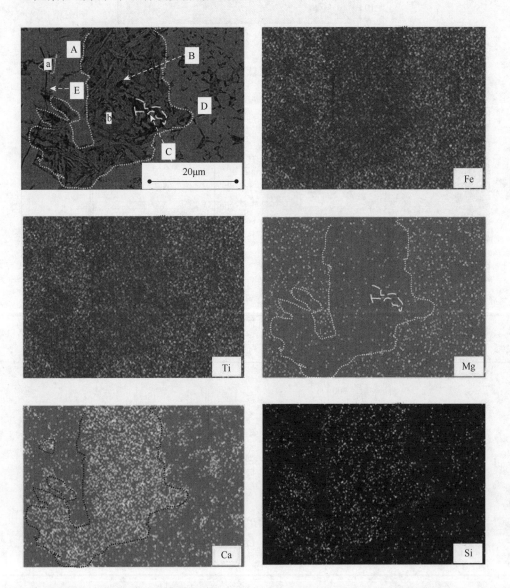

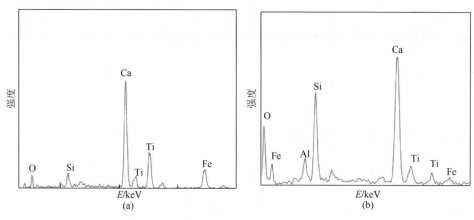

图 3-75　含铬型钒钛烧结矿的 SEM-EDS 分析

（a）a 点 EDS 图；（b）b 点 EDS 图

6）综合指数评分法分析

由于每个考察指标对应的最佳碱度不一定一样，不能用某一最好指标对应的碱度作为最佳碱度，需对不同碱度的烧结矿进行综合指标的考察。采用国内外普遍使用的综合指数法，综合指数越高则烧结矿的指标越好，其对应的碱度最佳。选择的考察指标（烧结速度、成品率、转鼓强度、生产率、RDI 及 TFe）和重要性系数由建龙钢铁有限公司提供。总的重要性系数之和为 100，且烧结速度、成品率、转鼓强度、生产率、RDI 及 TFe 的重要性系数分别为 5、25、10、20、20、20。

同样，为了方便分析及比较，第一组将被量化成 100。综合分析结果如表 3-38 和图 3-76 所示。在表中 z_{i1} 是烧结速度，z_{i2} 是生产率，z_{i3} 是成品率，z_{i4} 是强度，z_{i5} 是 $RDI_{+3.15}$，z_{i6} 是 TFe。

表 3-38　基于综合指数法的碱度对含铬型钒钛烧结矿的影响

编号	z_{i1}	z_{i2}	z_{i3}	z_{i4}	z_{i5}	z_{i6}	$f_i = \sum_{j=1}^{m} \omega_j z_{ij}$ $(i=1,2,\cdots,n;$ $j=1,2,\cdots,m)$	$F_i = f_i - f_1 + 100$
No.1	25.4	1.83	75.3	55.4	72.8	53.8	1249.3	100.0
No.2	26.2	1.90	76.5	58.4	82.0	53.7	1268.3	119.0
No.3	27.0	1.93	79.3	59.8	82.4	53.0	1289.1	139.8
No.4	27.9	1.94	84.6	63.7	86.0	52.4	1307.2	157.9
No.5	28.9	1.91	87.2	64.8	88.8	51.7	1303.7	154.4

续表

编号	z_{i1}	z_{i2}	z_{i3}	z_{i4}	z_{i5}	z_{i6}	$f_i = \sum_{j=1}^{m} \omega_j z_{ij}$ $(i=1,2,\cdots,n;$ $j=1,2,\cdots,m)$	$F_i = f_i - f_1 + 100$
$R_j = (z_{ij})_{max} - (z_{ij})_{min}$	3.4	0.11	12.0	9.4	16.0	2.0		
W_j	5	25	10	20	20	20	结果：No.4＞No.5＞No.3＞No.2 ＞No.1	
$\omega_j = \dfrac{W_j}{R_j}$	1.5	225.2	0.8	2.1	1.3	9.9		

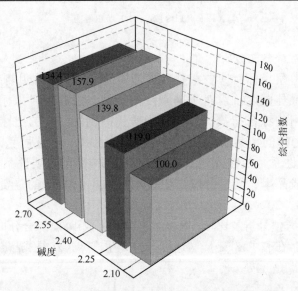

图 3-76　碱度对含铬型钒钛烧结矿综合指数的影响

表 3-38 和图 3-76 表明在碱度由 2.10 提高到 2.55 的过程中，综合指数从 100.0 提高到 157.9，之后随着碱度继续提高到 2.70，综合指数下降到 154.4。

从综合指数可以看出，碱度 2.55 目前最适合含铬型钒钛烧结矿。SFCA 在高温（＞1250℃）下可以分解成赤铁矿，特别是在高氧势的情况下[34]。图 3-77 是 Patrick 和 Pownceby 揭示的适宜结晶的相成分范围[35]，图 3-77 显示 SFCA 中的 CaO 含量高于 SFCAI。因此，CaO 增强了 SFCAI 分解成 SFCA 的趋势并且驱动了更多的 CaO 进入 $SiO_2\text{-}Fe_2O_3\text{-}CaO\text{-}Al_2O_3$ 渣系。

同时，在高碱度下，由于 CaO 活度的提升，更多的 CaO 扩散进入了 Fe_2O_3。这种趋势提升了铁酸钙 $CaO\cdot2Fe_2O_3$ 的容积，且使得 SFCA 更加稳定[34]。另外，柱状及板状的 SFCA 随着碱度的提高到 2.8 其强度将下降[34-37]。因此，含铬型钒钛烧结矿碱度 2.55 有最佳的综合指数，同时这一碱度与攀钢最佳的生产碱度 2.5 比较接近[31-33]。

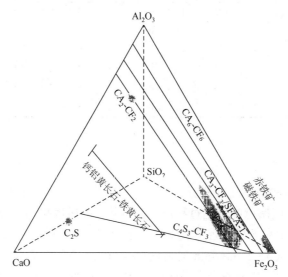

图 3-77　1240℃下 SiO₂-Fe₂O₃-CaO-Al₂O₃ 系结晶相固溶范围[35]

3.4.2　碱度对承德含铬型钒钛烧结矿质量及其矿物组织的影响

1. 实验原料及方法

以企业的现场实际情况为参考，使用白灰调节碱度$[m(CaO)/m(SiO_2) = 1.9]$，固定碳含量$[\omega(C) = 3.2wt\%]$，在同等返矿条件（28wt%）下，研究碱度对承德含铬型钒钛磁铁矿烧结过程及烧结矿质量的影响规律。实验所用的钒钛粉为大阪通运、恒伟矿业、远通矿业和建龙矿业以 20：15：45：20 的比例混合而成，各种矿粉做到均匀分散，齐整可比。将实验所得烧结矿做机械强度、低温粉化指数等实验，经过比较分析，得到不同碱度对烧结矿的影响规律。具体的实验方案见表 3-39，烧结杯参数见表 3-7。

表 3-39　烧结实验方案及配料情况

实验编号	含铬型钒钛粉/wt%	印度粉/wt%	马来西亚粉/wt%	自溶粉/wt%	冷返/wt%	槽返/wt%	瓦斯灰/wt%	弃渣/wt%	磁选粉/wt%	白云石/wt%	石灰石粉/wt%	碱度	配碳量/wt%
J-1	49	5	3	5	18	10	1	1.5	2	1	4.5	1.9	3.2
J-2	49	5	3	5	18	10	1	1.5	2	1	4.5	2.0	3.2
J-3	49	5	3	5	18	10	1	1.5	2	1	4.5	2.1	3.2

实验编号	含铬型钒钛粉/wt%	印度粉/wt%	马来西亚粉/wt%	自溶粉/wt%	冷返/wt%	槽返/wt%	瓦斯灰/wt%	弃渣/wt%	磁选粉/wt%	白云石/wt%	石灰石粉/wt%	碱度	配碳量/wt%
J-4	49	5	3	5	18	10	1	1.5	2	1	4.5	2.2	3.2
J-5	49	5	3	5	18	10	1	1.5	2	1	4.5	2.3	3.2
J-6	49	5	3	5	18	10	1	1.5	2	1	4.5	2.4	3.2
J-7	49	5	3	5	18	10	1	1.5	2	1	4.5	2.5	3.2
J-8	49	5	3	5	18	10	1	1.5	2	1	4.5	2.6	3.2
J-9	49	5	3	5	18	10	1	1.5	2	1	4.5	2.7	3.2

2. 结果与分析

1）烧结过程参数与化学成分

表 3-40 为不同碱度的烧结过程的工艺参数，随碱度提高，白灰添加量增多，为保持混合料的制粒效果，适当增加了水分。碱度由 1.9 提高到 2.3 时，烧结料层的垂直烧结速度从 15.22mm/min 提高到 19.40mm/min，烧结时间变短。在混合料混合及制粒过程中，生石灰遇水消化成 $Ca(OH)_2$ 溶胶，具有较强的黏结作用。此外，随着生石灰消化放热，烧结混合料层的温度上升，起到预热料层的作用。随着生石灰的增多，具有良好黏结作用的 $Ca(OH)_2$ 溶胶数量增多，从而提高了混合料的制粒效果，同时也提高了混合料层的抗压强度。另外，碱度提高以后，CaO 添加量增加，对焦炭的燃烧有一定的催化作用，因此随着碱度的提高，垂直烧结速度加快。这些变化导致料层烧结阻力减小，烧结速度增加，这与碱度对攀枝花普通钒钛磁铁矿烧结速度的影响规律一致。在碱度由 2.1 进一步提高到 2.5 时，烧结速度由 19.12mm/min 略微提高到 19.70mm/min，原因可能是随着白灰添加量的进一步增大，料层透气性增加并不明显，烧结速度增幅较小。碱度由 2.5 进一步提高到 2.7 时，随着白灰添加量进一步增大，消耗的水分增加，制粒的相对水分减少，不利于制粒，导致料层透气性下降，因此垂直烧结速度下降。

表 3-40　烧结过程的工艺参数

编号	水分/wt%	烧结时间/min	垂直烧结速度/(mm/min)	废气最高温度/℃	加入样品量/kg	产出量/kg	烧损率/wt%	烧成率/wt%	利用系数/[t/(m²·h)]
J-1	7.17	46	15.22	208	86.2	71.9	16.59	83.41	1.17
J-2	7.4	43	16.25	187	85.4	73.6	13.82	86.18	1.28
J-3	7.79	36.5	19.12	197	83.7	71.5	14.58	85.42	1.46
J-4	7.85	36	19.30	203	86.2	74.1	14.04	85.96	1.54
J-5	7.28	36	19.40	192	84.1	71.5	14.98	85.02	1.48

编号	水分/wt%	烧结时间/min	垂直烧结速度/(mm/min)	废气最高温度/℃	加入样品量/kg	产出量/kg	烧损率/wt%	烧成率/wt%	利用系数/[t/(m²·h)]
J-6	8.01	35.5	19.70	224	86.1	70.6	18.00	82.00	1.48
J-7	8.4	35.5	19.70	217	82.4	70	15.05	84.95	1.47
J-8	8.29	36.5	19.12	202	79.1	66.1	16.43	83.57	1.35
J-9	8.23	37.5	18.57	209	80.9	67.3	16.81	83.19	1.34

在碱度 1.9 时，由于含铬型钒钛烧结矿制粒性能较差，且矿粉粒度较细，在抽风作用下，较多的细粉随抽风而损失从而造成烧成率较低。随着碱度提高到 2.2，混合料制粒性能提高，烧成率有所升高。当碱度进一步提高时，白灰耗水量增加，水分相对不足，不利于制粒，同时由于白灰烧损较大，随着白灰添加量增加，混合料的烧成率有所降低。综合以上诸因素，烧结利用系数随着碱度提高先有升高的趋势而后降低。

表 3-41 为不同碱度烧结矿的化学成分。随着碱度的提高，烧结矿的 TFe 含量降低，V_2O_5、TiO_2、SiO_2、Al_2O_3 含量略有下降，MgO 含量上升。

表 3-41　烧结矿的化学成分（wt%）

编号	TFe	CaO	SiO₂	V₂O₅	Al₂O₃	TiO₂	MgO
J-1	54.17	9.84	5.17	0.27	2.06	1.86	2.66
J-2	53.81	10.33	5.17	0.27	2.05	1.85	2.67
J-3	53.43	10.85	5.16	0.26	2.04	1.83	2.69
J-4	53.08	11.34	5.16	0.26	2.03	1.82	2.71
J-5	52.69	11.87	5.16	0.26	2.02	1.81	2.72
J-6	52.34	12.35	5.15	0.26	2.01	1.79	2.74
J-7	51.98	12.84	5.15	0.25	2.00	1.78	2.75
J-8	51.60	13.37	5.14	0.25	1.99	1.77	2.77
J-9	51.24	13.86	5.14	0.25	1.98	1.76	2.79

2）烧结矿粒度组成分布

图 3-78 为不同碱度的承德含铬型钒钛烧结矿的粒度组成分布。由图可知，随着碱度的提高，大粒度的烧结矿减少，小粒度烧结矿增多，成品率有降低趋势。在同等燃料水平下，随着碱度的提高，熔剂量增多，放出的二氧化碳增加，烧结料层的温度和还原气氛降低。而烧结矿碱度提高后，形成的矿物质熔点会升高，液相形成量减少，从而导致烧结成品率略有降低。在铁矿粉烧结料中添加熔剂时，矿物颗粒间相互接触，在加热过程中，由于物料晶体中离子扩散，固相发生反应，反应生成物比单矿物熔点低。

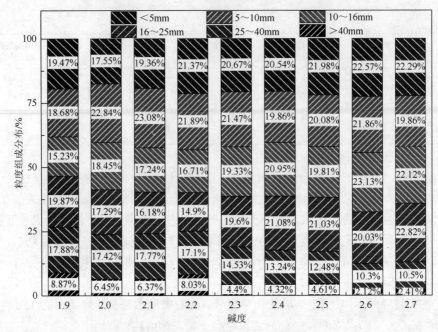

图 3-78　不同碱度的烧结矿的粒度组成分布

3）烧结矿的冷热态性能

图 3-79 为不同碱度烧结矿的主要冷热态性能，分别是大于 5mm 以上烧结矿的成品率、冷态转鼓强度指数、低温还原粉化指数和中温还原指数。

烧结矿的碱度提高后，烧结成品率略有降低。在同等燃料水平下，烧结过程中的温度水平基本保持不变，而烧结矿碱度提高后，烧结矿中形成的矿物质熔点会有所升高，因而烧结过程中液相形成的数量会有所降低，从而导致烧结大于 5mm 的成品率略有降低。

随着碱度升高，烧结矿冷态转鼓强度指数由碱度 1.9 时的 59.63%先降低到 2.3 时的 58.52%，之后又升高到碱度 2.7 时的 63.53%。钒钛磁铁矿烧结过程中，碱度对烧结过程和烧结黏结相组成有很大影响，由于 TiO_2 与 CaO 的结合能力比 Fe_2O_3 与 CaO 的结合能力强，当碱度较低时，CaO 与 TiO_2 反应生成了钙钛矿，随着碱度的提高，钙钛矿逐渐增多且比铁酸钙增加得更多，烧结矿强度逐渐降低。当 TiO_2 全部生成钙钛矿后，这时，随着碱度的提高，铁酸钙增多，烧结矿强度提高。从烧结矿的宏观结构来看，提高烧结矿碱度，使熔融更充分，熔体表面张力增大，薄壁大气孔减少，气孔分布更均匀，更多大孔厚壁出现，熔蚀结构增加，有利于烧结矿转鼓强度的提高。

随着烧结矿碱度的提高，烧结矿的 $RDI_{+3.15}$ 指标明显升高，从 53.35%上升到 75.09%，而 $RDI_{-0.5}$ 指标则明显降低，这种关系具有很强的规律性。碱度提高后，$RDI_{+3.15}$ 得到改善，主要原因是碱度提高后，烧结矿中赤铁矿含量降低，这样就减小了赤铁矿还原引起的应力，同时烧结矿中铁酸钙增加，黏结相增加，而 Fe_2O_3 含量降低，也减少了再生的 Fe_2O_3，抑制还原过程中产生的体积膨胀。另外，提高碱度促进了 $3CaO \cdot SiO_2$ 的生成，促使正硅酸钙分散在铁酸钙的黏结相中，抑制体积膨胀。

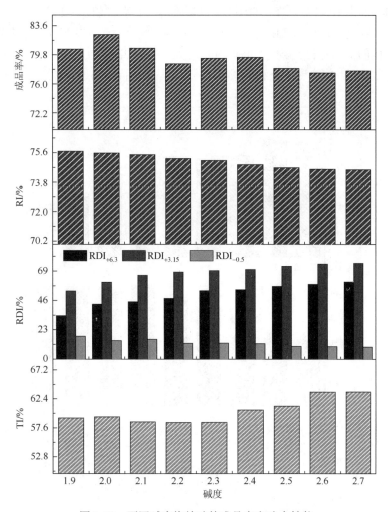

图 3-79　不同碱度烧结矿的成品率和冶金性能

　　随着烧结矿碱度提高，烧结矿的中温还原指数略有降低。Fe_2O_3 有最好的还原性，其次是 Fe_3O_4，钛铁矿和钛铁晶石还原性在开始阶段较 $CaO \cdot 2Fe_2O_3$ 差，但后期好于 $CaO \cdot 2Fe_2O_3$，铁酸钙的还原性随其中 CaO 含量的增加而下降，硅酸盐的还原性较差。在还原过程中，由于 Fe_2O_3 还原成 Fe_3O_4 时体积膨胀，裂纹增加，变相改善了还原气体的扩散条件。总体来看，含铬型钒钛烧结矿的还原性较好。

　　图 3-80 为不同碱度的烧结矿软化性能指标。由图可知，随着碱度提高，$T_{10\%}$ 升高，

软化温度区间变窄。承德含铬型钒钛烧结矿的软化温度较高，软化终了温度在 1200℃以上，说明软熔带较低，有利于顺行。随着碱度的提高，烧结矿软化开始温度上升，软熔温度区间变窄，碱度从 1.9 上升到 2.7，开始软化温度由 1177.9℃上升到 1218.4℃，软化温度区间由 103.1℃下降到 90.6℃，高炉软熔带下移，软熔带变薄，有利于改善料柱透气性。在高炉炼铁生产中，烧结矿的熔化温度高有利于保持气固相稳定操作，而软化温度区间窄则有利于煤气在高炉内的运动，在高炉冶炼过程中希望烧结矿在高温下迅速熔化，因此提高碱度有利于减薄熔化层，从而提高炉料透气性，促进高炉顺行。

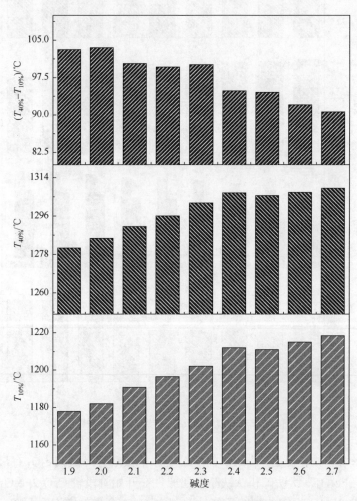

图 3-80　不同碱度的烧结矿软化性能指标

4）烧结矿的矿相显微结构

图 3-81 为不同碱度烧结矿的 XRD 图谱。由图可知，烧结矿的主要物相为磁

铁矿、赤铁矿、钙钛矿、铁酸钙和硅酸盐，另外有少量的钛铁矿。不同碱度条件下烧结矿的烧结温度和成分都有所差异，因此烧结矿的矿物组成不一。在本组实验条件下，对烧结杯实验所得含铬型钒钛烧结矿微观测定其烧结矿矿物组成，结果如图 3-82 所示。黏结相一般占矿物体积总量的 30%～45%，是在高温条件下生成的液相冷却凝结而成，其黏结相数量、矿物组成、形成机理和各项物理化学性质都对烧结矿的质量有重要影响。由图 3-82 可知，随着碱度提高，CaO 含量增多，钙钛矿体积分数先升高后趋于平稳，铁酸钙含量先小幅增加后快速增加。碱度为 1.9 时的烧结矿黏结相以硅酸盐和铁酸钙为主。碱度提高到 2.3 时，黏结相大多为铁酸钙，少量为硅酸盐相。随碱度提高，铁酸钙生成量增多，当 CaO 含量增加，则增加了 CaO 和 Fe_2O_3 接触的机会，增强了铁酸钙生成反应的趋势，铁酸钙含量相对增多。

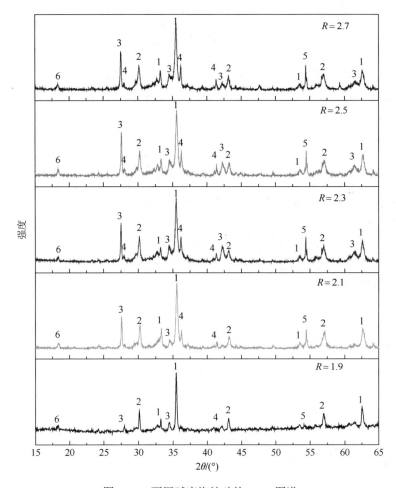

图 3-81　不同碱度烧结矿的 XRD 图谱

1. 磁铁矿；2. 赤铁矿；3. 铁酸钙；4. 钙钛矿；5. 硅酸盐；6. 钛铁矿

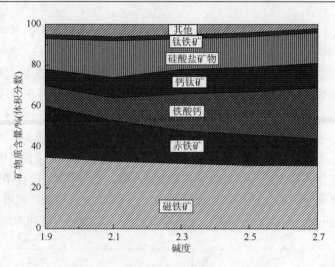

图 3-82　不同碱度烧结矿的矿物组成

　　图 3-83 为不同碱度的烧结矿的 SEM 图像。在碱度 $R = 1.9$ 时，含铬型钒钛烧结矿中以磁铁矿和赤铁矿为主，存在部分的孔洞和裂纹，同时在烧结矿中有较多的钙钛矿，铁酸钙大多呈块状，黏结相大部分为铁酸钙和硅酸盐，其与磁铁矿、赤铁矿点面黏结。在 $R = 2.3$ 时，含铬型钒钛烧结矿中主要黏结以磁铁矿和铁酸钙的交织结构进行，在孔洞周边生成较多的针状复合铁酸钙，局部孔洞周边仍然存在少量的赤铁矿。在 $R = 2.7$ 时，烧结矿主要结构为熔蚀结构，大量的针状铁酸钙与磁铁矿熔蚀。因此，从含铬型钒钛烧结矿的矿相显微结构分析来看，烧结矿碱度提高后，高强度的针状复合铁酸钙大量生成，二次赤铁矿含量减少，烧结矿显微结构由黏结相与含铁物相的点面黏结转化以铁酸钙与磁铁矿熔融交织结构为主，含铬型钒钛烧结矿冶金性能得到改善。

　　5）综合加权评分法分析

　　通过德尔菲法获得各项指标的主观权重，然后通过熵值法确定出各项指标的客观权重，最后通过综合加权评分客观、真实、有效地进行评价，得到最适宜的 MgO 含量。所选指标（烧结利用系数、TI、RDI 和 RI）的权重系数是由国内某钢铁企业根据企业实践确定。其中，X 为评价矩阵，Z 为标准矩阵，α 为主观权重，β 为客观权重，w 为综合权重。

　　将评价矩阵 X 进行标准化处理，由实验结果得到评价矩阵 $X = (x_{ij})$；本实验要求烧结利用系数、转鼓强度指数、还原粉化指数和还原指数都越大越好，因此按综合加权评分值越大越好的评判准则，将 X 标准化，得到最终的评价矩阵 Z。

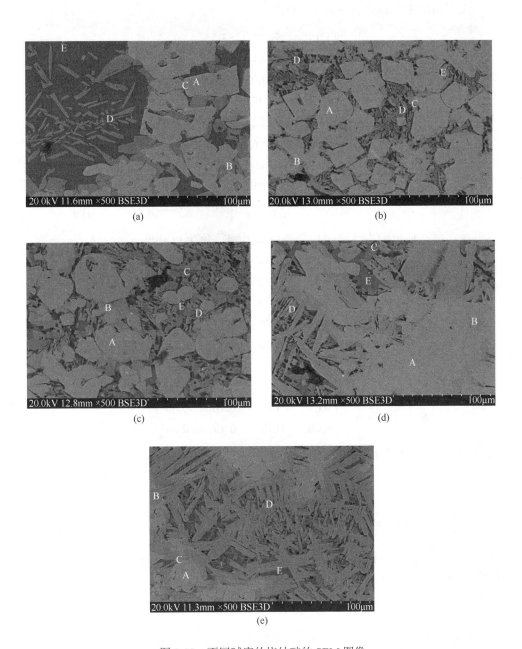

图 3-83 不同碱度的烧结矿的 SEM 图像

（a）$R = 1.9$；（b）$R = 2.1$；（c）$R = 2.3$；（d）$R = 2.5$；（e）$R = 2.7$
A. 磁铁矿；B. 赤铁矿；C. 铁酸钙；D. 钙钛矿；E. 硅酸盐

由实验结果可得评价矩阵 $X = (x_{ij})$

$$X_{ij} = \begin{bmatrix} 1.17 & 59.23 & 53.35 & 76.86 \\ 1.28 & 59.41 & 60.28 & 76.35 \\ 1.46 & 58.60 & 65.68 & 75.48 \\ 1.54 & 58.48 & 68.19 & 75.25 \\ 1.48 & 58.52 & 69.39 & 75.13 \\ 1.48 & 60.56 & 70.21 & 74.88 \\ 1.47 & 61.20 & 72.75 & 74.69 \\ 1.35 & 63.51 & 74.55 & 74.60 \\ 1.34 & 63.53 & 75.09 & 74.57 \end{bmatrix}$$

现按综合加权评分值越大越好的评判准则，将 X 标准化，得到 Z_{ij}

$$Z_{ij} = \begin{bmatrix} 0.00 & 0.04 & 0.00 & 0.34 \\ 0.05 & 0.02 & 0.05 & 0.27 \\ 0.14 & 0.00 & 0.10 & 0.14 \\ 0.18 & 0.00 & 0.11 & 0.10 \\ 0.15 & 0.00 & 0.12 & 0.08 \\ 0.15 & 0.04 & 0.13 & 0.05 \\ 0.15 & 0.06 & 0.15 & 0.02 \\ 0.09 & 0.11 & 0.16 & 0.00 \\ 0.08 & 0.11 & 0.17 & 0.00 \end{bmatrix}$$

设所得各项实验指标的权重为

$$\alpha = (\alpha_1, \alpha_2, \cdots, \alpha_m)^{\mathrm{T}}$$

其中，$\sum_{j=1}^{m} \alpha_j = 1$，$\alpha_j \geqslant 0$ $(j = 1, 2, \cdots, m)$。

在本实验的 4 个指标中，各项指标的主观权重：烧结利用系数 $\alpha_1 = 0.1$，转鼓强度指数 $\alpha_2 = 0.3$，还原粉化指数 $\alpha_3 = 0.5$，还原率 $\alpha_4 = 0.1$，即

$$\alpha = [0.1, 0.3, 0.5, 0.1]^{\mathrm{T}}$$

通过熵值法可以确定出各项指标的客观权重

$$\beta = [0.09, 0.57, 0.08, 0.26]^{\mathrm{T}}$$

最后，取偏好系数为 0.5，得到各项指标的综合权重

$$w = [0.09, 0.44, 0.29, 0.18]^{\mathrm{T}}$$

图 3-84 为不同碱度烧结矿综合评价结果。随着碱度提高，烧结矿的综合评价性能越好，结合国内某钢铁企业烧结生产实际，建议应尽可能提高烧结矿碱度。碱度对承德含铬型钒钛烧结矿的影响规律与碱度对俄罗斯含铬型钒钛磁铁矿的影响规律基本一致，随着碱度的提高（1.9～2.7），俄罗斯含铬型钒钛烧结矿的 $RDI_{+3.15}$ 由 72.75%上升到 88.76%，转鼓强度指数 TI 由 55.4%上升到 64.8%，两者的综合指标都随碱度提高而上升。

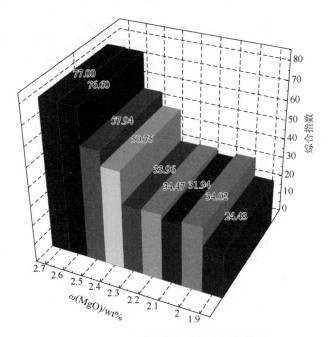

图 3-84 不同碱度烧结矿综合评价结果

3.4.3 碱度对红格矿烧结矿质量及其矿物组织的影响

1. 实验原料及方法

以国内某钢铁企业的现场实际情况为参考，使用石灰调节碱度，在同等返矿条件下，分别研究了不同碱度[$m(CaO)/m(SiO_2)$ = 1.7～2.5]对红格南矿和红格北矿含铬型钒钛磁铁矿烧结过程及烧结矿质量的影响规律。实验所用的含铬型钒钛磁铁矿粉分别为红格南矿和红格北矿，配加 30wt%的普通磁铁矿和普通烧结小料。将实验所得烧结矿做机械强度、低温粉化指数、还原性和软熔滴落实验，经过比较分析，得到不同配碳量对烧结矿的影响规律。具体的实验方案分别见表 3-42 和表 3-43，烧结杯参数见表 3-7。

表 3-42 红格南矿烧结实验方案及配料情况

序号	$m(CaO)/m(SiO_2)$	红格南矿/wt%	普矿/wt%	返矿/wt%	高炉灰/wt%	磁选粉/wt%	石灰/wt%
1	1.7	37.7	30	20	1	1	10.4
2	1.9	35.9	30	20	1	1	12.2
3	2.1	34.1	30	20	1	1	14.0
4	2.3	33.4	30	20	1	1	14.6
5	2.5	30.9	30	20	1	1	17.1

表 3-43 红格北矿烧结实验方案及配料情况

序号	$m(CaO)/m(SiO_2)$	红格北矿/wt%	普矿/wt%	返矿/wt%	高炉灰/wt%	磁选粉/wt%	石灰/wt%
1	1.7	39.8	30	20	1	1	8.2
2	1.9	38.2	30	20	1	1	9.8
3	2.1	36.3	30	20	1	1	11.7
4	2.3	35.4	30	20	1	1	12.6
5	2.5	33.8	30	20	1	1	14.2

2. 结果与分析

1）烧结过程参数与化学成分

表 3-44 和表 3-45 为不同碱度下红格南矿与红格北矿的烧结过程的工艺参数。由表 3-44 可知，随碱度提高，红格南矿的垂直烧结速度从 24.84mm/min 降低到 18.89mm/min，废气最高温度从 652℃ 降低到 595℃。由表 3-45 可知，随碱度提高，红格北矿的垂直烧结速度从 20.61mm/min 降低到 17.89mm/min，废气最高温度从 783℃ 降低到 610℃。主要由于随碱度提高，铁矿粉与熔剂反应需要消耗更多的热量，烧结料总体热量下降，烧结温度有所降低，废气最高温度下降，烧结过程中生成的液相量增加，混合料层的透气性降低，燃烧层厚度扩大，透气性变差，烧结时间延长，垂直烧结速度有所降低。因此，烧成率也分别从 86.19wt%逐渐降低到 79.29wt%、84.54wt%逐渐降低至 80.12wt%。综合以上诸因素，烧结利用系数随着碱度的升高而分别从 3.52t/(m²·h)降低到 2.29t/(m²·h)、2.90t/(m²·h)降低到 2.20t/(m²·h)。

表 3-44 红格南矿烧结过程的工艺参数

编号	水分/wt%	烧结时间/min	垂直烧结速度/(mm/min)	废气最高温度/℃	加入样品量/kg	产出量/kg	烧损率/wt%	烧成率/wt%	利用系数/[t/(m²·h)]
1	8.64	27.37	24.84	652	110.6	90.5	13.81	86.19	3.52
2	8.42	40	17.00	658	107.4	89.0	17.13	82.87	2.33
3	8.17	32	21.25	620	106.0	87.9	17.08	82.92	2.88
4	8.43	28	24.29	640	103.5	86.1	16381	83.19	3.22
5	8.16	36	18.89	595	99	78.5	20.71	79.29	2.29

表 3-45　红格北矿烧结过程的工艺参数

编号	水分 /wt%	烧结时间 /min	垂直烧结速度 /(mm/min)	废气最高温度/℃	加入样品量/kg	产出量 /kg	烧损率 /wt%	烧成率 /wt%	利用系数 /[t/(m²·h)]
1	8.56	33	20.61	783	108.0	91.3	15.46	84.54	2.90
2	8.94	42	16.19	775	111.6	90.4	19.00	81.00	2.26
3	8.62	43	15.81	695	101.0	84.5	16.34	83.66	2.06
4	8.47	39	17.44	643	104.7	86.7	17.19	82.81	2.33
5	8.86	38	17.89	610	99.6	79.8	19.88	80.12	2.20

表 3-46 和表 3-47 分别为不同碱度红格南矿和红格北矿烧结矿的化学成分。

表 3-46　红格南矿烧结矿的化学成分（wt%）

方案	TFe	CaO	MgO	SiO$_2$	Al$_2$O$_3$	TiO$_2$	V$_2$O$_5$	Cr$_2$O$_3$
1	50.04	10.09	2.43	5.93	2.27	5.86	0.60	0.39
2	49.04	11.15	2.47	5.87	2.26	5.85	0.59	0.39
3	48.18	12.39	2.43	5.90	2.22	5.45	0.56	0.36
4	47.24	13.56	2.42	5.89	2.19	5.23	0.53	0.34
5	46.34	14.67	2.42	5.88	2.16	5.04	0.52	0.33

表 3-47　红格北矿烧结矿的化学成分（wt%）

方案	TFe	CaO	MgO	SiO$_2$	Al$_2$O$_3$	TiO$_2$	V$_2$O$_5$	Cr$_2$O$_3$
1	52.49	8.56	1.91	5.05	2.01	5.32	0.65	0.25
2	52.02	8.46	2.19	4.47	2.21	6.74	0.82	0.45
3	50.81	10.24	2.02	4.90	2.03	5.46	0.67	0.26
4	49.93	11.18	2.05	4.88	2.02	5.39	0.66	0.25
5	49.02	12.21	2.05	4.89	2.00	5.21	0.64	0.24

2）烧结矿粒度组成分布

图 3-85（a）和（b）分别为不同碱度红格南矿和红格北矿烧结矿的粒度组成分布。由图可知，随着碱度的提高，小粒度烧结矿的占比有明显下降趋势。随着碱度提高，中间粒度占比提高，烧结液相增加，烧结时间延长，铁氧化物的固相扩散、再结晶和重结晶也有所增加；另外，烧结时间延长，冷却速度相对降低，生成的玻璃质有所减少，使得烧结矿的微观结构更合理，改善了烧结成矿条件，因此使烧结矿的强度增加，成品率分布更合理。

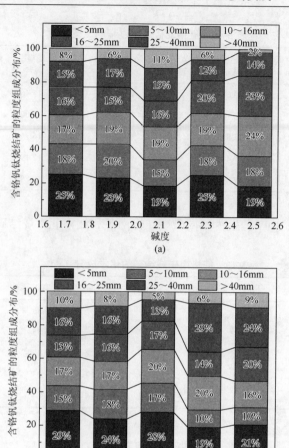

图 3-85 不同碱度的烧结矿的粒度组成分布

（a）红格南矿；（b）红格北矿

3）烧结矿的冷热态性能

图 3-86（a）和（b）分别为不同碱度的烧结矿的主要冷热态性能，分别是冷态转鼓强度指数、低温还原粉化指数和中温还原指数。结合矿相分析对烧结矿的冶金性能进行了分析。

随碱度提高，液相含量增多，烧结矿的微观结构更合理，改善了烧结成矿条件，因此烧结矿强度增加，转鼓强度改善。该结果与文献[28]关于碱度对攀枝花钒钛烧结矿的影响规律一致。这均源自生石灰的增多，混合料层的透气性提高了，改善了料层的氧势。当烧结料层温度可以提供足够的热量去满足固相反应时，烧结混合料中低熔点物相将生成，且低熔点物相生成的温度将随着混合料中平均

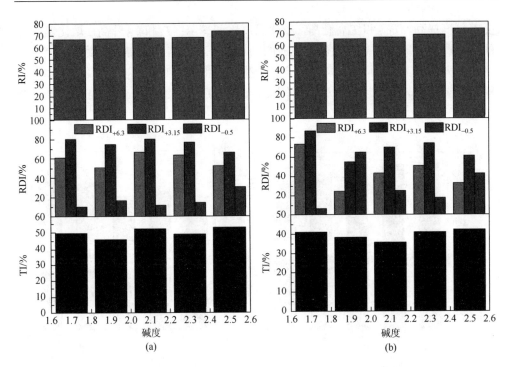

图 3-86　不同碱度的烧结矿的冶金性能

（a）红格南矿；（b）红格北矿

碱度的增多而降低。赤铁矿作为高炉中容易还原的物相，在此表现为未反应及二次赤铁矿的形式。造成烧结矿粉化的最根本的原因是在高炉上部块状带 450～500℃，$Fe_2O_3 \rightarrow Fe_3O_4$ 过程中发生相转变，在这一过程中，烧结矿体积将发生膨胀，内应力将增大，从而造成裂纹甚至粉化。

如上文所提，烧结矿发生低温还原粉化的主要原因是还原过程中 $Fe_2O_3 \rightarrow Fe_3O_4$ 发生相转变，特别是二次骸晶状赤铁矿的还原相转变。这是因为二次骸晶状的赤铁矿含有较多的杂质成分，从而造成在还原过程中不同的物相具有不一样的膨胀系数。且在含铬型钒钛烧结中，存在钙钛矿的分布，其通过弱化矿物间的黏结相作用（通过分布在铁酸钙、赤铁矿、磁铁矿、硅酸盐间）而导致烧结矿在有外力作用下裂纹增多。

因此，对于含铬型钒钛烧结矿，碱度的增加导致低熔点液相生成量的增多，促进了红格矿的气固反应，导致赤铁矿含量增多，是含铬型钒钛烧结矿 RDI 降低的关键原因。因此，综合来看，在本实验条件下随着碱度的提高，烧结矿低温还原粉化性能恶化，但赤铁矿含量的增多有利于红格烧结矿还原性能的提高。

图 3-87 为不同碱度的红格南矿烧结矿软化性能和软熔性能指标。由图可知，

随着碱度提高，$T_{10\%}$和$T_{40\%}$升高，软化温度区间变窄；T_S和T_D升高，熔化温度区间变宽。随着碱度提高，除优先生成的钙钛矿外，低熔点物相逐渐增多，液相量区域变大，FeO含量增加，烧结混合料中生成的低熔点物质增多，软化温度降低，软熔带上移，软化温度区间变宽。因此，碱度的提高，有利于改善烧结矿的冶金性能。

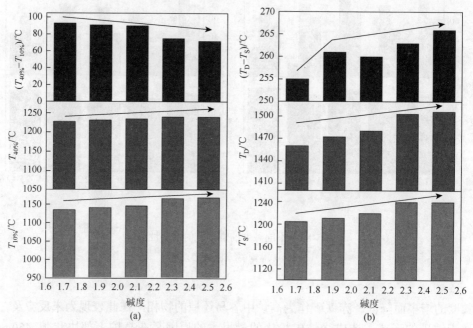

图 3-87　　不同碱度的红格南矿烧结矿软熔滴落性能

（a）软化性能；（b）软熔性能

4）矿相学性能

为了进一步研究碱度对含铬型钒钛烧结矿的作用，通过 XRD 及矿相学表征了不同碱度的含铬型钒钛烧结矿样。为了确保实验分析数据的精确性，观察统计的区域是试样中 100 个观察统计区域的综合，通过在 100 倍镜下以 0.5mm 为步长移动选取。此外，还通过 SEM 对烧结矿试样进行了表征。

图 3-88 为不同碱度烧结矿的 XRD 图谱。由图可知，烧结矿的主要物相为磁铁矿、赤铁矿、钙钛矿、铁酸镁及少量的铬铁尖晶石和钒铁尖晶石的钛铁矿。不同碱度烧结矿的烧结矿物组成有所差异。在本组实验条件下，对烧结杯实验所得含铬型钒钛烧结矿通过微观测定其烧结矿矿物组成，结果如图 3-89 所示。由图可知，随碱度提高，磁铁矿、硅酸盐矿物和钙钛矿的含量有所增加，赤铁矿和铁酸镁含量增多，黏结相和硅酸盐相含量也增多。

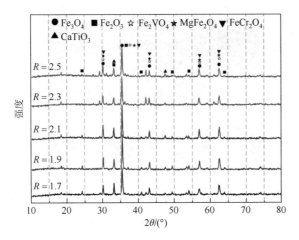

图 3-88　不同碱度的含铬型钒钛烧结矿的 XRD 图谱

随红格南矿含铬型钒钛烧结矿碱度的提高，试样的显微形貌结构主要有磁铁矿、赤铁矿和硅酸盐（钙铁橄榄石和玻璃质）。此外，烧结矿试样以磁铁矿和 SFCAI（SFCA）熔融交织结构为主。另外，二次及骸晶状赤铁矿进一步提高。含铬型烧结矿的这种显微形貌和结构的变化将不利于其转鼓强度和低温还原粉化性能的提高。但是，碱度过高会使得烧结矿中大孔洞增多，这将降低烧结矿的强度和低温

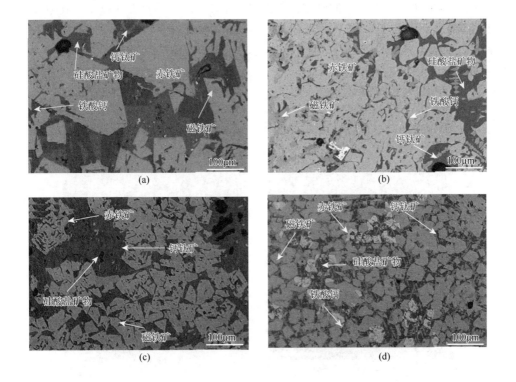

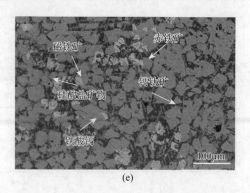

(e)

图 3-89　不同碱度红格南矿烧结矿的显微结构

（a）$R=1.7$；（b）$R=1.9$；（c）$R=2.1$；（d）$R=2.3$；（e）$R=2.5$

还原粉化性能。因此，当烧结矿中的碱度稍有偏高，更多的混合料粒子将不能保持原有的粒子形态，并且有过度熔化的行为。在含铬型钒钛烧结饼的表面出现一些含有生石灰的白点［图 3-89（a）和（e）］。这些白点来源于含有高 CaO 源的生石灰的未完全矿化。这些在烧结矿表面的白点容易吸收空气中的水分，从而产生膨胀影响烧结矿的强度。另外，在高炉入炉矿槽筛分后，白点容易脱离烧结矿，从而影响烧结矿的碱度，导致高炉炉渣碱度改变从而影响高炉冶炼效率。

　　图 3-90 为碱度为 2.5 时红格南矿烧结矿的 SEM 图和元素分布图，其中仅有少部分 Ca 元素与 Ti 元素形成钙钛矿。Mg 元素分布在铁氧化物中形成铁酸镁等矿物，而大部分的 Ca 元素和 Si 元素结合在一起形成黏结相和硅酸盐。

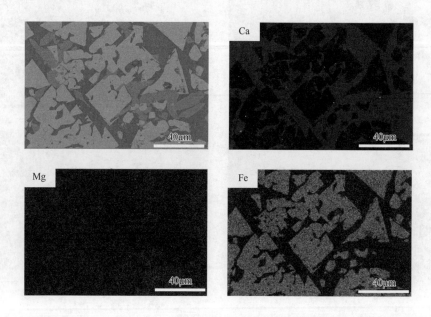

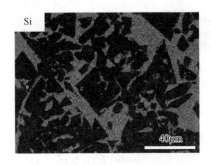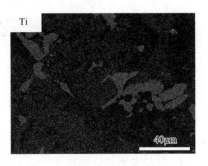

图 3-90　碱度为 2.5 时红格南矿烧结矿的 SEM 图和元素分布图

3.5　TiO_2 在含铬型钒钛混合料烧结中的作用及机理

含铬型钒钛磁铁精矿与普通精矿的主要区别在于其含有较高的 TiO_2，攀钢和承钢的实验研究和生产实践表明[38]，TiO_2 含量对铁矿粉的烧结过程、烧结矿的矿物组成和结构、烧结矿质量等均有明显的影响。烧结料的 TiO_2 含量高，不仅降低了烧结矿的品位，且生成的性脆的钙钛矿（$CaO·TiO_2$）致使钒钛烧结矿的强度差、成品率低、低温还原粉化严重[39-46]。钙钛矿一般为立方体或八面体形状，钛离子处于立方晶胞体心，氧离子处于面心，钙离子位于角顶。钙钛矿立方晶体常具有平行晶棱的条纹，这是高温变体转变为低温变体时产生聚片双晶的结果[47, 48]。钙钛矿熔点很高（1970℃），在冷却过程中最先析出，它本身并无黏结作用，而在磁铁矿和赤铁矿晶粒间起某种"连晶"界面作用，但此"连晶"界面非常容易被破坏。可见，控制和限制钙铁矿的形成，对改善钒钛磁铁烧结矿质量有重要意义[38]。

在本小节中，通过烧结杯实验模拟实际生产研究了不同钛含量下承德和红格含铬型钒钛烧结矿烧结的行为，以及其对烧结矿质量的影响规律，并通过矿相学、XRD 和 SEM-EDS 对不同钛含量烧结矿的矿物组成及显微结构进行了研究，得到了适合目前配料结构下的最佳 TiO_2 含量。

3.5.1　TiO_2 含量对承德含铬型钒钛烧结矿质量及其矿物组织的影响

1. 实验原料及方法

本小节实验所用原料由国内某钢铁企业提供，各原料的化学成分和特点见第 2 章。本实验采用配加高钒钛铁粉（HVT）来调节混合料的 TiO_2 含量，进行 TiO_2 含量对烧结矿性能影响的实验研究。高钒钛铁粉化学成分见表 3-48。

表 3-48　　高钒钛铁粉化学成分（wt%）

样品名称	TFe	SiO$_2$	CaO	MgO	Al$_2$O$_3$	TiO$_2$	V$_2$O$_5$	P
高钒钛铁粉	59.61	4.11	0.87	1.68	2.26	6.22	0.70	0.02

以企业的现场实际情况为参考，使用白灰调节碱度[m(CaO)/m(SiO$_2$) = 1.9]，固定碳含量[ω(C) = 3.2wt%]，在同等返矿条件下，研究不同钛含量[ω(TiO$_2$) = 1.75wt%～4.45wt%]对含铬型钒钛磁铁矿烧结过程及烧结矿质量的影响规律。实验所用的含铬型钒钛粉为大阪通运、恒伟矿业、远通矿业和建龙矿业以 20：15：45：20 的比例混合而成，各种矿粉做到均匀分散，齐整可比。将实验所得烧结矿做机械强度、低温还原粉化指数等实验，经过比较分析，得到不同 TiO$_2$ 含量对烧结矿的影响规律。具体的实验方案见表 3-49，烧结杯参数见表 3-7。

表 3-49　　实验方案及配料情况（wt%）

实验编号	含铬型钒钛粉	高钒钛铁粉	印度粉	马来西亚粉	自溶粉	冷返	槽返	瓦斯灰	弃渣	磁选粉	白云石	石灰石粉	TiO$_2$含量
T-1	64.0	0	8	4	5	18	10	1	1.5	2	1	4.5	1.75
T-2	48.7	15.3	8	4	5	18	10	1	1.5	2	1	4.5	2.45
T-3	33.7	30.3	8	4	5	18	10	1	1.5	2	1	4.5	3.15
T-4	18.8	45.2	8	4	5	18	10	1	1.5	2	1	4.5	3.85
T-5	4.0	60	8	4	5	18	10	1	1.5	2	1	4.5	4.55

2. 结果分析与讨论

1）烧结过程参数与化学成分

表 3-50 为不同 TiO$_2$ 含量的含铬型钒钛磁铁矿烧结过程的工艺参数。由表 3-50 可知，随 TiO$_2$ 含量增加，垂直烧结速度从 16.67mm/min 降低到 12.00mm/min，废气最高温度从 256℃上升到 454℃，成品率从 77.02%下降到 69.79%。随着 TiO$_2$ 含量增加，垂直烧结速度下降，主要原因是 TiO$_2$ 含量增加，烧结液相的黏度有所增大，料层透气性下降，料阻上升。垂直烧结速度降低，烧结时间延长，烧结过程中的物质损失略有增加，因此，烧成率也从 90.92%逐渐降低到 88.33%。综合以上诸因素，烧结利用系数随着 TiO$_2$ 含量增加而从 1.27t/(m^2·h)降低到 1.19t/(m^2·h)。

表 3-50　　烧结过程的工艺参数

编号	水分/wt%	烧结时间/min	垂直烧结速度/(mm/min)	废气最高温度/℃	烧损率/wt%	烧成率/wt%	利用系数/[t/(m^2·h)]
T-1	7.42	41.99	16.67	256	9.08	90.92	1.27
T-2	7.01	44.33	15.79	286	11.74	89.26	1.22
T-3	7.57	51.32	13.64	324	9.54	89.46	1.24
T-4	7.41	54.82	12.77	411	9.31	89.69	1.23
T-5	7.79	58.33	12.00	454	10.67	88.33	1.19

表 3-51 为不同 TiO_2 含量烧结矿的化学成分。随着 TiO_2 含量的升高，烧结矿的 TFe 含量略有下降，MgO、CaO、SiO_2、Al_2O_3 和 V_2O_5 略有上升。

表 3-51　烧结矿的化学成分

编号	TiO_2/wt%	TFe/wt%	CaO/wt%	MgO/wt%	SiO_2/wt%	Al_2O_3/wt%	V_2O_5/wt%	碱度
T-1	1.75	56.35	7.562	2.08	3.98	1.61	0.32	1.9
T-2	2.45	56.13	7.657	2.09	4.03	1.64	0.36	1.9
T-3	3.15	56.04	7.885	2.11	4.15	1.73	0.39	1.9
T-4	3.85	55.57	8.094	2.13	4.26	2.11	0.44	1.9
T-5	4.45	55.37	8.398	2.19	4.42	2.35	0.51	1.9

2）烧结矿粒度组成分布

图 3-91 为不同 TiO_2 含量的烧结矿的粒度组成分布。由图可知，随着 TiO_2 含量增加，大于 25mm 的大粒度烧结矿逐渐减少，10～25mm 中间粒度含量增加，5～10mm 粒度与＜5mm 的烧结矿粉末增加，平均粒径减小。TiO_2 含量从 1.75wt%增加到 4.55wt%，烧结矿的平均粒径由 16.94mm 下降到 12.56mm。随着 TiO_2 含量增加，在配碳条件不变的情况下，液相的流动性变差，液相黏结力减弱，冷却后烧结矿易形成孔洞，导致烧结矿的落下性能变差，小粒度料增多。

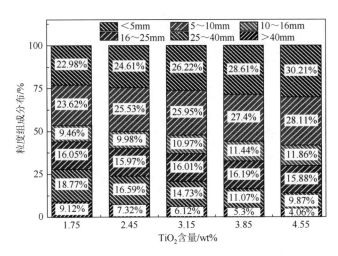

图 3-91　不同 TiO_2 含量的烧结矿的粒度组成分布

3）烧结矿的冷热态性能

图 3-92 为不同 TiO_2 含量烧结矿的主要冷热态性能，分别是大于 5mm 以上烧结矿的成品率、冷态转鼓强度指数、低温还原粉化指数和中温还原指数。

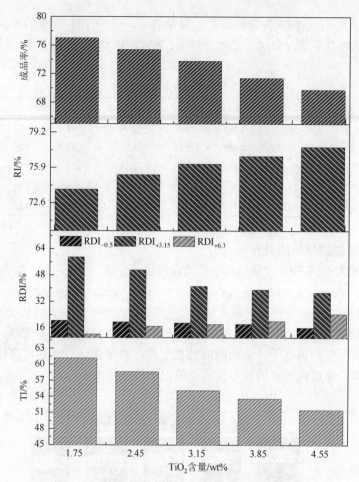

图 3-92　不同 TiO_2 含量烧结矿成品率和冶金性能

　　随着 TiO_2 含量的增加，烧结矿直径大于 5mm 的成品率和转鼓强度指数下降。混合料在熔化过程中生成的液相流动性好、含量多、黏度小则有利于颗粒黏结，从而提高烧结矿强度。由于随着 TiO_2 含量增加，在燃料水平不变的情况下，生成的液相量减少、液相的流动性变差且分布不均、黏结力减弱、烧结矿的孔洞增多，导致烧结矿的转鼓强度变差。此外，随着 TiO_2 含量增加，性脆而硬度大的钙钛矿含量增加，导致烧结矿转鼓强度变差。

　　随着 TiO_2 含量增加，低温还原粉化指数下降，还原性指标略有上升。主要原因是：①钒钛烧结矿中存在的菱形钛赤铁矿对还原粉化起主要影响；②钙钛矿分散于硅酸盐相与铁矿物之间，它减弱了硅酸盐的黏结作用及赤铁矿与磁铁矿的连晶作用；③固溶于硅酸盐相中的 TiO_2、Al_2O_3 能显著地破坏其断裂韧性，扩大裂纹，TiO_2 含量越高，这些破坏作用就越强。另外，随着 TiO_2 含量的增加，难还原的磁铁矿含量增加，易还原的钛赤铁矿和铁酸钙减少，同时高熔点的脉石类矿物相及钙钛矿含量增加，使烧结矿的 RI 下降，但随着 TiO_2 含量的增加，液相减少，烧结矿孔洞增多，孔隙率增大，有利于还原，因此，烧结矿的还原率略有上升。

图 3-93 为不同 TiO_2 含量的烧结矿的软化性能指标。随着 TiO_2 含量的增加，烧结矿的软化开始温度（$T_{10\%}$）和软化终了温度（$T_{40\%}$）上升，软化温度区间变宽。当 TiO_2 含量从 1.75wt%增加到 4.55wt%时，软化开始温度上升 24℃，软化终了温度上升 40℃，软化温度区间增加 16℃，烧结矿的软化性能变差。烧结矿在升温还原过程中的软化特性主要取决于烧结矿在此过程中产生的高、低熔点矿物数量，烧结矿的软化温度主要受高熔点矿物的影响。由于随着 TiO_2 含量增加，烧结矿中 $CaO \cdot TiO_2$、钛榴石等高熔点物质含量有所上升，提高了烧结矿的软化温度。

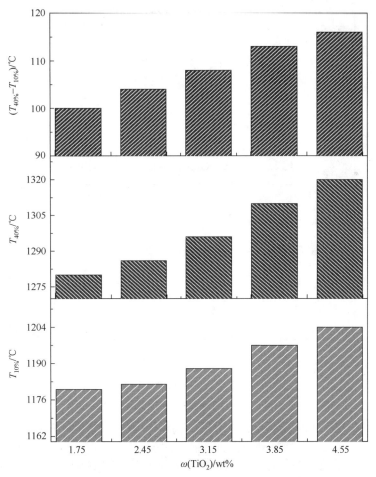

图 3-93　不同 TiO_2 含量的烧结矿的软化性能指标

4）烧结矿的矿相显微结构

图 3-94 为不同 TiO_2 含量烧结矿的 XRD 图谱。由图可知，烧结矿的主要物相为磁铁矿、赤铁矿、钙钛矿、铁酸钙和硅酸盐，另外有少量的钛铁矿，不同 TiO_2 含量烧结矿的组成有所差异。在本组实验条件下，对烧结杯实验所得含铬型钒钛烧结矿通过微观测定其烧结矿矿物组成，结果如图 3-95 所示。由图可知，随烧结矿中 TiO_2 含量的增加，磁铁矿和赤铁矿略有升降，钙钛矿增加，铁酸钙减少。

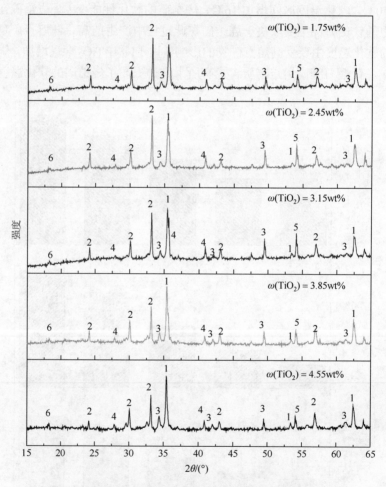

图 3-94　不同 TiO_2 含量烧结矿的 XRD 图谱

1. 磁铁矿；2. 赤铁矿；3. 铁酸钙；4. 钙钛矿；5. 硅酸盐矿物；6. 钛铁矿

钙钛矿可以通过多种方式形成。热力学分析表明，$CaO\text{-}TiO_2$、$CaO\text{-}FeO\cdot TiO_2$、$CaO\text{-}2FeO\cdot TiO_2$、$CaO\cdot Fe_2O_3\text{-}TiO_2$、$CaO\cdot Fe_2O_3\text{-}FeO\cdot TiO_2$、$CaO\cdot Fe_2O_3\text{-}2FeO\cdot TiO_2$

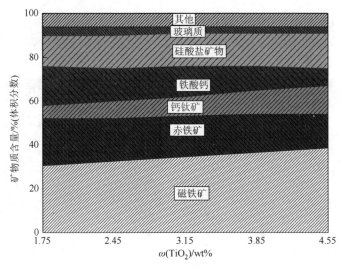

图 3-95　不同 TiO_2 含量烧结矿的矿物组成

之间的反应均可能生成钙钛矿（$CaO \cdot TiO_2$）。但是，在实际过程中钙钛矿的形成却又取决于反应的动力学条件。上述反应基本上可分为固-固和液-固相反应，液-液相反应也有可能。通过固-固反应，钙钛矿虽可形成，但速度很慢，但是，在高温条件下（1320～1420℃），CaO 与 TiO_2 之间的固相反应速率加快，在烧结矿中可见钙钛矿形成。应当指出，这种固相反应形成的钙钛矿在高温下可能被其他低熔点液相部分或全部熔解，在冷却过程中钙钛矿相又首先析出，这已不同于固相反应生成的钙钛矿。此外，在钒钛磁铁精矿中，TiO_2 多以 $FeO \cdot TiO_2$ 和 $2FeO \cdot TiO_2$ 状态存在，它们的熔点分别为 1360℃ 和 1470℃，CaO 可同 Fe_2O_3 反应形成低熔点铁酸钙，因此可能出现液-固相 [反应（3-20）和反应（3-21）] 和液-液相 [反应（3-19）和反应（3-20）] 之间的反应，生成性质稳定的高熔点的钙钛矿并从液相中析出。在高温和还原性气氛条件下，铁酸钙分解还原，可有更多的 CaO 同含 TiO_2 矿物反应生成钙钛矿。因此，在碱度和配碳量不变的条件下，应减少混合料的 TiO_2 含量，则可减少钙钛矿的形成，改善烧结矿的性能。

$$2FeO(s) + TiO_2(s) = 2FeO \cdot TiO_2(s) \qquad (3\text{-}14)$$

$$FeO(s) + TiO_2(s) = FeO \cdot TiO_2(s) \qquad (3\text{-}15)$$

$$CaO(s) + 2FeO \cdot TiO_2(s) = CaO \cdot TiO_2 + 2FeO \qquad (3\text{-}16)$$

$$CaO(s) + FeO \cdot TiO_2(s) = CaO \cdot TiO_2(s) + FeO \qquad (3\text{-}17)$$

$$CaO \cdot Fe_2O_3(s) + TiO_2(s) = CaO \cdot TiO_2(s) + Fe_2O_3 \qquad (3\text{-}18)$$

$$2FeO \cdot TiO_2(s) + CaO \cdot Fe_2O_3(s) = CaO \cdot TiO_2(s) + Fe_3O_4 + FeO \qquad (3\text{-}19)$$

$$CaO \cdot Fe_2O_3(s) + FeO \cdot TiO_2(s) = CaO \cdot TiO_2(s) + Fe_2O_3 + FeO \qquad (3\text{-}20)$$

$$CaO \cdot Fe_2O_3(s) + SiO_2(s) = CaO \cdot SiO_2(s) + Fe_2O_3 \qquad (3\text{-}21)$$

含铬型钒钛烧结矿的结晶规律复杂，烧结矿的微观结构，主要为粒状结构、交织熔蚀结构、局部骸晶结构（图 3-96），针状交织结构较少见，气孔率较高，

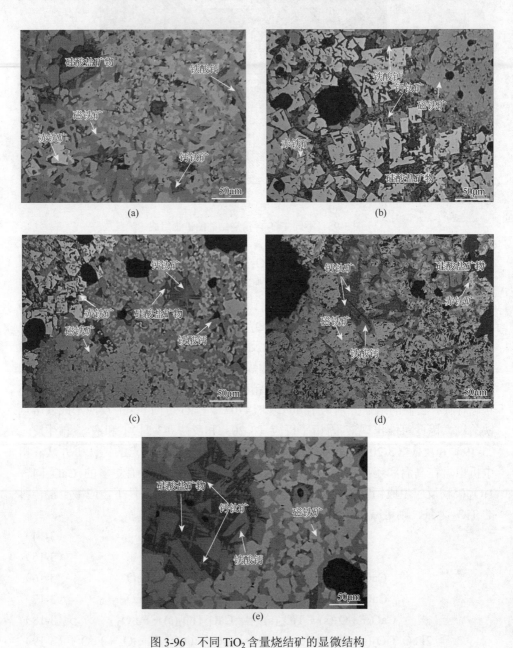

图 3-96　不同 TiO_2 含量烧结矿的显微结构

（a）$\omega(TiO_2) = 1.75wt\%$；（b）$\omega(TiO_2) = 2.45wt\%$；（c）$\omega(TiO_2) = 3.15wt\%$；（d）$\omega(TiO_2) = 3.85wt\%$；
（e）$\omega(TiO_2) = 4.55wt\%$

随 TiO_2 含量增加，液相量减少，熔蚀结构减少，气孔率增加。从显微结构看，随 TiO_2 含量增加，含铁矿物仍以他形晶为主，但在烧结矿中分布的均匀性下降，钙钛矿明显增多且其晶粒变得更为粗大，铁酸钙则以短板状、柱状结构为主，含量进一步降低。

5）综合加权评分法分析

通过德尔菲法获得各项指标的主观权重，然后通过熵值法确定出各项指标的客观权重，最后通过综合加权评分客观、真实、有效地进行评价，得到最适宜的 MgO 含量。所选指标（烧结利用系数、TI、RDI 和 RI）的权重系数是由国内某钢铁企业根据企业实践确定。其中，X 为评价矩阵，Z 为标准矩阵，α 为主观权重，β 为客观权重，w 为综合权重。

将评价矩阵 X 进行标准化处理，由实验结果得到评价矩阵 $X = (x_{ij})$；本实验要求烧结利用系数、转鼓强度指数、还原粉化指数和还原指数都越大越好，因此按综合加权评分值越大越好的评判准则，将 X 标准化，得到最终的评价矩阵 Z。

由实验结果可得评价矩阵 $X = (x_{ij})$

$$X_{ij} = \begin{bmatrix} 1.27 & 61.17 & 58.83 & 73.85 \\ 1.22 & 58.63 & 51.06 & 75.25 \\ 1.24 & 55.14 & 41.35 & 76.24 \\ 1.23 & 53.59 & 39.19 & 76.98 \\ 1.20 & 51.5 & 37.53 & 77.84 \end{bmatrix}$$

现按综合加权评分值越大越好的评判准则，将 X 标准化，得到 Z_{ij}

$$Z_{ij} = \begin{bmatrix} 0.44 & 0.43 & 0.53 & 0.00 \\ 0.12 & 0.32 & 0.34 & 0.13 \\ 0.25 & 0.16 & 0.09 & 0.22 \\ 0.19 & 0.09 & 0.04 & 0.29 \\ 0.00 & 0.00 & 0.00 & 0.37 \end{bmatrix}$$

设所得各项实验指标的权重为

$$\alpha = (\alpha_1, \alpha_2, \cdots, \alpha_m)^T$$

其中，$\sum_{j=1}^{m} \alpha_j = 1$，$\alpha_j \geqslant 0 (j = 1, 2, \cdots, m)$。

在本实验的 4 个指标中，各项指标的主观权重：烧结利用系数 $\alpha_1 = 0.1$，转鼓强度指数 $\alpha_2 = 0.3$，还原粉化指数 $\alpha_3 = 0.5$，还原指数 $\alpha_4 = 0.1$，即

$$\alpha = [0.1, 0.3, 0.5, 0.1]^T$$

由熵值法确定出各项指标的客观权重

$$\beta = [0.21, 0.24, 0.43, 0.19]^T$$

最后，取偏好系数为 0.5，得到各项指标的综合权重

$$w = [0.16, 0.27, 0.43, 0.14]^T$$

图 3-97 为不同 TiO_2 含量烧结矿综合评价结果。在 $\omega(TiO_2) = 1.75wt\% \sim 4.55wt\%$ 范围内，烧结矿的综合评价最好的是 $\omega(TiO_2) = 1.75wt\%$。

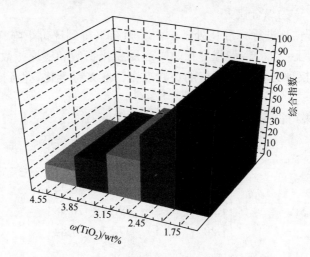

图 3-97　不同 TiO_2 含量烧结矿综合评价结果

3.5.2　TiO_2 含量对红格矿烧结矿质量及其矿物组织的影响

1. 实验原料及方法

实验所用原料由国内某钢铁企业提供，各原料的化学成分和特点见第 2 章。本试验采用配加钛铁矿来调节混合料的 TiO_2 含量，进行 TiO_2 含量对烧结矿性能影响的实验研究。

以国内某钢铁企业的现场实际情况为参考，使用石灰调节固定碱度[$m(CaO)/m(SiO_2) = 1.9$]，固定碳含量[$\omega(C) = 4.05wt\%$]，在同等返矿条件下，分别研究了不同 TiO_2 含量对红格南矿和红格北矿含铬型钒钛磁铁矿烧结过程及烧结矿质量的影响规律。实验所用的含铬型钒钛磁铁矿粉分别为红格南矿和红格北矿，配加 30wt% 的普通磁铁矿和普通小料。将实验所得烧结矿做机械强度、低温还原粉化指数、

还原性和软熔滴落实验，经过比较分析，得到不同 TiO_2 含量对烧结矿的影响规律。具体的实验方案分别见表 3-52 和表 3-53，烧结杯参数见表 3-7。

表 3-52　红格南矿烧结实验方案及配料情况（wt%）

序号	钛铁矿	红格南矿	普矿	返矿	高炉灰	磁选粉	石灰
1	0	35.9	30	20	1	1	12.2
2	4.8	30.9	30	20	1	1	12.4
3	8.9	26.7	30	20	1	1	12.4
4	12.3	22.9	30	20	1	1	12.8
5	15.6	19.5	30	20	1	1	12.9

表 3-53　红格北矿烧结实验方案及配料情况（wt%）

序号	钛铁矿	红格北矿	普矿	返矿	高炉灰	磁选粉	石灰
1	0	33.8	30	20	1	1	14.2
2	3.8	36.2	28	20	1	1	10.0
3	7.6	34.0	26.3	20	1	1	10.4
4	11.4	31.7	24.5	20	1	1	10.4
5	14.0	30.2	23.4	20	1	1	10.4

2. 结果分析与讨论

1）烧结过程参数与化学成分

表 3-54 和表 3-55 分别为不同 TiO_2 含量的含铬型钒钛磁铁矿烧结过程的工艺参数。由表 3-54 可知，红格南矿随 TiO_2 含量增加，垂直烧结速度先从 17.00mm/min 升高到 23.45mm/min，而后降低到 20.61mm/min；废气最高温度先从 931℃ 上升到 976℃，而后降低到 961℃；烧成率从 82.87% 升高到 86.90%，而后降低到 84.90%。由表 3-55 可知，红格北矿随 TiO_2 含量增加，垂直烧结速度先从 20.63mm/min 降低到 19.43mm/min，而后升高到 22.41mm/min；废气最高温度先从 742℃ 降低到 622℃，而后上升到 767℃；烧成率变化较大，最低为 81.59%，最高为 93.16%。随着 TiO_2 含量增加，垂直烧结速度升高，主要原因是 TiO_2 含量增加，配加的钛铁矿中 Si 含量较高，同时红格矿的 Si 含量也较高，因此烧结混合料属于高硅原料烧结，减轻了 Ti 元素对烧结矿性能的影响。而 Ti 元素的增加，烧结液相的黏度有所增大，但 Si 元素的存在降低了液相的流动性，因此料层透气性改善，垂直烧结速度升高，烧结时间缩短，烧结过程中的物质损失比较严重。综合以上诸因素，烧结利用系数随着 TiO_2 含量增加分别从 2.33t/(m²·h) 升高到 2.70t/(m²·h)、2.94t/(m²·h) 升高到 3.20t/(m²·h)。

表 3-54 红格南矿烧结过程的工艺参数

编号	水分 /wt%	烧结时间 /min	垂直烧结速度 /(mm/min)	废气最高 温度/℃	加入样品量 /kg	产出量 /kg	烧损率 /wt%	烧成率 /wt%	利用系数 /[t/(m²·h)]
1	8.75	40	17.00	931	107.4	89.0	17.13	82.87	2.33
2	8.61	37	18.27	956	107.4	101.5	17.04	84.20	2.37
3	8.64	36	18.89	948	106.0	101.2	16.70	84.30	2.45
4	8.34	29	23.45	976	103.5	103	15.63	86.90	3.14
5	8.67	33	20.61	961	99	101.5	16.35	84.90	2.70

表 3-55 红格北矿烧结过程的工艺参数

编号	水分 /wt%	烧结时间 /min	垂直烧结速度 /(mm/min)	废气最高 温度/℃	加入样品 量/kg	产出量 /kg	烧损率 /wt%	烧成率 /wt%	利用系数 /[t/(m²·h)]
1	8.24	33.00	20.63	742	107.8	92.6	14.10	85.90	2.94
2	8.02	33.57	20.26	644	113.5	92.6	18.41	81.59	2.89
3	8.06	35.00	19.43	622	106.8	92.6	13.30	86.70	2.77
4	8.31	34.34	19.80	644	99.4	92.6	6.84	93.16	2.83
5	8.46	30.35	22.41	767	102.5	92.6	9.66	90.34	3.20

表 3-56 和表 3-57 分别为不同 TiO_2 含量红格南矿和红格北矿烧结矿的化学成分。

表 3-56 红格南矿烧结矿的化学成分（wt%）

方案	TFe	CaO	MgO	SiO₂	Al₂O₃	TiO₂	V₂O₅	Cr₂O₃
1	49.04	11.15	2.47	5.87	2.26	5.85	0.59	0.39
2	48.01	11.34	2.31	5.97	2.14	7.35	0.53	0.33
3	47.10	11.47	2.21	6.02	2.06	8.85	0.50	0.29
4	46.05	11.54	2.11	6.07	1.96	10.35	0.46	0.25
5	45.15	11.58	2.01	6.11	1.88	11.85	0.43	0.22

表 3-57 红格北矿烧结矿的化学成分（wt%）

方案	TFe	CaO	MgO	SiO₂	Al₂O₃	TiO₂	V₂O₅	Cr₂O₃
1	51.69	9.21	2.04	4.87	2.09	5.76	0.70	0.27
2	50.49	9.39	2.15	4.96	2.05	7.26	0.68	0.26
3	49.32	9.57	2.20	5.04	2.01	8.76	0.66	0.24
4	48.24	9.71	2.24	5.12	1.97	10.26	0.64	0.23
5	47.88	9.66	2.00	5.11	1.95	11.76	0.63	0.23

2）烧结矿粒度组成分布

图 3-98（a）和（b）分别为不同 TiO₂ 含量红格南矿和红格北矿烧结矿的粒度组成分布。由图可知，随着 TiO₂ 含量增加，除个别情况，小粒度烧结矿逐渐减少，25～40mm 中间粒度含量增加，平均粒径增大。随着 TiO₂ 含量增加，在配碳条件不变的情况下，随 Ti 含量的增加，液相的流动性变差，液相黏结力减弱，而在 Si 元素的作用下，形成较多的黏结相，改善了烧结矿的结构。

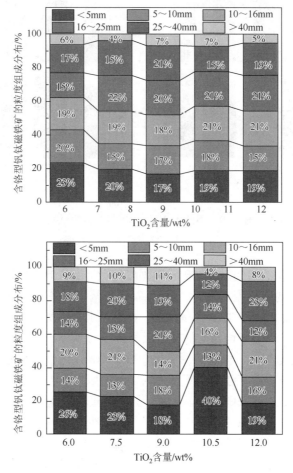

图 3-98　不同 TiO₂ 含量的烧结矿的粒度组成分布

（a）红格南矿；（b）红格北矿

3）烧结矿的冷热态性能

图 3-99（a）和（b）分别为不同 TiO₂ 含量红格南矿和红格北矿烧结矿的主要冷热态性能，分别是冷态转鼓强度指数、低温还原粉化指数和中温还原指数。

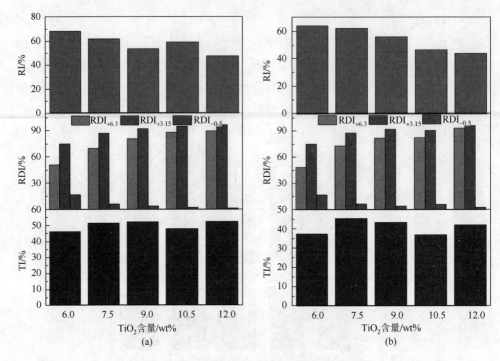

图 3-99　不同 TiO_2 含量烧结矿的冶金性能

（a）红格南矿；（b）红格北矿

　　随着 TiO_2 含量的增加，烧结矿转鼓强度稍微提高。混合料在熔化过程中，高含量 Si 使得生成的液相流动性好、含量多、黏度小，则有利于颗粒黏结，从而提高烧结矿强度。由于随着 TiO_2 含量增加，在燃料水平不变的情况下，生成的性脆而硬度大的钙钛矿影响了烧结矿的转鼓强度。

　　随着 TiO_2 含量增加，低温还原粉化指数上升，还原性指标略有下降。主要原因是：①钒钛烧结矿中存在的菱形钛赤铁矿对还原粉化起主要影响；②硅酸盐的黏结作用及赤铁矿与磁铁矿的连晶作用。另外，随着 TiO_2 含量的增加，难还原的磁铁矿含量增加，易还原的钛赤铁矿和铁酸钙减少，同时高熔点的脉石类矿物相及钙钛矿含量增加，使烧结矿的转鼓强度下降。

　　图 3-100 为不同 TiO_2 含量的红格南矿烧结矿软熔滴落性能。随着 TiO_2 含量的增加，烧结矿的软化开始温度（$T_{10\%}$）和软化终了温度（$T_{40\%}$）上升，软化温度区间变宽；T_S 和 T_D 升高，熔化温度区间变宽。因此，烧结矿的软熔滴落性能变差。烧结矿在升温还原过程中的软化特性主要取决于烧结矿在此过程中产生的高、低熔点矿物数量，烧结矿的软化温度主要受高熔点矿物的影响。由于随着 TiO_2 含量增加，烧结矿中 $CaO \cdot TiO_2$、钛榴石等高熔点物质含量有所上升，提高了烧结矿的软化温度，并且恶化了透气性。

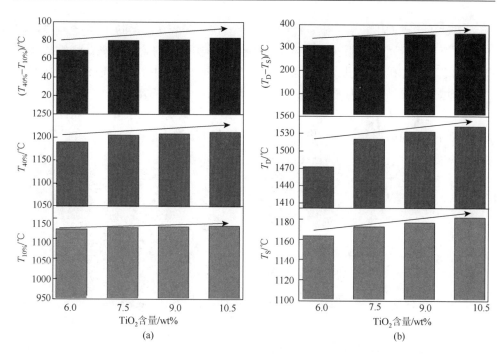

图 3-100　不同 TiO_2 含量的红格南矿烧结矿软熔滴落性能

（a）软化性能；（b）软熔性能

4）烧结矿的矿相显微结构

图 3-101 为不同 TiO_2 含量烧结矿的 XRD 图谱。由图可知，烧结矿的主要物

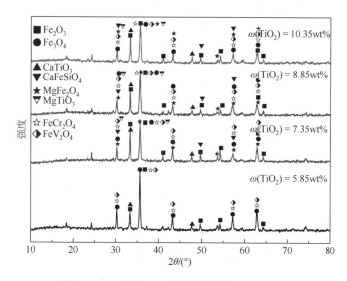

图 3-101　不同 TiO_2 含量烧结矿的 XRD 图谱

相为磁铁矿、赤铁矿、钙钛矿、钛酸镁、铁酸镁和硅酸盐。不同 TiO_2 含量烧结矿的组成有所差异。在本组实验条件下，对烧结杯实验所得含铬型钒钛烧结矿通过微观测定其烧结矿矿物组成，结果如图 3-101 所示。由图可知，随烧结矿中 TiO_2 含量的增加，磁铁矿略有下降，赤铁矿略有升高，钙钛矿增加。

含铬型钒钛烧结矿的结晶规律复杂，烧结矿的微观结构主要为粒状结构、交织熔蚀结构、局部骸晶结构 [图 3-102（b）]，针状交织结构较少见，随 TiO_2 含量

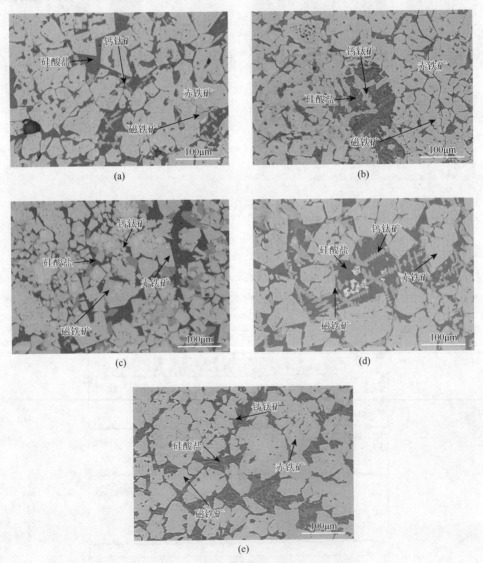

图 3-102　不同 TiO_2 含量烧结矿的显微结构

（a）$\omega(TiO_2) = 5.85wt\%$；（b）$\omega(TiO_2) = 7.35wt\%$；（c）$\omega(TiO_2) = 8.85wt\%$；（d）$\omega(TiO_2) = 10.35wt\%$；
（e）$\omega(TiO_2) = 11.85wt\%$

增加，熔蚀结构减少、硅酸盐量增多、气孔率降低。从显微结构看，随 TiO_2 含量增加，含铁矿物仍以自形晶为主，但在烧结矿中分布的均匀性下降，钙钛矿明显增多且其晶粒变得更为粗大。

　　图 3-103 为 TiO_2 含量为 11.85wt%的红格南矿烧结矿的 SEM 图和元素分布图，其中一部分 Ca 元素与 Ti 元素形成钙钛矿，一部分 Ti 元素与 Fe 元素结合在一起。Mg 元素分布在铁氧化物中形成铁酸镁等矿物，而大部分的 Ca 元素和 Si 元素结合在一起形成黏结相和硅酸盐。

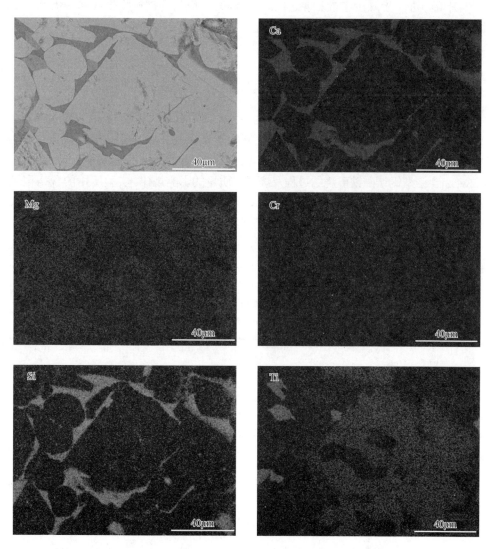

图 3-103　TiO_2 含量为 11.85wt%的红格南矿烧结矿的 SEM 图和元素分布图

3.6　Cr_2O_3 在含铬型钒钛混合料烧结中的作用及机理

由于含铬型钒钛磁铁矿中存在高熔点的 Cr_2O_3，其烧结混合料熔点比普通矿高，另外，由于含有一定量的 TiO_2，其液相量较普通烧结矿少，从而造成含铬型钒钛烧结矿液相量不足，此外含铬型钒钛混合料烧结时还会产生 $CaTiO_3$，该矿物韧性差、硬度大而性脆，熔点却高达 1970℃，$CaTiO_3$ 的出现会造成烧结熔点的进一步升高，进一步减少了液相量。同时，Cr_2O_3 一般与含铁矿物生成铬铁尖晶石高熔点物质，影响了烧结矿的物相和结构。

3.6.1　实验原料及方法

以国内某钢铁企业的现场实际情况为参考，使用石灰调节碱度[$m(CaO)/m(SiO_2)$ = 1.9]，固定碳含量[$\omega(C)$ = 4.05wt%]，在同等返矿条件下，分别研究了不同 Cr_2O_3 含量对红格南矿 [$\omega(Cr_2O_3)$ = 0.8wt% ~ 1.2wt%] 和红格北矿 [$\omega(Cr_2O_3)$ = 0.5wt% ~ 1.2wt%]含铬型钒钛磁铁矿烧结过程及烧结矿质量的影响规律。实验所用的含铬型钒钛磁铁矿粉分别为红格南矿和红格北矿，配加 30wt%的普通磁铁矿粉，各种矿粉做到均匀分散，齐整可比。将实验所得烧结矿做机械强度、低温还原粉化指数、还原性和软熔滴落实验，经过比较分析，得到不同 Cr_2O_3 含量对烧结矿的影响规律。具体的实验方案分别见表 3-58 和表 3-59，烧结杯参数见表 3-7。

表 3-58　红格南矿烧结实验方案及配料情况（wt%）

序号	$\omega(Cr_2O_3)$	红格南矿	铬铁矿	返矿	石灰
1	0.8	69.4	0.4	20	10.4
2	0.9	69.2	0.6	20	10.3
3	1.0	69.2	0.5	20	10.3
4	1.1	69.1	0.7	20	10.3
5	1.2	68.9	0.8	20	10.3

表 3-59　红格北矿烧结实验方案及配料情况（wt%）

序号	$\omega(Cr_2O_3)$	红格北矿	铬铁矿	返矿	石灰
1	0.5	73.7	0	20	6.3
2	0.6	73.7	0.1	20	6.2
3	0.7	73.4	0.4	20	6.3
4	0.8	73.2	0.5	20	6.3

续表

序号	$\omega(Cr_2O_3)$	红格北矿	铬铁矿	返矿	石灰
5	0.9	73.1	0.7	20	6.2
6	1.0	72.8	0.9	20	6.2
7	1.1	72.7	1.1	20	6.2
8	1.2	72.6	1.2	20	6.2

3.6.2　结果与分析

1. 烧结过程参数与化学成分

表 3-60 和表 3-61 为不同 Cr_2O_3 含量红格南矿与红格北矿的烧结过程的工艺参数。由表 3-60 可知，随 Cr_2O_3 含量增加，垂直烧结速度从 20.0mm/min 降低到 15.8mm/min，废气最高温度变化不明显；由表 3-61 可知，随 Cr_2O_3 含量增加，垂直烧结速度的波动比较大，废气最高温度波动也比较大；而烧成率的变化也不明显。综合以上诸因素，红格南矿的烧结利用系数随着 Cr_2O_3 含量增加而从 2.79t/(m²·h) 降低到 2.16t/(m²·h)，而红格北矿的烧结利用系数表现为先降低后升高的趋势。

表 3-60　红格南矿烧结过程的工艺参数

编号	水分/wt%	烧结时间/min	垂直烧结速度/(mm/min)	废气最高温度/℃	加入样品量/kg	产出量/kg	烧损率/wt%	烧成率/wt%	利用系数/[t/(m²·h)]
1	8.67	34	20.0	635	106.5	90.5	15.02	84.98	2.79
2	8.21	33	20.6	644	109.9	94.2	14.29	85.71	2.99
3	8.34	43	15.8	522	104.2	91	12.67	87.33	2.22
4	8.94	40	17.0	615	103.8	89	14.26	85.74	2.33
5	8.59	43	15.8	640	102	88.6	13.14	86.86	2.16

表 3-61　红格北矿烧结过程的工艺参数

编号	水分/wt%	烧结时间/min	垂直烧结速度/(mm/min)	废气最高温度/℃	加入样品量/kg	产出量/kg	烧损率/wt%	烧成率/wt%	利用系数/[t/(m²·h)]
1	8.37	55.0	12.36	309	94.7	82.3	13.09	86.91	1.57
2	8.28	50.0	13.60	519	105.4	89.8	14.80	85.20	1.88
3	8.04	42.0	16.19	743	101.7	90.6	10.91	89.09	2.26
4	8.74	96.0	7.08	297	101.6	88.5	12.89	87.11	0.97
5	8.67	64.0	10.63	166	103.0	90.6	12.04	87.96	1.48
6	8.51	50.0	13.60	560	116.6	103	11.66	88.34	2.16
7	8.76	64.0	10.63	238	104.0	90.6	12.88	87.12	1.48
8	8.32	38.0	17.89	781	110.0	93.3	15.18	84.82	2.57

表 3-62 和表 3-63 分别为不同 Cr_2O_3 含量红格南矿和红格北矿烧结矿的化学成分。

表 3-62　红格南矿烧结矿的化学成分（wt%）

方案	TFe	CaO	MgO	SiO₂	Al₂O₃	TiO₂	V₂O₅	Cr₂O₃
1	46.62	9.90	3.10	5.21	2.73	10.20	0.89	0.80
2	46.54	9.89	3.11	5.20	2.76	10.18	0.88	0.90
3	46.67	9.54	3.32	5.02	2.92	10.15	0.97	1.00
4	46.59	9.54	3.34	5.01	2.94	10.12	0.97	1.10
5	46.56	9.46	3.39	4.97	2.99	10.10	0.99	1.20

表 3-63　红格北矿烧结矿的化学成分（wt%）

方案	TFe	CaO	MgO	SiO₂	Al₂O₃	TiO₂	V₂O₅	Cr₂O₃
1	53.41	5.90	2.65	3.12	2.60	10.42	1.25	0.52
2	53.53	5.92	2.68	3.14	2.63	10.44	1.25	0.60
3	53.40	5.94	2.69	3.13	2.65	10.41	1.25	0.69
4	53.33	5.94	2.71	3.13	2.68	10.39	1.25	0.80
5	53.26	5.92	2.72	3.13	2.71	10.37	1.25	0.90
6	53.17	5.91	2.74	3.13	2.73	10.35	1.24	1.00
7	53.09	5.91	2.75	3.13	2.76	10.33	1.24	1.10
8	53.00	5.91	2.77	3.12	2.78	10.30	1.24	1.20

2. 烧结矿粒度组成分布

图 3-104（a）和（b）分别为不同 Cr_2O_3 含量烧结矿的粒度组成分布。由图可知，随着 Cr_2O_3 含量增加，小粒度烧结矿有明显上升趋势，且红格北矿的小粒度烧结矿占据了大部分比例。随着 Cr_2O_3 含量增加，烧结过程的波动比较大，因此烧结矿的强度降低，成品率分布不合理。

3. 烧结矿的冷热态性能

图 3-105（a）和（b）分别为不同 Cr_2O_3 含量烧结矿的主要冷热态性能，包括是冷态转鼓强度指数、低温还原粉化指数和中温还原指数。结合矿相分析对烧结矿的冶金性能进行了分析。

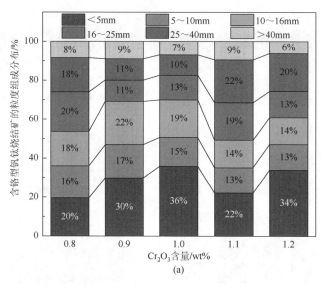

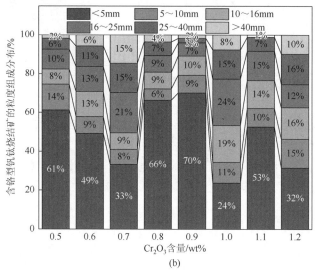

图 3-104　不同 Cr_2O_3 含量烧结矿的粒度组成分布

（a）红格南矿；（b）红格北矿

随 Cr_2O_3 含量增加，冷态转鼓强度指数变化趋势不明显。高熔点的尖晶石相的存在和缺乏生成液相的物质，导致含铬型钒钛烧结矿的转鼓强度较低。

随 Cr_2O_3 含量增加，还原粉化指数上升，还原性指标下降。因为铬铁尖晶石在低还原温度下不易被还原，对还原粉化指数的影响较小，而其在中温还原温度下也不易被还原，所以还原性降低。因此，综合来看，在本实验条件下随着 Cr_2O_3 含量增加，烧结矿低温还原粉化性能变化小，但还原性却变差。

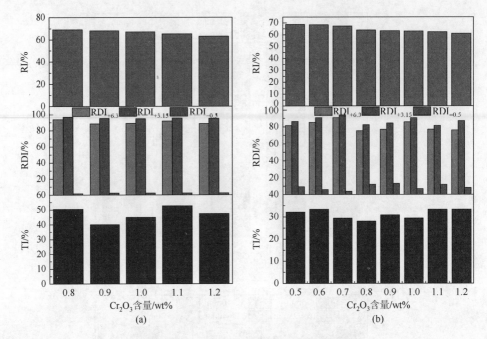

图 3-105　　不同 Cr_2O_3 含量烧结矿的冶金性能

（a）红格南矿；（b）红格北矿

图 3-106 为不同 Cr_2O_3 含量的烧结矿软化性能和软熔性能指标。由图可知，随着 Cr_2O_3 含量增加，$T_{10\%}$ 呈上升趋势，$T_{40\%}$ 呈上升趋势，软化强度区间变宽。T_D 呈上升趋势，T_S 呈上升趋势，软熔强度区间也变宽。因此，Cr_2O_3 含量的增加，不利于高炉料层透气性的改善和煤气的运动，以及高炉的稳定操作。

4. 烧结矿的矿相显微结构

图 3-107 为不同 Cr_2O_3 含量红格南矿烧结矿的 XRD 图谱。由图可知，烧结矿的主要物相为磁铁矿、赤铁矿、钙钛矿、铬铁尖晶石和钒铁尖晶石相。不同 Cr_2O_3 含量烧结矿的矿物组成差异不大。在本组实验条件下，对烧结杯实验所得含铬型钒钛烧结矿通过微观测定其烧结矿矿物组成，结果如图 3-108 所示。由图可知，随 Cr_2O_3 含量增加，磁铁矿、硅酸盐和钙钛矿的含量有所增加，赤铁矿和铁酸钙含量减少，黏结相中铁酸钙含量减少。赤铁矿的还原和分解不充分，磁铁矿结晶程度差，燃烧层液相数量偏少，孔洞较多，烧结矿的强度较差。图 3-109 为 Cr_2O_3 含量为 1.2wt% 的红格南矿烧结矿 SEM 图和元素分布，其中部分 Ca 元素与 Ti 元素形成钙钛矿，Cr 元素分布在含铁相中。Mg 元素分布在铁氧化物中形成铁酸镁等矿物，而大部分的 Ca 元素和 Si 元素结合在一起形成黏结相和硅酸盐。

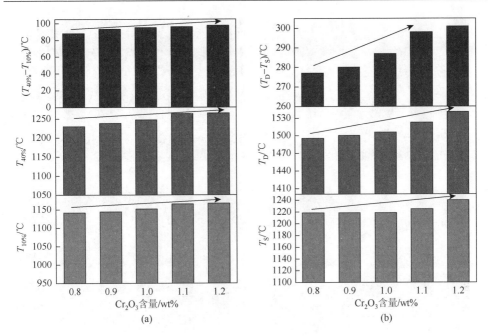

图 3-106　不同 Cr_2O_3 含量的红格南矿烧结矿软熔滴落性能

（a）软化性能；（b）软熔性能

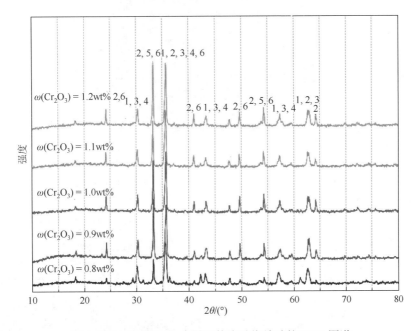

图 3-107　不同 Cr_2O_3 含量红格南矿烧结矿的 XRD 图谱

1. Fe_3O_4；2. Fe_2O_3；3. $FeCr_2O_4$；4. FeV_2O_4；5. V_2O_3；6. Cr_2O_3

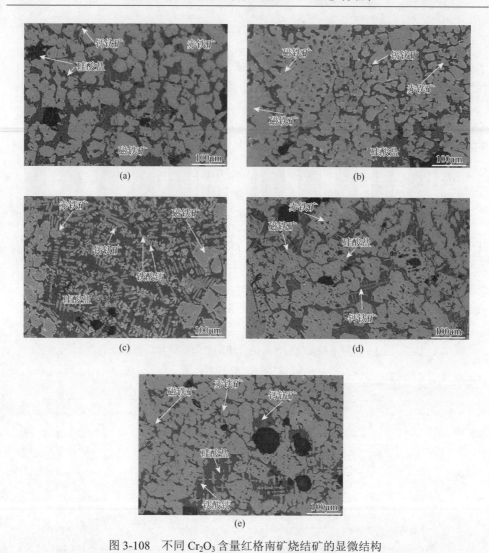

图 3-108 不同 Cr_2O_3 含量红格南矿烧结矿的显微结构

（a）$\omega(Cr_2O_3) = 0.8wt\%$；（b）$\omega(Cr_2O_3) = 0.9wt\%$；（c）$\omega(Cr_2O_3) = 1.0wt\%$
（d）$\omega(Cr_2O_3) = 1.1wt\%$；（e）$\omega(Cr_2O_3) = 1.2wt\%$

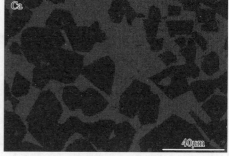

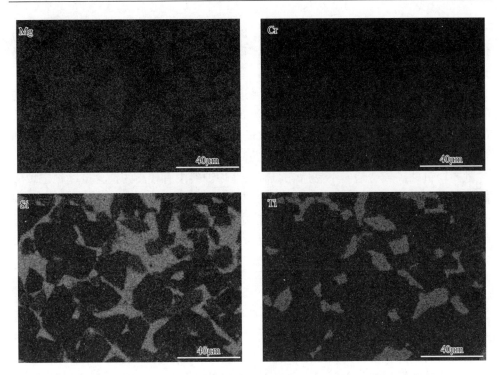

图 3-109　Cr_2O_3 含量为 1.2wt%的红格南矿烧结矿的 SEM 图和元素分布

3.7　含铬型钒钛烧结矿成矿特点

3.7.1　化学成分特点

含铬型钒钛烧结矿的化学成分，除含 Cr_2O_3、TiO_2 和 V_2O_5 外，其他化学成分含量与普通铁矿粉也有差异，见表 3-64。

表 3-64　含铬型钒钛烧结矿与国内主要烧结矿的化学成分

品类	TFe /wt%	FeO /wt%	SiO_2 /wt%	CaO /wt%	MgO /wt%	Al_2O_3 /wt%	V_2O_5 /wt%	TiO_2 /wt%	Cr_2O_3 /wt%	$m(CaO)/$ $m(SiO_2)$
承德含铬型钒钛烧结矿	53.08	6.97	6.18	11.89	3.02	2.52	0.35	1.37	0.06	1.92
俄罗斯含铬型钒钛烧结矿	50.86	10.17	6.42	14.56	3.13	1.58	0.26	1.46	0.07	2.26
攀钢烧结矿	45.87	7.47	6.21	10.74	3.27	4.23	0.43	10.11	—	1.73
承钢烧结矿	55.28	9.45	4.51	9.68	2.34	1.90	0.39	2.78	—	2.15
首钢烧结矿	57.58	6.90	4.76	9.61	1.95	1.76	—	—	—	2.02
鞍钢烧结矿	58.07	7.54	5.00	9.80	2.00	0.70	—	—	—	1.96
宝钢烧结矿	58.42	8.33	4.80	8.70	1.92	1.65	—	—	—	1.82

国内生产的钒钛烧结矿主要为高钛型（攀钢）和中钛型（承钢），其相应所用的钒钛磁铁矿分别为高钛型和中钛型，与这两种烧结矿相比含铬型钒钛烧结矿是低钛型钒钛烧结矿。

承德含铬型钒钛烧结矿的化学成分与普通烧结矿比较，具有"二低四高"的特点。"二低"是烧结矿 TFe 含量低和 FeO 含量低。TFe 含量低是由高碱度烧结的理论和自身成分特点所致；FeO 含量低是磁铁矿中钛铁晶石在烧结过程中被强烈氧化为赤铁矿和低碳烧结的结果。"四高"是烧结矿 TiO_2、CaO、MgO 和 Al_2O_3 含量高。钒钛矿较普通矿不易冶炼，需在高炉炉料中有较高的镁含量以稳定炉渣成分，因此烧结矿中的 MgO 含量较高。TiO_2 决定了含铬型钒钛磁铁矿烧结过程和高炉冶炼的特殊规律。承德含铬型钒钛烧结矿与俄罗斯含铬型钒钛烧结矿相比，化学成分相近，碱度和 FeO 较低，铁品位较高。

3.7.2　矿物学特征

含铬型钒钛烧结矿的主要矿物相是磁铁矿、赤铁矿、钙钛矿、铁酸钙和硅酸盐，另外有些烧结矿中有少量的钛铁矿，典型矿物如图 3-110 所示。图 3-110 为最佳配比下的承德含铬型钒钛烧结矿的 XRD 图谱，图 3-111 为其矿物组成。Al 含量是影响铁酸钙形态的主要因素之一，大部分进入铁酸钙和硅酸盐；钙钛矿中赋存了大量的 Ca、一定量的 Fe 和 Si、少量的 Al；磁铁矿中赋存了部分 Mg，铁酸钙和赤铁矿中也含有部分 Mg；Ti 主要赋存于钙钛矿中，其次为硅酸盐，少量赋存于磁铁矿、赤铁矿和铁酸钙中；Fe 主要赋存于磁铁矿和赤铁矿中，其次为铁酸钙，少量在硅酸盐和钙钛矿中；Ca、Si 在硅酸盐的赋存量比铁酸钙、磁铁矿、赤铁矿中的多，Ca、Si 在铁酸钙、磁铁矿、赤铁矿和硅酸盐中的含量差异不大。

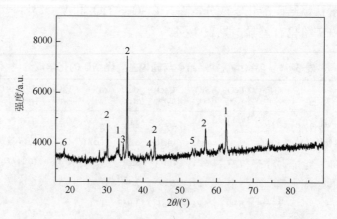

图 3-110　最佳配比下的承德含铬型钒钛烧结矿的 XRD 图谱

1. 磁铁矿；2. 赤铁矿；3. 铁酸钙；4. 钙钛矿；5. 硅酸盐；6. 钛铁矿

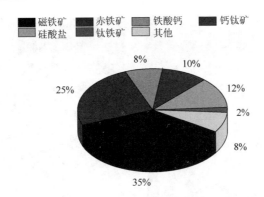

图 3-111　承德含铬型钒钛烧结矿的矿物组成

含铬型钒钛烧结矿主要矿物相有以下特点：

（1）磁铁矿。含铬型钒钛烧结矿的磁铁矿不同于普通烧结矿的磁性矿物，而是以 Fe_3O_4 为晶格的磁铁矿-钛铁晶石固溶体，是烧结矿中的主要含铁矿物，其固溶有 Ti、Mg、Mn、V 及 Al 等，其含量为 25wt%～40wt%，典型矿物如图 3-112 所示。磁铁矿主要呈自形粒状和不规则的他形柱状形式，部分磁铁矿被赤铁矿包围，高温时有些磁铁矿同铁酸钙和钙钛矿形成连晶。

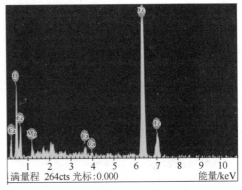

图 3-112　磁铁矿的 SEM 图

（2）赤铁矿。赤铁矿也是含铬型钒钛烧结矿中主要的含铁物相，是以 Fe_2O_3 为晶格的赤铁矿-钛铁矿固溶体，Fe、Ti、Mg、Al、Mn 等元素固溶其中，但无 Ca 赋存，其占矿物总量的 20wt%～30wt%，典型矿物如图 3-113 所示。赤铁矿多在孔洞和裂缝附近，但在其他区域也有不少，呈网格状、板条状或片状，往往是大片出现，表明氧化是在液相尚未完全固结时进行的。赤铁矿的硬度高于磁铁矿和钙钛矿，具有弱脆性。

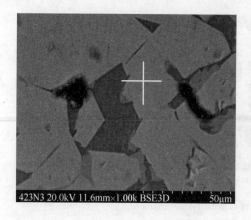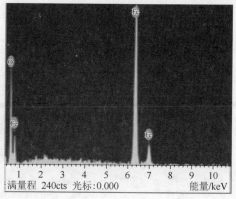

图 3-113　赤铁矿的 SEM 图

（3）钙钛矿。钙钛矿是含铬型钒钛烧结矿主要含钛矿物，其含量为 5wt%～15wt%，典型矿物如图 3-114 所示。钙钛矿在烧结矿中主要呈粒状、纺锤状、骨架状、树枝状集合体，分散于渣相或赤铁矿和磁铁矿之间，结晶能力强。钙钛矿是硬而脆的矿物，并不是黏结相，在冷却过程中最先析出，且为其他低熔点硅酸盐或玻璃相所包围黏结，它本身并无黏结作用。

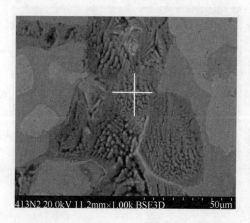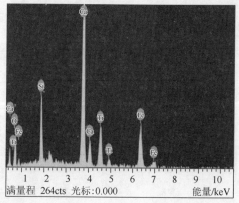

图 3-114　钙钛矿的 SEM 图

（4）铁酸钙。铁酸钙是含铬型钒钛烧结矿主要的黏结相之一，与铁酸二钙经常交织出现，一般用化学式 $n\mathrm{CaO} \cdot m\mathrm{Fe_2O_3}$ 表示，常溶有一部分 $\mathrm{SiO_2}$ 和 $\mathrm{Al_2O_3}$，其含量为 5wt%～20wt%，典型矿物如图 3-115 所示。铁酸钙主要呈板粒状和针状，多与磁铁矿形成熔蚀结构和柱状交织结构，它具有好的还原性和高的抗压强度，对改善烧结矿性能有积极影响。

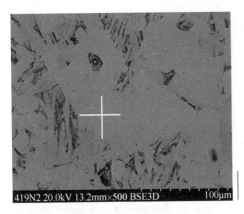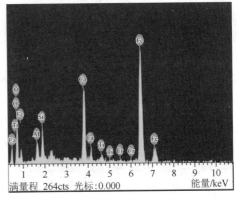

图 3-115　铁酸钙的 SEM 图

（5）硅酸盐。硅酸盐是含铬型钒钛烧结矿的主要的黏结相之一，主要是硅酸二钙（$2CaO \cdot SiO_2$）和钙铁橄榄石（$CaO_x \cdot FeO_{2-x} \cdot 2SiO_2$，$x = 0.25 \sim 1.5$），其他还有铁榴石、钛辉石、铁橄榄石（$2FeO \cdot SiO_2$）和硅酸一钙（$CaO \cdot SiO_2$）等，V 和 Cr 元素主要也固溶其中，其含量为 5wt%～25wt%，典型矿物如图 3-116 所示。

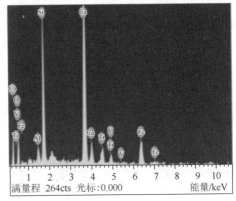

图 3-116　硅酸盐的 SEM 图

由于含铬型钒钛烧结矿含有数量较多的 TiO_2，且多以硬而脆的钙钛矿形式存在，矿物生成机理复杂，液相量较少（不足 40%），铁酸钙只有 5%～20%（普通烧结矿铁酸钙可以达到 35%），这是含铬型钒钛烧结矿强度差的主要原因。

3.7.3　成矿过程

采用微型烧结的方法，研究了含铬型钒钛磁铁精矿在不同烧结温度下的成矿行为，其显微结构见图 3-117。

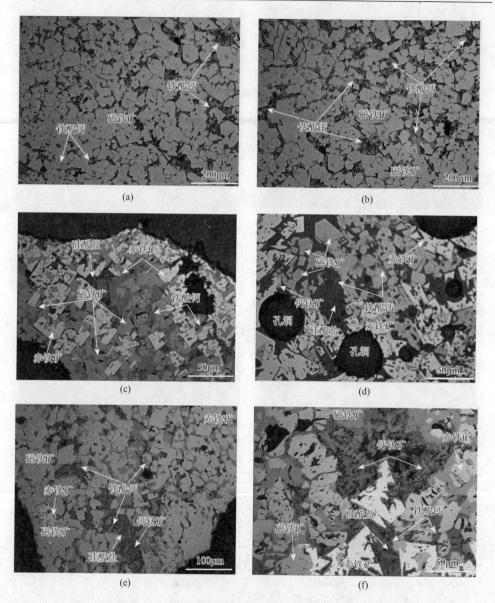

图 3-117　不同烧结温度下含铬型钒钛烧结矿的显微结构

（a）$t=1180℃$；（b）$t=1210℃$；（c）$t=1240℃$；（d）$t=1270℃$；（e）$t=1300℃$；（f）$t=1330℃$

　　由图 3-117 可知，当温度升高到 1180℃时，在铁矿物周边可见铁酸钙，但生成量比较少；当温度继续提高到1210℃，铁酸钙生成量明显增多；在1240℃时液相开始形成，赤铁矿晶粒开始长大；在 1270℃时烧结液相明显增多，孔洞也开始形成，烧结矿熔融区主要是磁铁矿和铁酸钙的交织结构，并有少量的钙钛矿析出；1300℃时铁酸钙生成量最多，且分布较为均匀，而磁铁矿和铁酸钙紧密交织，钙钛矿继续析出；温度提高到 1330℃，铁酸钙含量减少，烧结矿中主要矿物为赤铁矿、磁铁矿和钙钛矿。由研究结果可知，在低温下主要发生磁铁矿的氧化，在 1200~1300℃的温度下，铁酸钙大量生成，液相量较多，在 1270℃左右钙钛矿含量增加，1300℃以上，铁酸钙含量减少，性脆且不能作为黏结相的钙钛矿大量析出。因此，对于含铬型钒钛磁铁矿烧结而言，温度应控制在1300℃内。

3.8 本 章 小 结

基于优化含铬型钒钛烧结矿质量的目的出发，通过烧结杯实验、熔化性实验及矿相学分析等分别研究了 MgO 含量、燃料水平、硼氧化物含量、碱度和 TiO_2 含量在含铬型钒钛烧结矿中的作用及机理，并通过综合指数法给予了评价。然后探讨了温度对含铬型钒钛烧结矿成矿特点的影响机理。主要结论有：

（1）适量的 MgO 对含铬型钒钛烧结矿液相生成没有明显不利影响，可改善烧结矿矿物组成结构，提高产质量，MgO 的迁移主要以 Mg^{2+} 的形式分布于磁铁矿中，其主要迁移变化经历为：$FeO \cdot Fe_2O_3 \rightarrow (Fe, Mg)O \cdot Fe_2O_3 \rightarrow (Mg, Fe)O \cdot Fe_2O_3 \rightarrow MgO \cdot Fe_2O_3$。在目前的工艺条件及配比方案下，添加 2.63wt% MgO 最为合适。

（2）不同的燃料水平下，含铬型钒钛烧结矿的产量、质量不同，烧结速度、转鼓强度在 4.0wt%时最高，生产率在 4.5wt%时最大，成品率在 5.5wt%时最高。燃料水平提高会提高 $RDI_{+3.15}$ 而降低 RI，使得软化温度区间上移，软化温度区间变宽，提高了成品烧结矿中 FeO、SiO_2、MgO 的含量，而降低了 TiO_2 的含量；同时，燃料水平的提高造成了烧结矿中孔洞、铁酸钙、赤铁矿含量的下降及硅酸盐含量的升高。在燃料水平高于 5.0wt%时，烧结矿中 FeO_x 和橄榄石的含量迅速增加，甚至在燃料水平 6.0wt%时，局部出现金属铁。综合评价表明：在目前的生产工艺及原料条件下，在燃料水平 4.0wt%时，综合指数最高、生产最优。

（3）硼氧化物可以降低含铬型钒钛混合料的熔点，提高其液相生成能力，同时可以提高含铬型钒钛混合料的同化性，降低其同化温度；抑制含铬型钒钛烧结矿中钙钛矿的生成，促进（硼）硅酸二钙的生成；从热力学的角度，硼氧化物的添加也抑制了铁酸钙的生成，但是增加了液相生成量，提高了液相的流动性，改善了铁酸钙生成的动力学性能，因此其对含铬型钒钛烧结矿产量、质量的影响是双面的。配加适量的硼铁精粉的含铬型钒钛烧结矿产量、质量均有所提高，在目前工艺条件下，适宜的硼铁精粉配加量为 5.0wt%。

（4）在碱度 2.1~2.7 范围内，碱度的提高积极地影响了含铬型钒钛磁铁矿混合料烧结过程，烧结速度和成品率均有较大提高。当碱度 2.55 时，生产率达到最高值 1.94t/(m^2·h)。通过研究矿相，含铬型钒钛烧结矿主要有含 Ti、V、Cr、Mg 的磁铁矿，含有 Ti、V、Cr、Mg 的赤铁矿，钙钛矿，硅酸盐（硅酸二钙、钙铁橄榄石、玻璃质）及铁酸钙（板状 SFCA 和针状 SFCAI）。磁铁矿和 SFCAI（SFCA）熔融交织，以及钙钛矿和二次赤铁矿含量下降是含铬型钒钛烧结矿转鼓强度和低温还原粉化指数提高的主要原因。在目前条件下，碱度 2.55 是最适宜的。

（5）在 $\omega(TiO_2)$ = 1.75wt%～4.55wt%范围内，随着 TiO$_2$ 含量增加，承德含铬型钒钛磁铁矿的垂直烧结速度降低、废气最高温度上升、烧结利用系数下降。随 TiO$_2$ 含量增加，烧结矿直径大于 5mm 的成品率下降、转鼓强度下降、还原粉化性能下降、还原性有所上升、软化温度上升、软熔带下移。不同 TiO$_2$ 含量的含铬型钒钛烧结矿的矿物组成基本相同，含铁矿物均以磁铁矿和赤铁矿为主，黏结相为铁酸钙、硅酸盐、玻璃质等。随 TiO$_2$ 含量增加，磁铁矿和钙钛矿含量增加，赤铁矿和铁酸钙含量减少。在本实验条件下，随着 TiO$_2$ 含量增加，烧结矿的综合评价性能先下降，结合国内某钢铁企业烧结生产实际，建议 TiO$_2$ 含量越低越好。

（6）含铬型钒钛烧结矿的主要矿物相是磁铁矿、赤铁矿、钙钛矿、铁酸钙、硅酸盐和少量钛铁矿。对于含铬型钒钛磁铁矿烧结而言，温度宜控制在 1300℃内。

参 考 文 献

[1] 常久柱，赵勇. Al$_2$O$_3$ 对唐钢高炉炉渣性能的影响[J]. 炼铁，2004，23（3）：10-13.

[2] 于淑娟，于素荣，黄永君，等. 改善鞍钢球团矿冶金性能的研究[J]. 烧结球团，2007，32（3）：13-16.

[3] 吕志义，陈革，马利，等. 不同碱度及含氧化镁球团矿实验研究[J]. 包钢科技，2003，29（4）：1-3.

[4] 赵志安，贾红玉，刘俊萍，等. 烧结配加白云石粉的试验研究[J]. 烧结球团，2003，28（6）：25-27.

[5] 周明顺，翟立委，李艳茹. 鞍钢烧结矿适宜 MgO 含量的试验研究[J]. 烧结球团，2005，30（6）：1-4.

[6] Yadav U S, Pandey B D, Das B K, et al. Influence of magnesia on sintering characteristics of iron ore[J]. Ironmaking & Steelmaking, 2002, 29（2）：91-95.

[7] Yang L X, Davis L. Assimilation and mineral formation during sintering for blends containing magnetite concentrate and hematite/pisolite sintering fines[J]. ISIJ International, 2007, 39（3）：239-245.

[8] 周春江，刘其敏. 邯钢提高烧结矿中 MgO 含量的实践[J]. 烧结球团，2005，30（6）：37-40.

[9] 任允芙，蒋烈英，王树同，等. 配加白云石烧结矿中 MgO 的赋存状态和矿物组成及其对冶金性能影响的研究[J]. 烧结球团，1984，2：1-9.

[10] 任允芙，蒋烈英，王树同. MgO 在人造富矿中的赋存状态及作用[J]. 北京钢铁学院学报，1983，4：1-12.

[11] Umadevi T, Nelson K, Mahapatra P C, et al. Influence of magnesia on iron ore sinter properties and productivity[J]. Ironmaking & Steelmaking, 2009, 36（7）：515-520.

[12] 周密. 含铬型钒钛磁铁矿在烧结-炼铁流程中的基础性研究[D]. 沈阳：东北大学，2015.

[13] Zhang J, Guo X M, Huang X J. Effects of temperature and atmosphere on sintering process of iron ores[J]. Journal of Iron and Steel Research International, 2012, 19（10）：1-6.

[14] Webster N A S, Pownceby M I, Madsen I C, et al. Effect of oxygen partial pressure on the formation mechanisms of complex Ca-rich ferrites[J]. ISIJ International, 2013, 53（5）：774-781.

[15]　王文山，任刚，孙艳芹，等. 配碳量对承钢钒钛烧结矿矿物组成及显微结构的影响[J]. 钢铁，2010，45（10）：13-17.

[16]　吕庆，杨松陶，孙艳芹，等. 钒钛磁铁精矿分流制粒烧结中配碳量的影响[J]. 钢铁，2011，46（11）：21-25.

[17]　Fan X H，Yu Z Y，Gan M，et al. Influence of O_2 content in circulating flue gas on iron ore sintering[J]. Journal of Iron and Steel Research，International，2013，20（6）：1-6.

[18]　Ren S，Zhang J L，Xing X D，et al. Effect of B_2O_3 on phase compositions of high Ti bearing titanomagnetite sinter[J]. Ironmak Steelmak，2014，41（7）：500-506.

[19]　李洪革. 首钢球团矿配加硼铁精矿的应用研究[D]. 北京：北京科技大学，2010.

[20]　朱家骥，杨兆祥. 球团矿加含硼添加剂的研究[J]. 烧结球团，1985，（4）：8-15.

[21]　朱家骥，杨兆祥. 添加硼铁精矿对球团矿抗压强度和还原性的影响[J]. 烧结球团，1998，23（3）：25-28.

[22]　高强健，魏国，姜鑫. 添加硼泥对球团强度影响[J]. 材料与冶金学报，2013，12（1）：1-12.

[23]　赵庆杰，何长清. 烧结和球团添加含硼铁精矿的研究[J]. 烧结球团，1996，21（4）：20-23.

[24]　Qi C L，Zhang J L，Shao J G. Study of boronizing mechanism of high-alumina slag[J]. Steel Research International，2011，82（11）：1319-1324.

[25]　Nakamoto M，Miyabayashi Y，Holappa L，et al. A model for estimating viscosities of alumino-silicate melts containing alkali oxides[J]. ISIJ International，2007，47（10）：1409-1415.

[26]　Yang S T，Zhou M，Jiang T，et al. Effect of basicity on sintering behavior of low-titanium vanadium-titanium magnetite[J]. Transactions of Nonferrous Metals Society of China，2015，25（6）：2087-2094.

[27]　孙艳芹，杨松陶，吕庆，等. 钒钛磁铁精矿分流制粒烧结中碱度的影响[J]. 东北大学学报（自然科学版），2011，32（9）：1269-1273.

[28]　蒋大军，何木光，甘勤，等. 超高碱度对烧结矿性能与工艺参数的影响[J]. 钢铁，2009，44（2）：98-104.

[29]　何木光，张义贤，饶家庭，等. 攀钢超高碱度烧结生产实践[J].钢铁钒钛，2010，31（2）：81-87.

[30]　何木光，肖均，郭刚，等. 大富矿配比高碱度钒钛矿烧结制度研究[J].中国冶金，2013，29（2）：21-25.

[31]　Fu W G，Wen Y C，Xie H E. Development of intensified technologies of vanad-ium-bearing titanomagnetite smelting[J]. Journal of Iron and Steel Research International，2011，18（4）：7-10.

[32]　Fu W G，Xie H E. Progress in technology of vanadium-bearing titanomagnetite smelting in Pangang [A]. The 5th International Congress Science and Technology of Ironmaking，Beijing，2009，558-563.

[33]　Fu W G，Xie H E. Progress in technologies of vanadium-bearing titanomagnetite smelting in PanGang [J] .Steel Research International，2011，82（5）：501-504.

[34]　Webster N A S，Pownceby M I，Madsen I C，et al. Effect of oxygen partial pressure on the formation mechanisms of complex Ca-rich ferrites[J]. ISIJ International，2013，53（5）：774-781.

[35]　Patrick T R C，Pownceby M I. Stability of silico-ferrite of calcium and aluminum（SFCA）in air-solid solution limits between 1240℃ and 1390℃ and phase relationships within the Fe_2O_3-CaO-Al_2O_3-SiO_2（FCAS）system[J]. Metallurgical and Materials Transactions B，2002，33B：79-89.

[36]　Zhang F，An S L，Luo G P，et al. Effect of basicity and alumina-silica ratio on formation of silico-ferrite of calcium and aluminum[J]. Journal of Iron and Steel Research International，2012，19（4）：1-5.

[37]　Wang Y C，Zhang J L，Zhang F，et al. Formation characteristics of calcium ferrite in low silicon sinter[J]. Journal of Iron and Steel Research International，2011，18（10）：1-7.

[38]　杜鹤桂. 高炉冶炼钒钛磁铁矿原理[M]. 北京：科学出版社，1996.

[39]　王喜庆. 钒钛磁铁矿高炉冶炼[M]. 北京：冶金工业出版社，1994.

[40]　蒋大军. 钒钛磁铁精矿的烧结特性及强化措施[J]. 烧结球团，1997，22（6）：4-10.

[41]　许满兴. 中国高炉料结构的进步与发展[J]. 烧结球团，2001（2）：6-10.

[42] 周取定. 中国铁矿石烧结研究[M]. 北京：冶金工业出版社，1997.

[43] 邹德余. 攀钢烧结矿还原粉化性能的研究[N]. 内部资料，1989.

[44] 蒋大军. 钒钛磁铁精矿的矿物特性与造块强化技术[J]. 钢铁，2010，45（1）：24.

[45] 周传典. 高炉炼铁生产技术手册[M]. 北京：冶金工业出版社，2002.

[46] 石军，何群. 钒钛磁铁精矿烧结特性//潘宝巨，张成吉. 中国铁矿石造块适用技术[M]. 北京：冶金工业出版社，2000：146-157.

[47] Glazer A M. The classification of tilted octahedral in perovskites[J]. Structural Science，1972，28（11）：3384-3392.

[48] Glazer A M. The simple ways of determining perovskite structure[J]. Foundations of Crystallography，1975，31（6）：756-762.

第4章 含铬型钒钛磁铁矿氧化球团制备及性能

国内现代高炉炼铁大多采用"高碱度烧结矿＋酸性球团矿"的炉料结构，含铬型钒钛磁铁矿球团可用于高炉生产，以优化炉料结构和改善冶炼指标。在国内钢铁企业现场条件下，将含铬型钒钛烧结矿碱度提高，可以提高强度和成品率，提高还原粉化指数，改善还原性和高温冶金性能。这种炉料结构不仅可以改善高炉上部的冶炼条件，而且可以改善下部的冶炼条件（软熔带下移，Si、Ti 还原受到抑制），有利于实现全钒钛冶炼[1-7]。另外，含铬型钒钛磁铁矿经过多次选矿工艺，选出的含铁精矿粉的粒度很细，对烧结矿来说，会影响其透气性，造成烧结矿产量及其质量下降。但对于球团矿来说，铁矿粉的粒度越细，越有利于其成球，并且其强度越高[8-13]。球团矿较烧结矿来说，具有粒度较均匀、强度高、有利于储存运输的优点。

为此，本章以承德含铬型钒钛磁铁矿进行氧化球团制备实验研究，阐明该矿对氧化球团制备工艺和冶金性能的影响规律，揭示其存在的主要问题，为现场含铬型钒钛磁铁矿氧化球团生产提供工艺条件和参数。

4.1 含铬型钒钛磁铁矿对球团工艺及性能的影响

球团矿质量主要包括以下几个方面：粒度、冷态机械强度、还原性、软熔温度、化学成分及其稳定性、高温还原条件下的强度及热膨胀性能等。其中，较高的抗压强度和优良的还原膨胀性能是高炉稳定顺行的重要前提。球团抗压强度不足或膨胀率过高，高炉炉内透气性将变差，炉尘量显著增加，甚至产生悬料、崩料，导致高炉操作失常、生产率下降、焦比升高。

因此，本节制定合理的配料方案进行含铬型钒钛磁铁矿球团实验研究，阐明该矿对球团制备工艺和冶金性能的影响规律，探索球团原料中含铬型钒钛磁铁矿的最大配量。

4.1.1 实验方案

为考察含铬型钒钛磁铁矿对球团冶金性能的影响，在现场生产用矿（矿业粉＋国产普通磁铁矿粉）中分别配入 0wt%、10wt%、15wt%、20wt%、25wt%、100wt%的含铬型钒钛磁铁矿制备氧化球团，具体配料方案见表 4-1。

表 4-1　含铬型钒钛磁铁矿球团实验配料方案（wt%）

实验编号	含铬型钒钛磁铁矿	矿业粉	国产普通磁铁矿粉	膨润土（外配）
1#（基准）	0	30	70	1
2#	10	30	60	1
3#	15	30	55	1
4#	20	30	50	1
5#	25	30	45	1
6#	100	0	0	1

4.1.2　氧化球团制备

1. 实验设备

氧化球团制备过程中，采用重量配料，所用的称重仪器为 METTLER PM4000 型的电子天平，其精度为 0.5g，如图 4-1 所示。造球设备为东北大学钢铁研究所自制的圆盘造球机[14-16]，如图 4-2 所示，直径 $\phi = 1000$mm，转速为 16r/min，边高 $h = 250$mm，倾角 $\alpha = 45°$。生球的预热、焙烧过程在以碳化硅棒为发热体的小型马弗炉内进行，如图 4-3 所示。氧化球团的抗压强度采用 WDW-5E 微机控制电子式万能试验机（图 4-4）进行测试，最大实验力为 5kN，测量范围为 0.1～5kN，准确度为一级。

图 4-1　电子天平

图 4-2　圆盘造球机

图 4-3　马弗炉

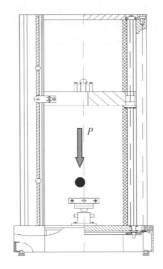

图 4-4　电子式万能试验机

2. 工艺流程

实验用氧化球团制备工艺流程如图 4-5 所示。

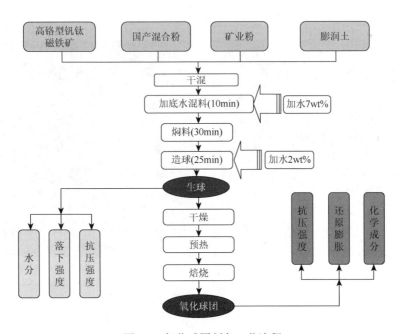

图 4-5　氧化球团制备工艺流程

配料：含铁物料经 0.3mm 筛子筛分，用电子天平（精度 0.5g）按照配料方案称取定量矿粉，膨润土使用外配的方式。

混料：考虑到所用矿粉的含水量，在混料前对铁矿粉预加水 7wt%，然后在瓷盘中混匀。

焖料：混料后在瓷盘中加盖焖料 30min，使其水分均匀。

造球：造球分为母球形成、母球长大、生球压实三阶段。造母球时在圆盘造球机内根据需要取少量原料加水，造母球时间不计入造球时间，造球时间从母球开始长大开始计时，控制在 25min 内，造球过程中加水 2wt%。

焙烧：根据焙烧工艺参数对成品球团质量的影响[16, 17]，本实验在参考某钢铁企业球团生产工艺的基础上，模拟竖炉工艺[18]按表 4-2 所示对生球进行干燥、预热和焙烧。

表 4-2　氧化球团预热焙烧工艺流程

项目	工艺制度
预热焙烧	马弗炉以 10℃/min 升至 300℃，300℃时将生球放入炉内；以 10℃/min 升至 900℃，而后以 5℃/min 升到 1135℃后，恒温 20min
冷却	随炉冷却到 600℃时取球，然后将球冷却到室温

球团制备过程中，不同阶段球团的外观形貌如图 4-6 所示。

(a)　　　　　　　　　　　　　　　(b)

图 4-6　不同阶段球团的外观形貌

（a）生球；（b）成品氧化球团

4.1.3　含铬型钒钛磁铁矿对生球性能的影响

生球的性能主要包括生球水分、粒度组成、生球落下强度及生球的抗压强度等，生球的性能直接影响后续的干燥、预热、焙烧工序及最终成品球团矿的产量和质量。一般要求生球水分在 8wt%～10wt%，生球粒度组成 8～16mm 的占 95wt%以上，生球抗压强度≥9N/个，生球落下强度≥3 次/个。

生球造好后，用 ϕ12mm 和 ϕ14mm 的圆孔筛筛分，取粒度在 12～14mm 的生球进行落下强度及抗压强度的检测。另外，取 200g 左右生球进行生球含水量测定。

生球落下强度检测：生球从 500mm 高度自由落在 10mm 厚的钢板上，反复数次，直至其出现裂纹或破裂为止，记录生球破裂时跌落的次数。每次测定 12个球，去除一个最大值和一个最小值，求出其余 10 个的平均值，记为该球的落下强度，单位：次/个。

生球抗压强度检测：在电子天平上采用按压的方法测定抗压强度。每次测定 12 个球，去除一个最大值和一个最小值，求出其余 10 个的平均值，记为该球的抗压强度，单位：N/个。

生球水分检测：称取刚造好的生球重200g 左右，记下 m_1，然后放入（105±5）℃的烘箱中进行干燥，烘干后取出称重，记下 m_2，$(m_1-m_2)/m_1$ 则为生球水分，单位：wt%。

不同含铬型钒钛磁铁矿配量下生球的相关性能结果示于表 4-3 中，在其他实验条件相同的情况下，随含铬型钒钛磁铁矿配量的增加，生球落下强度和抗压强度均呈现逐渐减小的趋势，但变化不明显。含铬型钒钛磁铁矿配量由 0wt%增至25wt%，再到 100wt%的过程中，生球落下强度由 4.4 次/个降低到 3.0 次/个，抗压强度由 12.4N/个降低到 9.8N/个。

表 4-3　生球性能指标测定结果

实验编号	含铬型钒钛磁铁矿配量/wt%	生球落下强度/(次/个)	生球抗压强度/(N/个)	生球水分/wt%
1#（基准）	0	4.4	12.4	7.8
2#	10	4.2	12.2	7.7
3#	15	4.0	12.2	7.3
4#	20	3.6	11.4	7.5
5#	25	3.5	10.8	7.7
6#	100	3.0	9.8	7.6

影响生球质量的因素很多，主要包括造球的水分、造球的时间、原料的粒度、

粒度组成和表面特性及添加剂种类等。由于含铬型钒钛磁铁矿粒度较粗，成球性不佳，在造球过程中会对铁矿粉颗粒间的黏结有一定的影响[19-21]，但影响不显著。而且，造球实验批次所用水分略有波动，对生球性能也有一定的影响。

4.1.4　含铬型钒钛磁铁矿对成品氧化球团抗压强度的影响

影响成品氧化球团抗压强度的因素很多，如焙烧温度、高温保持时间、升温速率、气氛、冷却速率及原料的物化性质等[22]，球团矿的抗压强度采用 JTS M8718—2009《铁矿石（球团矿）-抗压强度试验方法》进行测定。每次取 24 个成品球团矿进行测定，取平均值记为该球团矿的抗压强度，单位：N/个。

本实验在只改变含铬型钒钛磁铁矿的配量，其他工艺参数不变的条件下，考察含铬型钒钛磁铁矿对成品氧化球团抗压强度的影响，结果如图 4-7 所示。与基准球相比，随着含铬型钒钛磁铁矿配量的增加，成品氧化球团抗压强度呈下降的趋势，但降低幅度不大。这是由于与国产普通磁铁矿粉及矿业粉相比，含铬型钒钛磁铁矿粉粒度<0.074mm 的仅占 29.98wt%，粒度较粗，且连晶强度较差，将其配入实验原料后，致使球团在焙烧固结过程中，其晶键间连接能力减弱，使得成品氧化球团的抗压强度逐渐降低。

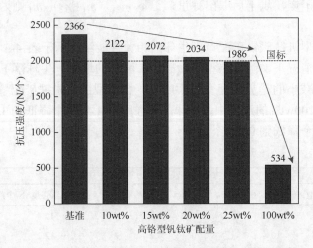

图 4-7　含铬型钒钛磁铁矿对成品氧化球团抗压强度的影响

当含铬型钒钛磁铁矿配量增加至 20wt%时，成品氧化球团的抗压强度仍高于2000N/个，可满足高炉生产对球团矿的质量要求。继续增加其配量至 25wt%，成品氧化球团的抗压强度为 1986N/个，低于 2000N/个，不能满足高炉生产对球团矿的质量要求。

1. 球团固结机理

球团矿以固相固结为主，固相固结是指球团内的矿粒在低于其熔点的温度下互相黏结，并使颗粒之间的连接强度增大。固态下固结反应的原动力是系统自由能的降低，依据热力学平衡的趋向，具有较大界面能的微细颗粒落在较粗的颗粒上，同时表面能减少。在有充足的反应时间、足够的温度及界面能继续减少的条件下，这些颗粒便聚结，进一步成为晶粒的聚集体，生球中的精矿具有极高的分散性，这种高度分散的晶体粉末具有严重的缺陷，并具有极大的表面自由能，因而处于不稳定状态，具有很强的降低其能量的趋势，当达到某一温度后，经过一系列变化即可形成活性较低、较为稳定的晶体[21, 23]。

一般来说，酸性球团矿主要有下列几种矿物成分[22, 24]：

（1）赤铁矿。不管生产球团矿的原料是磁铁精矿还是赤铁精矿，只要是在氧化气氛下焙烧，球团矿的主要矿物成分都应该是赤铁矿，占球团矿所有矿物的80%～94%。

（2）独立存在的 SiO_2。球团矿中 SiO_2 的一方面来自铁精矿本身，另一方面来自膨润土，铁精矿中的 SiO_2 含量高，独立的 SiO_2 含量一般也高。

（3）少量的液相量。球团矿中的液相量主要受球团矿原料中 SiO_2 含量和膨润土用量的影响。

磁铁矿球团的固结方式主要有 Fe_2O_3 微晶键连接、Fe_2O_3 再结晶连接、Fe_3O_4 再结晶固结和渣相连接等多种方式，其中以 Fe_2O_3 再结晶连接最佳。Fe_2O_3 再结晶连接方式可使球团的抗压强度大大增加，而以渣相连接为主的球团产品强度较差。

研究采用 X 射线衍射分析技术对含铬型钒钛磁铁矿成品氧化球团的物相组成进行机理分析，结果如图 4-8 所示。未添加含铬型钒钛磁铁矿的成品氧化球团中 Fe 的主要存在形式为 Fe_2O_3，配加含铬型钒钛磁铁矿后成品氧化球团中的 Fe 主要存在于 Fe_2O_3、$(Fe_{0.6}Cr_{0.4})_2O_3$、Fe_9TiO_{15} 中，Cr、V、Ti 主要存在于 $(Fe_{0.6}Cr_{0.4})_2O_3$、$(Cr_{0.15}V_{0.85})_2O_3$、Fe_9TiO_{15} 中。

2. 球团微观形貌分析

在球团焙烧固结过程中，其抗压强度是由球团内部的微观结构所控制和决定的[25]，为了观察含铬型钒钛磁铁矿成品氧化球团内部固结形貌，本实验对还原前各球团试样分别进行了扫描电镜分析，结果如图 4-9 所示。

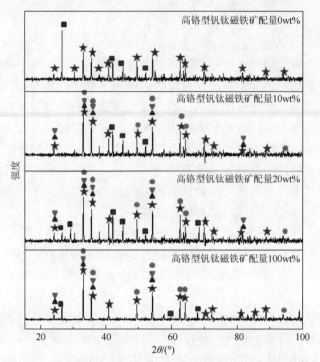

图 4-8　成品氧化球团 X 射线衍射分析

★ Fe₂O₃　▲ (Fe₀.₆Cr₀.₄)₂O₃　▼ (Cr₀.₁₅V₀.₈₅)₂O₃　● Fe₉TiO₁₅　■ SiO₂

图 4-9　成品氧化球团试样 SEM 图（300×）

（a）含铬型钒钛磁铁矿配量 0wt%；（b）含铬型钒钛磁铁矿配量 10wt%；（c）含铬型钒钛磁铁矿配量 20wt%；
（d）含铬型钒钛磁铁矿配量 100wt%
A. 赤铁矿；B. SiO₂；C. 硅酸盐矿物（Fe、Si、O、Al、Mg）；D. 较多 Fe、Ti、O，少量 V、Cr、Si、Al 等

由图 4-9 可知，配加含铬型钒钛磁铁矿前后成品氧化球团内部显微结构有很大的差异。未配加含铬型钒钛磁铁矿的成品氧化球团中，赤铁矿粒度分布比较均匀，球团氧化充分，氧化速率较快，使得球团中的磁铁矿快速氧化成 Fe_2O_3，避免了和 SiO_2 反应生成强度较差的铁橄榄石，使得球团矿的强度较好。在配入一定量含铬型钒钛磁铁矿后，成品氧化球团内赤铁矿晶粒粗大、呈块状，在赤铁矿周围包围着较多的硅酸盐矿物，这些矿物抑制了氧化反应向颗粒内部发展，造成球团氧化不充分，影响成品氧化球团的抗压强度。

随着含铬型钒钛磁铁矿配量的增加，成品氧化球团中游离的 SiO_2 数量增多，使得球团在固结过程中液相增多，液相数量过多时将阻碍氧化铁颗粒直接接触而影响其再结晶，使得渣相固结对球团强度影响增大，并且球团相互黏结，恶化球层通气性，对成品氧化球团的抗压强度有很大的影响。

4.1.5　含铬型钒钛磁铁矿对球团还原膨胀性的影响

高炉冶炼过程中，要求炉料在通过各个还原阶段时，整个高炉内的炉料应具有良好的还原膨胀性能，以保证炉内的通气性和炉况的稳定性。球团的还原膨胀是指在还原条件下，当 Fe_2O_3 还原成 Fe_3O_4 时由于晶格转变引起的体积膨胀，以及浮氏体还原成金属铁时，由于出现"铁晶须"而引起的恶性体积膨胀，它可使球团矿破裂粉化，大大降低球团的强度，影响高炉的通气性，给高炉操作带来不利影响[24]。目前，我国球团质量标准规定一级球团膨胀率＜15%、二级球团膨胀率＜20%，球团膨胀率超过 20% 则为异常膨胀。因此，本节通过实验，研究了含铬型钒钛磁铁矿对成品氧化球团还原膨胀性能的影响，进一步研究该矿用于高炉生产的可行性。

1. 实验设备

本实验所用设备为东北大学自行研制的还原膨胀实验测定装置，如图 4-10 所示。整个装置主要包括 CO 制备系统、还原管、还原炉、试样容器。

1）CO 还原气体的制备系统

采用东北大学钢铁冶金研究所开发设计的 HYQ-02 型配气系统制取 CO 还原气体。然后进行 CO 还原气体净化、分析，以达到实验用气体所要求的成分和纯度。

2）还原炉

还原炉能保证全部试样和进入试样床的还原气体在整个实验期间保持在（900±10）℃。还原管由耐热不起皮的金属板制成，能耐 900℃以上的温度。还原管内管的直径为（75±1）mm。为了使煤气流更为均匀，在多孔板和试样之间

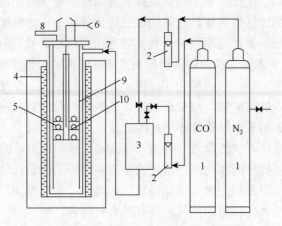

图 4-10　还原膨胀实验测定装置示意图

1. 气体瓶；2. 流量计；3. 混合器；4. 还原炉；5. 试样；6. 热电偶；7. 煤气进口；8. 煤气出口；9. 还原管；
10. 试样容器

放两层粒度为 10.0～12.5mm 的高氧化铝球，在高氧化铝球上放一块多孔板，试样则放在多孔板上。

3）还原管

由耐热不起皮的金属板制成，能耐 900℃以上的温度。

4）试样容器

试样容器用耐热不起皮的不锈钢制成，耐 900℃以上的温度，可装球团个数为 18 个。

5）体积测定装置

由于本实验球团试样体积规则，粒度分布较均匀，以及实验条件所限，采取千分尺测量球团平均直径求体积膨胀率的方法测得还原膨胀指数（reduction swelling index，RSI）。

6）实验筛

符合 GB 6003 和 GB 6005 的规定，并具有以下公称尺寸的筛孔：10.0mm 和 12.5mm。

2. 实验步骤

1）试样准备

实验试样在(105±5)℃的温度下烘干，烘干时间为 2h，然后冷却至室温，并保存在干燥器中。通过筛分得到粒度为 10～12.5mm 的实验试样，质量约 1kg。从中随机取出 18 个无裂纹的球团矿作为本实验的试样。

2）还原前体积的测定

测定试样（18 个球团矿）中每个球的直径，每个球测十次求直径平均值 D_0，计算平均体积，记作 V_0。

3）还原膨胀实验

先在试样容器中的每一层放 6 个球团矿，然后将其放入还原管内，封闭还原管的顶部，将 N_2 通入还原管，流量为 5L/min，然后把还原管放入还原炉中加热，升温速度不大于 10℃/min。放入还原管时，炉内温度不得高于 200℃。当试样接近 900℃时，增大 N_2 流量到 15L/min。在 900℃恒温 30min，使温度恒定在（900±10）℃之间。通入流量为 15L/min 的还原气体代替 N_2，连续还原 1h。还原 1h 后，停止通入还原气体，并向还原管中通入 N_2，流量为 5L/min，然后将还原管提出炉外进行冷却，将试样冷却到 100℃以下。

还原气体成分为：CO 30%±0.5%，N_2 70%±0.5%（体积分数）。

4）还原后体积的测定

从还原管中取出冷却后的试样，按照还原前测定体积的方法，对应测出每个球的平均直径，计算出所有球的平均体积 V。

5）还原膨胀指数的计算

用式（4-1）计算还原膨胀指数，以体积分数表示

$$RSI = \frac{V - V_0}{V_0} \times 100\% \qquad (4-1)$$

式中，V_0 是还原前试样的平均体积（mm^3）；V 是还原后试样的平均体积（mm^3）；RSI 是还原膨胀指数（%）。

3. 实验结果及分析

不同含铬型钒钛磁铁矿配量下，球团的还原膨胀实验结果如图 4-11 所示。

由图 4-11 可知，随着含铬型钒钛磁铁矿配量的增加，成品氧化球团的还原膨胀率逐渐降低。当含铬型钒钛磁铁矿配量由 0wt%增加到 20wt%时，成品氧化球团的还原膨胀率由基准状态的 32.1%降低到 21.1%。这是由于配加含铬型钒钛磁铁矿的球团渣相中除了含有 Fe、Si、O、Al 等硅酸盐矿物外，还含有一些 V、Ti、Cr 等，在焙烧过程中会形成稳定的 Fe_2O_3 和 Cr_2O_3 的固溶体$(Fe_{0.6}Cr_{0.4})_2O_3$，降低了 Fe_2O_3 转变成 Fe_3O_4 的过程中晶格的变化量，从而抑制球团矿的体积膨胀。另外，向球团中配入含铬型钒钛磁铁矿以后，球团内的液相黏结相增多，这些液相能够减少球团还原过程中的相变应力，从而有效地降低球团还原膨胀率。

为了研究含铬型钒钛磁铁矿对氧化球团还原膨胀的影响机理，本实验对还原后各球团试样进行了扫描电镜分析，如图 4-12 所示。未配加含铬型钒钛磁铁矿的球团还原后结构疏松、细缝空隙较多、赤铁矿晶粒间晶体桥破坏严重、强度较差。

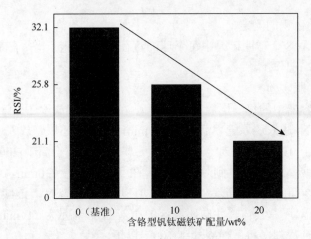

图 4-11　含铬型钒钛磁铁矿对氧化球团还原膨胀的影响

而配加含铬型钒钛磁铁矿的球团中，浮氏体结构保持较好、结构致密、球团内部孔洞较少，避免了更多裂纹和空隙的产生，还原膨胀率较低。

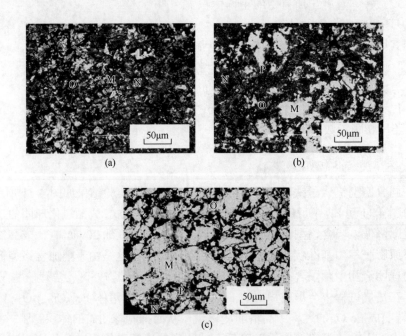

图 4-12　各球团试样还原后 SEM 图（300×）

（a）含铬型钒钛磁铁矿配量 0wt%；（b）含铬型钒钛磁铁矿配量 10wt%；（c）含铬型钒钛磁铁矿配量 20wt%
L. 铁；M. 浮氏体；N. 硅酸盐矿物（Fe、Si、Al、O，少量 Ca、S）；O. SiO_2；P. 较多 Fe、Ti、O、V、Cr、Si 等

4.1.6 本节小结

本节制定合理的配料方案进行含铬型钒钛磁铁矿球团实验研究，阐明该矿对球团制备工艺和冶金性能的影响规律，探索球团原料中含铬型钒钛磁铁矿的最大配量，得出以下结论。

（1）随球团原料中含铬型钒钛磁铁矿配量的增加，生球落下强度和抗压强度均呈现逐渐减小的趋势，但变化不明显。

（2）随含铬型钒钛磁铁矿配量的增加，成品氧化球团的抗压强度呈下降的趋势，球团原料中含铬型钒钛磁铁矿的配量不宜高于 20wt%，否则成品氧化球团的抗压强度不能满足高炉生产的要求。

（3）含铬型钒钛磁铁矿有助于降低球团的还原膨胀率，当其配量由 0wt%增加到 20wt%时，球团的还原膨胀率由基准状态的 32.1%降低到 21.1%。

4.2 含铬型钒钛磁铁矿在球团中的增量化利用

由前述研究结果可知，相比其他矿粉，含铬型钒钛磁铁矿粒度较粗、连晶强度较差，随着球团原料中含铬型钒钛磁铁矿配量的增加，球团相关性能下降，当配量高于 20wt%后，成品氧化球团的性能便不能满足高炉顺行生产的要求。文献研究表明，细化矿粉的粒度可有效地提高球团的相关性能[26]，本实验采取"细磨处理含铬型钒钛磁铁矿"和"以粒度较细的廉价欧控矿代替现场生产用矿"两种优化措施，进行球团生产工艺优化研究，探索球团原料中含铬型钒钛磁铁矿增量化利用的可行性，以期实现该厂预期 90 万 t/a 的处理量目标。

4.2.1 细磨处理含铬型钒钛磁铁矿增量化利用措施

1. 细磨工艺

实验采用 RK/ZQM Φ 系列智能锥形球磨机（图 4-13）对含铬型钒钛磁铁矿进行湿磨处理，磨矿后的矿浆如图 4-14 所示。

将预先称量好的含铬型钒钛磁铁矿放入球磨机中，然后将称量好的水加入其中，而后对矿粉进行湿磨处理，当矿粉粒度达到要求后，再进行干燥和筛分处理，即可用于球团实验。湿磨过程中维持矿粉质量浓度为 70wt%，即每磨 1kg 含铬型钒钛磁铁矿加水 428g[27]（设需要加入水 X，$\frac{X}{1+X} = 30\% \Rightarrow X = 428\,\mathrm{g}$）。

图 4-13　球磨机

图 4-14　矿浆

图 4-15 为含铬型钒钛磁铁矿粒度（＜0.074mm）随时间的变化关系，结果显示，湿磨处理 15min 后，含铬型钒钛磁铁矿中粒度＜0.074mm 的即可达 100wt%。

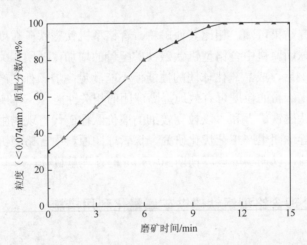

图 4-15　含铬型钒钛磁铁矿粒度（＜0.074mm）质量分数随时间的变化

2. 实验配料方案

为考察细磨含铬型钒钛磁铁矿对球团性能的影响，在现场生产用矿（矿业粉＋国产普通磁铁矿粉）中配入不同量的细磨含铬型钒钛磁铁矿（＜0.074mm 的占 100wt%）制备氧化球团，具体配料方案见表 4-4。

表 4-4　增量化利用措施（一）配料方案（wt%）

实验编号	细磨含铬型钒钛磁铁矿 −0.074mm 占 100wt%	矿业粉 −0.074mm 占 63wt%	国产普通磁铁矿粉 −0.074mm 占 43wt%	膨润土 （外配）
1#（基准）	0	30	70	1
7#	10	30	60	1
8#	15	30	55	1
9#	20	30	50	1
10#	30	30	40	1
11#	40	30	30	1
12#	50	30	20	1
13#	100	0	0	1

3. 细磨含铬型钒钛磁铁矿对生球性能的影响

球团原料中细磨含铬型钒钛磁铁矿配量由 0wt%增加到 50wt%，再到 100wt%，生球性能的结果列于表 4-5，随原料中细磨含铬型钒钛磁铁矿配量的增加，生球的性能无显著变化。

表 4-5　生球性能指标测定结果

实验编号	含铬型钒钛磁铁矿配量/wt%	生球落下强度/(次/个)	生球抗压强度/(N/个)	生球水分/wt%
1#（基准）	0	4.4	12.4	7.8
7#	10	4.4	12.6	7.9
8#	15	4.3	12.4	7.7
9#	20	4.2	11.8	7.6
10#	30	4.2	11.6	7.8
11#	40	4	11	7.4
12#	50	4	10.7	7.6
13#	100	3.6	10.2	7.2

相同配量条件下，对比含铬型钒钛磁铁矿细磨前后生球的落下强度和抗压强度（图 4-16 和图 4-17），由于细磨处理后，含铬型钒钛磁铁矿的粒度变细、成球性良好，在造球过程中有利于铁矿粉颗粒之间的黏结，相比于未磨含铬型钒钛磁铁矿，其制备球团的生球性能明显提高。

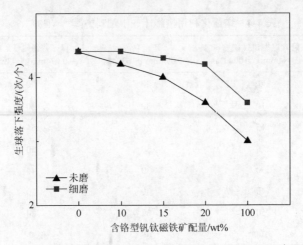

图 4-16　含铬型钒钛磁铁矿细磨前后生球落下强度

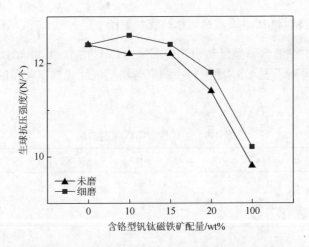

图 4-17　含铬型钒钛磁铁矿细磨前后生球抗压强度

4. 细磨含铬型钒钛磁铁矿对成品氧化球团抗压强度的影响

原料中配加不同量的细磨含铬型钒钛磁铁矿的成品氧化球团的抗压强度如图 4-18 所示。与基准球团相比，随着细磨含铬型钒钛磁铁矿配量的增加，成品氧化球团的抗压强度呈先升高后降低的趋势。这是由于国产普通磁铁矿粉粒度<0.074mm 的占 62.66wt%，矿业粉粒度<0.074mm 的占 44.95wt%，而细磨含铬型钒钛磁铁矿粉粒度<0.074mm 的占 100wt%，粒度较细，随着细磨含铬型钒钛磁铁矿配量增加，球团原料的总体粒度变细、比表面积增大、焙烧过程中颗粒间连接力增大、球团强度增大。但由于含铬型钒钛磁铁矿的连晶强度较差，晶键间连接力较弱，当球团原料中含铬型钒钛磁铁矿配量过高时，成品氧化球团的抗压强度反而有所降低。

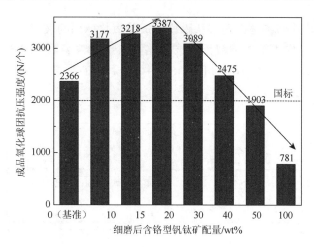

图 4-18　细磨含铬型钒钛磁铁矿对成品氧化球团抗压强度的影响

当含铬型钒钛磁铁矿配量增加至 20wt%时，成品氧化球团的抗压强度最大，为 3387N/个，当配量增加至 40wt%时，成品氧化球团的抗压强度为 2475N/个，高于 2000N/个，可满足高炉生产对球团矿的质量要求。继续增加其配量至 50wt%时，成品氧化球团抗压强度降至 1903N/个，当使用 100wt%含铬型钒钛磁铁矿进行球团实验时，成品氧化球团的抗压强度仅为 781N/个，皆不能满足高炉生产对球团矿的质量要求。

相同配量条件下，对比含铬型钒钛磁铁矿细磨前后成品氧化球团的抗压强度（图 4-19），配入细磨含铬型钒钛磁铁矿的成品氧化球团抗压强度明显提高。细磨处理有助于含铬型钒钛磁铁矿在球团中的增量化利用，最大配量可达 40wt%，可以实现该钢铁企业预期的生产规模目标。

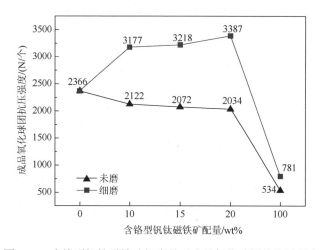

图 4-19　含铬型钒钛磁铁矿细磨前后成品氧化球团的抗压强度

　　配加不同量的细磨含铬型钒钛磁铁矿成品氧化球团的 X 射线衍射分析结果如图 4-20 所示，其物相组成类似于未磨含铬型钒钛磁铁矿氧化球团，Fe 主要存在于赤铁矿 Fe_2O_3、$(Fe_{0.6}Cr_{0.4})_2O_3$、Fe_9TiO_{15} 中，Cr、V、Ti 主要存在于 $(Fe_{0.6}Cr_{0.4})_2O_3$、$(Cr_{0.15}V_{0.85})_2O_3$、Fe_9TiO_{15} 中。

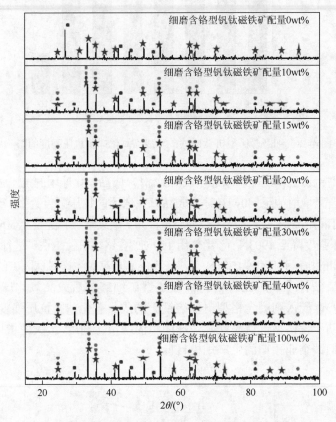

图 4-20　成品氧化球团 X 射线衍射分析

★ Fe_2O_3　▲ $(Fe_{0.6}Cr_{0.4})_2O_3$　▼ $(Cr_{0.15}V_{0.85})_2O_3$　● Fe_9TiO_{15}　■ SiO_2

　　配加不同量的细磨含铬型钒钛磁铁矿成品氧化球团的 SEM 微观形貌如图 4-21 所示，随着细磨含铬型钒钛磁铁矿的配量由 0wt%增加至 20wt%，球团中赤铁矿晶粒分布越来越均匀、球团氧化较为充分、Fe_2O_3 再结晶程度较好、球团的抗压强度逐渐增大。但随着细磨含铬型钒钛磁铁矿配量的继续增加，球团内强度较差的铁橄榄石等硅酸盐矿物越来越多，成品氧化球团的抗压强度反而逐渐降低。

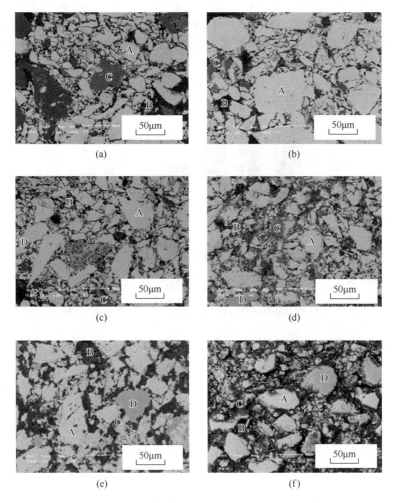

图 4-21　成品氧化球团试样 SEM 图（300×）

（a）细磨含铬型钒钛磁铁矿配量 0wt%；（b）细磨含铬型钒钛磁铁矿配量 10wt%；
（c）细磨含铬型钒钛磁铁矿配量 20wt%；（d）细磨含铬型钒钛磁铁矿配量 30wt%；
（e）细磨含铬型钒钛磁铁矿配量 40wt%；（f）细磨含铬型钒钛磁铁矿配量 100wt%
A. 赤铁矿；B. SiO$_2$；C. 硅酸盐矿物（Fe、Si、O、Al、Mg）；D. 较多 Fe、Ti、O，少量 V、Cr、Si、Al 等

5. 细磨含铬型钒钛磁铁矿对球团还原膨胀的影响

配加不同量的细磨含铬型钒钛磁铁矿球团的还原膨胀率如图 4-22 所示，随着细磨后含铬型钒钛磁铁矿配量的增加，成品氧化球团的还原膨胀率逐渐降低。当含铬型钒钛磁铁矿配量由 0wt%增加到 100wt%时，成品氧化球团的还原膨胀率由 32.1%降低到 11.2%。含铬型钒钛磁铁矿配量 40wt%的成品氧化球团还原膨胀率为 19.2%，满足高炉生产对球团还原膨胀率的要求（＜20%）。原因与未磨含铬型钒钛磁铁矿对球团还原膨胀的影响相同，细磨含铬型钒钛磁铁矿球团在焙烧过程中

形成了稳定的 Fe_2O_3 和 Cr_2O_3 的固溶体$(Fe_{0.6}Cr_{0.4})_2O_3$，降低了 Fe_2O_3 转变成 Fe_3O_4 的过程中晶格的变化量，从而抑制球团矿还原过程中的体积膨胀。

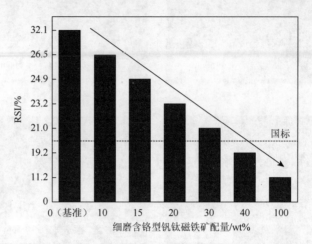

图 4-22　细磨含铬型钒钛磁铁矿对球团还原膨胀率的影响

相同配量条件下，对比含铬型钒钛磁铁矿细磨前后球团的还原膨胀率（图 4-23），含铬型钒钛磁铁矿细磨处理对球团的还原膨胀率影响较小。

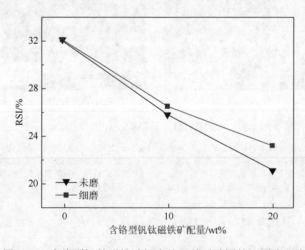

图 4-23　含铬型钒钛磁铁矿细磨处理前后球团的还原膨胀率

为了研究细磨含铬型钒钛磁铁矿对成品氧化球团还原膨胀的影响机理，本实验对还原后各球团试样进行了扫描电镜分析，如图 4-24 所示。随原料中细磨含铬型钒钛磁铁矿配量的增加，还原后球团内部结构更为致密，未发现单质金属铁的析出，还原膨胀率较低。

图 4-24　各球团试样还原后 SEM 图（300×）

（a）细磨含铬型钒钛磁铁矿配量 0wt%；（b）细磨含铬型钒钛磁铁矿配量 20wt%；（c）细磨含铬型钒钛磁铁矿配量 40wt%；（d）细磨含铬型钒钛磁铁矿配量 100wt%
L. 铁；M. 浮氏体；N. 硅酸盐矿物（Fe、Si、Al、O，少量 Ca、S）；O. SiO$_2$；P. 较多 Fe、Ti、O、V、Cr、Si 等

4.2.2　以进口欧控矿代替现场生产用矿增量化利用措施

将含铬型钒钛磁铁矿细磨处理至 0.074mm 以下后，与现场生产用矿混合用于成品氧化球团制备，原料中含铬型钒钛磁铁矿的配量上限可增至 40wt%。但从经济投入产出角度来看，细磨矿粉大大增加了生产成本。

为了使含铬型钒钛磁铁矿得到更高效的利用，本实验又利用粒度较细的两种廉价进口精矿（高品位欧控粉＋低品位欧控粉）代替现场生产用矿，进行含铬型钒钛磁铁矿球团生产工艺优化研究，探索含铬型钒钛磁铁矿增量化利用的可行性，以期实现该厂预期 90 万 t/a 的处理量目标。

1. 实验配料方案

实验以粒度较细的两种廉价进口精矿（高品位欧控粉＋低品位欧控粉）代替现场生产用矿，分别配入 0wt%、10wt%、15wt%、20wt%、30wt%、40wt%、50wt%、100wt% 的未磨含铬型钒钛磁铁矿制备成品氧化球团，具体配料方案见表 4-6。

表 4-6 增量化利用措施（二）配料方案（wt%）

实验编号	未磨含铬型钒钛磁铁矿 –0.074mm 占 30wt%	低品位欧控粉–0.074mm 占 84wt%	高品位欧控粉–0.074mm 占 88wt%	膨润土（外配）
14#	0	20	80	1
15#	10	20	70	1
16#	20	20	60	1
17#	30	20	50	1
16#	40	20	40	1
19#	50	20	30	1
20#	100	20	0	1

2. 生球性能

以粒度较细的两种廉价进口精矿（高品位欧控粉＋低品位欧控粉）代替现场生产用矿后，与未磨含铬型钒钛磁铁矿混合制备成品氧化球团，生球的性能结果列于表 4-7。

表 4-7 生球性能指标测定结果

实验编号	含铬型钒钛磁铁矿配量/wt%	生球落下强度/(次/个)	生球抗压强度/(N/个)	生球水分/wt%
14#	0	4.6	13.6	7.6
15#	10	4.6	13.5	7.5
16#	20	4.5	13.2	7.3
17#	30	4.3	12.8	7.7
18#	40	4.0	12.0	7.8
19#	50	3.6	11.8	7.4
20#	100	3.0	9.8	7.6

随球团原料中含铬型钒钛磁铁矿配量的增加，生球的落下强度和抗压强度均呈现逐渐减小的趋势。含铬型钒钛磁铁矿的配量由 0wt%增加至 100wt%，生球的落下强度由 4.6 次/个降低到 3.0 次/个，抗压强度由 13.6N/个降低到 9.8N/个，但都满足球团生产现场对生球性能的要求（落下强度＞3 次/个，抗压强度＞9N/个）。

3. 球团冶金性能

1）抗压强度

以粒度较细的两种廉价进口精矿（高品位欧控粉＋低品位欧控粉）代替现场生产用矿后，与未磨含铬型钒钛磁铁矿混合制备成品氧化球团，成品氧化球团的抗压强度结果如图 4-25 所示。

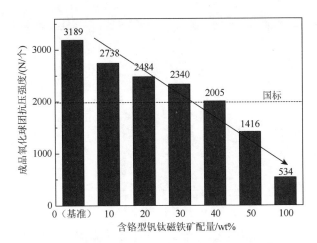

图 4-25　含铬型钒钛磁铁矿对成品氧化球团抗压强度的影响

随着含铬型钒钛磁铁矿配量的增加，成品氧化球团的抗压强度呈逐渐下降的趋势。当含铬型钒钛磁铁矿配量增加至 40wt%时，成品氧化球团的抗压强度降低至 2005N/个，高于 2000N/个，满足高炉生产对球团矿抗压强度的要求。

2）还原膨胀

以粒度较细的两种廉价进口精矿（高品位欧控粉＋低品位欧控粉）代替现场生产用矿后，与未磨含铬型钒钛磁铁矿混合制备成品氧化球团，球团还原膨胀实验后，还原膨胀率、还原冷却后抗压强度及还原率分别如图 4-26～图 4-28 所示。

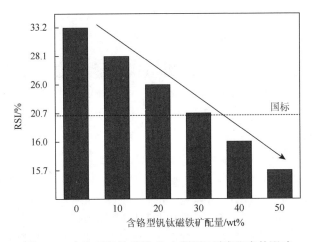

图 4-26　含铬型钒钛磁铁矿对球团还原膨胀率的影响

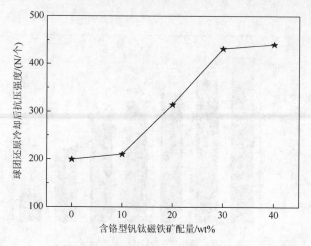

图 4-27　含铬型钒钛磁铁矿对球团还原冷却后抗压强度的影响

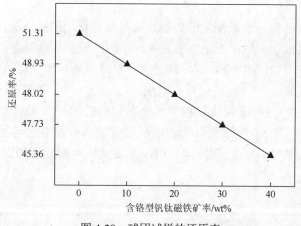

图 4-28　球团试样的还原率

　　随着含铬型钒钛磁铁矿配量的增加，还原膨胀实验后，球团的还原率逐渐降低，还原冷却后抗压强度逐渐增加，还原率逐渐降低。当含铬型钒钛磁铁矿配量增至 40wt% 时，成品氧化球团的还原膨胀率降低至 16.0%，满足高炉生产对球团矿还原膨胀率的要求。

　　3）物相组成及微观结构

　　以粒度较细的两种廉价进口精矿（高品位欧控粉＋低品位欧控粉）代替现场生产用矿后，与未磨含铬型钒钛磁铁矿混合制备成品氧化球团，其 X 射线衍射分析结果如图 4-29 所示，还原前后 SEM 微观形貌分别如图 4-30 和图 4-31 所示，随着含铬型钒钛磁铁矿配量的增加，球团的物相组成和还原前后微观结构变化与前述研究结果类似，不再赘述。

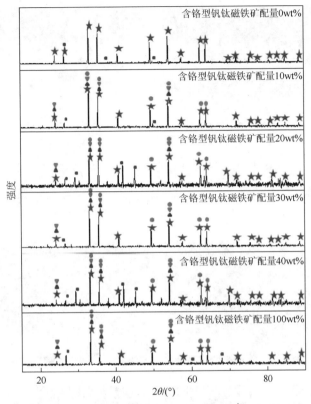

图 4-29　成品氧化球团 X 射线衍射分析

★ Fe$_2$O$_3$　▲ (Fe$_{0.6}$Cr$_{0.4}$)$_2$O$_3$　▼ (Cr$_{0.15}$V$_{0.85}$)$_2$O$_3$　● Fe$_9$TiO$_{15}$　■ SiO$_2$

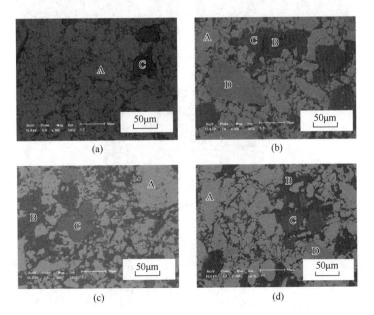

图 4-30　成品氧化球团试样 SEM 图（300×）

（a）含铬型钒钛磁铁矿配量 0wt%；（b）含铬型钒钛磁铁矿配量 10wt%；（c）含铬型钒钛磁铁矿配量 20wt%；
（d）含铬型钒钛磁铁矿配量 30wt%；（e）含铬型钒钛磁铁矿配量 40wt%；（f）含铬型钒钛磁铁矿配量 100wt%
A. 赤铁矿；B. SiO$_2$；C. 硅酸盐矿物（Fe、Si、O、Al、Mg）；D. 较多 Fe、Ti、O，少量 V、Cr、Si、Al 等

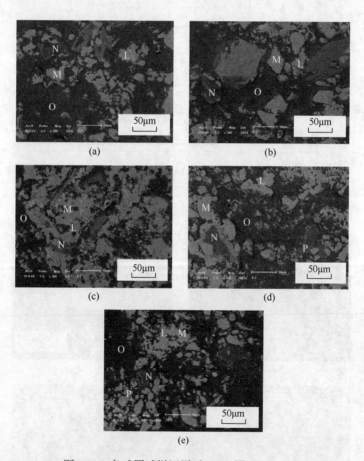

图 4-31　各球团试样还原后 SEM 图（300×）

（a）含铬型钒钛磁铁矿配量 0wt%；（b）含铬型钒钛磁铁矿配量 10wt%；（c）含铬型钒钛磁铁矿配量 20wt%；
（d）含铬型钒钛磁铁矿配量 30wt%；（e）含铬型钒钛磁铁矿配量 40wt%
L. 铁；M. 浮氏体；N. 硅酸盐矿物（Fe、Si、Al、O，少量 Ca、S）；O. SiO$_2$；P. 较多 Fe、Ti、O、V、Cr、Si 等

综上，使用粒度较细的廉价进口精矿代替现场生产用进口普通铁精矿代替现场生产用矿，与未磨含铬型钒钛磁铁矿混合制备成品氧化球团，在保证球团质量的前提下，原料中含铬型钒钛磁铁矿的最大配量可达 40wt%，实现了含铬型钒钛磁铁矿在球团中的增量化利用。

4.2.3　本节小结

本节采取"细磨处理含铬型钒钛磁铁矿"和"以粒度较细的廉价欧控矿代替现场生产用矿"两种优化措施，进行球团生产工艺优化研究，探索球团原料中含铬型钒钛磁铁矿增量化利用的可行性，得出以下结论：

（1）湿磨处理 15min 后，含铬型钒钛磁铁矿中粒度 <0.074mm 的可达 100wt%。

（2）随球团原料中细磨含铬型钒钛磁铁矿配量的增加，生球性能无显著变化，成品球团抗压强度呈先升高后降低趋势、还原膨胀率逐渐降低。细磨处理有助于含铬型钒钛磁铁矿在球团中的增量化利用，最大配量可达 40wt%。

（3）以粒度较细的两种廉价进口精矿（高品位欧控粉 + 低品位欧控粉）代替现场生产用矿后，随原料中含铬型钒钛磁铁矿配量的增加，球团的抗压强度和还原膨胀率均呈逐渐下降的趋势，当含铬型钒钛磁铁矿配量增至 40wt% 时，球团抗压强度为 2005N/个，还原膨胀率为 16.0%，均满足高炉生产的要求。

4.3　有价组元对含铬型钒钛磁铁矿球团抗压强度的影响研究

影响成品氧化球团抗压强度的因素很多，如焙烧温度、高温保持时间、升温速率、气氛、冷却速率及原料的物化性质等[28-30]。本节主要研究 TiO_2、Cr_2O_3、B_2O_3 和 CaO 对俄罗斯含铬型钒钛磁铁矿球团抗压强度的影响，并对影响机理进行深入探讨。

4.3.1　TiO_2 对含铬型钒钛磁铁矿球团抗压强度的影响机理

1. 实验原料与方案

本节通过外配不同量的钛精矿考察了 TiO_2 对含铬型钒钛磁铁矿球团的强度影响机理。钛精矿的化学成分如表 4-8 所示。在含铬型钒钛磁铁矿、高品位欧控粉和低品位欧控粉为 4：4：2 的基础上，外配钛精矿含量分别为 0、5wt%、10wt%、15wt%、20wt% 和 30wt%，膨润土配入量为总料量的 1wt%。通过表 4-2 所示的焙烧制度氧化焙烧之后所得球团成分如表 4-9 所示，其中 TiO_2 含量分别为 2.47wt%、4.44wt%、6.18wt%、7.78wt%、9.22wt% 和 12.14wt%。

表 4-8　钛精矿的化学组成（wt%）

组分	TFe	FeO	V	TiO_2	Cr_2O_3	CaO	SiO_2	MgO	Al_2O_3
含量	30.16	14.60	0.043	46.38	<0.005	1.14	3.88	5.68	1.33

表 4-9　外配不同含量钛精矿制备的含铬型钒钛球团矿化学组成（wt%）

钛精矿含量	TFe	FeO	V	TiO_2	Cr_2O_3	SiO_2	CaO	MgO	Al_2O_3
0	62.25	0.66	0.23	2.47	0.28	5.25	0.05	0.31	1.49
10	59.24	0.44	0.20	6.18	0.24	5.20	0.35	1.29	1.39
20	56.72	0.42	0.18	9.22	0.21	5.15	0.43	1.61	1.45
30	54.28	0.53	0.19	12.14	0.24	5.02	0.40	2.00	1.38

2. 实验设备与方法

　　含铬型钒钛磁铁矿球团的抗压强度测试采用标准 JIS M8718—2009《铁矿石（球团矿）-抗压强度试验方法》完成，具体的抗压强度值测定所用实验设备为数显全自动球团颗粒压力实验机（ZCQT-S50kN，济南中创工业测试系统有限公司），实验设备实物图如图 4-32 所示。测试时每组测试选取 22 个球团矿，去掉最大值和最小值，求得平均值，测试三组之后，求得最终的抗压强度。

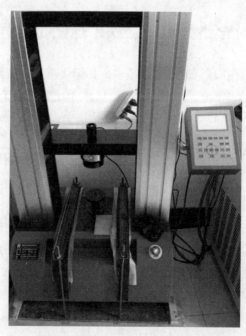

图 4-32　数显全自动球团颗粒压力实验机设备实物图

3. 抗压强度测试结果

首先考察了含铬型钒钛磁铁矿和钛精矿未磨矿时制备的球团抗压强度，得出抗压强度结果如图 4-33 所示。结果表明，随 TiO_2 含量从 2.47wt%增加到 12.14wt%时，含铬型钒钛磁铁矿球团的抗压强度从 2692N/个逐渐降低到 1346N/个。外配 10wt%钛精矿制备的球团抗压强度暂勉强能达到 2000N/个，随外配钛精矿含量的进一步增加，球团抗压强度低于 2000N/个。

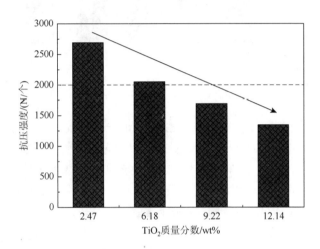

图 4-33　TiO_2 对含铬型钒钛磁铁矿球团抗压强度的影响（磨矿前）

因此，为了满足高炉冶炼含铬型钒钛磁铁矿球团抗压强度的要求，考察了对含铬型钒钛磁铁矿和钛精矿进行适当的磨矿处理，磨矿设备为制样机，磨矿时间为 2min，磨矿后制备的含铬型钒钛磁铁矿球团的抗压强度如图 4-34 所示。结果表明，随 TiO_2 含量的增加，含铬型钒钛磁铁矿球团的抗压强度仍逐渐降低，但同时外配最高含量即外配 30wt%钛精矿制备的球团抗压强度仍大于 2000N/个。通过对含铬型钒钛磁铁矿和钛精矿磨细操作，制备的球团抗压强度得到显著增强，且满足了高炉冶炼的强度要求。

4. 强度机理研究

TiO_2 含量和矿粉磨细操作均对含铬型钒钛磁铁矿球团的抗压强度影响较大，因此，有必要对强度变化的机理进行细致的研究。图 4-35（a）、（b）和（c）为对矿粉进行磨矿操作的 TiO_2 含量分别为 6.18wt%、9.22wt%和 12.14wt%的含铬型钒钛磁铁矿球团的 XRD 图，图 4-35（d）为未进行磨矿操作的 TiO_2 含量为 12.14wt%的球团 XRD 图。主要的含铁物相为 Fe_2O_3，含钛物相有 Fe_2TiO_5 和

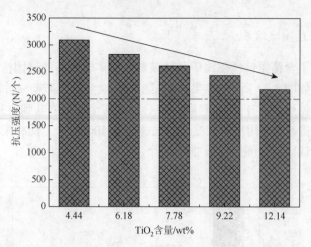

图 4-34　TiO$_2$ 对含铬型钒钛磁铁矿球团抗压强度的影响（磨矿后）

Fe$_2$Ti$_3$O$_9$，含铬物相有(Fe$_{0.6}$Cr$_{0.4}$)$_2$O$_3$、CrVO$_3$ 和 Cr$_{0.07}$V$_{1.93}$O$_3$，含钒物相有 V$_2$O$_3$、CrVO$_3$ 和 Cr$_{0.07}$V$_{1.93}$O$_3$。通过研究得知，成品氧化球团矿中的矿物组成取决于原料的化学成分及生产工艺，尤其是焙烧制度的影响很大。本实验中所用焙烧工艺相同，随 TiO$_2$ 含量的增加，铁板钛矿（Fe$_2$TiO$_5$）逐渐增多，Fe$_2$Ti$_3$O$_9$ 相逐渐减少，V$_2$O$_3$ 相逐渐增多，CrVO$_3$ 相逐渐减少。磨矿前后对比发现，磨矿后的球团内 Fe$_2$TiO$_5$

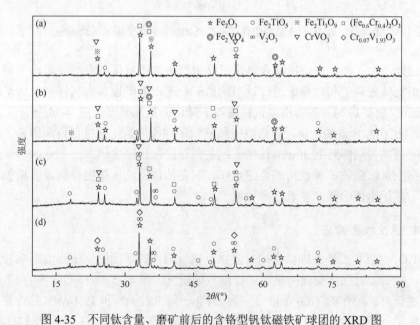

图 4-35　不同钛含量、磨矿前后的含铬型钒钛磁铁矿球团的 XRD 图

(a) ω(TiO$_2$) = 6.18wt%，磨矿后；(b) ω(TiO$_2$) = 9.22wt%，磨矿后；(c) ω(TiO$_2$) = 12.14wt%，磨矿后；(d) ω(TiO$_2$) = 12.14wt%，磨矿前

相减少，随着$(Fe_{0.6}Cr_{0.4})_2O_3$ 相的出现，$Cr_{0.07}V_{1.93}O_3$ 相逐渐转变为 $CrVO_3$ 相。此外，适宜量的 SiO_2、CaO 和 MgO 有利于保证球团内充分的液相量，这和球团微观结构的改善、球团强度的提高也有较大的关系。因此，有必要对含铬型钒钛磁铁矿球团的微观结构进行研究，进一步揭示强度变化的影响机理。

　　图 4-36（a）和图 4-37（a）为 TiO_2 含量为 12.14wt%、未进行磨矿操作的含铬型钒钛磁铁矿球团 SEM 图，图 4-36（b）和图 4-37（b）为 TiO_2 含量为 12.14wt%、进行了磨矿操作的含铬型钒钛磁铁矿球团 SEM 图，放大倍数均分别为 100 倍（100×）和 300 倍（300×）。

(a)

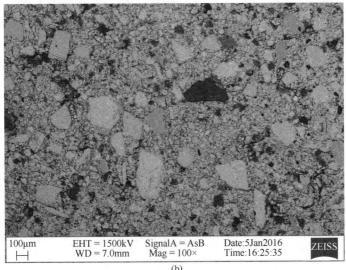

(b)

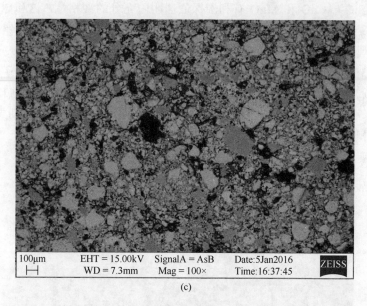

图 4-36 不同 TiO$_2$ 含量、磨矿前后的含铬型钒钛磁铁矿球团的 SEM 图

（a）ω(TiO$_2$) = 12.14wt%，磨矿前，100×；（b）ω(TiO$_2$) = 12.14wt%，磨矿后，100×；（c）ω(TiO$_2$) = 6.18wt%，磨矿后，100×

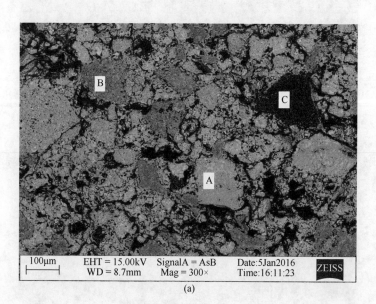

图 4-37　不同 TiO$_2$ 含量、磨矿前后的含铬型钒钛磁铁矿球团的 SEM 图

（a）ω(TiO$_2$) = 12.14wt%，磨矿前，300×；（b）ω(TiO$_2$) = 12.14wt%，磨矿后，300×；（c）ω(TiO$_2$) = 6.18wt%，磨矿后，300×

　　在球团微观结构内发现显著的赤铁矿连晶，深灰色区域（B 处）的赤铁矿相中 Ti 含量相对高于浅灰色区域（A 处）的赤铁矿相中 Ti 含量，黑色区域（C 处）为脉石相。图 4-38（a）为放大倍数为 15000、TiO$_2$ 含量为 12.14wt%、未进行磨矿操作的含铬型钒钛磁铁矿球团内含较多 Ti 含量的赤铁矿相 SEM 图，图 4-38（b）

为放大倍数为 10000、TiO$_2$ 含量为 12.14wt%、进行了磨矿操作的含铬型钒钛磁铁矿球团内含较多 Ti 含量的赤铁矿相 SEM 图，图 4-39（a）和（b）分别为 D 处和E 处的能谱分析图，结果表明：D 处的铁含量远低于 E 处的，E 处的钛赤铁矿相周围分布着钛氧化物相。通过对比磨矿前后制备球团的矿相结构发现，磨矿操作使得球团内部晶粒分布均匀、不规则孔洞少、连晶作用得到改善。这是因为磨矿操作有利于增大矿粉的比表面积、改善矿粉颗粒的表面能和活性，使得固相扩散反应得到增强，球团固结得到强化，强度提高。图 4-40 为不同 TiO$_2$ 含量、磨

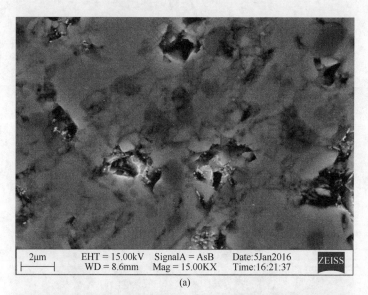

(a)

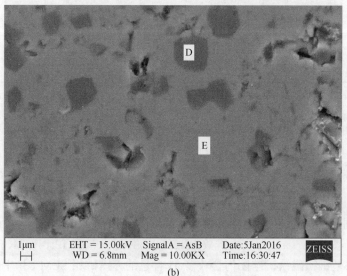

(b)

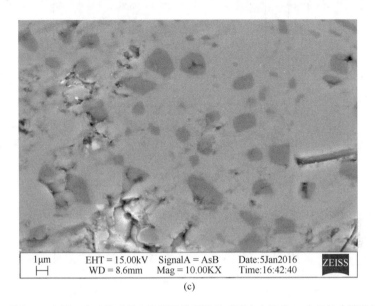

| 1μm | EHT = 15.00kV | SignalA = AsB | Date:5Jan2016 | ZEISS |
| | WD = 8.6mm | Mag = 10.00KX | Time:16:42:40 | |

(c)

图 4-38　不同 TiO$_2$ 含量、磨矿前后的含铬型钒钛磁铁矿球团内含较多 Ti 含量的赤铁矿相 SEM 图

（a）ω(TiO$_2$) = 12.14wt%，磨矿前，15000×；（b）ω(TiO$_2$) = 12.14wt%，磨矿后，10000×；
（c）ω(TiO$_2$) = 6.18wt%，磨矿后，10000×

矿前后的球团 SEM 图，图 4-39（c）和（d）分别为 F 处和 G 处的能谱分析结果，发现 TiO$_2$ 质量分数为 12.14wt%，磨矿比未磨矿的铁酸盐（F 处）和硅酸盐（G 处）量明显增多，铁酸盐和硅酸盐的增多，有利于焙烧过程中液相的形成和矿物黏结特性的改善，进而有利于球团强度的提高。没改完

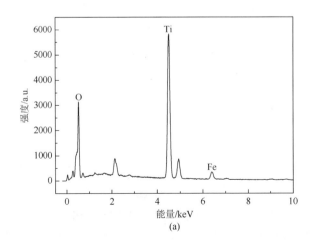

(a)

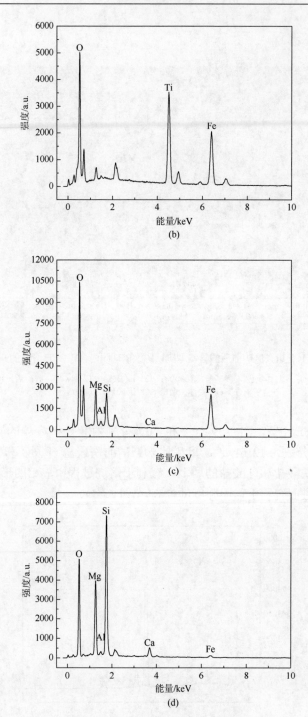

图 4-39 不同区域的 EDS 分析结果

（a）图 4-38 中 D 处 EDS 图；（b）图 4-38 中 E 处 EDS 图；（c）图 4-40 中 F 处 EDS 图；（d）图 4-40 中 G 处 EDS 图

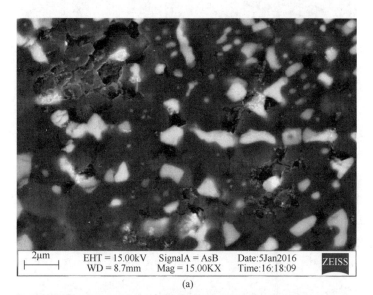

(a)

(b)

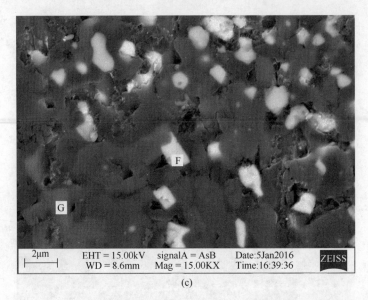

(c)

图 4-40　不同 TiO_2 含量、磨矿前后的含铬型钒钛磁铁矿球团内铁酸盐和硅酸盐的 SEM 图
（15000×）

（a）$\omega(TiO_2)$ = 12.14wt%，磨矿前；（b）$\omega(TiO_2)$ = 12.14wt%，磨矿后；（c）$\omega(TiO_2)$ = 6.18wt%，磨矿后

　　图 4-36（c）和图 4-37（c）为 TiO_2 含量为 6.18wt%、磨矿制备所得球团、放大倍数分别为 100 和 300 的 SEM 图，相应地从图 4-38（c）放大倍数为 10000 的球团 SEM 图可以发现含较多钛量的赤铁矿相，图 4-40（c）放大倍数为 15000 的球团 SEM 图可以看出铁酸盐和硅酸盐相的存在。通过对磨矿后的不同 TiO_2 含量的球团矿相结构对比研究发现：TiO_2 含量为 6.18wt%的球团内钛赤铁矿相的连晶长大效果优于 TiO_2 含量为 12.14wt%的球团，且前者的硅酸盐和铁酸盐总量高于后者的总量。随 TiO_2 含量的增加，生球内 $FeTiO_3$ 量增多、氧化速率变慢、氧化量减少，不利于氧化焙烧固结过程中钛赤铁矿的固溶连晶，故强度降低。上述研究表明，不同 TiO_2 含量的含铬型钒钛磁铁矿球团的强度和其物相组成、矿相结构等有密切的关系。

4.3.2　Cr_2O_3 对含铬型钒钛磁铁矿球团抗压强度的影响机理

1. 实验原料与方案

　　本节通过外配不同含量的 Cr_2O_3 试剂考察了 Cr_2O_3 对含铬型钒钛磁铁矿球团的强度影响机理。在含铬型钒钛磁铁矿、高品位欧控粉和低品位欧控粉为 4：4：2 的基础上，外配 Cr_2O_3 试剂的含量分别为 0wt%、3wt%、6wt%和 9wt%，膨润土配入量为总料量的 1wt%。通过表 4-2 所示的焙烧制度（1275℃恒温时间为 30min）氧化焙烧之后所得球团成分如表 4-10 所示，其中 Cr_2O_3 含量分别为 0.28wt%、3.11wt%、5.85wt%和 8.22wt%。

表 4-10　外配不同含量 Cr_2O_3 的含铬型钒钛球团矿的化学组成（wt%）

外配 Cr_2O_3 试剂	TFe	FeO	V	TiO_2	Cr_2O_3
0	62.25	0.66	0.23	2.47	0.28
3	60.55	0.60	0.20	2.58	3.11
6	57.40	0.26	0.21	2.35	5.85
9	57.53	0.13	0.20	2.37	8.22

2. 强度测试及机理研究

通过研究 Cr_2O_3 对含铬型钒钛磁铁矿球团抗压强度的影响，得出结果如图 4-41 所示。结果表明，不同 Cr_2O_3 含量的含铬型钒钛磁铁矿球团抗压强度均超过 2500N/个；随 Cr_2O_3 含量的增加，含铬型钒钛磁铁矿球团的抗压强度逐渐降低。

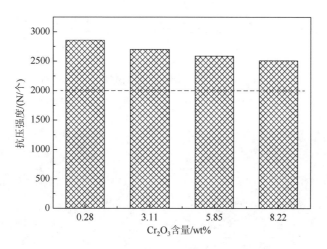

图 4-41　Cr_2O_3 对含铬型钒钛磁铁矿球团抗压强度的影响

图 4-42 为不同 Cr_2O_3 含量的含铬型钒钛磁铁矿球团的 XRD 图谱，发现：一方面，含铁物相主要为赤铁矿相和富含 Ti、Cr 等的复合氧化物，这在图 4-43 的球团微观结构内也可发现（图 4-43 为 Cr_2O_3 含量为 5.85wt%的含铬型钒钛磁铁矿球团的 SEM 图）；另一方面，通过半定量分析计算得出，随球团内 Cr_2O_3 含量的增加，铬氧化物的相对含量增加、Fe_2O_3 的相对含量相应降低，这和表 4-10 中的

化学组成相一致。图 4-44 为图 4-43 的球团微观结构内 A、B、C 和 D 处的能谱图，表明：含铬相是 CrVO₃ 和 (Fe₀.₆Cr₀.₄)₂O₃，在 XRD 物相组成图和微观结构分析中均发现脉石相，在球团微观结构内 C 处也发现由硅酸盐矿物和镁铝尖晶石组成的玻璃体物质。

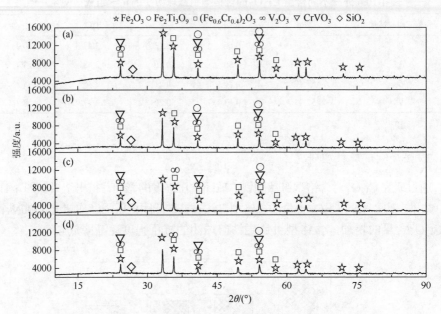

图 4-42　不同 Cr₂O₃ 含量的含铬型钒钛磁铁矿球团的 XRD 图谱

（a）0.28wt%；（b）3.11wt%；（c）5.85wt%；（d）8.22wt%

图 4-43　Cr₂O₃ 含量为 5.85wt% 的含铬型钒钛磁铁矿球团的 SEM 图

(a) 赤铁矿相和富含 Ti、Cr 等的复合物；(b) 玻璃体物质

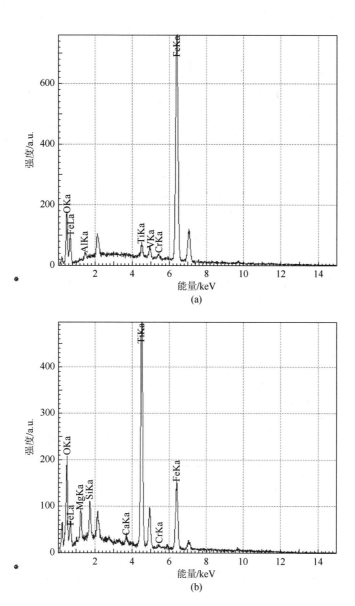

(a)

(b)

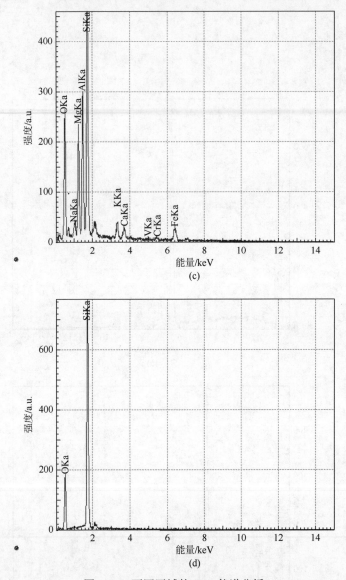

图 4-44　不同区域的 EDS 能谱分析

（a）图 4-43 中 A 处 EDS 图；（b）图 4-43 中 B 处 EDS 图；（c）图 4-43 中 C 处 EDS 图；（d）图 4-43 中 D 处 EDS 图

4.3.3　B₂O₃ 对含铬型钒钛磁铁矿球团抗压强度的影响机理

由于含铬型钒钛磁铁矿存在高熔点的 Cr_2O_3 等铬组元，其球团制备所用混合料熔点比普通矿高，另外，由于含有一定量的 TiO_2 等钛组元，其对球团矿焙烧过程中的 Fe_2O_3 连晶作用受到一定程度的抑制。为了提高含铬型钒钛磁铁矿球团的强度，强化球团焙烧过程中影响强度的其他因素，研究了 B_2O_3 对含铬型钒钛磁铁矿球团的作用机理。

硼离子半径较小（0.02nm）、电荷多、活化能力强。B_2O_3 熔点低（450℃），可与原料中许多氧化物形成低熔点化合物，促进球团焙烧过程中液相的生成。因此，本节在含铬型钒钛磁铁矿中配加一定量的 B_2O_3，通过 B_2O_3 的强度作用机理探讨 B_2O_3 在含铬型钒钛磁铁矿球团中的作用。

1. 实验原料与方案

本小节实验中含铬型钒钛磁铁矿氧化球团由 40wt%进口含铬型钒钛磁铁矿、60wt%普矿粉、外配 B_2O_3 添加剂（0.5wt%、1.0wt%、1.5wt%、3.0wt%、4.5wt%）经混料造球并氧化焙烧而成。外配 B_2O_3 的成品含铬型钒钛磁铁矿氧化球团的抗压强度均大于 3000N/个，直径为 10～12.5mm。外配不同含量 B_2O_3 的含铬型钒钛磁铁矿氧化球团的化学成分如表 4-11 所示。

表 4-11　外配不同含量 B_2O_3 的含铬型钒钛磁铁矿氧化球团的化学成分（wt%）

B_2O_3 含量	TFe	FeO	V	TiO_2	Cr_2O_3	CaO	SiO_2	MgO	Al_2O_3
1.5	61.84	0.50	0.24	2.78	0.28	0.22	4.38	0.92	1.41
3.0	60.44	2.53	0.23	2.80	0.28	0.36	4.32	0.83	1.34
4.5	60.35	8.78	0.23	2.65	0.27	0.38	5.05	0.90	1.48

2. 强度测试

B_2O_3 对含铬型钒钛磁铁矿球团强度的影响结果如图 4-45 所示。结果表明，随 B_2O_3 含量的增加，含铬型钒钛磁铁矿球团的抗压强度显著提高很快，不外配 B_2O_3

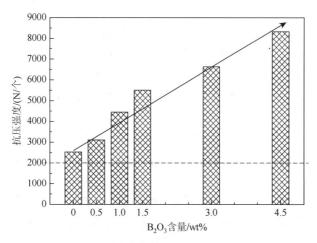

图 4-45　B_2O_3 对含铬型钒钛磁铁矿球团抗压强度的影响

的球团强度为 2528N/个，外配 1.5wt%、3.0wt% 和 4.5wt%B_2O_3 的球团强度分别提高到 5510N/个、6633N/个和 8325N/个。相较基准球团，外配 1.5wt%、3.0wt% 和 4.5wt%B_2O_3 的球团强度分别提高 117.96%、162.38% 和 229.31%。因此，有必要研究 B_2O_3 对球团的影响机理。

3. 强度机理研究

通过 X 射线衍射对不同 B_2O_3 含量的含铬型钒钛磁铁矿球团物相组成进行研究，得出如图 4-46 所示的结果。结果表明，随 B_2O_3 含量的增加，含铬型钒钛磁铁矿球团的脉石相逐渐减少，在液相生成过程中逐渐转变到液相内。脉石相的减少、液相生成的增多利于球团强度的提高。

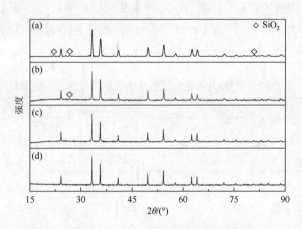

图 4-46　B_2O_3 对含铬型钒钛磁铁矿球团物相组成的影响

（a）0wt%；（b）1.5wt%；（c）3.0wt%；（d）4.5wt%

图 4-47 为不同 B_2O_3 含量的含铬型钒钛磁铁矿球团的 SEM 图，图 4-48 为相应的不同 B_2O_3 含量的含铬型钒钛磁铁矿球团的 EDS 图。结果表明，a 相和 b 相均为赤铁矿相，其中 b 相中的 Ti 含量显著高于 a 相中的 Ti 含量。氧化焙烧过程中球团微观结构内形成了显著的赤铁矿连晶相，随 B_2O_3 含量的增加，氧化焙烧条件逐渐增强，随孔隙率的降低，赤铁矿连晶作用逐渐改善。

图 4-49 所示为不同 B_2O_3 含量的含铬型钒钛磁铁矿球团的光学显微结构图。随 B_2O_3 含量的增加，球团内部气孔逐渐明显变小、减少，这和球团强度逐渐增大是一致的。

为了定量测量含铬型钒钛磁铁矿球团孔隙率的变化，采用全自动压汞仪（AutoPore 9500，设备实物图如图 4-50 所示）对球团孔隙率进行了测量，得出如图 4-51

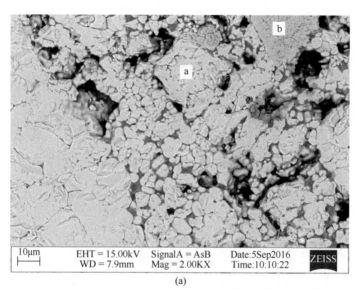

(a)

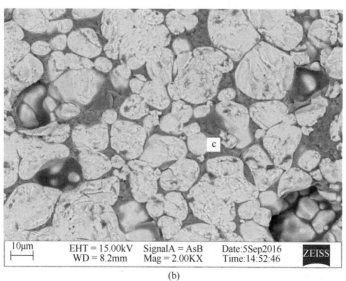

(b)

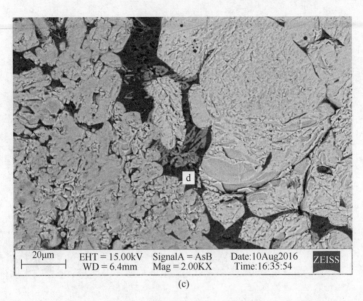

(c)

图 4-47　不同 B_2O_3 含量含铬型钒钛磁铁矿球团的 SEM 图（2000×）

（a）1.5wt%；（b）3.0wt%；（c）4.5wt%

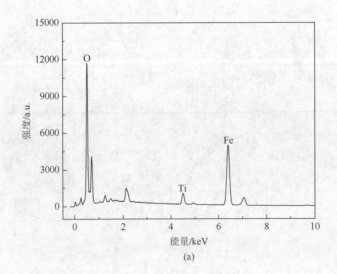

(a)

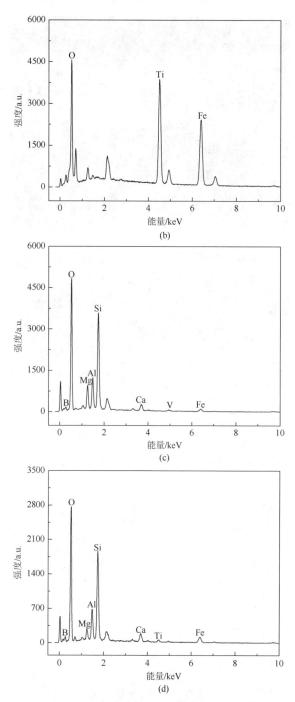

图 4-48　不同 B_2O_3 含量的含铬型钒钛磁铁矿球团的 EDS 图

（a）图 4-47 中 A 处 EDS 图；（b）图 4-47 中 B 处 EDS 图；（c）图 4-47 中 C 处 EDS 图；（d）图 4-47 中 D 处 EDS 图

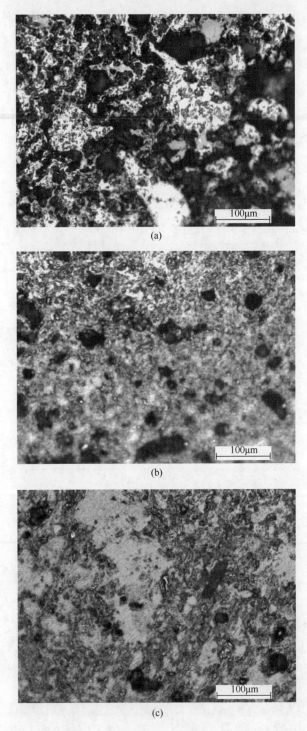

图 4-49 不同 B_2O_3 含量的含铬型钒钛磁铁矿球团的光学显微结构图（200×）

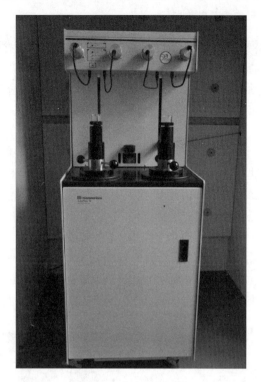

图 4-50　全自动压汞仪

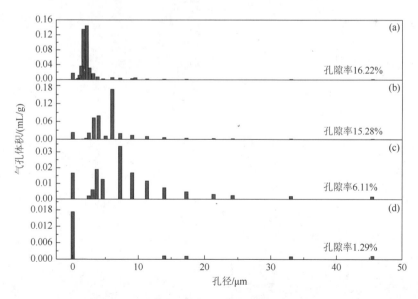

图 4-51　B_2O_3 对含铬型钒钛磁铁矿球团孔隙率的影响

（a）0wt%；（b）1.5wt%；（c）3.0wt%；（d）4.5wt%

所示的孔隙率结果。外配 0wt%、1.5wt%、3.0wt%和 4.5wt%B_2O_3 的球团孔隙率分别为 16.22%、15.28%、6.11%和 1.29%。通过定量测量球团孔隙率，进一步验证了球团孔隙率是逐渐降低的。

　　图 4-47 中 c 相和 d 相均为含硼的液相。图 4-52 为 B_2O_3 含量为 4.5wt%的铬型钒钛磁铁矿球团的面扫描图。从图中也可以明显看到含硼液相的存在，同时液相内富含 Ca、Si、Mg、Al 等，而 Ti、V 和 Cr 主要分布在赤铁矿相内，含钛高的相内相对含钒也较高。随 B_2O_3 含量的增加，球团孔隙率明显降低，焙烧过程中液相生成量显著增加，铁氧化物连晶效果也逐渐增强，进而形成的结构固结程度逐渐增强，强度逐渐升高。一方面，焙烧过程中生成的液相将赤铁矿颗粒表面润湿，并靠表面张力作用使颗粒紧靠、重新排列，因而使球团矿焙烧过程中产生收缩，孔隙率降低、结构致密化。另一方面，球团内部孔隙变小，孔隙率降低，增大了赤铁矿相之间的接触面积，有利于消除赤铁矿相的晶格缺陷，使 Fe_2O_3 颗粒表面原子具有较强的迁移能力，可以促进相邻颗粒之间形成连晶，使颗粒之间固结紧密，促进 Fe_2O_3 的再结晶和晶粒长大，进而大大提高了球团的致密化程度和抗压强度。

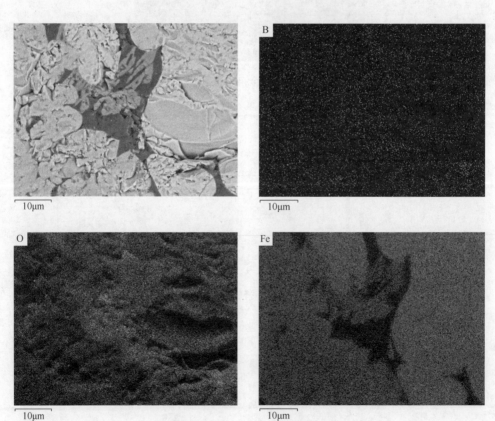

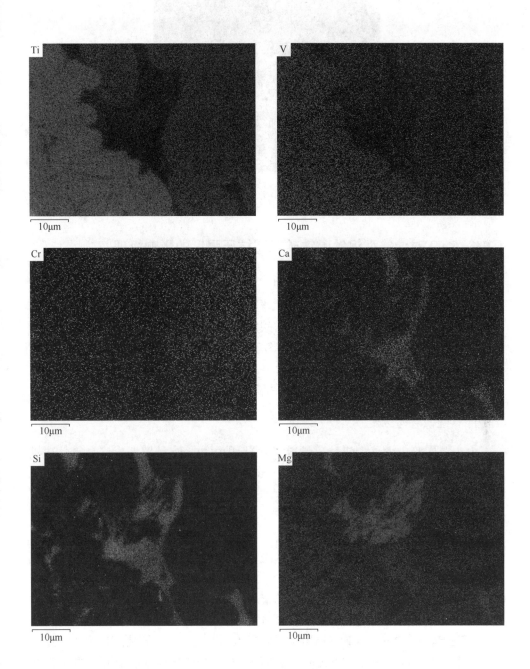

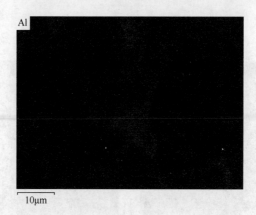

图 4-52　B_2O_3 含量为 4.5wt% 的含铬型钒钛磁铁矿球团的面扫描图

4.3.4　CaO 对含铬型钒钛磁铁矿球团抗压强度的影响机理

本节研究了 CaO 对含铬型钒钛磁铁矿球团强度的影响。随 CaO 含量的增加，酸性球团逐渐转为熔剂性球团。熔剂性球团矿，通称自熔性球团矿或碱性球团矿（四元碱度大于 0.82）。熔剂性球团矿与酸性球团矿相比，其矿物组成较复杂。正常情况下，熔剂性球团矿主要矿物是赤铁矿，铁酸钙黏结相的数量随碱度的不同而不同，还有少量硅酸钙。目前，对含铬型钒钛磁铁矿，对其球团研究主要集中在酸性球团方面，对其熔剂性球团未有报道，故开展本实验。

1. 实验原料与方案

本小节实验中含铬型钒钛磁铁矿氧化球团由 40wt% 俄罗斯含铬型钒钛磁铁矿、60wt% 普通铁矿、外配不同含量的 CaO 添加剂（0wt%、2wt%、4wt%、6wt% 和 8wt%）经混料造球并氧化焙烧而成。

2. 强度测试及机制研究

图 4-53 所示为 CaO 对含铬型钒钛磁铁矿球团抗压强度的影响。发现：其抗压强度均大于 2500N/个，满足大中小高炉的球团强度入炉标准。一方面，外配 CaO 的球团抗压强度均大于未配入 CaO 添加剂的球团抗压强度；另一方面，CaO 含量在 2wt%～8wt% 范围内增加时，含铬型钒钛磁铁矿球团抗压强度逐渐降低；CaO 含量为 2wt% 时球团抗压强度最高，平均抗压强度达到 5654N/个。在一定范围内，随 CaO 含量的增加，球团焙烧过程中形成的渣/液相逐渐增加，这种渣/液相有利于强化球团固结、提高强度。但 CaO 含量进一步增加时，会产生更多的液相量，过多的液相量会使得球团大面积黏结，冷却时球团中心收缩和内应力较大，从而形成很多微裂纹，进而会影响球团强度的提高。

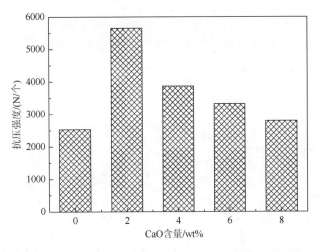

图 4-53　CaO 对含铬型钒钛磁铁矿球团抗压强度的影响

随 CaO 含量从 0wt%增加到 8wt%，球团二元碱度[m(CaO)/m(SiO$_2$)]分别为 0.01、0.41、0.75、1.13 和 1.44，球团强度最高时对应的二元碱度为 0.41，CaO 含量和 SiO$_2$ 含量是通过球团化学成分分析所得。适宜的 CaO 含量可以保证球团中足够的液相和渣相，进而有利于球团微观结构的改善，有利于球团强度的提高。

图 4-54 为不同 CaO 含量的含铬型钒钛磁铁矿球团的 XRD 图。随 CaO 含量的增加，SiO$_2$ 相逐渐减少，Ca$_3$Fe$_2$Si$_3$O$_{12}$ 相逐渐增多。

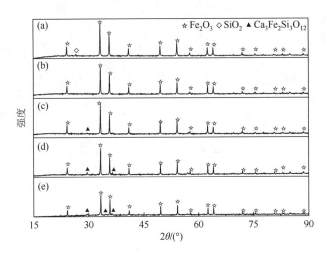

图 4-54　不同 CaO 含量的含铬型钒钛磁铁矿球团的 XRD 图

（a）0wt%；（b）2wt%；（c）4wt%；（d）6wt%；（e）8wt%

　　图 4-55 为不同 CaO 含量的含铬型钒钛磁铁矿球团的 SEM 图, 图 4-56 为外配 2wt% CaO 含铬型钒钛磁铁矿球团的 SEM 图和 EDS 图。结果表明，球团结构主要由赤铁矿相、铁酸钙液相和硅酸盐渣相构成。

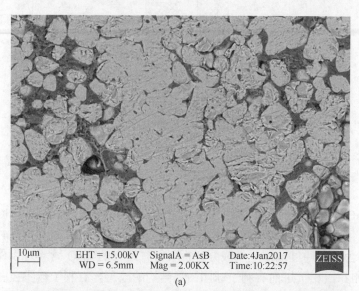

(a)

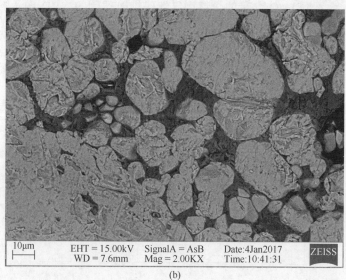

(b)

(c)

图 4-55　不同 CaO 含量的含铬型钒钛磁铁矿球团的 SEM 图（2000×）

（a）2wt%；（b）4wt%；（c）8wt%

(a)

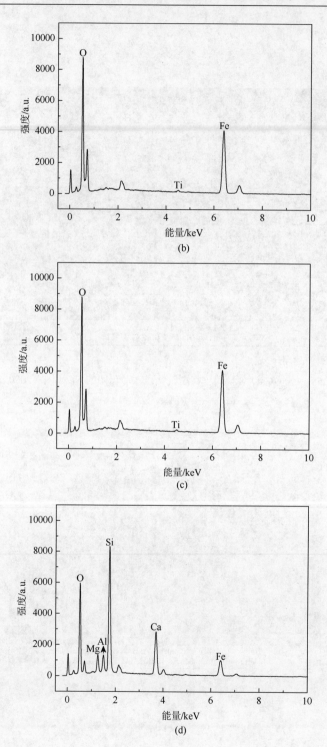

(b)

(c)

(d)

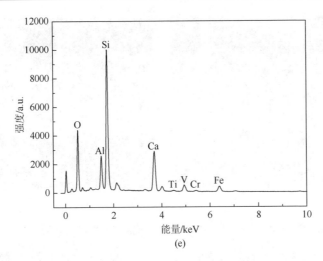

(e)

图 4-56　外配 2wt% CaO 含铬型钒钛磁铁矿球团的 SEM 图和 EDS 图

（a）SEM 图（10000×）；（b）A 点 EDS 图；（c）B 点 EDS 图；（d）C 点 EDS 图；（e）D 点 EDS 图

图 4-57 为外配 2wt% CaO 含铬型钒钛磁铁矿球团的面扫描图。从图中可以看出，Ca、Si 和 Al 主要分布、固溶在渣、液相内。

从 XRD 图和 SEM-EDS 图可以得出，随着 CaO 含量的增加，脉石相逐渐降低，硅酸盐渣相和铁酸钙液相逐渐增多，使得外配 CaO 的含铬型钒钛磁铁矿球团的强度高于未外配 CaO 的球团强度。球团制备所用原料含 Fe_2O_3、SiO_2 和 1wt%～2wt%的 CaO 时，在低温下优先生成铁酸钙体系，但该体系中化合物及固溶体熔点较低，出现液相后，SiO_2 便和铁酸盐中的 CaO 反应，生成新的 $CaO \cdot SiO_2$ 连接键，Fe_2O_3 便被置换出来，重结晶析出，最终球团矿以 Fe_2O_3 再结晶的固相连接为主，并伴有适量的铁酸钙液相和硅酸盐类渣相连接，使得焙烧后强度较高，且在

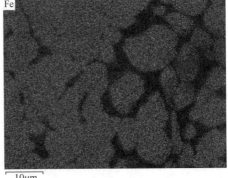

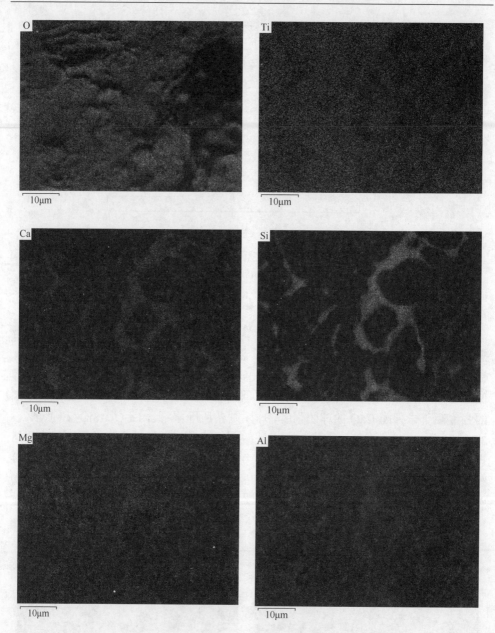

图 4-57　外配 2wt% CaO 含铬型钒钛磁铁矿球团的元素分布图

后续的还原研究中具有晶体结构稳定的特性。本实验中外配 2wt% CaO 的含铬型钒钛球团矿的综合结构最优，球团强度达到最大值。当外配 CaO 含量超过 2wt% 时，尽管渣相和液相进一步增多，但过多的液相量导致大面积的黏结，冷却时球团中心收缩和内应力较大[31]，进而会导致很多微裂纹的出现，使得球团强度有所降低。

4.3.5　本节小结

本节主要研究了 TiO_2、Cr_2O_3、B_2O_3 和 CaO 对含铬型钒钛磁铁矿球团抗压强度的影响机理，得出如下结论。随 TiO_2 和 Cr_2O_3 含量的增加，含铬型钒钛磁铁矿球团的强度均显著逐渐降低；对含铬型钒钛磁铁矿和钛精矿的磨矿操作有利于含铬型钒钛磁铁矿球团强度的显著提高。随 B_2O_3 含量的增加，含铬型钒钛磁铁矿球团的抗压强度显著逐渐增加；随 CaO 含量的增加，含铬型钒钛磁铁矿球团抗压强度先升高后降低，CaO 含量为 2wt%时抗压强度最高。不同 TiO_2、Cr_2O_3、B_2O_3 和 CaO 含量的含铬型钒钛磁铁矿球团的强度和氧化焙烧过程中生成的物相、形成的球团结构、孔隙率的变化、矿相组成和结构等有密切的关系，且有各自独特的影响机理。

4.4　有价组元对含铬型钒钛磁铁矿球团还原特性的影响研究

高炉不仅要求球团具有良好的冷态强度,而且还要求其具备较好的热态性能。因此，除对球团的物理性能和化学成分进行常规检验外，还需对其热态性能进行检测。本节研究了含铬型钒钛磁铁矿球团的还原膨胀性和还原性，考察了有价组元的影响规律及机理。

4.4.1　还原膨胀率

球团矿的还原膨胀是指在一定的还原条件下，当球团内的 Fe_2O_3 还原成 Fe_3O_4 时晶格转变引起的体积膨胀，以及浮氏体还原成金属铁时出现铁晶须而引起的体积膨胀等[32-42]。对于含铬型钒钛磁铁矿球团，由于多种有价组元的影响，其矿物成分不同，对还原膨胀性能会带来不同的影响。此外，还原膨胀可使球团破裂粉化，显著降低其高温强度，给高炉操作带来极为不利的影响。一般情况下，高炉炉料入炉标准要求球团还原膨胀率不大于 20%。因此，本节研究了含铬型钒钛磁铁矿球团的还原膨胀特性，考察了 TiO_2、Cr_2O_3、B_2O_3 和 CaO 对俄罗斯含铬型钒钛磁铁矿球团还原膨胀率的影响。

1. 实验设备与方法

含铬型钒钛磁铁矿球团还原膨胀测定所用设备实物图如图 4-58 所示，设备示意图如图 4-59 所示，整个装置包括还原炉、还原管、试样容器和市售气体瓶等。对还原膨胀率的测定，各个国家制定了不同的标准，我国采用国家标准 GB13240—2018,

将一定粒度的球团在 900℃ 条件下等温还原，还原气体由 CO 和 N₂ 组成。球团自由膨胀，会发生体积变化，通过测定其还原前后体积变化的相对值来表示自由膨胀率。测定过程分为球团还原和球团体积测定两部分。具体的实验方法和步骤如 4.1.5 小节所示。

图 4-58 含铬型钒钛磁铁矿球团还原膨胀测定所用设备实物图

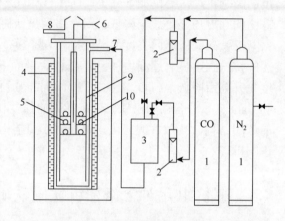

图 4-59 还原膨胀率测定装置示意图

1. 市售气体瓶；2. 气体流量计；3. 混合器；4. 还原炉；5.试样；6. 热电偶；7. 气体进口；8. 气体出口；9. 还原管；10. 试样容器

2. TiO₂ 对还原膨胀率的影响

本节研究了 TiO₂ 对含铬型钒钛磁铁矿球团还原膨胀率的影响，得出如图 4-60 所示的结果。结果表明：不同钛含量的球团还原膨胀率均小于 20%，未发现灾难

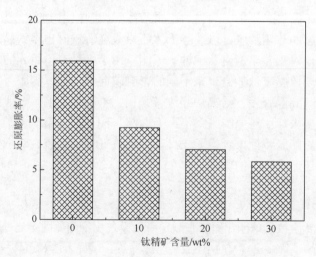

图 4-60 TiO₂ 对含铬型钒钛磁铁矿球团还原膨胀率的影响

性膨胀，还原膨胀率条件满足高炉球团矿炉料的入炉标准；此外，随钛精矿含量从 0wt% 增加到 30wt% 时，还原膨胀率从 15.93% 逐渐降低到 5.89%，说明 Ti 对还原膨胀有抑制的作用。

3. Cr$_2$O$_3$ 对还原膨胀率的影响

本节研究了 Cr$_2$O$_3$ 对含铬型钒钛磁铁矿球团还原膨胀率的影响，得出如图 4-61 所示的结果。结果表明：不同铬含量的球团还原膨胀率均小于 20%，未发现灾难性膨胀，还原膨胀率条件满足高炉球团矿炉料的入炉标准；此外，随 Cr$_2$O$_3$ 含量从 0wt% 增加到 9wt% 时，还原膨胀率从 15.93% 逐渐降低到 7.50%，说明 Cr 对还原膨胀也有抑制的作用。

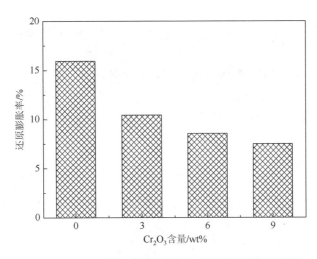

图 4-61　Cr$_2$O$_3$ 对含铬型钒钛磁铁矿球团还原膨胀率的影响

4. B$_2$O$_3$ 对还原膨胀率的影响

本节研究了 B$_2$O$_3$ 对含铬型钒钛磁铁矿球团还原膨胀率的影响，得出如图 4-62 所示的结果。结果表明：B$_2$O$_3$ 对还原膨胀率影响相当显著。随 B$_2$O$_3$ 含量从 0wt% 增加到 1.5wt% 时，还原膨胀率由 15.93% 迅速降为趋于 0，继续增加 B$_2$O$_3$ 含量，还原膨胀率仍趋于 0，说明 B$_2$O$_3$ 对还原膨胀的抑制作用过于强烈。

5. CaO 对还原膨胀率的影响

本节研究了 CaO 对含铬型钒钛磁铁矿球团还原膨胀率的影响，得出如图 4-63 所示的结果。结果表明：不同 CaO 含量的球团还原膨胀率均小于 20%，满足高炉生产对球团还原膨胀率的要求。随 CaO 含量的增加，含铬型钒钛磁铁矿球团的还

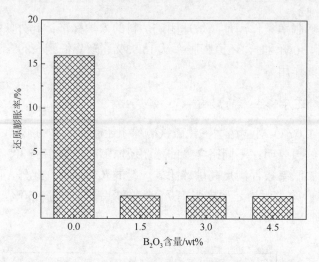

图 4-62　B_2O_3 对含铬型钒钛磁铁矿球团还原膨胀率的影响

原膨胀率呈逐渐降低的趋势，CaO 含量为 4wt%时例外。随 CaO 含量的增加，CaO 与 Fe_2O_3 易生成铁酸钙等低熔点渣相而使还原膨胀性能得到改善。CaO 含量为 4wt%时，可能是含钙浮氏体还原为金属铁时铁晶须的生长促进作用较强，使得还原膨胀率较高。

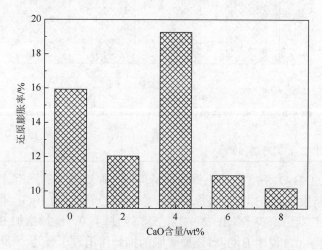

图 4-63　CaO 对含铬型钒钛磁铁矿球团还原膨胀率的影响

4.4.2　还原性

在一定的实验条件下，有价组元对含铬型钒钛磁铁矿球团的还原影响显著，某些氧化物能改善氧化物样品的活性或生成某些副产物使还原产物层更疏松，从而加速还原过程。相反，若形成更致密的产物层或生成难还原的相，则对还原过程有一定的延缓或阻滞作用[43-53]。本节主要研究了 Cr_2O_3 对含铬型钒钛磁铁矿球团的还原特性的影响及机理。

1. 实验原料

Cr_2O_3 对含铬型钒钛磁铁矿球团还原性的影响实验所用原料为前述制备的不同 Cr_2O_3 含量的含铬型钒钛磁铁矿氧化球团，其 Cr_2O_3 含量分别为 0.28wt%、3.11wt%、5.85wt%和 8.22wt%。

2. 实验设备与方法

含铬型钒钛磁铁矿球团还原性的测定采用的设备实物图如图 4-58 所示，设备示意图如图 4-64 所示。

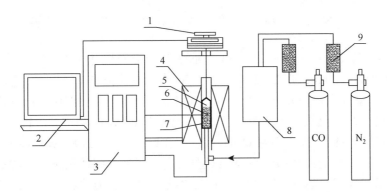

图 4-64　还原实验装置示意图

1. 电子天平；2. 计算机；3. 温度控制柜；4. 炉体；5. 还原管；6. 球团试样；7. 瓷珠；8. 气体流量计；9. 干燥器

3. 还原情况

图 4-65 为不同 Cr_2O_3 含量（0.28wt%、3.11wt%、5.85wt%和 8.22wt%）的含铬型钒钛磁铁矿球团在 900℃条件下的还原结果图。结果表明：Cr_2O_3 含量对含铬型钒钛磁铁矿球团还原性的影响显著，随 Cr_2O_3 含量从 0.28wt%增加到 3.11wt%时，相同还原时间的还原程度略微增加，继续增加 Cr_2O_3 含量到 8.22wt%时，其还原程度逐渐降低。

4. 物相组成和微观形貌

对还原 2h 之后的含铬型钒钛磁铁矿球团物相进行分析，得出图 4-66 所示的 XRD 图，发现：一方面，随 Cr_2O_3 含量从 0.28wt%增加到 3.11wt%时，2θ 为 42.0°处

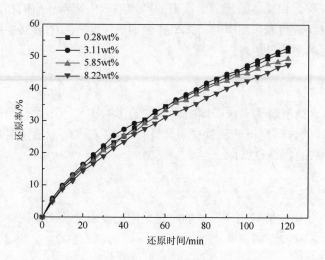

图 4-65　不同 Cr_2O_3 含量的含铬型钒钛磁铁矿球团的还原结果图

的 FeO 衍射峰相对降低，而 2θ 为 44.7°处的 Fe 衍射峰相对升高，表明其铁氧化物还原逐渐增强。Chinje 研究发现：Cr^{3+} 对 CO 有相对较强的吸附作用，初始含铬型钒钛磁铁矿球团中 Cr_2O_3 含量适量时，其对还原反应的某些催化作用可起到一定程度的强化效果，这进一步证明了随 Cr_2O_3 含量从 0.28wt%增加到 3.11wt%时其还原程度略微增加的结果。随着 Cr_2O_3 含量从 3.11wt%增加到 8.22wt%时，不仅 2θ 为 42.0°处的 FeO 衍射峰和 2θ 为 43.1°处的 Fe_3O_4 衍射峰整体相对升高，2θ 为 44.7°处的 Fe 衍射峰相对整体降低，而且从 Fe_2O_3 还原得到的且未被进一步还原的、2θ 为 30.1°、35.5°、43.1°和 57.1°处的 Fe_3O_4 衍射峰相对升高。另一方面，随 Cr_2O_3 含量的升高，铬氧化物的还原也应引起特别注意。通过研究含铬型钒钛磁铁矿球团还原前后的物相组成变化，对比图 4-42 和图 4-66 的 XRD 图，发现：从初始氧化球团中的 $(Fe_{0.6}Cr_{0.4})_2O_3$ 相转变而来的铬-铁尖晶石相 $FeCr_2O_4$（$FeO\cdot Cr_2O_3$）在还原结束时仍未被还原。依据热力学计算式（4-2）和式（4-3），$FeCr_2O_4$ 很难被还原。

$$FeCr_2O_4(s)+ CO(g) \rule[0.5ex]{1.5em}{0.4pt}\!\!\!\!= Cr_2O_3(s)+ Fe(s)+ CO_2(g)$$

$$\Delta G^{\ominus} = 3796.1 + 17.65T(J/mol) \qquad （4\text{-}2）$$

$$FeCr_2O_4(s)+ 4CO(g) \rule[0.5ex]{1.5em}{0.4pt}\!\!\!\!= 2Cr(s)+ Fe(s)+ 4CO_2(g)$$

$$\Delta G^{\ominus} = 271086.1 + 26.02T(J/mol) \qquad （4\text{-}3）$$

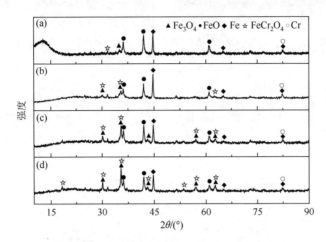

图 4-66　不同 Cr_2O_3 含量的含铬型钒钛磁铁矿球团在 900℃时还原 2h 后的 XRD 图

（a）0.28wt%；（b）3.11wt%；（c）5.85wt%；（d）8.22wt%

在还原后球团 XRD 图中，发现有微量的金属铬，可能是由于某段时刻 CO/CO_2 比值达到很高使得气氛中还原势达到很高值。此外，Khedr 研究表明，$(Fe, Cr)_2O_3$ 是影响还原速率的一个重要因素[54]。

图 4-67 和图 4-68 分别为 Cr_2O_3 含量为 5.85wt% 和 8.22wt% 的含铬型钒钛磁铁矿球团在 900℃时还原 2h 后所得还原球团的 SEM 图。研究发现：Cr_2O_3 含量少的还原球团内部金属铁的聚集程度和趋势更为明显。图 4-69 为 Cr_2O_3 含量为 8.22wt% 的含铬型钒钛磁铁矿还原球团内 A、B、C 和 D 处的 EDS 分析结果，从图 4-69（a）的结果图中发现少量的由铬铁氧化物还原得到的金属铬迁移到金属铁（A 处）中。前人研究发现金属铬易和金属铁共存，当还原得到的金属铬出现后，就很容易在金属铁中检测到。从图 4-69（b）和（c）中发现，大部分铬组分在浅灰色区域 B 和 C 处检测到，存在于未还原完全的铬-铁氧化物中。从图 4-69（d）中发现，脉石相仍存在于还原后的含铬型钒钛磁铁矿球团内。图 4-70 为 Cr_2O_3 含量为 8.22wt% 的含铬型钒钛球团矿在 900℃时还原 2h 后所得还原球团的面扫描图，从图中还原球团的微观结构中可以明显看到 Cr 的分布情况，这有利于开展进一步的还原研究和有价组元迁移。

图 4-67　Cr_2O_3 含量为 5.85wt% 的含铬型钒钛磁铁矿球团在 900℃ 时还原 2h 后的 SEM 图

（a）100×；（b）500×；（c）2000×

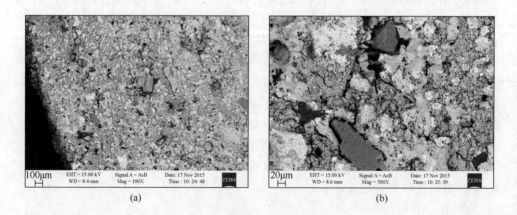

(c)

图 4-68　Cr_2O_3 含量为 8.22wt%的含铬型钒钛磁铁矿球团在 900℃时还原 2h 后的 SEM 图

（a）100×；（b）500×；（c）2000×

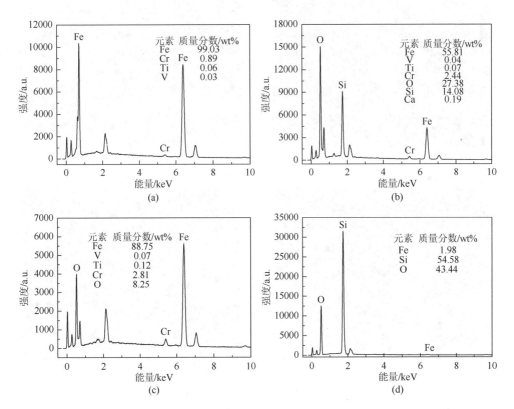

图 4-69　Cr_2O_3 含量为 8.22wt%的含铬型钒钛磁铁矿球团在 900℃时还原 2h 后的能谱分析结果

（a）区域 A；（b）区域 B；（c）区域 C；（d）区域 D

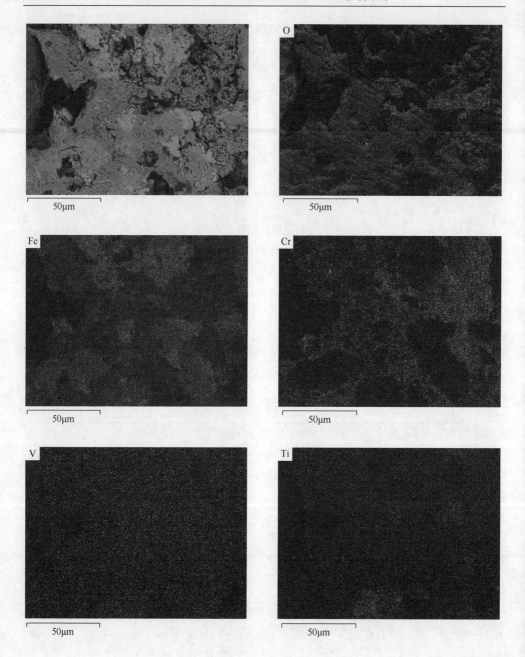

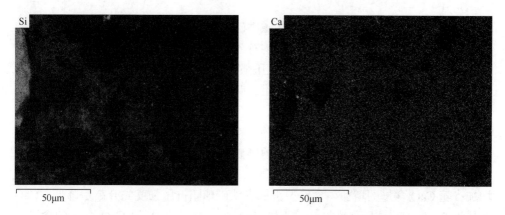

图 4-70　Cr_2O_3 含量为 8.22wt% 的含铬型钒钛磁铁矿球团在 900℃时还原 2h 后的面扫描图

4.4.3　本节小结

本节主要研究了 TiO_2、Cr_2O_3、B_2O_3 和 CaO 对含铬型钒钛磁铁矿球团还原膨胀和还原性的影响机理，得出如下结论：

（1）TiO_2、Cr_2O_3、B_2O_3 和 CaO 对含铬型钒钛磁铁矿球团的还原膨胀均有抑制作用，但抑制效果不一，随 TiO_2 和 Cr_2O_3 含量的增加，含铬型钒钛磁铁矿球团的还原膨胀率正常降低，但随 B_2O_3 含量的增加，还原膨胀率迅速降低为零，随 CaO 含量的增加，还原膨胀率整体降低，但有特殊的使还原膨胀升高的 CaO 含量范围。

（2）Cr_2O_3 含量对含铬型钒钛磁铁矿球团还原的影响显著，随 Cr_2O_3 含量从 0.28wt% 增加到 3.11wt% 时，相同还原时间的还原程度略微增加，继续增加 Cr_2O_3 含量到 8.22wt% 时，其还原程度逐渐降低。从初始氧化球团中的 $(Fe_{0.6}Cr_{0.4})_2O_3$ 相转变而来的铬-铁尖晶石相 $FeCr_2O_4$（$FeO·Cr_2O_3$）在还原结束时仍未被还原。Cr_2O_3 含量少的还原球团内部金属铁的聚集程度和趋势更为明显。还原球团内部金属铁中发现有微量金属铬出现，而大部分铬组分仍存在于未还原完全的铬-铁氧化物。

4.5　本 章 小 结

通过实验，得出以下结论：

（1）未磨含铬型钒钛磁铁矿与现场生产用矿混合制备氧化球团，随球团原料中含铬型钒钛磁铁矿配量的增加，生球性能无显著变化，成品氧化球团抗压强度和还原膨胀均逐渐降低。当含铬型钒钛磁铁矿配量高于 20wt% 后，球团的抗压强度不足 2000N/个，不能满足高炉生产的要求。

（2）采取"细磨处理含铬型钒钛磁铁矿"和"以粒度较细的廉价进口欧控矿代替现场生产用矿"两种优化措施，均有效改善了球团的抗压强度。当原料中含铬型钒钛矿配量达 40wt%时，球团的抗压强度和还原膨胀仍满足高炉生产的要求，实现了含铬型钒钛磁铁矿的增量化利用。两种优化措施相比，后者在成本方面具有相当大的优势。

（3）随 TiO_2 和 Cr_2O_3 含量的增加，含铬型钒钛磁铁矿球团的强度均显著逐渐降低；对含铬型钒钛磁铁矿和钛精矿的磨矿操作有利于含铬型钒钛磁铁矿球团强度的显著提高。随 B_2O_3 含量的增加，含铬型钒钛磁铁矿球团的抗压强度显著逐渐增加；随 CaO 含量的增加，含铬型钒钛磁铁矿球团抗压强度先升高后降低，CaO 含量为 2wt%时其抗压强度最高。不同 TiO_2、Cr_2O_3、B_2O_3 和 CaO 含量的含铬型钒钛磁铁矿球团的强度和氧化焙烧过程中生成的物相、形成的球团结构、孔隙率的变化、矿相组成和结构等有密切的关系，且有各自独特的影响机理。

（4）TiO_2、Cr_2O_3、B_2O_3 和 CaO 对含铬型钒钛磁铁矿球团的还原膨胀均有抑制作用，但抑制效果不一，随 TiO_2 含量和 Cr_2O_3 含量的增加，含铬型钒钛磁铁矿球团的还原膨胀率正常降低，但随 B_2O_3 含量的增加，还原膨胀率迅速降低为零，随 CaO 含量的增加，还原膨胀率整体降低，但有特殊的使还原膨胀率升高的 CaO 含量范围，Cr_2O_3 含量对含铬型钒钛磁铁矿球团还原的影响显著。

参 考 文 献

[1]　周取定. 中国铁矿石烧结研究[M]. 北京：冶金工业出版社，1997.

[2]　邹德余. 攀钢烧结矿还原粉化性能的研究[N]. 内部资料. 1989.

[3]　蒋大军. 钒钛磁铁精矿的矿物特性与造块强化技术[J]. 钢铁，2010，45（1）：24.

[4]　周传典. 高炉炼铁生产技术手册[M]. 北京：冶金工业出版社，2002.

[5]　石军，何群. 钒钛磁铁精矿烧结特性[M]. 中国铁矿石造块适用技术. 北京：冶金工业出版社，2000：146-157.

[6]　Glazer A M. The classification of tilted octahedral in perovskites[J]. Structural Science，1972，28（11）：3384-3392.

[7]　Glazer A M. Simple ways of determining perovskite structure[J]. Foundations of Crystallography，1975，31（6）：756-762.

[8]　王筱留. 钢铁冶金学（炼铁部分）[M]. 北京：冶金工业出版社，2008.

[9]　叶匡吾. 精料、炼铁和降低钢铁产品成本[J]. 烧结球团，2003，28（7）：1-3.

[10]　阿布力克木·亚森. 八钢高炉入炉原料的冶金性能及配料优化[D]. 西安：西安建筑科技大学，2004.

[11]　沙永志. 国外炼铁技术发展综述[C]. 2007 年钢铁年会，成都，2007：1-5.

[12]　李金龙. 双碱度烧结矿生产及应用理论与工艺优化研究[D]. 唐山：河北联合大学，2013.

[13]　叶匡吾. 欧盟高炉料结构评述和我国球团生产的进展[J]. 烧结球团，2004，29（4）：4-6.

[14]　谭金琨. 圆盘造球机操作分析[J]. 河北冶金，1989，（5）：46-50.

[15]　贺友多. 圆盘造球机的造球运动分析[J]. 中国冶金，1981，（5）：1-7.

[16]　龚瑞娟. 球团矿氧化焙烧过程中的热强度研究[J]. 南方金属，2006，（3）：18-20.

[17]　方觉，龚瑞娟，赵立树，等. 球团矿氧化焙烧及还原过程中的强度变化[J]. 钢铁，2006，42（2）：11-13.

[18] 董辉，蔡九菊，王国胜，等. 球团竖炉内适宜焙烧风量的研究[J]. 东北大学学报（自然科学版），2007，28（3）：369-372.

[19] 刘振林，温洪霞，冯根生，等. 济钢常用铁矿石烧结基础特性的研究[J]. 钢铁，2004，39（7）：7-11.

[20] 吴胜利，杜建新，马洪斌，等. 铁矿粉烧结粘结相自身强度的实验研究[J]. 北京科技大学学报，2005，27（2）：169-172.

[21] 朱苗勇. 现代冶金学（钢铁冶金卷）[M]. 北京：冶金工业出版社，2008：111-117.

[22] 傅菊英，朱德庆. 铁矿氧化球团基本原理、工艺及设备[M]. 长沙：中南大学工业出版社，2005：173-232.

[23] 刘曙光. 冀东铁精矿粉造球、氧化及焙烧机理的研究[D]. 唐山：河北理工大学，2006.

[24] 张一敏. 球团理论与工艺[M]. 北京：冶金工业出版社，1997：48-67，141-142.

[25] 李慧敏. 含硼复合添加剂强化巴西赤铁矿球团制备及机理研究[D]. 长沙：中南大学，2009.

[26] Kelly E G，Spottiswood D J. Introduction to mineral procession[M]. New York：John Wiley & Sons，1982：22-28.

[27] Terence A. Paticle sice measurement：powder samping and particle size measurement [M]. Cheshire：Chapman & Sons，1982：36-38.

[28] 傅菊英，朱德庆. 铁矿氧化球团基本原理、工艺及设备[M]. 长沙：中南大学工业出版社，2005.

[29] 张一敏. 球团理论与工艺[M]. 北京：冶金工业出版社，2002.

[30] Tang J，Chu M S，Feng C，et al. Coupled effect of valuable components in high-chromium vanadium-bearing titanomagnetite during oxidization roasting[J]. ISIJ International，2016，56（8）：1342-1351.

[31] 王兆才，储满生，唐珏，等. 还原气氛和脉石成分对氧化球团还原膨胀的影响[J]. 东北大学学报（自然科学版），2012，33（1）：94-97，102.

[32] Wang Z C，Chu M S，Liu Z G，et al. Effects of temperature and atmosphere on pellets reduction swelling index[J]. Journal of Iron and Steel Research International，2012，19（10）：7-12，19.

[33] Hayashi S，Iguchi Y. Abnormal swelling during reduction of binder bonded iron ore pellets with CO-CO$_2$ gas mixtures[J]. ISIJ International，2003，43（9）：1370-1375.

[34] 姜涛，何国强，李光辉，等. 脉石成分对铁矿球团还原膨胀性能的影响[J]. 钢铁，2007，42（5）：7-11.

[35] 高强健. MgO 基球团添加剂制备及对球团矿质量影响的机理研究[D]. 沈阳：东北大学，2014.

[36] Dwarapudi S，Ghosh T K，Tathavadkar V，et al. Effect of MgO in the form of magnesite on the quality and microstructure of hematite pellets[J]. International Journal of Mineral Processing，2012，112：55-62.

[37] Umadevi T，Kumar P，Lobo N F，et al. Influence of pellet basicity（CaO/SiO$_2$）on iron ore pellet properties and microstructure[J]. ISIJ International，2011，51（1）：14-20.

[38] Umadevi T，Kumar M G S，Kumar S，et al. Influence of raw material particle size on quality of pellets[J]. Ironmaking & Steelmaking，2008，35（5）：327-337.

[39] Kapelyushin Y，Sasaki Y，Zhang J Q，et al. Effects of temperature and gas composition on reduction and swelling of magnetite concentrates[J]. Metallurgical and Materials Transactions B，2016，47（4）：2263-2278.

[40] Bahgat M，Halim K S A，Nasr M I，et al. Morphological changes accompanying gaseous reduction of SiO$_2$ doped wustite compacts[J]. Ironmaking & Steelmaking，2008，35（3）：205-212.

[41] Sharma T，Gupta R C，Prakash B. Effect of reduction rate on the swelling behavior of iron ore pellets[J]. ISIJ International，1992，32（7）：812-818.

[42] 齐渊洪，周渝生，蔡爱平. 球团矿的还原膨胀行为及其机理的研究[J]. 钢铁，1996，（2）：1-5，86.

[43] 刘建华，张家芸，魏寿昆. 氧化物型杂质或添加剂对铁氧化物还原动力学的影响[J]. 北京科技大学学报，2000，（3）：198-201.

[44] Ajmal S，Edstroem J O. High Fe optisinter：A high performance blast furnace iron ore burden[J]. Scandinavian

Journal of Metallurgy，1988，17（3）：98-107.

[45]　Nobukazu S，Hikoya I. Effect of the addition of CaO or MgO on the reduction of dense wustite with H_2[J]. Tetsu to Hagane-Journal of the Iron and Steel Institute of Japan，1986，72（15）：2040-2047.

[46]　El-Geassy A A. Reduction of CaO and or MgO-doped Fe_2O_3 compacts with carbon monoxide 1173-1473K[J]. ISIJ International，1996，36（11）：1344-1353.

[47]　El-Geassy A A. Gaseous reduction of MgO-doped Fe_2O_3 compacts with carbon-monoxide at 1173-1473K[J]. ISIJ International，1996，36（11）：1328-1337.

[48]　Chinje U F，Jeffes J H E. Effects of chemical composition of iron oxides on their rates of reduction：Part 2. Effect of trivalent metal oxides on reduction of hematite to iron[J]. Ironmaking & Steelmaking，1990，17（5）：317-324.

[49]　Chinje U F，Jeffes J H E. Effects of chemical composition of iron oxides on their rates of reduction：Part 1. Effect of trivalent metal oxides on reduction of hematite to lower iron oxides[J]. Ironmaking & Steelmaking，1989，16（2）：90-95.

[50]　Shigematsu N，Iwai H. Effect of SiO_2 and/or Al_2O_3 addition on reduction of dense wustite by hydrogen[J]. Trans ISIJ，1988，28（3）：206-213.

[51]　Moukassi M，Gougeon M，Steinmetz P，et al. Hydrogen reduction of wustite single crystals doped with Mg，Mn，Ca，Al，and Si[J]. Metallurgical and Materials Transactions B，1984，15（2）：383-391.

[52]　Shigematsu N，Iwai H. Effect of CaO added with SiO_2 and/or Al_2O_3 on reduction rate of dense wustite by hydrogen[J]. ISIJ International，1989，29（6）：486-494.

[53]　郭春泰，周取定. 含碱金属铁氧化物还原的化学动力学研究[J]. 钢铁，1990，25（10）：1-3，19.

[54]　Khedr M H. Isothermal reduction kinetics of Fe_2O_3 mixed with 1～10% Cr_2O_3 at 1173-1473K[J]. ISIJ International，2000，40（4）：309-314.

第5章 含铬型钒钛磁铁矿有价组元还原热力学基础分析

本节主要研究有价组元 Fe、V、Ti 和 Cr 的热力学分析，为含铬型钒钛磁铁矿的还原熔炼提供理论依据和参考。分两种情况研究：一是研究气体还原剂 CO 的还原，进行热力学分析计算；二是研究固体还原剂 C 的还原，进行热力学分析计算。

5.1 热力学分析（一）

还原温度和气氛等是影响钒钛磁铁矿在高炉内还原的重要因素[1-7]，在此基础上，本节根据热力学数据，对以气体 CO 为还原剂的铁、钒、钛、铬氧化物体系还原热力学基础进行研究，对还原过程中涉及的主要反应进行热力学计算，为含铬型钒钛磁铁矿在高炉工艺过程中的利用及有价组元的迁移机制提供研究和理论依据。

5.1.1 铁氧化物还原过程热力学分析

根据铁氧化物的还原特性，其被 CO 还原的反应是逐级进行的，且在 570℃ 以上及其下有不同的转变顺序，表 5-1 列出了铁氧化物还原反应及其 $\Delta G^{\ominus}$。

表 5-1 铁氧化物还原反应及其 $\Delta G^{\ominus}$

温度	反应	$\Delta G^{\ominus}$ /(J/mol)
$T < 570℃$	$3Fe_2O_3(s) + CO(g) \rule[0.5ex]{1em}{0.4pt}\rule[0.5ex]{1em}{0.4pt} 2Fe_3O_4(s) + CO_2(g)$	$-52131 - 41.0T$
	$1/4Fe_3O_4(s) + CO(g) \rule[0.5ex]{1em}{0.4pt}\rule[0.5ex]{1em}{0.4pt} 3/4Fe(s) + CO_2(g)$	$-9832 + 8.58T$
$T > 570℃$	$3Fe_2O_3(s) + CO(g) \rule[0.5ex]{1em}{0.4pt}\rule[0.5ex]{1em}{0.4pt} 2Fe_3O_4(s) + CO_2(g)$	$-52131 - 41.0T$
	$Fe_3O_4(s) + CO(g) \rule[0.5ex]{1em}{0.4pt}\rule[0.5ex]{1em}{0.4pt} 3FeO(s) + CO_2(g)$	$35380 - 40.16T$
	$FeO(s) + CO(g) \rule[0.5ex]{1em}{0.4pt}\rule[0.5ex]{1em}{0.4pt} Fe(s) + CO_2(g)$	$-22800 + 24.26T$

由

$$\Delta G = \Delta G^{\ominus} + RT \ln K^{\ominus} = 0 \tag{5-1}$$

可得

$$K^{\ominus} = \frac{\omega(CO_2)}{\omega(CO)} = \exp\left(-\frac{\Delta G^{\ominus}}{RT}\right) \tag{5-2}$$

$$\omega(CO) + \omega(CO_2) = 100\% = 1 \tag{5-3}$$

故可求得

$$\omega(CO) = \frac{1}{1 + K^{\ominus}} \times 100\% = \frac{1}{1 + \exp[-\Delta G^{\ominus} / (RT)]} \times 100\% \tag{5-4}$$

对于反应

$$3Fe_2O_3(s) + CO(g) \rightleftharpoons 2Fe_3O_4(s) + CO_2(g) \tag{5-5}$$

有

$$\omega(CO) = \frac{1}{1 + \exp(6270.3 / T + 4.93)} \times 100\% \tag{5-6}$$

当 $T < 570\,^{\circ}\!C$ 时，对于反应

$$\frac{1}{4}Fe_3O_4(s) + CO(g) \rightleftharpoons \frac{3}{4}Fe(s) + CO_2(g) \tag{5-7}$$

有

$$\omega(CO) = \frac{1}{1 + \exp(1182.6 / T - 1.03)} \times 100\% \tag{5-8}$$

当 $T > 570\,^{\circ}\!C$ 时，对于反应

$$Fe_3O_4(s) + CO(g) \rightleftharpoons 3FeO(s) + CO_2(g) \tag{5-9}$$

有

$$\omega(CO) = \frac{1}{1 + \exp(-4255.5 / T + 4.83)} \times 100\% \tag{5-10}$$

对于反应

$$FeO(s) + CO(g) \rightleftharpoons Fe(s) + CO_2(g) \tag{5-11}$$

有

$$\omega(CO) = \frac{1}{1 + \exp(2742.4 / T + 2.92)} \times 100\% \tag{5-12}$$

利用诸反应的式（5-6）、式（5-8）、式（5-10）和式（5-12）可绘出 CO 还原铁氧化物的平衡图，如图 5-1 所示。反应（5-5）的 $K^{\ominus} \gg 1$，而 $\omega(CO)_{\Psi} \approx 0$，曲线接近底横轴，微量 CO 即可使 Fe_2O_3 还原，所以反应（5-5）是实际不可逆的。反应（5-7）、（5-9）、（5-11）的曲线在 570℃（843K）相交于 O 点，形成"叉形"。O 点气相成分为：$\omega(CO)_{\Psi} = 52.2\%$。

由图 5-1 所示，三条平衡曲线把图面划分为 Fe_3O_4、Fe_xO 及 Fe 稳定存在区。

根据反应热力学原理，当气相组成 $\omega(CO)$ 高于一定温度某曲线的 $\omega(CO)$ 时，该曲线所代表的还原反应能够正向进行。而一定组成的气相在同一温度下对某氧化物显还原性，则对曲线下的氧化物显氧化性，换言之，曲线以上区域为该还原反应的产物稳定区，而其下则为其反应物的稳定区。因此利用平衡图可以直观地确定一定温度及气相成分下任一铁氧化物转变的方向及最终的相态。

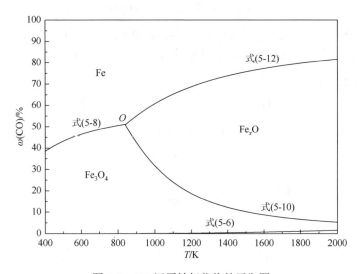

图 5-1　CO 还原铁氧化物的平衡图

5.1.2　钒氧化物还原过程热力学分析

在钒钛磁铁矿精矿中，钒是以三价离子的氧化物状态取代了磁铁矿中三价铁离子，以钒尖晶石 $FeO \cdot V_2O_3$ 为主要存在形式，固溶于磁铁矿中。在用 CO 还原钒氧化物的过程中，随着铁氧化物的还原，钒氧化物也将被逐级还原，可以进行热力学计算。

（1）对于反应

$$FeO \cdot V_2O_3(s) + CO(g) \Longrightarrow V_2O_3(s) + Fe(s) + CO_2(g)$$

$$\Delta G^{\ominus} = -1195150 + 260.42T(J/mol) \tag{5-13}$$

有

$$\omega(CO) = \frac{1}{1 + \exp(143751.5/T - 31.32)} \times 100\% \tag{5-14}$$

热力学计算表明，$FeO \cdot V_2O_3$ 很易被 CO 还原生成 V_2O_3、Fe 和 CO_2。

（2）对于反应

$$V_2O_3(s) + CO(g) = 2VO(s) + CO_2(g)$$
$$\Delta G^{\ominus} = 79618.5 + 8.10T (J/mol) \tag{5-15}$$

有

$$\omega(CO) = \frac{1}{1 + \exp(-9576.4/T - 0.97)} \times 100\% \tag{5-16}$$

在实际条件下，上式要求 $\omega(CO)$ 几乎达到 100%，即 V_2O_3 还原为 VO 需要很高的 p_{CO}/p_{CO_2} 值（$>9.29 \times 10^3$），所以理论上上述反应很难发生。

（3）对于反应

$$VO(s) + CO(g) = V(s) + CO_2(g)$$
$$\Delta G^{\ominus} = 143750 + 5.19T (J/mol) \tag{5-17}$$

有

$$\omega(CO) = \frac{1}{1 + \exp(-17290.1/T - 0.62)} \times 100\% \tag{5-18}$$

同样地，在实际条件下，上式要求 $\omega(CO)$ 更接近 100%，即 VO 还原为 V 需要更高的 p_{CO}/p_{CO_2} 值（$>4.70 \times 10^6$），所以理论上上述反应更难发生。

5.1.3 钛氧化物还原过程热力学分析

本节主要对 CO 还原钛氧化物、钛铁氧化物进行热力学分析计算。

1. 钛氧化物

对于反应

$$3TiO_2(s) + CO(g) = Ti_3O_5(s) + CO_2(g)$$
$$\Delta G^{\ominus} = 110330 - 32.43T (J/mol) \tag{5-19}$$

有

$$\omega(CO) = \frac{1}{1 + \exp(-13270.4/T + 3.90)} \times 100\% \tag{5-20}$$

利用式（5-20）可绘出 TiO_2 间接还原的平衡图，如图 5-2 所示。由图 5-2 可以看出：TiO_2 还原为 Ti_3O_5 要求 p_{CO}/p_{CO_2} 很高，单纯考虑气体还原剂 CO 的还原，在高炉条件下很难达到。

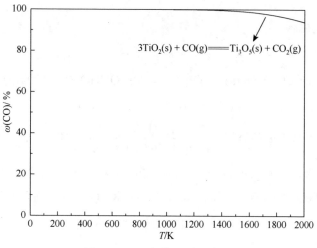

图 5-2　TiO$_2$ 间接还原平衡图

对于反应

$$2Ti_3O_5(s) + CO(g) \Longrightarrow 3Ti_2O_3(s) + CO_2(g)$$
$$\Delta G^{\ominus} = 62658 + 33.4T(J/mol) \qquad (5-21)$$

有

$$\omega(CO) = \frac{1}{1 + \exp(-7536.4/T - 4.02)} \times 100\% \qquad (5-22)$$

利用式（5-22）可绘出 Ti$_3$O$_5$ 间接还原的平衡图，如图 5-3 所示。由图 5-3 可以看出：反应（5-21）要求比值 p_{CO}/p_{CO_2} 很高，单纯考虑气体还原剂 CO 的还原，在高炉条件下相较反应（5-19）更难达到。

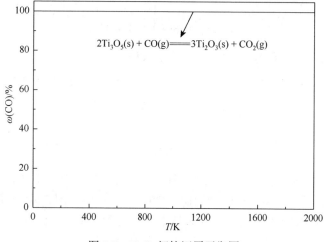

图 5-3　Ti$_3$O$_5$ 间接还原平衡图

2. 钛铁氧化物

对于铁板钛矿（Fe_2TiO_5）还原为钛铁晶石（Fe_2TiO_4）的反应

$$Fe_2O_3 \cdot TiO_2(s) + CO(g) = 2FeO \cdot TiO_2(s) + CO_2(g)$$

$$\Delta G^\ominus = -9785 - 4.95T \, (J/mol) \tag{5-23}$$

故

$$\omega(CO)_1 = \frac{1}{1 + \exp(1176.9/T + 0.60)} \times 100\% \tag{5-24}$$

对于钛铁晶石（Fe_2TiO_4）还原为钛铁矿（$FeTiO_3$）的反应

$$2FeO \cdot TiO_2(s) + CO(g) = FeO \cdot TiO_2(s) + Fe(s) + CO_2(g)$$

$$\Delta G^\ominus = -4550 + 6.5T \, (J/mol) \tag{5-25}$$

故

$$\omega(CO)_2 = \frac{1}{1 + \exp(547.3/T - 0.78)} \times 100\% \tag{5-26}$$

对于钛铁矿（$FeTiO_3$）还原为含铁黑钛石（$FeTi_2O_5$）的反应

$$2(FeO \cdot TiO_2)(s) + CO(g) = FeO \cdot 2TiO_2(s) + Fe(s) + CO_2(g)$$

$$\Delta G^\ominus = 311 + 4.08T \, (J/mol) \tag{5-27}$$

故

$$\omega(CO)_3 = \frac{1}{1 + \exp(-37.4/T - 0.49)} \times 100\% \tag{5-28}$$

对于钛铁晶石（Fe_2TiO_4）还原为 TiO_2 的反应

$$1/2(2FeO \cdot TiO_2)(s) + CO(g) = 1/2TiO_2(s) + Fe(s) + CO_2(g)$$

$$\Delta G^\ominus = -1469000 + 342.2T \, (J/mol) \tag{5-29}$$

故

$$\omega(CO)_4 = \frac{1}{1 + \exp(176689.9/T - 41.16)} \times 100\% \tag{5-30}$$

对于钛铁矿（$FeTiO_3$）还原为 TiO_2 的反应

$$FeO \cdot TiO_2(s) + CO(g) = TiO_2(s) + Fe(s) + CO_2(g)$$

$$\Delta G^\ominus = 3350 + 2.1T \, (J/mol) \tag{5-31}$$

故

$$\omega(CO)_5 = \frac{1}{1 + \exp(-402.9/T - 0.25)} \times 100\% \tag{5-32}$$

利用诸反应的式（5-24）、式（5-26）、式（5-28）、式（5-30）和式（5-32）可绘出 CO 还原铁-钛氧化物的平衡图，如图 5-4 所示。由图 5-4 可以看出：反应（5-29）要求的 $\omega(CO)$ 接近 0，气氛条件很容易达到；反应（5-23）、反应（5-25）、反应（5-27）和反应（5-31）在一定的 $\omega(CO)$ 也可发生。

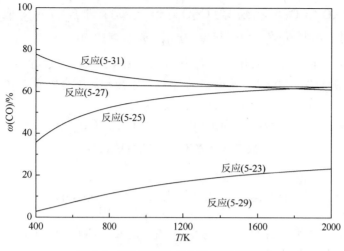

图 5-4　CO 还原铁-钛氧化物的平衡图

5.1.4　铬氧化物还原过程热力学分析

本节主要对 CO 还原铬氧化物进行热力学分析。

$$FeO \cdot Cr_2O_3(s) + CO(g) = Cr_2O_3(s) + Fe(s) + CO_2(g)$$

$$\Delta G^{\ominus} = 3796.1 + 17.65T \text{(J/mol)} \tag{5-33}$$

则有

$$\omega(CO) = \frac{1}{1 + \exp(-456.6/T - 2.12)} \times 100\% \tag{5-34}$$

对上式以 T 为横坐标，以 $\omega(CO)$ 为纵坐标，作出上式曲线图，如图 5-5 所示。

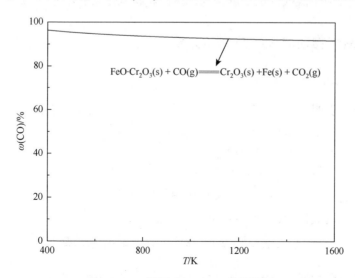

图 5-5　CO 还原 FeO·Cr$_2$O$_3$ 的平衡图

故可得知：$FeO \cdot Cr_2O_3$ 可以还原为 Cr_2O_3，但需要适宜的 p_{CO}/p_{CO_2} 值。例如，当 $T = 1173K$ 时，需要 $\omega(CO) > 92.48\%$，$p_{CO}/p_{CO_2} > 12.30$。

铬最稳定和最重要的氧化价态为 +3 价。$FeO \cdot Cr_2O_3$ 还原过程中，过渡氧化物 CrO 是碱性氧化物，常温下不稳定，在空气中很快与氧结合生成 Cr_2O_3，Cr_2O_3 为铬元素最稳定的化合物，故考虑 Cr_2O_3 还原为 Cr 的反应。

$$Cr_2O_3(s) + 3CO(g) === 2Cr(s) + 3CO_2(g)$$

$$\Delta G^\ominus = 267290 + 8.37T\,(J/mol) \tag{5-35}$$

可求得

$$\omega(CO) = \frac{1}{1 + \exp(-32149.4/T - 1.01)} \times 100\% \tag{5-36}$$

热力学计算表明：Cr_2O_3 还原为 Cr 的条件需要 $\omega(CO) \approx 100\%$，表明实际高炉条件下，反应很难发生。

5.2 热力学分析（二）

本节根据热力学数据，对以焦炭为还原剂的铁、钒、钛、铬氧化物体系还原热力学基础进行研究，对还原过程中涉及的主要反应进行热力学计算，为含铬型钒钛磁铁矿在高炉工艺过程中的利用及有价组元的迁移行为提供研究和理论依据。

由于铁的氧化物在反应前绝大部分以 Fe_2O_3 的形式存在，并且铁氧化物很容易就能和 CO 发生还原反应，故本节主要研究钛氧化物、钒氧化物和铬氧化物与固体 C 发生反应生成低价金属氧化物、单质和碳氮化物的热力学计算分析。

5.2.1 钒氧化物还原过程热力学分析

1. 钒氧化物热力学分析

前述研究表明，钒钛磁铁矿中的钒主要以 +3 价的氧化物存在于物料中，根据钒氧化物的逐级还原对其进行热力学计算。

首先考虑 $FeO \cdot V_2O_3$ 还原为 V_2O_3 的反应

$$FeO \cdot V_2O_3(s) + C(s) === V_2O_3(s) + Fe(s) + CO(g)$$

$$\Delta G^\ominus = -1028600 + 89.42T\,(J/mol) \tag{5-37}$$

令凝聚态的金属氧化物、金属 Fe 和 C 的活度为 1，可得

$$\Delta G = \Delta G^\ominus + RT\ln K^\ominus = \Delta G^\ominus + RT\ln\frac{p_{CO}}{p^\ominus} \tag{5-38}$$

当实验过程中通入 CO 比例为 30% 时，$p_{CO}/p^\ominus = 0.3$，此时 $\Delta G = -1028600 +$

79.41T（J/mol）<0。因此，热力学计算表明，FeO·V$_2$O$_3$ 很易被 C 还原生成 V$_2$O$_3$、Fe 和 CO$_2$。

对 V$_2$O$_3$ 还原为低价氧化物 VO 的反应，有反应（Ⅰ）

$$V_2O_3(s) + C(s) = 2VO(s) + CO(g)$$

$$\Delta G^{\ominus} = 241953 - 167.35T(\text{J/mol}) \tag{5-39}$$

由

$$\Delta G = \Delta G^{\ominus} + RT\ln K^{\ominus} = \Delta G^{\ominus} + RT\ln\frac{p_{CO}}{p^{\ominus}} = 0 \tag{5-40}$$

故

$$\frac{p_{CO}}{p^{\ominus}} = \exp\left(-\frac{\Delta G^{\ominus}}{RT}\right) \tag{5-41}$$

对反应（Ⅰ），有

$$\left(\frac{p_{CO}}{p^{\ominus}}\right)_I = \exp\left(-\frac{29101.9}{T} + 20.13\right) \tag{5-42}$$

对 VO 还原为金属 V 的反应，有反应（Ⅱ）

$$VO(s) + C(s) = V(s) + CO(g)$$

$$\Delta G^{\ominus} = 312857 - 167.17T(\text{J/mol}) \tag{5-43}$$

$$\left(\frac{p_{CO}}{p^{\ominus}}\right)_{II} = \exp\left(-\frac{37630.1}{T} + 20.11\right) \tag{5-44}$$

通过式（5-42）和式（5-44）可以作图得到图 5-6，由图可以看出：当实验过程中通入 CO 比例为 30%时，$p_{CO}/p^{\ominus} = 0.3$，对应的反应（5-39）和（5-43）达到

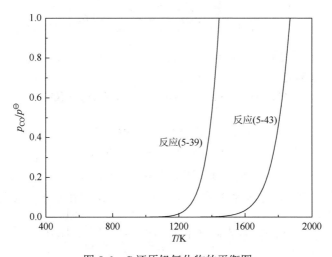

图 5-6　C 还原钒氧化物的平衡图

平衡时的平衡点温度分别为 1091.0℃和 1492.4℃。实验室温度和气氛条件下，反应（5-39）较易进行，但反应（5-43）需要很高的温度。但当温度升高到一定值时，炉料熔化后会改变热力学条件。若 V 以溶解态的[V]存在于铁液中，其活度会改变，反应过程会受很大的影响，此处未考虑溶解态[V]的热力学计算。

2. 钒的碳氮化物热力学分析

首先考虑 V_2O_3 被 C 还原生成 VC 的反应（Ⅰ）

$$V_2O_3(s) + 5C(s) = 2VC(s) + 3CO(g)$$

$$\Delta G^{\ominus} = 671657 - 495.37T(J/mol) \tag{5-45}$$

假设上式达到平衡时，令凝聚态的金属氧化物、碳化物和 C 的活度为 1，可得

$$\Delta G = \Delta G^{\ominus} + RT\ln K^{\ominus} = \Delta G^{\ominus} + RT\ln\left(\frac{p_{CO}}{p^{\ominus}}\right)^3 = \Delta G^{\ominus} + 3RT\ln\frac{p_{CO}}{p^{\ominus}} = 0 \tag{5-46}$$

故

$$\frac{p_{CO}}{p^{\ominus}} = \exp\left(-\frac{\Delta G^{\ominus}}{3RT}\right) \tag{5-47}$$

对反应（5-45），有

$$\left(\frac{p_{CO}}{p^{\ominus}}\right)_{\mathrm{I}} = \exp\left(-\frac{26928.8}{T} + 19.86\right) \tag{5-48}$$

VO 被 C 还原生成 VC 的反应（Ⅱ）

$$VO(s) + 2C(s) = VC(s) + CO(g)$$

$$\Delta G^{\ominus} = 214567 - 163.66T(J/mol) \tag{5-49}$$

同理可得

$$\left(\frac{p_{CO}}{p^{\ominus}}\right)_{\mathrm{II}} = \exp\left(-\frac{25807.9}{T} + 19.68\right) \tag{5-50}$$

在有 N_2 参与反应时，考虑钒氧化物（V_2O_3、VO）和 C、N_2 生成 VN 的反应（5-51）和反应（5-52）。

$$V_2O_3(s) + 3C(s) + N_2(g) = 2VN(s) + 3CO(g)$$

$$\Delta G^{\ominus} = 439745 - 338.08T(J/mol) \tag{5-51}$$

$$2VO(s) + 2C(s) + N_2(g) = 2VN(s) + 2CO(g)$$

$$\Delta G^{\ominus} = 197792 - 170.74T(J/mol) \tag{5-52}$$

假设上式达到平衡时，令凝聚态的金属氧化物、氮化物和 C 的活度为 1，可得

$$\Delta G = \Delta G^{\ominus} + RT\ln\left[\left(\frac{p_{CO}}{p^{\ominus}}\right)^3 \cdot \left(\frac{p_{N_2}}{p^{\ominus}}\right)^{-1}\right] = 0 \tag{5-53}$$

当实验过程中通入 CO 和 N_2 比例为 30%：70%时，$\dfrac{p_{N_2}}{p^{\ominus}} = \dfrac{7 p_{CO}}{3 p^{\ominus}}$，故

$$\frac{p_{CO}}{p^{\ominus}} = \exp\left(-\frac{\Delta G^{\ominus}}{2RT} + 0.42\right) \tag{5-54}$$

对于反应（5-51），有

$$\left(\frac{p_{CO}}{p^{\ominus}}\right)_1 = \exp\left(-\frac{26446.1}{T} + 20.75\right) \tag{5-55}$$

对于反应（5-52），同理可得

$$\left(\frac{p_{CO}}{p^{\ominus}}\right)_2 = \exp\left(-\frac{23790.2}{T} + 21.38\right) \tag{5-56}$$

　　由以上反应的热力学数据可得出碳还原钒氧化物生成钒的碳氮化物的平衡图，如图 5-7 所示。由图 5-7 可以看出，当实验过程中通入 CO 比例为 30%时，$p_{CO}/p^{\ominus} = 0.3$，对应的反应（5-45）、反应（5-49）、反应（5-51）和反应（5-52）达到平衡时的平衡点温度分别为 1005.3℃、962.6℃、931.5℃和 780.3℃。热力学计算表明，相较钒的低价氧化物和单质钒，钒的碳氮化物均较容易生成，且 VN 相较 VC 生成所需的温度更低。

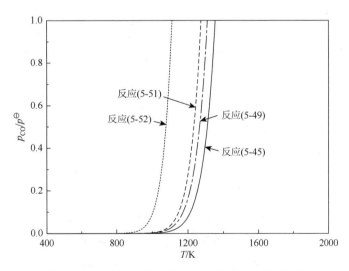

图 5-7　C 还原钒氧化物生成钒的碳氮化物的平衡图

5.2.2　钛氧化物还原过程热力学分析

前人研究表明：钛氧化物在高炉冶炼过程中有一部分被还原成 Ti 或生成 Ti 的碳氮化合物。钛氧化物的还原长期以来被认为是按逐级反应进行的：$TiO_2 \rightarrow$ $Ti_3O_5 \rightarrow Ti_2O_3 \rightarrow TiO \rightarrow Ti$ 或生成 TiC（TiN）。但是，按逐级反应，热力学计算表明，高炉冶炼实际温度范围内得不到 TiO 和 Ti，且在高温还原熔炼钒钛磁铁矿所产生的各种高钛渣中，未发现 TiO 和 Ti。因此，另外一种观点认为，TiO_2 的还原历程应是：$TiO_2 \rightarrow Ti_3O_5 \rightarrow TiC_{0.67}O_{0.33} \rightarrow TiC_xO_y \rightarrow TiC$。

1. 钛氧化物热力学分析

首先根据钛氧化物的逐级还原顺序，研究钛氧化物的还原历程，先不考虑钛的碳氮化物的生成。

首先考虑 TiO_2 的直接还原反应

$$3TiO_2(s) + C(s) === Ti_3O_5(s) + CO(g)$$

$$\Delta G^{\ominus} = 276528 - 200.50T (J/mol) \tag{5-57}$$

假设上式达到平衡时，令凝聚态的金属氧化物和 C 的活度为 1，可得

$$\Delta G = \Delta G^{\ominus} + RT \ln K^{\ominus} = \Delta G^{\ominus} + RT \ln \frac{p_{CO}}{p^{\ominus}} = 0 \tag{5-58}$$

故

$$\frac{p_{CO}}{p^{\ominus}} = \exp\left(-\frac{\Delta G^{\ominus}}{RT}\right) \tag{5-59}$$

对于反应（5-57），有

$$\left(\frac{p_{CO}}{p^{\ominus}}\right)_{I} = \exp\left(-\frac{33260.5}{T} + 24.12\right) \tag{5-60}$$

Ti 的低价氧化物的直接还原反应如下

$$2Ti_3O_5(s) + C(s) === 3Ti_2O_3(s) + CO(g)$$

$$\Delta G^{\ominus} = 250043 - 151.91T (J/mol) \tag{5-61}$$

$$Ti_2O_3(s) + C(s) === 2TiO(s) + CO(g)$$

$$\Delta G^{\ominus} = 317012 - 177.97T (J/mol) \tag{5-62}$$

$$TiO(s) + C(s) === Ti(s) + CO(g)$$

$$\Delta G^{\ominus} = 425709 - 177.96T (J/mol) \tag{5-63}$$

对于反应（5-61）、反应（5-62）和反应（5-63），分别有

$$\left(\frac{p_{CO}}{p^{\ominus}}\right)_{II} = \exp\left(-\frac{30074.9}{T} + 18.27\right) \qquad (5\text{-}64)$$

$$\left(\frac{p_{CO}}{p^{\ominus}}\right)_{III} = \exp\left(-\frac{38129.9}{T} + 21.41\right) \qquad (5\text{-}65)$$

$$\left(\frac{p_{CO}}{p^{\ominus}}\right)_{IV} = \exp\left(-\frac{51203.9}{T} + 21.40\right) \qquad (5\text{-}66)$$

钛铁氧化物的直接还原反应如下

$$Fe_2O_3 \cdot TiO_2(s) + C == 2FeO \cdot TiO_2(s) + CO(g)$$
$$\Delta G^{\ominus} = 119848 - 187.04T \, (J/mol) \qquad (5\text{-}67)$$

$$2FeO \cdot TiO_2(s) + C(s) == FeO \cdot TiO_2(s) + Fe(s) + CO(g)$$
$$\Delta G^{\ominus} = 163608 - 155.37T \, (J/mol) \qquad (5\text{-}68)$$

$$FeO \cdot TiO_2(s) + C(s) == TiO_2(s) + Fe(s) + CO(g)$$
$$\Delta G^{\ominus} = 173306 - 153.78T \, (J/mol) \qquad (5\text{-}69)$$

对于反应（5-67）、反应（5-68）和反应（5-69），分别有

$$\left(\frac{p_{CO}}{p^{\ominus}}\right)_1 = \exp\left(-\frac{14415.2}{T} + 22.50\right) \qquad (5\text{-}70)$$

$$\left(\frac{p_{CO}}{p^{\ominus}}\right)_2 = \exp\left(-\frac{19678.6}{T} + 18.69\right) \qquad (5\text{-}71)$$

$$\left(\frac{p_{CO}}{p^{\ominus}}\right)_3 = \exp\left(-\frac{20845.1}{T} + 18.50\right) \qquad (5\text{-}72)$$

由以上反应的热力学数据可得出 C 还原钛氧化物的平衡图，如图 5-8 所示。由图 5-8 可以看出，C 作为还原剂时，反应（5-67）最容易发生，反应（5-68）和（5-69）也很容易发生，即还原过程 $Fe_2O_3 \cdot TiO_2 \rightarrow 2FeO \cdot TiO_2 \rightarrow FeO \cdot TiO_2 \rightarrow TiO_2$ 很容易进行。当实验过程中通入 CO 比例为 30%时，$p_{CO}/p^{\ominus} = 0.3$，对应的反应（5-67）、反应（5-68）和反应（5-69）达到平衡时的平衡点温度分别为 335.0℃、716.0℃ 和 784.8℃。对于反应（5-57）、反应（5-61）、反应（5-62）和反应（5-63），当 $p_{CO}/p^{\ominus} = 0.3$ 时，反应达到平衡时的平衡点温度分别为 1040.3℃、1271.2℃ 和 1413.0℃ 和 1992.1℃，反应（5-57）和反应（5-61）相较容易发生，反应（5-62）理论上可以发生，但需要较高的温度，再者，结合后面 TiC 和 TiN 生成反应，反应（5-62）在实际高炉冶炼条件下也很难发生，反应（5-63）在实际高炉冶炼条件下不可能发生。

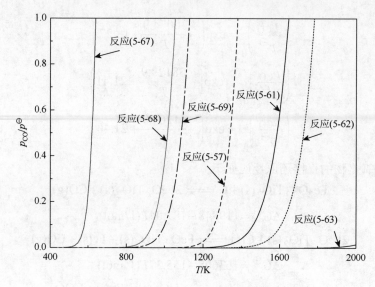

图 5-8　C 还原钛氧化物的反应平衡图

2. 钛的碳氮化物热力学分析

在高炉内，由于有 N_2 和过剩 C 存在及渣焦和渣铁良好的润湿和接触，在高温下进行直接还原反应可能会生成 TiC 和 TiN。再者，前人对高炉解剖研究表明，确实有 TiC 和 TiN 的存在。因此，有必要对 Ti 的碳氮化物的生成进行热力学计算分析。

首先考虑 TiO_2 被 C 还原生成 TiC 的反应

$$TiO_2(s) + 3C(s) \rightleftharpoons TiC(s) + 2CO(g)$$

$$\Delta G^{\ominus} = 531241 - 339.85T (\text{J/ mol}) \qquad (5-73)$$

假设上式达到平衡时，令凝聚态的金属氧化物、碳化物和 C 的活度为 1，可得

$$\Delta G = \Delta G^{\ominus} + RT \ln K^{\ominus} = \Delta G^{\ominus} + RT \ln \left(\frac{p_{CO}}{p^{\ominus}} \right)^2 = \Delta G^{\ominus} + 2RT \ln \frac{p_{CO}}{p^{\ominus}} = 0 \quad (5-74)$$

故

$$\frac{p_{CO}}{p^{\ominus}} = \exp\left(-\frac{\Delta G^{\ominus}}{2RT} \right) \qquad (5-75)$$

对于反应（5-73），有

$$\left(\frac{p_{CO}}{p^{\ominus}} \right)_{\text{I}} = \exp\left(-\frac{31948.6}{T} + 20.44 \right) \qquad (5-76)$$

Ti 的低价氧化物生成 TiC 的反应

$$Ti_3O_5(s) + 8C(s) = 3TiC(s) + 5CO(g)$$

$$\Delta G^{\ominus} = 1317140 - 819.05T\,(J/\,mol) \tag{5-77}$$

$$Ti_2O_3(s) + 5C(s) = 2TiC(s) + 3CO(g)$$

$$\Delta G^{\ominus} = 797584 - 497.22T\,(J/\,mol) \tag{5-78}$$

对于反应（5-77）、反应（5-78），分别有

$$\left(\frac{p_{CO}}{p^{\ominus}}\right)_{II} = \exp\left(-\frac{31684.9}{T} + 19.70\right) \tag{5-79}$$

$$\left(\frac{p_{CO}}{p^{\ominus}}\right)_{III} = \exp\left(-\frac{31977.5}{T} + 19.94\right) \tag{5-80}$$

在有 N_2 参与反应时，考虑钛氧化物和 C、N_2 生成 TiN 的反应（5-81）、反应（5-85）和反应（5-88）。

$$2TiO_2(s) + 4C(s) + N_2(g) = 2TiN(s) + 4CO(g)$$

$$\Delta G^{\ominus} = 760388 - 518.96T\,(J/\,mol) \tag{5-81}$$

假设上式达到平衡时，令凝聚态的金属氧化物、氮化物和 C 的活度为 1，可得

$$\Delta G = \Delta G^{\ominus} + RT\ln\left[\left(\frac{p_{CO}}{p^{\ominus}}\right)^4 \cdot \left(\frac{p_{N_2}}{p^{\ominus}}\right)^{-1}\right] = 0 \tag{5-82}$$

当实验过程中通入 CO 和 N_2 比例为 30%∶70%时，$\dfrac{p_{N_2}}{p^{\ominus}} = \dfrac{7p_{CO}}{3p^{\ominus}}$，故

$$\frac{p_{CO}}{p^{\ominus}} = \exp\left(-\frac{\Delta G^{\ominus}}{3RT} + 0.85\right) \tag{5-83}$$

故对于反应（5-81），有

$$\left(\frac{p_{CO}}{p^{\ominus}}\right)_1 = \exp\left(-\frac{30486.2}{T} + 21.65\right) \tag{5-84}$$

$$2Ti_3O_5(s) + 10C(s) + 3N_2(g) = 6TiN(s) + 10CO(g)$$

$$\Delta G^{\ominus} = 1728002 - 1155.86T\,(J/mol) \tag{5-85}$$

故

$$\frac{p_{CO}}{p^{\ominus}} = \exp\left(-\frac{\Delta G^{\ominus}}{7RT} + 0.36\right) \tag{5-86}$$

故对于反应（5-85），有

$$\left(\frac{p_{CO}}{p^{\ominus}}\right)_2 = \exp\left(-\frac{29691.8}{T} + 20.22\right) \tag{5-87}$$

$$Ti_2O_3(s) + 3C(s) + N_2(g) = 2TiN(s) + 3CO(g)$$

$$\Delta G^{\ominus} = 495491 - 336.48T(J/mol) \tag{5-88}$$

$$\frac{p_{CO}}{p^{\ominus}} = \exp\left(-\frac{\Delta G^{\ominus}}{2RT} + 0.42\right) \tag{5-89}$$

故对于反应（5-88），有

$$\left(\frac{p_{CO}}{p^{\ominus}}\right)_3 = \exp\left(-\frac{29798.6}{T} + 20.66\right) \tag{5-90}$$

由以上反应的热力学数据可得出 CO 还原钛氧化物生成钛的碳氮化物的平衡图，如图 5-9 所示。由图 5-9 可以看出，当实验过程中通入 CO 比例为 30%时，$p_{CO}/p^{\ominus} = 0.3$，对应的反应（5-73）、反应（5-77）、反应（5-78）、反应（5-81）、反应（5-85）和反应（5-88）达到平衡时的平衡点温度分别为 1202.9℃、1242.6℃、

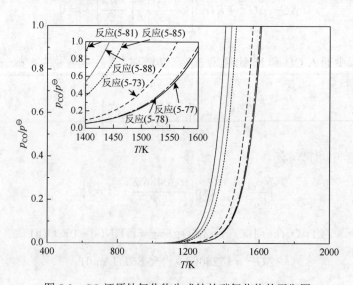

图 5-9 CO 还原钛氧化物生成钛的碳氮化物的平衡图

1239.2℃、1060.8℃、1112.8℃和1089.8℃。热力学计算表明，TiC 和 TiN 均可生成，且 TiN 优先 TiC 生成。前面计算得知：Ti$_2$O$_3$ 还原生成 TiO 的开始分解温度为 1413.0℃，远高于 TiC 和 TiN 的生成温度，故实际高炉冶炼条件下，TiO 很难生成。

5.2.3　铬氧化物还原过程热力学分析

1. 铬氧化物热力学分析

前述研究表明，钒钛磁铁矿中的铬主要以 +3 价氧化物的形式存在于物料中，根据铬氧化物的逐级还原对其进行热力学计算。

首先考虑 FeO·Cr$_2$O$_3$ 还原为 Cr$_2$O$_3$ 的反应

$$FeO \cdot Cr_2O_3(s) + C(s) = Cr_2O_3(s) + Fe(s) + CO(g)$$

$$\Delta G^{\ominus} = 210056 - 165.21T(J/mol) \tag{5-91}$$

令凝聚态的金属氧化物、金属 Fe 和 C 的活度为 1，可得

$$\Delta G = \Delta G^{\ominus} + RT \ln K^{\ominus} = \Delta G^{\ominus} + RT \ln \frac{p_{CO}}{p^{\ominus}} \tag{5-92}$$

故

$$\left(\frac{p_{CO}}{p^{\ominus}} \right)_{I} = \exp \left(-\frac{25265.3}{T} + 19.87 \right) \tag{5-93}$$

由于铬的低价氧化物 CrO 为碱性，常温下不稳定，在空气中很快与氧结合生成 Cr$_2$O$_3$，故考虑 Cr$_2$O$_3$ 还原为 Cr 的反应，有如下反应

$$Cr_2O_3(s) + 3C(s) = 2Cr(s) + 3CO(g)$$

$$\Delta G^{\ominus} = 794154 - 515.53T(J/mol) \tag{5-94}$$

同理可得

$$\left(\frac{p_{CO}}{p^{\ominus}} \right)_{II} = \exp \left(-\frac{31840.0}{T} + 20.67 \right) \tag{5-95}$$

由以上反应的热力学数据可得出铬氧化物直接还原反应的平衡图，如图 5-10 所示。由图 5-10 可以得出，当实验过程中通入 CO 比例为 30% 时，$p_{CO}/p^{\ominus} = 0.3$，对应的反应（5-91）和反应（5-94）达到平衡时的平衡点温度分别为 855.7℃和 1182.5℃。可见，反应（5-91）所需的温度较低，反应（5-94）所需的温度也易达到，热力学表明实验过程中会生成金属铬。

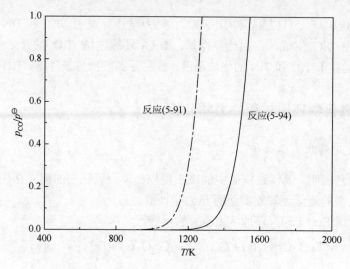

图 5-10　铬氧化物直接还原反应的平衡图

2. 铬的碳氮化物热力学分析

本节研究 Cr_2O_3 被碳还原生成铬的碳氮化物的反应，理论上的热力学数据如下

$$3Cr_2O_3(s) + 13C(s) = 2Cr_3C_2(s) + 9CO(g)$$

$$\Delta G^{\ominus} = 599690.3 - 1513.71T(J/mol) \tag{5-96}$$

$$7Cr_2O_3(s) + 27C(s) = 2Cr_7C_3(s) + 21CO(g)$$

$$\Delta G^{\ominus} = 4783410.7 - 3523.79T(J/mol) \tag{5-97}$$

$$23Cr_2O_3(s) + 81C(s) = 2Cr_{23}C_6(s) + 69CO(g)$$

$$\Delta G^{\ominus} = 16107092.3 - 11488.51T(J/mol) \tag{5-98}$$

$$2Cr_2O_3(s) + 7C(s) = Cr_4C(s) + 6CO(g)$$

$$\Delta G^{\ominus} = 1358260.2 - 997.24T(J/mol) \tag{5-99}$$

$$2Cr_2O_3(s) + 6C(s) + N_2(g) = 2Cr_2N(s) + 6CO(g)$$

$$\Delta G^{\ominus} = 1389908.0 - 937.08T(J/mol) \tag{5-100}$$

$$Cr_2O_3(s) + 3C(s) + N_2(g) = 2CrN(s) + 3CO(g)$$

$$\Delta G^{\ominus} = 567354.0 - 369.13T(J/mol) \tag{5-101}$$

对于反应（5-96）、反应（5-97）、反应（5-98）、反应（5-99）、反应（5-100）和反应（5-101），分别可求得

$$\left(\frac{p_{CO}}{p^{\ominus}}\right)_{I} = \exp\left(-\frac{9016.3}{T} + 20.23\right) \tag{5-102}$$

$$\left(\frac{p_{CO}}{p^{\ominus}}\right)_{II} = \exp\left(-\frac{27397.3}{T} + 20.18\right) \tag{5-103}$$

$$\left(\frac{p_{CO}}{p^{\ominus}}\right)_{III} = \exp\left(-\frac{28077.5}{T} + 20.03\right) \tag{5-104}$$

$$\left(\frac{p_{CO}}{p^{\ominus}}\right)_{IV} = \exp\left(-\frac{27228.4}{T} + 19.99\right) \tag{5-105}$$

$$\left(\frac{p_{CO}}{p^{\ominus}}\right)_{V} = \exp\left(-\frac{33435.4}{T} + 22.71\right) \tag{5-106}$$

$$\left(\frac{p_{CO}}{p^{\ominus}}\right)_{VI} = \exp\left(-\frac{34120.4}{T} + 22.62\right) \tag{5-107}$$

由以上反应的热力学数据可得出碳还原铬氧化物生成铬的碳氮化物的平衡图，如图 5-11 所示。由图 5-11 可以得出，当实验过程中通入 CO 比例为 30%时，$p_{CO}/p^{\ominus} = 0.3$，对应的反应（5-96）、反应（5-97）、反应（5-98）、反应（5-99）、反应（5-100）和反应（5-101）达到平衡时的平衡点温度分别为 147.5℃、1008.1℃、1049.1℃、1011.6℃、1125.0℃和1159.0℃。热力学计算表明，相较单质铬，铬的碳氮化物均容易生成，且铬的碳化物相较铬的氮化物生成所需的温度更低。但对

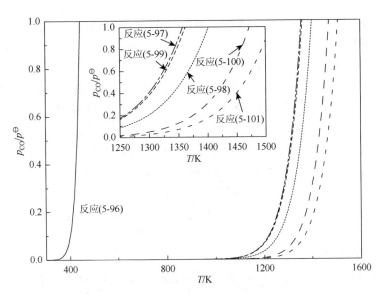

图 5-11　碳还原铬氧化物生成铬的碳氮化物的平衡图

Cr_2N 和 CrN 研究表明[8]，氮化产物形态取决于温度条件，700℃以下只有 CrN 生成，而没有 Cr_2N，高于 700℃时才开始有 Cr_2N 生成，但高于 1200℃时 Cr_2N 又会分解为 Cr 和 N_2。此外，铬以溶解态的[Cr]存在于铁液中，其活度会改变，反应过程会受很大的影响，此处未考虑溶解态[Cr]的热力学计算。

5.3 本 章 小 结

通过对有价组元 Fe、V、Ti 和 Cr 的热力学分析，得出如下结论：

（1）研究气体还原剂 CO 还原铁氧化物时发现：当还原温度＜570℃时，铁氧化物的还原顺序为 $Fe_2O_3 \rightarrow Fe_3O_4 \rightarrow Fe$；当还原温度＞570℃时，铁氧化物的还原顺序为 $Fe_2O_3 \rightarrow Fe_3O_4 \rightarrow FeO \rightarrow Fe$。

（2）研究气体还原剂 CO 还原钒氧化物时发现：$FeO \cdot V_2O_3$ 很易被 CO 还原为 V_2O_3，V_2O_3 很难被还原为 VO，而 VO 更难被还原为 V。

（3）研究气体还原剂 CO 还原钛氧化物和钛铁氧化物时发现：TiO_2 被还原为 Ti_3O_5 在高炉条件下很难达到，Ti_3O_5 被还原为 Ti_2O_3 更难达到。Fe_2TiO_5 依次可以被还原为 Fe_2TiO_4、$FeTiO_3$ 和 $FeTi_2O_5$，Fe_2TiO_4 和 $FeTiO_3$ 也可被还原为 TiO_2。

（4）研究气体还原剂 CO 还原铬氧化物时发现：$FeO \cdot Cr_2O_3$ 可以还原为 Cr_2O_3，但需要适宜的 p_{CO} / p_{CO_2} 值；Cr_2O_3 还原为 Cr 的条件需要 $\omega(CO) \approx 100\%$，表明实际高炉条件下，反应很难发生。

（5）研究固体还原剂 C 还原钒氧化物时发现：$FeO \cdot V_2O_3$ 很易被 C 还原生成 V_2O_3、Fe 和 CO_2。在实验室温度和气氛条件下，V_2O_3 还原为 VO 较易进行，VO 还原为 V 需要很高的温度（此处未考虑溶解态[V]的热力学计算）。相较钒的低价氧化物和单质钒，钒的碳氮化物均容易生成，且 VN 相较 VC 生成所需的温度更低。

（6）研究固体还原剂 C 还原钛氧化物和钛铁氧化物时发现：还原过程 $Fe_2O_3 \cdot TiO_2 \rightarrow 2FeO \cdot TiO_2 \rightarrow FeO \cdot TiO_2 \rightarrow TiO_2$ 很容易进行，TiO_2 被还原为 Ti_3O_5 和 Ti_3O_5 被还原为 Ti_2O_3 的反应较容易发生，Ti_2O_3 还原为 TiO 的反应在理论上可以发生，但需要较高的温度，再者，结合后面 TiC 和 TiN 生成反应，Ti_2O_3 还原为 TiO 的反应在实际高炉冶炼条件下也很难发生，TiO 还原为 Ti 的反应在实际高炉冶炼条件下不可能发生。TiC 和 TiN 均可生成，且 TiN 优先 TiC 生成。前面计算得知：Ti_2O_3 还原生成 TiO 的开始分解温度远高于 TiC 和 TiN 的生成温度，故实际高炉冶炼条件下，TiO 很难生成。

（7）研究固体还原剂 C 还原铬氧化物时发现：$FeO \cdot Cr_2O_3$ 被还原为 Cr_2O_3 的反应所需的温度较低，Cr_2O_3 被还原为 Cr 的反应所需的温度也易达到，热力学表明实验过程中会生成金属铬。相较单质铬，铬的碳氮化物均较容易生成，且铬的碳化物相较铬的氮化物生成所需的温度更低（此处未考虑溶解态[Cr]的热力学计算）。但对 Cr_2N 和 CrN，氮化产物形态取决于温度条件，700℃以下只有 CrN 生成，而没有 Cr_2N，高于 700℃时才开始有 Cr_2N 生成，但高于 1200℃时 Cr_2N 又会分解为 Cr 和 N_2。

参 考 文 献

[1]　杜鹤桂. 高炉冶炼钒钛磁铁矿原理[M]. 北京：科学出版社，1996：1-39.

[2]　王喜庆. 钒钛磁铁矿高炉冶炼[M]. 北京：冶金工业出版社，1994：1-69.

[3]　唐凯，宣森炜，徐扬，等. 钒氧化物还原过程中物相转变热力学规律研究[J]. 钢铁钒钛，2016，37（6）：5-12.

[4]　万新，裴鹤年，白晨光，等. 钛氧化物还原与钛渣变稠[J]. 重庆大学学报（自然科学版），2000，23（5）：36-39，61.

[5]　汪金生，吕炜，赖平生，等. 高铬型钒钛磁铁矿中铬氧化物还原热力学影响因素分析[J]. 中国科技论文，2016，11（21）：2509-2513.

[6]　郭鹏辉. 钒钛磁铁矿金属化还原——选分新工艺的实验研究[D]. 沈阳：东北大学，2012.

[7]　陈建. 微波加热预处理铬铁矿工艺研究[D]. 昆明：昆明理工大学，2013.

[8]　马绍华，张志敏，储少军. 用氮化铬、氮化锰冶炼高氮钢[J]. 钢铁研究学报，2008，20（12）：10-13.

第6章　高炉冶炼含铬型钒钛磁铁矿过程

现代高炉炼铁大多采用"高碱度烧结矿+酸性球团矿"的炉料结构形式，含铬型钒钛磁铁矿冶炼也不例外，其入炉综合炉料碱度在 1.10～1.30。原燃料从高炉炉顶装入后，炉料从炉喉下降到炉腹过程中，经过温度不断升高的温度区和上升煤气流的作用，经历了还原、软化熔融到渣铁形成、熔化滴落的过程。在这个过程中炉料经过不同的温度区间，经煤气流传热传质作用发生了复杂的反应，同时伴随着不同的物相组成变化。

在高炉块状带，炉料主要发生水分蒸发及受热分解、铁矿石还原、炉料与煤气热交换，以气-固相反应为主。在高炉软熔带主要进行直接还原反应，初渣形成。在炉料熔化到开始滴落的这个区间内，形成了一个铁矿石与焦炭层交替分布的软熔带，透气性很差。软熔带的形状、位置、厚薄对高炉强化冶炼和顺行有重要影响。

6.1　块状带含铬型钒钛磁铁矿球团还原及有价组元迁移行为研究

本节主要研究高炉块状带含铬型钒钛磁铁矿球团的非等温、等温还原过程及有价组元的迁移行为，并对含铬型钒钛磁铁矿球团中的有价组元进行热力学计算。

6.1.1　块状带含铬型钒钛磁铁矿球团非等温还原过程研究

1. 实验设备

高炉块状带含铬型钒钛磁铁矿球团非等温和等温还原实验所用设备为东北大学自行研制的铁矿石冶金性能综合测定仪，其装置示意图如图 6-1 所示。整个装置主要包括还原管、还原炉、试样容器等。

铁矿石冶金性能综合测定仪中电炉为竖式电炉，发热元件为硅碳棒，发热体功率为 20kW（三段加热、三段控温），硅碳棒发热体接线法为：上段 3 根并联为一组，两组串联；中段 4 根并联为一组，两组串联；下段 3 根并联为一组，两组串联。反应管材质为 GH3218 高温合金，反应管内径为（75±1）mm。为了放置

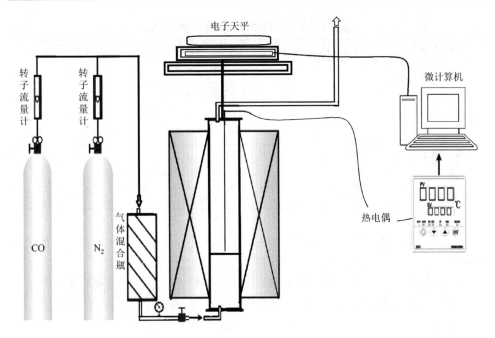

图 6-1　铁矿石冶金性能综合测定仪装置示意图

试样，在还原管中装有孔壁板，装入试样约 500g。控制柜的温度控制方式为计算机 PID 程序控制。带下称钩的电子天平可连续称量反应管内试样的质量，数字显示，并通过 RS-232 串行口传输至微计算机并显示在屏幕上。称量范围为 0～1600g，最小读数为 0.1g。计算机测控系统采用先进的测控技术，自动控温、稳定恒温，该系统软件运行可靠，操作简单，易学易用，人机界面友好，屏幕上可显示图形、动态相关曲线，多窗口同时操纵。菜单与提示均为简体中文，采用 Visual Basic 编程。质量流量控制器（MFC）用于测量和控制气体的质量流量，流量范围 0～50SCCM～10SLM，准确度±1%F.S，并通过计算机进行流量显示、流量设定。

2. 实验方案与内容

为研究高炉块状带含铬型钒钛磁铁矿球团的非等温还原过程，选取俄罗斯含铬型钒钛磁铁矿球团进行还原实验，并制定如下实验方案与内容。

（1）实验试样选择 500g 粒径为 10.0～13.0mm 的含铬型钒钛磁铁矿球团，采用铁矿石冶金性能综合测定仪进行还原实验研究，还原过程模拟高炉熔滴升温制度和气氛（表 6-1）。

表 6-1 非等温还原升温制度和炉内气氛

温度范围	变温速度/(℃/min)	气体成分/%(体积分数)	气体流量/(L/min)
室温到 400℃	10	100% N_2	3
400～900℃	10	CO 26%，3.9L/min； CO_2 14%，2.1L/min； N_2 60%，9L/min	15
900～1020℃	3	CO 30%，4.5L/min； N_2 70%，10.5L/min	15
1020～1100℃	5		
1100℃到室温	自然冷却	100% N_2	5

（2）研究含铬型钒钛磁铁矿球团在块状带的还原膨胀率及还原冷却后的抗压强度。

（3）研究含铬型钒钛磁铁矿球团在块状带还原前后的物相组成和微观形貌。

（4）研究含铬型钒钛磁铁矿球团在块状带的气-固非等温还原动力学机理。

实验步骤如下：

（a）试样准备，选取 10.0～13.0mm 的氧化球团在烘箱中烘干备用，烘箱温度为 110℃，烘干时间＞2h。

（b）实验准备，检查气路是否通畅，将电子天平调水平。称取 100g 瓷珠铺于还原管底部，然后称取 500g 氧化球团置于瓷珠上。放好热电偶后，将还原管放入炉中吊挂在天平上。

（c）反应器通电升温，每次实验过程之前调整好温度控制制度，非等温还原实验升温制度和还原过程中的炉内气氛如表 6-1 所示。

（d）还原，模拟高炉熔滴升温制度和气氛从室温升到 1100℃，400℃时将 500g 砝码放于天平上，开始通入还原气体进行还原，还原过程中每隔 1min 记录一次还原失重，第一组还原至 1100℃结束，其余五组分别还原至 600℃、700℃、800℃、900℃、1000℃。实验过程中通过电子天平人工采集球团的实时失重数据及相应的反应温度、反应时间。

（e）冷却，还原结束，将还原管取出炉外，冷却过程中通 N_2 保护至 100℃以下，待试样降至室温时取出。含铬型钒钛磁铁矿球团还原到不同温度的宏观形貌如图 6-2 所示。

3. 块状带含铬型钒钛磁铁矿球团非等温还原特性

本节主要对块状带含铬型钒钛磁铁矿球团的非等温还原特性进行分析研究，包括含铬型钒钛磁铁矿球团的还原率、还原膨胀率、还原冷却后的抗压强度和微观结构变化等内容。

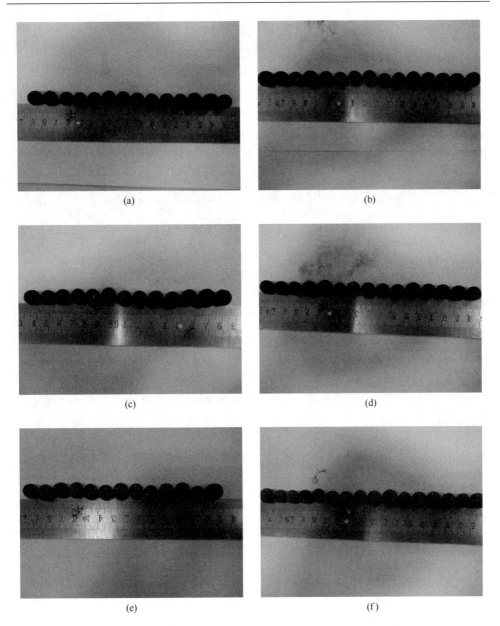

图 6-2　含铬型钒钛磁铁矿球团还原到不同温度的宏观形貌

（a）600℃；（b）700℃；（c）800℃；（d）900℃；（e）1000℃；（f）1100℃

1）含铬型钒钛磁铁矿球团还原率

还原率是衡量球团还原后质量的一个重要指标，它代表了从铁氧化物中排除氧的难易程度，通常表示如下

$$r = \frac{\text{从铁氧化物中排除的氧量}}{\text{原先与铁结合的氧量}} \times 100\% \qquad (6\text{-}1)$$

式（6-1）中，假定所有与铁结合的氧都以 Fe_2O_3 的形式存在，但实际上大部分铁矿石都存在一些 Fe_3O_4 和 FeO。因此，应根据还原时实验的质量损失和试样原先的理论含氧量与实际含氧量之差的和来评价还原率。而试样原先的理论含氧量是根据所有的铁都结合为 Fe_2O_3 计算的。实际含氧量是根据实验中实际存在的 Fe_2O_3、Fe_3O_4 和 FeO 的含量计算的。因此，还原率可由下式得出

$$r = \frac{m_0 W_1 \times \dfrac{8}{71.85}}{m_0 W_2 \times \dfrac{48}{111.7}} \times 100\% + \frac{m_1 - m_2}{m_0 \times \dfrac{W_2}{100} \times \dfrac{48}{111.7}} \times 100\% \qquad (6\text{-}2)$$

将公式化简后即可得出

$$r = \left(\frac{0.111 W_2}{0.430 W_2} + \frac{m_1 - m_2}{m_0 \times 0.430 \times W_2} \times 100 \right) \times 100\% \qquad (6\text{-}3)$$

模拟高炉熔滴升温制度和气氛得出的还原温度对还原率的影响如图 6-3 所示。含铬型钒钛磁铁矿球团还原到 1100℃所需的还原时间为 103min，最终还原率为51.84%。含铬型钒钛磁铁矿球团还原到 900℃所需的时间为 66min，其还原率为27.14%。由图 6-3 可知，随着还原温度的升高，还原率呈逐渐增大的趋势，尤其900℃左右还原率明显提高很多，这主要是因为 900℃时气体成分中 CO 流量升高、CO_2 流量降低。

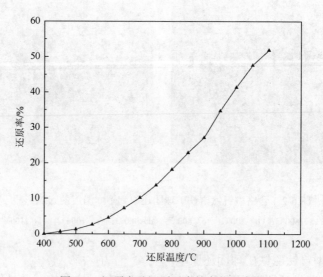

图 6-3　还原率随还原温度的变化示意图

2）含铬型钒钛磁铁矿球团还原膨胀率

采用量尺法测定各实验条件下还原前后球团的直径，计算其还原膨胀率。

$$还原膨胀率 = \frac{还原后体积 - 还原前体积}{还原前体积} \times 100\%$$

图 6-4 为还原温度对还原膨胀率的影响示意图。含铬型钒钛磁铁矿球团还原过程中，随着还原温度的升高，还原膨胀率逐渐升高，900℃达到最大值 8.129%，然后又逐渐降低，尤其在 1000～1100℃之间降低很快，1100℃降低到 0.606%。

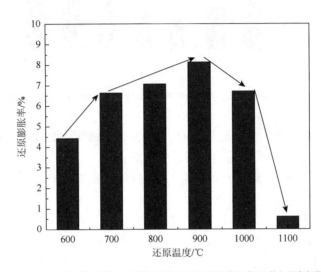

图 6-4 含铬型钒钛磁铁矿球团还原到不同还原温度下的还原膨胀率

含铬型钒钛磁铁矿球团随着还原的进行，赤铁矿逐渐还原为磁铁矿，此过程伴随着晶格的变化，导致球团结构发生破坏，体积膨胀，900℃达到最大值。磁铁矿继续还原生成浮氏体铁，没有晶系的转变，膨胀很少。浮氏体铁还原为金属铁，体积发生收缩，还原膨胀率逐渐下降。

3）含铬型钒钛磁铁矿球团还原冷却后抗压强度

还原冷却后的抗压强度随反应温度的变化示意图如图 6-5 所示。随着还原温度的升高，含铬型钒钛磁铁矿球团还原冷却后抗压强度迅速降低，然后又逐渐升高，尤其在 1000～1100℃之间升高很快，1100℃达到 1367.2N/个。

还原性气氛下，球团抗压强度随着温度和还原率的提高而迅速下降。这是因为随着还原的进行，赤铁矿逐渐还原为磁铁矿，此过程伴随着晶格的变化，导致球团结构发生破坏、体积膨胀、孔隙率增加、球团抗压强度大幅度下降。还原生成的 FeO 与球团中的 SiO_2 结合，生成铁橄榄石（$2FeO \cdot SiO_2$），即

$$2FeO + SiO_2 \Longrightarrow 2FeO \cdot SiO_2$$

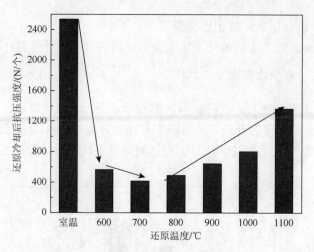

图 6-5   含铬型钒钛磁铁矿球团还原到不同温度下冷却后的抗压强度

$2FeO \cdot SiO_2$ 熔点低，且极易与 FeO 与 SiO_2 再生成熔化温度更低的低熔体，导致球团内部液相大量生成，球团抗压强度降低。

温度升高，还原继续进行，球团外部生成的金属铁越来越多，形成致密的金属铁壳，导致球团抗压强度又增大。

4）含铬型钒钛磁铁矿球团微观形貌研究

有效地控制球团的微观结构，是生产优质球团的关键，也是高炉炼铁的需要。成品球团中的矿物组成决定于原料的化学成分及生产工艺，尤其是焙烧制度。本实验的含铬型钒钛磁铁矿球团是模拟链箅机-回转窑生产而成。应用扫描电镜（SEM）对含铬型钒钛磁铁矿球团的微观结构进行了检测，图 6-6 为其 SEM 图。由图可以看出：含铬型钒钛磁铁矿球团内赤铁矿晶粒粗大，呈块状，主晶相是赤铁矿（Fe_2O_3），不规则的赤铁矿以固相固结的方式黏结在一起构成了球团基体，在基体周围包围着较多的硅酸盐矿物，还有游离的 SiO_2 等。其中 A 为钛赤铁矿，呈浅白色；B 为较多 Fe、Ti、O，少量 V、Cr、Si、Al 等，为浅灰色；C 为硅酸盐矿物（Fe、Si、O、Al、Mg），为灰色，呈嵌布状；D 为 SiO_2，为暗色。

在含铬型钒钛磁铁矿球团还原过程中，会发生一系列的物化反应，形成各种固相、液相，同时也将产生各种有形的不良产物，纷繁复杂的微观结构决定了矿物的质量。还原后球团微观结构的 SEM 图如图 6-7 所示，图中 A 处为球团边缘部分。由图 6-7 可以看出：同普通球团相比，含铬型钒钛磁铁矿球团还原过程中具有类似的未反应核模型，分层现象明显。球团从外向内逐级还原，铁的氧化物逐级还原，金属铁从球团外层向内层逐级出现。1000℃时生成的金属铁已经明显地分布在球团边缘部分，随着温度升高，球团边缘生成的金属铁明显越来越多，并且开始聚集长大，与渣相、钛铁晶石等形成致密的金属铁球壳，金属铁由边缘向内逐渐生成。

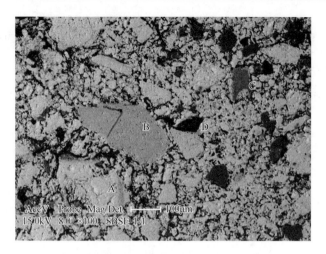

图 6-6　含铬型钒钛磁铁矿球团 SEM 图（100×）

(a)

(b)　　　　　　　　　　　　　　　　　(c)

图 6-7　含铬型钒钛磁铁矿球团还原后 SEM 图（100×）

（a）700℃；（b）1000℃；（c）1100℃

4. 块状带含铬型钒钛磁铁矿球团非等温还原有价组元迁移行为研究

为研究块状带含铬型钒钛磁铁矿球团有价组元（Fe、V、Ti 和 Cr）的迁移行为，采用 X 射线衍射分析技术对含铬型钒钛磁铁矿球团及其非等温还原过程中的物相组成进行分析，结果如图 6-8 所示。表 6-2 为不同还原温度下产物的物相组成。

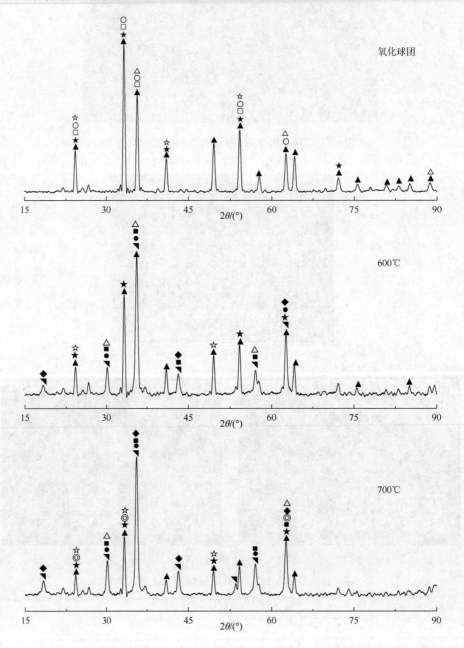

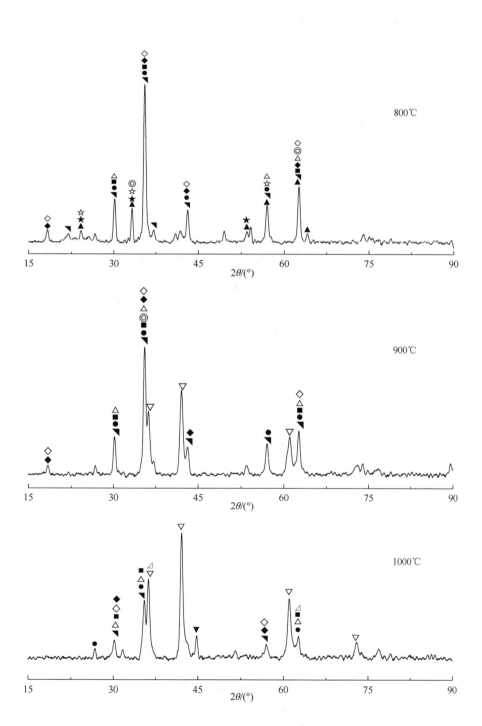

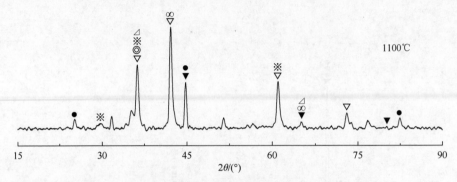

图 6-8　含铬型钒钛磁铁矿球团还原过程中的 XRD 分析图

▲ Fe_2O_3　▼ Fe_3O_4　▽ FeO　▼ Fe　○ $Fe_2Ti_3O_9$　□ $(Fe_{0.6}Cr_{0.4})_2O_3$　★ $CrVO_3$　● $FeCr_2O_4$
■ Fe_5TiO_8　※ Fe_2TiO_4　◎ $FeTiO_3$　◆ Mg_2VO_4　☆ V_2O_3　∞ VO　⊿ Cr_2O_3　△ Fe_2VO_4　◇ MgV_2O_4

表 6-2　不同还原温度下产物的物相组成

项目	物相组成
氧化球团	Fe_2O_3、$Fe_2Ti_3O_9$、$CrVO_3$、$(Fe_{0.6}Cr_{0.4})_2O_3$、Fe_2VO_4、V_2O_3
600℃	Fe_2O_3、Fe_3O_4、$CrVO_3$、$FeCr_2O_4$、Fe_5TiO_8、Fe_2VO_4、Mg_2VO_4、V_2O_3
700℃	Fe_2O_3、Fe_3O_4、$CrVO_3$、$FeCr_2O_4$、Fe_5TiO_8、$FeTiO_3$、Fe_2VO_4、Mg_2VO_4、V_2O_3
800℃	Fe_2O_3、Fe_3O_4、$CrVO_3$、$FeCr_2O_4$、Fe_5TiO_8、$FeTiO_3$、Fe_2VO_4、Mg_2VO_4、MgV_2O_4
900℃	Fe_3O_4、FeO、$FeCr_2O_4$、Fe_5TiO_8、$FeTiO_3$、Fe_2VO_4、Mg_2VO_4、MgV_2O_4
1000℃	Fe_3O_4、FeO、$FeCr_2O_4$、Cr_2O_3、Fe_5TiO_8、Fe_2VO_4、Mg_2VO_4、MgV_2O_4
1100℃	FeO、Fe、$FeCr_2O_4$、Cr_2O_3、Fe_2TiO_4、$FeTiO_3$、VO

　　根据以上结果并结合热力学计算，可得出含铬型钒钛磁铁矿球团块状带还原
过程中铁氧化物和铁钛氧化物所发生的还原反应，其过程如下所示：
　　（1）赤铁矿先被还原为磁铁矿，发生的反应为
$$3Fe_2O_3 + CO === 2Fe_3O_4 + CO_2$$
　　（2）磁铁矿被还原成浮氏体，发生的反应为
$$Fe_3O_4 + CO === 3FeO + CO_2$$
　　（3）部分浮氏体还原成金属铁，发生的反应为
$$FeO + CO === Fe + CO_2$$
　　（4）铁板钛矿还原成钛铁晶石，发生的反应为
$$Fe_2TiO_5 + CO === Fe_2TiO_4 + CO_2$$
　　（5）部分磁铁矿与钛铁晶石形成高铁钛铁晶石，发生的反应为
$$Fe_3O_4 + Fe_2TiO_4 === Fe_5TiO_8$$

（6）高铁钛铁晶石中的磁铁矿被还原成浮氏体，留下难还原的钛铁晶石

$$Fe_5TiO_8 + CO = 3FeO + Fe_2TiO_4 + CO_2$$

（7）钛铁晶石中 FeO 继续被还原，生成钛铁矿

$$Fe_2TiO_4 + CO = Fe + FeTiO_3 + CO_2$$

由上述研究可得出有价组元铁、钛的迁移行为：$Fe_2O_3 \rightarrow Fe_3O_4 \rightarrow FeO \rightarrow Fe$；$Fe_2Ti_3O_9 \rightarrow Fe_2TiO_4 \rightarrow Fe_5TiO_8 \rightarrow Fe_2TiO_4 \rightarrow FeTiO_3$。

含铬型钒钛磁铁矿球团块状带还原过程中钒氧化物发生的还原反应如下：

（1）钒尖晶石还原为 V_2O_3 和金属 Fe

$$FeO \cdot V_2O_3 + CO = V_2O_3 + Fe + CO_2$$

（2）V_2O_3 还原为金属 VO

$$V_2O_3 + CO = 2VO + CO_2$$

含铬型钒钛磁铁矿球团块状带还原过程中物相 $(Fe_{0.6}Cr_{0.4})_2O_3$ 转变为铬尖晶石（$FeO \cdot Cr_2O_3$），$FeO \cdot Cr_2O_3$ 还原生成 Cr_2O_3

$$FeO \cdot Cr_2O_3 + CO = Cr_2O_3 + Fe + CO_2$$

故非等温还原过程研究得出有价组元钒、铬的迁移行为为 $FeO \cdot V_2O_3 \rightarrow V_2O_3 \rightarrow VO \rightarrow [V]$；$(Fe_{0.6}Cr_{0.4})_2O_3 \rightarrow FeO \cdot Cr_2O_3 \rightarrow Cr_2O_3$。

6.1.2　块状带含铬型钒钛磁铁矿球团等温还原过程研究

本节主要研究高炉块状带含铬型钒钛磁铁矿球团的等温还原过程，包括实验方案与内容、结果与分析等。

1. 实验方案与内容

为研究高炉块状带含铬型钒钛磁铁矿的等温还原过程，选取含铬型钒钛磁铁矿球团进行还原实验，并制定如下实验方案与内容。

（1）实验试样选择 500g 粒径为 10.0～13.0mm 的含铬型钒钛磁铁矿球团，采用铁矿石冶金性能综合测定仪进行还原实验研究，模拟还原过程高炉熔滴等温还原升温制度和炉内气氛（表 6-3）。

表 6-3　等温还原升温制度和炉内气氛

温度范围	变温速度/(℃/min)	气体成分	气体流量/(L/min)
室温～指定温度	10	100% N_2	3
指定温度恒温 30min	0	100% N_2	15
900℃恒温 3h	0	30% CO 4.5L/min；70% N_2 10.5L/min	15
900℃到室温	自然冷却	100% N_2	5

（2）研究含铬型钒钛磁铁矿球团在块状带的还原膨胀率及还原冷却后的抗压强度。

（3）研究含铬型钒钛磁铁矿球团在块状带还原前后的物相组成和微观形貌。

（4）研究含铬型钒钛磁铁矿球团在块状带的气-固非等温还原动力学机理。

实验步骤如下：

等温还原实验步骤（a）、（b）、（e）和6.1.1节实验步骤相同，步骤（c）、（d）如下所述。

（c）反应器通电升温，每次实验过程之前调整好温度控制制度，等温还原实验升温制度和还原过程中的炉内气氛如表6-3所示。

（d）还原，指定还原温度恒温结束后，将500g砝码放于天平上开始通入还原气体进行还原，还原过程中每隔1min记录一次还原失重，还原时间为3h。还原实验计算机界面示意图如图6-9所示。还原冷却后的球团宏观形貌如图6-10所示。

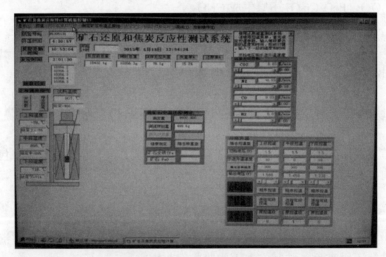

图6-9 还原实验计算机界面示意图

(a)   (b)

(c)   (d)

图 6-10　含铬型钒钛磁铁矿球团不同温度还原后的宏观形貌

(a) 800℃；(b) 900℃；(c) 1000℃；(d) 1100℃

2. 块状带含铬型钒钛磁铁矿球团等温还原特性

本节主要对块状带含铬型钒钛磁铁矿球团的等温还原特性进行分析研究，包括含铬型钒钛磁铁矿球团的还原率、还原膨胀率、还原冷却后的抗压强度和微观结构变化等内容。

1）含铬型钒钛磁铁矿球团还原率

分别在 800℃、900℃、1000℃和 1100℃的温度下进行还原实验，结果如图 6-11 所示。含铬型钒钛磁铁矿球团的最终还原率如表 6-4 所示。

表 6-4　不同温度还原含铬型钒钛磁铁矿球团的最终还原率

温度/℃	800	900	1000	1100
最终还原率/%	62.78	63.96	66.42	86.70

从图 6-11 和表 6-4 的实验结果可看出，含铬型钒钛磁铁矿球团还原时，当温度从 800℃升到 1100℃的最终还原率呈上升的趋势。从 800℃到 1000℃的最终还原率轻微地上升，从 1000℃升到 1100℃的最终还原率明显上升。

含铬型钒钛磁铁矿球团在还原过程中，有界面化学反应、内扩散和外扩散三个主要的限制性环节。含铬型钒钛磁铁矿球团有一定的孔隙，随着界面化学反应的进行，扩散也在进行。当温度升高，界面化学反应率和扩散率都升高。从分子动力学理论看，当温度升高，分子运动加快，氧化物与还原剂 CO 接触的机会增大。同时，在高温下，分子的活跃程度增加，上述因素都将促使还原反应的进行。

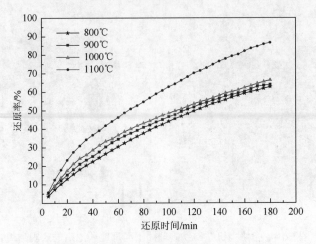

图 6-11　不同温度下还原率随时间的变化

2）含铬型钒钛磁铁矿球团还原膨胀率

含铬型钒钛磁铁矿球团还原膨胀率随还原温度的变化示意图如图 6-12 所示。随着还原温度的升高,含铬型钒钛磁铁矿球团的还原膨胀率逐渐升高,800℃最低,为 2.48%,1100℃达到最大值,为 24.94%。

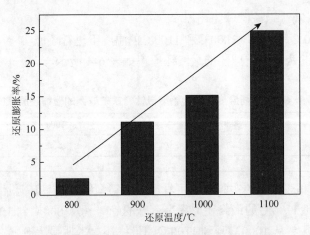

图 6-12　还原膨胀率随还原温度的变化示意图

不同还原温度下,含铬型钒钛磁铁矿球团还原到一定程度时,开始在浮氏体界面各适宜点析出纤维状金属铁,即所谓的"铁晶须",沿着孔隙生长,导致其膨胀加剧。还原温度越高时,"铁晶须"生成量越多,体积膨胀率越大,还原膨胀率越高。1100℃的还原膨胀率＞20%,说明含铬型钒钛磁铁矿球团发生异常膨胀。

3）含铬型钒钛磁铁矿球团还原冷却后抗压强度

含铬型钒钛磁铁矿球团还原冷却后的抗压强度随还原温度的变化示意图如图 6-13 所示。随着还原温度的升高，含铬型钒钛磁铁矿球团还原冷却后的抗压强度逐渐降低，800℃最高，为 941N/个，1100℃达到最低值，为 325N/个。

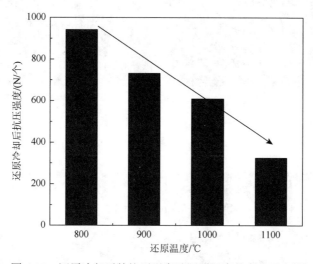

图 6-13　还原冷却后的抗压强度随还原温度的变化示意图

不同还原温度下，含铬型钒钛磁铁矿球团还原冷却后的抗压强度与还原膨胀率密切相关。含铬型钒钛磁铁矿球团在 800~1100℃还原过程中，随着温度的升高，还原膨胀率逐渐增大、体积逐渐膨胀、孔隙率逐渐增加，导致球团抗压强度逐渐下降。

4）含铬型钒钛磁铁矿球团微观形貌研究

为了考察含铬型钒钛磁铁矿球团还原程度较高的微观结构，对还原温度分别为 900℃、1000℃和 1100℃，还原 3h 后的球团进行 SEM 分析，其结果如图 6-14 和图 6-15 所示。

(a)

图 6-14　含铬型钒钛磁铁矿球团在不同温度还原 3h 后的 SEM 图（50×）

（a）900℃；（b）1000℃；（c）1100℃

图 6-15　含铬型钒钛磁铁矿球团 900℃还原 3h 后 SEM 图

（a）300×；（b）500×

图 6-15 中 A 为光亮的金属铁部分，B 为渣相。由图可以看出，随着还原温度的升高，生成的金属铁越来越多，并且逐渐聚集长大，渣相填充在金属铁的周围。通过对区域 A 和区域 B 进行 EDS 分析，结果如图 6-16 所示。区域 A 成分为纯 Fe，区域 B 成分为含 Fe、O、V、Ti、Cr、Na、Si 等的渣相部分。

3. 块状带含铬型钒钛磁铁矿球团等温还原有价组元迁移行为研究

为进一步研究块状带含铬型钒钛磁铁矿有价组元迁移行为，采用 X 射线衍射分析技术对还原温度分别为 800℃、900℃、1000℃和 1100℃，还原 3h 后的含铬型钒钛磁铁矿球团进行物相组成分析，结果如图 6-17 所示。表 6-5 为不同温度还原含铬型钒钛磁铁矿球团的物相组成。

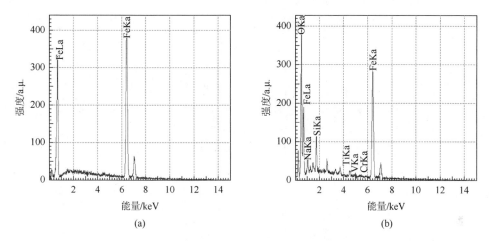

图 6-16　含铬型钒钛磁铁矿球团 900℃还原 3h 后 EDS 图

（a）区域 A 能谱图；（b）区域 B 能谱图

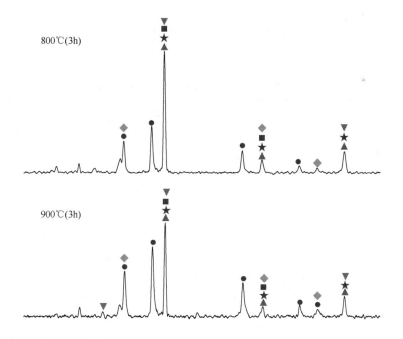

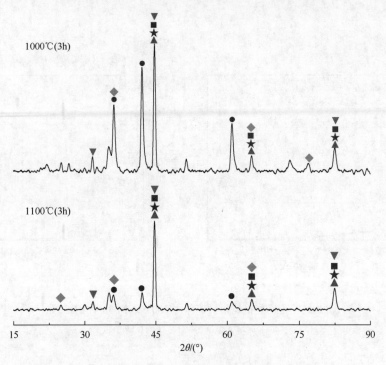

图 6-17 不同温度还原含铬型钒钛磁铁矿球团的 XRD 图

● FeO ▲ Fe ★ VO ■ FeV ▼ FeCr$_2$O$_4$ ◆ Cr$_2$O$_3$

表 6-5 不同温度还原含铬型钒钛磁铁矿球团的物相组成

还原温度	物相组成
800℃	FeO、Fe、VO、FeV、FeCr$_2$O$_4$、Cr$_2$O$_3$
900℃	FeO、Fe、VO、FeV、FeCr$_2$O$_4$、Cr$_2$O$_3$
1000℃	FeO、Fe、VO、FeV、FeCr$_2$O$_4$、Cr$_2$O$_3$
1100℃	FeO、Fe、VO、FeV、FeCr$_2$O$_4$、Cr$_2$O$_3$

由图 6-17 可得：不同温度还原 3h 的含铬型钒钛磁铁矿球团中仍有 FeO 存在，说明铁氧化物没有还原完全，但 1100℃的 FeO 峰值明显低于 800℃、900℃和 1000℃的峰值，进一步验证了 1100℃时含铬型钒钛磁铁矿球团的最终还原率明显高于其他三个温度的最终还原率；铁还原率比较高时，少量的钒与铁结合在一起，这种情况下，钒氧化物还原出的钒固溶于铁相中，结合非等温还原过程有价组元迁移行为的研究结果，得出有价组元钒的迁移行为为 FeO·V$_2$O$_3$→V$_2$O$_3$→VO→[V]；铬氧化物 FeO·Cr$_2$O$_3$ 还原为 Cr$_2$O$_3$。

6.1.3　本节小结

本节针对在高炉块状带含铬型钒钛磁铁矿球团的非等温和等温还原过程进行了研究，得出如下结论。

（1）通过对含铬型钒钛磁铁矿球团在高炉块状带的 400～1100℃非等温还原过程进行研究，得出含铬型钒钛磁铁矿球团从 400℃还原到 1100℃所需的还原时间为 102min 54s，最终还原率为 51.84%。含铬型钒钛磁铁矿球团的还原膨胀率呈先增大后减小的趋势，900℃时最大。含铬型钒钛磁铁矿球团的还原冷却后的抗压强度呈先减小后增大的趋势，700℃时最小。

（2）通过对含铬型钒钛磁铁矿球团在高炉块状带的800～1100℃等温还原过程进行研究，得出含铬型钒钛磁铁矿球团的最终还原率先从 800℃的 62.78%轻微上升到1000℃的 66.42%，再明显上升到 1100℃的 86.70%。含铬型钒钛磁铁矿球团的还原膨胀率逐渐升高，从 800℃的 2.48%升高到 1100℃的 24.94%。含铬型钒钛磁铁矿球团的还原冷却后的抗压强度逐渐减小，从 800℃的 941N/个减小到 1100℃的 325N/个。

6.2　块状带含铬型钒钛磁铁矿球团还原表观动力学研究

本节主要研究含铬型钒钛磁铁矿球团的还原表观动力学，包含非等温还原表观动力学和等温还原表观动力学。

6.2.1　非等温还原表观动力学研究

本节通过还原失重法模拟高炉块状带 400～1100℃非等温还原含铬型钒钛磁铁矿球团的表观动力学行为并进行更深入的研究，综合考察了界面化学反应和内扩散等可能的控制环节，以更全面揭示高炉冶炼含铬型钒钛磁铁矿的还原行为和还原规律，阐述其还原机理，为含铬型钒钛磁铁矿应用于炼铁提供理论基础。

1. 实验原料及实验方法

1）实验原料

实验所用含铬型钒钛磁铁矿球团由含铬型钒钛磁铁矿、高品位欧控粉、低品位欧控粉和外配 1wt%膨润土，经 1275℃氧化焙烧而成。抗压强度大于 2000N/个，直径为 10～12.5mm，化学成分如表 6-6 所示。

表 6-6　　含铬型钒钛磁铁矿球团化学成分

组分	TFe	FeO	CaO	MgO	SiO$_2$	V$_2$O$_5$	TiO$_2$	Cr$_2$O$_3$
含量/wt%	62.25	0.66	0.05	0.31	5.25	0.41	2.47	0.28

2）实验设备与方法

含铬型钒钛磁铁矿球团的非等温还原实验采用东北大学自行研制的铁矿石还原失重测定仪进行，反应管内径为 75mm，由电子天平测定还原过程中的失重量，再通过计算机记录数据，并使用软件绘出还原过程曲线。实验方法如下：在还原管底部铺 100g 瓷珠，在瓷珠上面均匀分布 500g 含铬型钒钛磁铁矿球团。实验过程模拟高炉进行，实验升温制度和还原过程中的炉内气氛如表 6-7 所示，400℃开始通入还原气体，当炉内测温电偶达到 1100℃时立即结束实验，并通入 N$_2$ 保护直至还原管内温度降至室温。

表 6-7　　非等温还原升温制度和炉内气氛

温度范围	变温速度/(℃/min)	气体成分/%(体积分数)	气体流量/(L/min)
室温至 400℃	10	100% N$_2$	3
400～900℃	10	CO 26%，3.9L/min； CO$_2$ 14%，2.1L/min； N$_2$ 60%，9L/min	15
900～1020℃	3	CO 30%，4.5L/min；	15
1020～1100℃	5	N$_2$ 70%，10.5L/min	
1100℃至室温	自然冷却	100% N$_2$	5

2. 实验结果与讨论

还原率（r）采用如下公式计算

$$r = \left(\frac{0.111W_1}{0.430W_2} + \frac{m_0 - m_t}{m_0 \times 0.430W_2} \times 100 \right) \times 100\% \qquad (6\text{-}4)$$

式中，W_1 和 W_2 分别为含铬型钒钛磁铁矿球团还原前的 FeO 和 TFe 质量分数（wt%）；m_0 是还原前球团的质量（500g）；m_t 是还原时间 t 时的球团质量。采用式（6-4）计算所得的误差小于 0.1%。

图6-18为模拟高炉冶炼含铬型钒钛磁铁矿球团块状带还原过程中还原率和还原速率的变化示意图。含铬型钒钛磁铁矿球团还原到 900℃的还原率为 27.14%，

所需的还原时间约为 75.5min，还原到 1100℃的还原率为 51.84%，所需的还原时间约为 103min。在第一阶段 400～900℃温度范围内，随着还原温度的升高，还原速率先逐渐增大，在 20min 左右还原速率达到最大值之后开始降低；在第二阶段 900～1100℃温度范围内，还原速率的变化趋势与第一阶段相类似，还原速率在 75min 左右达到最高。在两个还原阶段的节点处，即 900℃前后还原速率明显提高很多，这主要是因为 900℃时气体成分中 CO 流量明显升高、CO_2 流量降低为零。

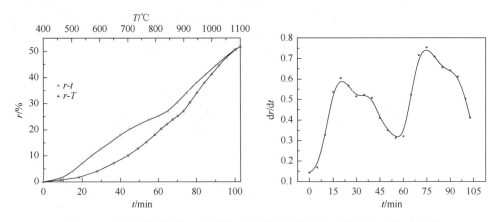

图 6-18　含铬型钒钛磁铁矿球团还原过程中还原率和还原速率变化示意图

1）控制环节的初步探讨

为研究含铬型钒钛磁铁矿球团块状带非等温还原表观动力学规律，首先做适当的假设和分析。由于实验中气流速度大于临界气流速度，已尽可能避免外扩散对还原反应的限制，可初步认为还原过程控制环节主要由气体反应物内扩散、界面化学反应或两者混合控制，由推导可得不同控制环节的动力学速率方程[1-6]。

若还原过程由界面化学反应控制，则应满足

$$[1-(1-r)^{1/3}] = k_r \cdot t + C_1 \tag{6-5}$$

若还原过程由固体产物层中气体内扩散控制，则应满足

$$[1-2r/3-(1-r)^{2/3}] = k_d \cdot t + C_2 \tag{6-6}$$

式中，r 为还原率；t 为还原时间(min)；k_r 为界面还原反应速率常数(min^{-1})；k_d 为内扩散反应速率常数(min^{-1})；C_1、C_2 均为常数。

根据上述不同控制环节的动力学速率方程，设

$$F_1(r) = 1-(1-r)^{1/3} \tag{6-7}$$

$$F_2(r) = 1-2r/3-(1-r)^{2/3} \qquad (6-8)$$

图 6-19 为 $F_2(r)/F_1(r)$ 随 t 的变化示意图，由图中可以看出，在 400～900℃和 900～1100℃范围内，$F_2(r)/F_1(r)$ 均与 t 呈较好的直线关系，故可初步认为在含铬型钒钛磁铁矿球团还原过程中反应速率由界面化学反应和气体通过产物层的内扩散混合控制。

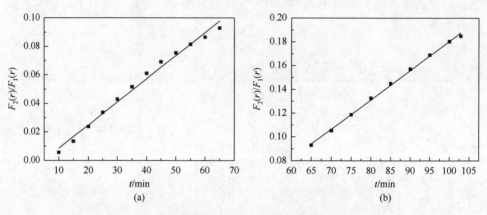

图 6-19　非等温还原过程中 $F_2(r)/F_1(r)$ 与 t 的关系曲线

(a) 400～900℃；(b) 900～1100℃

2）表观反应级数的确定

对非等温还原反应进行表观动力学分析时，可用如下两种不同形式的还原表观动力学方程表示

$$\mathrm{d}r_t/\mathrm{d}t = k f(r) \qquad (6-9)$$

$$G(r) = kt \qquad (6-10)$$

式中，k 为反应速率常数；$f(r)$、$G(r)$ 分别为微分形式和积分形式的动力学机理函数，且 $f(r) = 1/G'(r)$；r_t 为反应 t 时的还原度。

还原过程中反应级数的确定采用如下几何收敛模型[7]

$$G(r) = -\ln(1-r) \qquad (6-11)$$

$$f(r) = 1-r \qquad (6-12)$$

若上述收敛模型适合判断反应级数，则应满足

$$-\ln(1-r) = kt \qquad (6-13)$$

通过分析研究 400～1100℃的还原表观动力学数据，得出 $-\ln(1-r)$ 随 t 的变化示意图如图 6-20 所示。$-\ln(1-r)$ 在 400～900℃、900～1100℃均与 t 呈较好的直线关系，可知本实验中含铬型钒钛磁铁矿球团还原反应级数符合一级几何收敛。

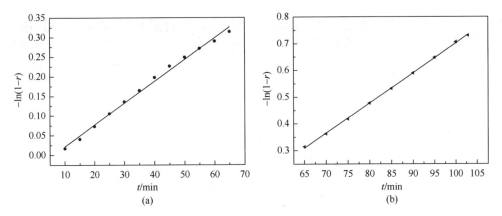

图 6-20　含铬型钒钛磁铁矿球团还原反应级数分析

（a）0～65.5min；（b）65.5～103min

3）表观活化能求解方法——Coats-Redfern 近似式法

Coats-Redfern 近似式法采用积分法进行表观动力学分析[8]。

k 与反应温度 T 之间的关系可用阿伦尼乌斯方程表示

$$k = A\exp\left(-E_a/RT\right) \qquad (6\text{-}14)$$

式中，A 为表观指前因子；E_a 为反应活化能(kJ/mol)；R 为摩尔气体常量[8.314J/(mol·K)]；T 为还原温度(℃)。

由

$$T = T_0 + \beta t \qquad (6\text{-}15)$$

可得

$$\mathrm{d}T/\mathrm{d}t = \beta \qquad (6\text{-}16)$$

式中，T_0 为基点温度(K)；β 为加热速率(K/min)。

联立式（6-9）、式（6-14）、式（6-16），可得非等温条件下的表观动力学方程式为

$$\frac{\mathrm{d}r}{\mathrm{d}T} = \frac{A}{\beta} f(r)\exp(-E_a / RT) \qquad (6\text{-}17)$$

则由方程（6-17）求积分得

$$\int_0^r \frac{\mathrm{d}r}{f(r)} = G(r) = \frac{A}{\beta}\int_{T_0}^T \exp\left(-\frac{E_a}{RT}\right)\mathrm{d}T = \frac{A}{\beta}\int_0^T \exp\left(-\frac{E_a}{RT}\right)\mathrm{d}T \qquad (6\text{-}18)$$

式（6-18）的近似解析解为

$$G(r) = \frac{A}{\beta}\cdot\frac{E_a}{R}\cdot P(u) \approx \frac{A}{\beta}\cdot\frac{E_a}{R}\cdot\int_\infty^u \frac{\mathrm{e}^{-u}}{u^2}\mathrm{d}u = \frac{AE_a}{\beta R} p(u) = \frac{AE_a}{\beta R}\cdot\frac{\mathrm{e}^{-u}}{u}\pi(u) \qquad (6\text{-}19)$$

式中，$u = \dfrac{E_a}{RT}$；$P(u) = \dfrac{\exp(-u)}{u}\pi(u)$。

取方程（6-19）右端括号内前两项，得一级近似的表达式，即 Coats-Redfern 近似式

$$\int_0^T e^{-E_a/RT} \, \mathrm{d}T \approx \frac{E_a}{R} \cdot P(u) = \frac{E_a}{R} \frac{e^{-u}}{u^2}\left(1 - \frac{2}{u}\right) = \frac{RT^2}{E_a}\left(1 - \frac{2RT}{E_a}\right)e^{-E_a/RT} \quad (6\text{-}20)$$

并设 $f(r) = (1-r)^n$，则有

$$\int_0^r \frac{\mathrm{d}r}{(1-r)^n} = \frac{A}{\beta} \frac{RT^2}{E_a}\left(1 - \frac{2RT}{E_a}\right)e^{-E_a/RT} \quad (6\text{-}21)$$

整理积分方程（6-21），并在两边取对数，得 Coats-Redfern 方程

当 $n \neq 1$ 时，

$$\ln\left[\frac{1-(1-r)^{1-n}}{T^2(1-r)}\right] = \ln\left[\frac{AR}{\beta E_a}\left(1 - \frac{2RT}{E_a}\right)\right] - \frac{E_a}{RT} \quad (6\text{-}22)$$

当 $n = 1$ 时，

$$\ln\left[\frac{-\ln(1-r)}{T^2}\right] = \ln\left[\frac{AR}{\beta E_a}\left(1 - \frac{2RT}{E_a}\right)\right] - \frac{E_a}{RT} \quad (6\text{-}23)$$

当 $n \neq 1$ 时，$\ln\{[1-(1-r)^{1-n}]/[(1-n)T^2]\}$ 对 $1/T$ 作图，而 $n = 1$ 时，$\ln\{[-\ln(1-r)]/T^2\}$ 对 $1/T$ 作图，都能得到一条直线，从斜率可求得 E_a 值。

4）表观活化能求解及控制环节确定

确定化学反应控制环节的方法主要有活化能法、浓度差法和搅拌强度法等[2]，本实验采用活化能法来确定模拟高炉块状带还原含铬型钒钛磁铁矿球团的控制环节。本实验对于含铬型钒钛磁铁矿球团非等温还原反应，反应级数符合一级几何收敛，故可采用式（6-23）所示的 Coats-Redfern 公式来判断反应模式。图 6-21 为 $\ln\{[-\ln(1-r)]/T^2\}$ 与 $1/T$ 的关系图，由图 6-21 直线斜率可求得反应活化能 E 为 42.6kJ/mol。

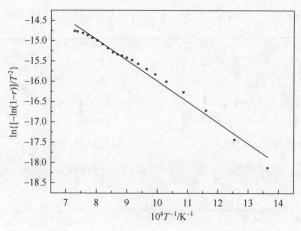

图 6-21　$\ln\{[-\ln(1-r)]/T^2\}$ 与 T^{-1} 的关系图

根据活化能的相关判定依据[9, 10]，在气体内扩散、界面化学反应控速条件下，CO 作为还原剂的反应表观活化能分别为 8.0～28.0kJ/mol、50.0～75.0kJ/mol，两个环节混合控速时的表观活化能则处于这两个环节分别控速时的表观活化能之间。本实验求得反应活化能为 42.6kJ/mol，介于 28.0～50.0kJ/mol 之间。因此本实验认为，高炉块状带 400～1100℃非等温还原过程的反应速率由界面化学反应和气体通过产物层的内扩散混合控制。

6.2.2 等温还原表观动力学研究

1. 实验原料及实验方法

本节研究了含铬型钒钛磁铁矿球团的等温还原表观动力学，还原所用实验设备和非等温还原实验所用设备相同，研究过程如下。

（1）装料过程为：在还原管底部铺 100g 瓷珠，瓷珠上均匀分布 500g 含铬型钒钛磁铁矿球团。瓷珠的作用是均匀气流和预热反应气。

（2）将还原管放入还原炉中，控温过程通过计算机设定和调节，气体气氛可以随时调节。升温时，N_2 流量为 3L/min，恒温时，N_2 流量为 15L/min，恒温时间为 30min，恒温 30min 后通入还原气，还原气氛采用两种，其中一种为：CO 3.9L/min、CO_2 2.1L/min 和 N_2 9L/min，比例分别为 26%、14%和 60%；另一种为：CO 4.5L/min 和 N_2 10.5L/min，比例分别为 30%和 70%。还原时间为 3h，还原温度分别为 600℃、700℃、800℃和 900℃。

（3）还原过程中的失重量在电子天平上显示并可以传输到计算机。

（4）还原后，将还原管取出炉外，并通入 5L/min N_2 进行保护冷却，防止还原后的球团再氧化，直至 100℃以下，可以做后续成分分析、强度测试、物相分析和微观结构表征等。

（5）采用失重数据连同球团成分计算还原率、还原速率等，分析还原表观动力学性能，得出相应的控制性环节。同时，综合比较分析两种还原气氛下的差异。

2. 实验结果与讨论

两种不同还原气氛下的含铬型钒钛磁铁矿球团的还原结果如图 6-22 和表 6-8 所示。结果表明：含铬型钒钛磁铁矿球团的还原率和还原时间、还原温度和还原气氛等因素有很大的相关性。随还原温度的升高，还原加剧。两种还原气氛下，600℃到 700℃时的还原率增加速率均最快。比较两种不同还原气氛下的还原发现：CO-N_2 气氛下的还原程度远高于 CO-CO_2-N_2 气氛下的还原程度，此外，CO-CO_2-N_2 气氛下在还原 2h 后出现一段时间的逆向还原、失重增加的情况，而 CO-N_2 气氛下未出现这种情况。

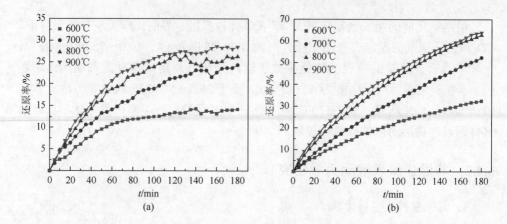

图 6-22　600~900℃、不同气氛条件时还原温度对含铬型钒钛磁铁矿球团还原的影响

（a）CO-CO₂-N₂；（b）CO-N₂

表 6-8　600~900℃、不同气氛条件时还原率的结果（%）

温度	26%CO-14%CO₂-60%N₂			30%CO-70%N₂		
	1h	2h	3h	1h	2h	3h
873K	10.65	13.42	14.16	16.04	25.61	32.49
973K	14.10	21.35	24.33	21.95	38.54	52.36
1073K	18.79	26.70	26.25	30.61	49.71	62.78
1173K	20.74	26.94	28.51	34.52	51.90	63.96

1）CO-CO₂-N₂ 还原气氛下的还原表观动力学研究

本节研究 CO-CO₂-N₂ 还原气氛下的还原表观动力学性能。通过研究还原率与还原时间的关系，采用基于 MATLAB 的最小二乘法，得到最佳的拟合模型 $r = at^2 + bt + c$（a、b 和 c 为常量），回归系数分别为

$$a = -0.0008,\ b = 0.2085,\ c = 0.6661\ （600℃）$$

$$a = -0.0008,\ b = 0.2647,\ c = 1.3522\ （700℃）$$

$$a = -0.0015,\ b = 0.3884,\ c = 0.6708\ （800℃）$$

$$a = -0.0019,\ b = 0.4476,\ c = 0.5875\ （900℃）$$

还原率和还原时间的回归方程分别为

$$r = -0.0008t^2 + 0.2085t + 0.6661\ （600℃，t < 140min）$$

$$r = -0.0008t^2 + 0.2647t + 1.3522\ （700℃，t < 140min）$$

$$r = -0.0015t^2 + 0.3884t + 0.6708\ （800℃，t < 120min）$$

$$r = -0.0019t^2 + 0.4476t + 0.5875\ （900℃，t < 120min）$$

通过对还原率的实验数据和采用最小二乘法得到的模型数据进行比较研究，发现：还原时间在 2h 内时，模型数据可以和实验数据较好地吻合，其结果如图 6-23 所示，还原时间超过 2h 后，还原出现明显的阻滞现象，甚至出现增重的情况，这可能是由于沉积碳（CO 热裂解反应 $2CO \rightleftharpoons C + CO_2$）[11]和 CO_2 发生碳气化反应（6-24）所导致。

$$C + CO_2 \rightleftharpoons 2CO \quad \Delta G^{\ominus} = 166550 - 171.00T(J/mol) \quad (6-24)$$

式中，$\Delta G^{\ominus}$ 为标准吉布斯自由能变；T 是温度(K)。通过 dr/dt 计算结果研究，发现其变化趋势和最小二乘法拟合得到的模型进行微分分析得到的 $dr/dt = 2at + b$ 中的速率数据相一致，随着还原的进行，还原速率降低。

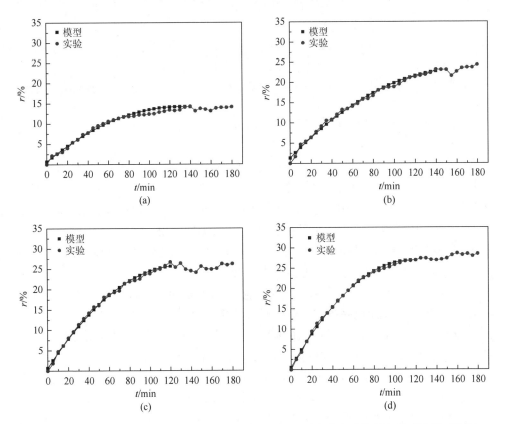

图 6-23 CO-CO_2-N_2 气氛时含铬型钒钛磁铁矿球团还原率的实验数据和模型数据对比图

(a) 600℃；(b) 700℃；(c) 800℃；(d) 900℃

图 6-24 为不同温度时，还原率为 5%、10%和 20%对应的还原速率，从图中也可看出不同温度时均出现随还原的进行，还原速率降低，不同温度对应相同的还原率时，随温度的升高，其相应的还原速率升高。

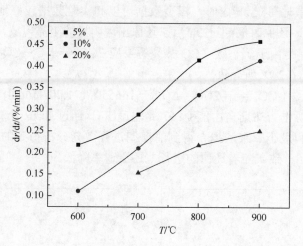

图 6-24　$CO-CO_2-N_2$ 气氛、不同还原程度时温度对含铬型钒钛磁铁矿球团还原速率的影响

为了确定不同还原阶段的速率控制环节，表观活化能（E_a）通过阿伦尼乌斯公式

$$k_r = k_o \cdot e^{-E_a/RT}$$ （6-25）

计算所得。式中，k_r 是还原速率常数；k_o 是频率因子；R 是摩尔气体常量；T 是热力学温度。根据图 6-24 中的还原曲线，通过对还原速率的对数[$\ln(dr/dt)$]和温度的倒数（$1/T$）作图得出的结果如图 6-25 所示，根据图 6-25 计算得到不同还原率时对应的表观活化能（表 6-9）。CO 作还原剂时，根据田彦文等[12]对相关活化能的判定，控制环节为气体通过产物层的内扩散控制时，活化能在 4.2～21kJ/mol 之间，控制环节为界面化学反应时，活化能在 42～420kJ/mol 之间。此外，依据 Nasr 等[13]对活化能和速率控制环节的对应关系研究，控制环节为气体通过产物层的扩散控制时，活化能在 8～16kJ/mol 之间，控制环节为界面化学反应时，活化能在 60～67kJ/mol 之间。若控制环节为二者混合时，表观活化能介于两者之间。本节研究中的还原率为 10%对应的表观活化能（38.01kJ/mol）和还原率为 20%对应的表观活化能（23.55kJ/mol），均在 21～42kJ/mol 和 16～60.0kJ/mol 之间，因此，$CO-CO_2-N_2$ 还原气氛下的反应速率由界面化学反应和气体通过产物层的扩散混合控制，具体表现为：初始阶段，控制环节主要为界面化学反应，随还原率从 10%到 20%时，气体通过产物层的扩散控制环节逐渐增强。

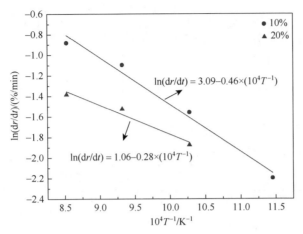

图 6-25　CO-CO$_2$-N$_2$ 气氛时含铬型钒钛磁铁矿球团还原的阿伦尼乌斯曲线图

表 6-9　CO-CO$_2$-N$_2$ 气氛时含铬型钒钛磁铁矿球团还原的表观活化能

$r/\%$	10	20
$E_a/(kJ/mol)$	38.01	23.55

为了进一步验证还原过程中的控制环节，本节继续采用不同的气-固反应数学模型来证实速率控制环节。若速率控制环节为界面化学反应时，需满足修正的气-固反应模型

$$1-(1-X)^{1/2} = k_i \cdot t + C_1 \qquad (6\text{-}26)$$

式中，X 是分部还原率，依据式（6-27）进行计算

$$X = \frac{m_0 - m_t}{m_0 \times W_3} \times 100\% \qquad (6\text{-}27)$$

式中，W_3 是可还原氧化物中 O 的质量分数；k_i 是界面化学反应速率常数；C_1 是常数。依据实验结果，600~900℃的界面化学反应动力学数据通过上述公式计算分析得到如图 6-26 所示的结果。在 120min 之前，变量 $1-(1-X)^{1/2}$ 和 t 有一个很好的线性关系。因此，进一步表明，120min 内界面化学反应为含铬型钒钛磁铁矿球团还原过程的控制环节，但是，120min 后，$1-(1-X)^{1/2}$ 和 t 没有很好的线性关系，表明 120min 后界面化学反应不是相应的控制环节。

若速率控制环节为气体通过产物层的扩散控制时，需满足修正的气-固反应模型

$$X + (1-X)\ln(1-X) = k_d \cdot t + C_2 \qquad (6\text{-}28)$$

式中，k_d 是气体通过产物层的扩散控制速率常数；C_2 是常数。依据实验结果，600~900℃的气体通过产物层的扩散控制动力学数据采用上述公式计算分析得

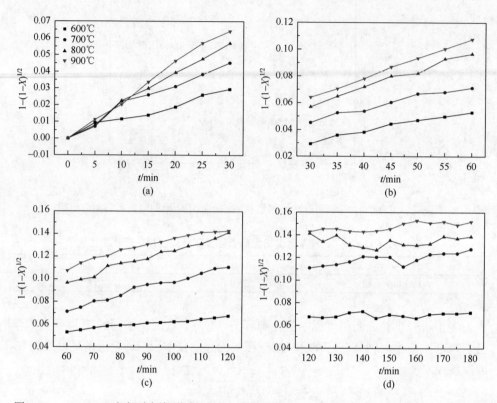

图 6-26　CO-CO$_2$-N$_2$气氛时含铬型钒钛磁铁矿球团还原控制环节为界面化学反应的表观动力学分析

（a）600℃；（b）700℃；（c）800℃；（d）900℃

到如图 6-27 所示的结果。在还原初始阶段，变量 $X + (1-X)\ln(1-X)$ 和 t 不呈一个很好的线性关系，这和前面得出的界面化学反应为主控制环节相一致。在 120min 内，随着还原的进行，气体通过产物层的扩散控制环节逐渐增强，但是，和界面化学反应的判据相似，在120min 后，$X + (1-X)\ln(1-X)$ 和 t 没有好的线性关系。上述研究表明：120min 内，还原由气体通过产物层的扩散和界面化学反应混合控制，具体为：还原初始阶段，控制环节主要为界面化学反应，120min 内随着还原的进行，控制环节逐渐转为界面化学反应和气体通过产物层的扩散混合控制；120min 后，控制环节无规律。

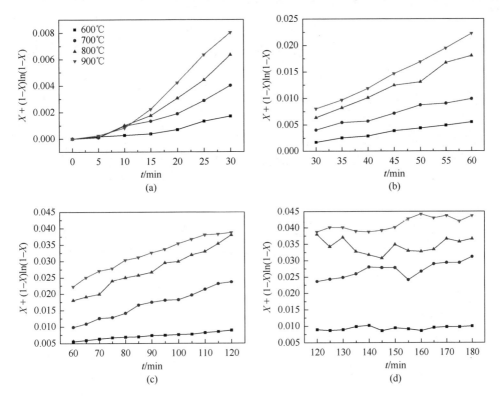

图 6-27　$CO\text{-}CO_2\text{-}N_2$气氛时含铬型钒钛磁铁矿球团还原控制环节为气体通过产物层的内扩散控制的表观动力学分析

（a）600℃；（b）700℃；（c）800℃；（d）900℃

2）$CO\text{-}N_2$还原气氛下的还原表观动力学研究

本节研究 $CO\text{-}N_2$还原气氛下的还原表观动力学性能。通过研究还原率与还原时间的关系，采用基于 MATLAB 的最小二乘法，得到最佳的拟合模型

$$r = -0.0006t^2 + 0.2741t + 1.0803 \quad (600℃)$$
$$r = -0.0006t^2 + 0.3890t + 0.6766 \quad (700℃)$$
$$r = -0.0011t^2 + 0.5350t + 2.1534 \quad (800℃)$$
$$r = -0.0014t^2 + 0.5713t + 3.7859 \quad (900℃)$$

通过对还原率的实验数据和采用最小二乘法得到的模型数据进行比较研究，发现：模型数据可以和实验数据较好地吻合，且其吻合性比 $CO\text{-}CO_2\text{-}N_2$气氛下的吻合性更好，其结果如图 6-28 所示。

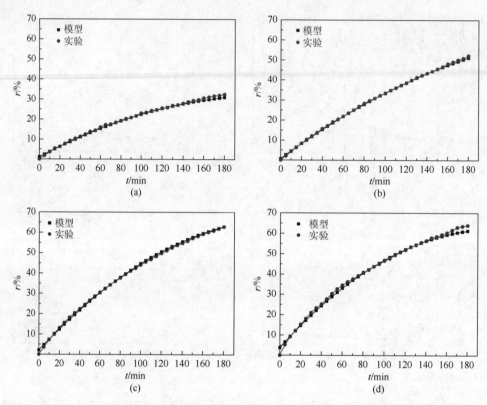

图 6-28　CO-N$_2$ 气氛时含铬型钒钛磁铁矿球团还原率的实验数据和模型数据对比图

(a) 600℃；(b) 700℃；(c) 800℃；(d) 900℃

　　通过计算分析得出，随还原的进行，还原速率（dr/dt）逐渐降低；还原率相同时，随还原温度的升高，其相应时刻的还原速率逐渐增加，这和拟合模型进行微分得到的速率方程 dr/dt = 2at + b（a 为负数）相一致。从上述速率方程可以看出，在某一特定温度下，随着还原的进行，还原速率降低，图 6-29 给出了不同温度下还原率分别为 10%、20%、30%、45% 和 60% 的还原速率结果。ln(dr/dt) 和 1/T 的关系曲线如图 6-30 所示，相应的表观活化能的计算结果如表 6-10 所示，给出还原率为 35% 对应的活化能是为了揭示还原拐点的活化能。结果表明：表观活化能整体上从 31.41～38.27kJ/mol 降到 12.79～19.33kJ/mol。

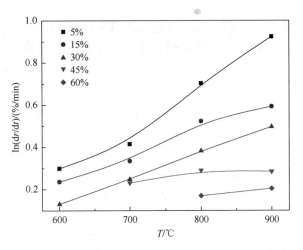

图 6-29　CO-N$_2$气氛、不同还原程度时温度对含铬型钒钛磁铁矿球团还原速率的影响

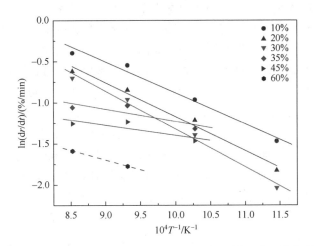

图 6-30　CO-N$_2$气氛时含铬型钒钛磁铁矿球团还原的阿伦尼乌斯曲线图

表 6-10　CO-N$_2$气氛时含铬型钒钛磁铁矿球团还原的表观活化能

r/%	10	20	30	35	45	60
E/(kJ/mol)	31.41	34.38	38.27	12.79	10.32	19.33

　　根据相关活化能的判定依据[12, 13]，结合实验得出的不同阶段的活化能，得出：还原初始阶段，控制环节主要为界面化学反应，气体通过产物层的扩散控制为辅，随着还原的进行，气体通过产物层的扩散控制环节逐渐超过界面化学反应控制环节，当还原率高于 30%时尤其明显。还原率从 30%增加到 35%时，表观活化能从 38.27kJ/mol 迅速减小到 12.79kJ/mol。由于产物层逐渐增厚，气体

通过产物层的扩散阻力显著加剧，但是当还原率达到 60%时，表观活化能却略微增加，界面化学反应控制环节影响反而在一定程度上增强，可能是由浮氏体铁到金属铁的转变所致。铁氧化物的逐级还原过程中，浮氏体铁的还原是最难还原的阶段。

本实验中得到的还原率小于 30%时的表观活化能 31.41～38.27kJ/mol 介于 21kJ/mol 和 42kJ/mol 之间，且介于 16kJ/mol 和 60.0kJ/mol 之间；还原率大于 35%时的表观活化能 10.32～12.79kJ/mol 介于气体通过产物层的扩散控制环节对应的活化能之间；当还原率达到 60%时，得到的表观活化能 19.33kJ/mol 低于 21kJ/mol，但却介于 16kJ/mol 和 60.0kJ/mol 之间，且还原率达到 60%时的活化能明显增加。因此得出：含铬型钒钛磁铁矿球团还原反应速率由界面化学反应和气体通过产物层的内扩散混合控制，具体为初始阶段，控制环节主要为界面化学反应，随着还原的进行，且还原率小于 30%时，速率控制环节逐渐转变为界面化学反应和气体通过产物层的扩散混合控制，当还原率大于 35%时，速率控制环节主要为气体通过产物层的扩散，当还原率达到 60%时，界面化学反应控制环节反而在一定程度上增强，是由于浮氏体铁到金属铁的还原阻滞。

为了进一步证实控制环节，对相应的界面化学反应和气体通过产物层的扩散控制环节的动力学进行了进一步分析研究。依据实验结果，600～900℃时 CO-N$_2$ 和 CO-CO$_2$-N$_2$ 还原气氛下的动力学数据如图 6-31 和图 6-32 所示。一方面，变量 $1-(1-X)^{1/2}$ 和 t 有一个很好的线性关系，进一步验证了还原反应过程的界面化学反应控制环节。另一方面，初始阶段之后，变量 $X+(1-X)\ln(1-X)$ 和 t 也有一个很好的线性关系。上述研究进一步证实，含铬型钒钛磁铁矿球团还原反应速率由界面化学反应和气体通过产物层的扩散混合控制。初始阶段的控制环节主要为界面化学反应，此后，控制环节为界面化学反应和气体通过产物层的扩散混合控制。

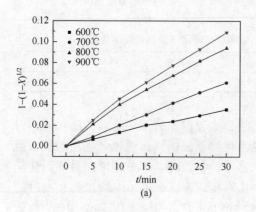

(a)

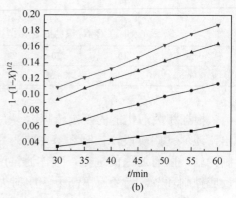

(b)

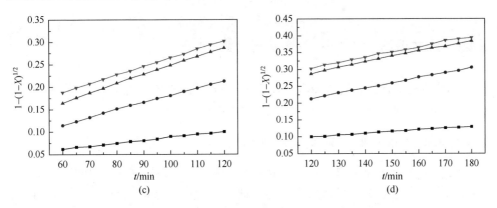

图 6-31 CO-N$_2$ 气氛时含铬型钒钛磁铁矿球团还原控制环节为界面化学反应的表观动力学分析

（a）0～30min；（b）30～60min；（c）60～120min；（d）120～180min

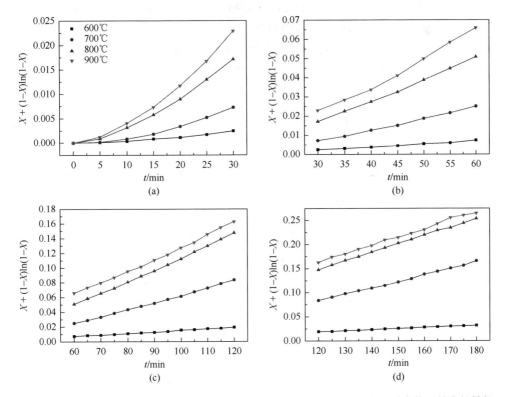

图 6-32 CO-CO$_2$-N$_2$ 气氛时含铬型钒钛磁铁矿球团还原控制环节为气体通过产物层的内扩散控制的表观动力学分析

（a）0～30min；（b）30～60min；（c）60～120min；（d）120～180min

6.2.3 本节小结

本节研究了含铬型钒钛磁铁矿球团在 400~1100℃时的非等温还原表观动力学和在 600~900℃时的等温还原表观动力学,得出的结论如下。

1. 400~1100℃非等温还原表观动力学性能

(1)可采用还原失重法研究含铬型钒钛磁铁矿球团模拟高炉块状带 400~1100℃的非等温还原表观动力学性能,研究过程中可选取未反应核模型,根据 Coats-Redfern 近似式法求解含铬型钒钛磁铁矿球团还原过程中的表观活化能。

(2)模拟高炉块状带温度范围内,还原温度和还原气氛对含铬型钒钛磁铁矿球团还原速率的影响很明显,并且还原过程以 900℃为节点分为两个不同的还原阶段。

(3)模拟高炉块状带 400~1100℃时,含铬型钒钛磁铁矿球团还原反应级数符合一级几何收敛,还原过程中的表观活化能为 42.6kJ/mol。

(4)通过分析高炉冶炼含铬型钒钛磁铁矿球团块状带还原反应机理得出,界面化学反应和气体通过产物层的内扩散为非等温还原过程的主要控制环节。

2. 600~900℃等温还原表观动力学性能

(1)还原温度和还原气氛对含铬型钒钛磁铁矿球团还原影响显著。两种还原气氛下,600~700℃时的还原增加速率均最大,且 $CO-N_2$ 气氛下的还原程度很大程度上高于 $CO-CO_2-N_2$ 气氛下的还原程度。

(2)$CO-CO_2-N_2$ 气氛下,还原 2h 后,出现明显的阻滞现象,甚至出现增重的情况。但 $CO-N_2$ 气氛下,没有这样的现象发生。

(3)通过研究 $CO-CO_2-N_2$ 气氛下的还原表观动力学性能得出,120min 内,还原由气体通过产物层的扩散和界面化学反应混合控制,具体为还原初始阶段,控制环节主要为界面化学反应;120min 内随着还原的进行,控制环节逐渐转为界面化学反应和气体通过产物层的扩散混合控制;120min 后,控制环节无规律。

(4)通过研究 $CO-N_2$ 气氛下的还原表观动力学性能得出,反应速率由界面化学反应和气体通过产物层的内扩散混合控制,具体为初始阶段,控制环节主要为界面化学反应,随着还原的进行,且还原率小于 30%时,速率控制环节逐渐转变为界面化学反应和气体通过产物层的扩散混合控制;当还原率大于 35%时,速率控制环节主要为气体通过产物层的扩散;当还原率达到 60%时,由于浮氏体铁到金属铁的还原阻滞,界面化学反应控制环节反而在一定程度上增强。

6.3　块状带中温区含铬型钒钛烧结矿还原行为

含铬型钒钛烧结矿在高炉上部块状带中温区（600～1000℃）的还原行为对高炉生产率和燃料消耗有着重要的影响。改善含铬型钒钛烧结矿的还原性能，可提高其在高炉内间接还原的比例，进而实现节能降耗。

Wang 的研究[14]表明，在 1073～1273K 温度下，钛铁矿的 H_2 还原反应受到温度和 H_2 浓度影响较大，认为还原反应受到气体通过产物层的扩散控制的影响。但 Takahashi 等认为[15]钛铁矿的 H_2 还原反应受到气体扩散和界面化学反应的混合控制。当气体流量过大时，反应中产生的水阻碍钛氧化物的还原。David 等[16, 17]的研究认为，当用 CO 还原钛铁矿时，其受到 CO 浓度和温度的影响很大。这些研究主要针对普通的钒钛磁铁矿，而对含铬型钒钛烧结矿的相关还原行为的研究还是空白。

本部分以承德含铬型钒钛烧结矿为原料，在 1173K 的 CO-N_2 气氛下进行了不同时间的气体还原实验，通过对孔隙率、还原动力学和矿相结构的研究来探讨含铬型钒钛烧结矿的还原行为规律。同时，在 873～1273K 范围内进行了气体还原实验，通过对还原热力学、XRD 和 SEM 的研究来探讨含铬型钒钛烧结矿的化学反应过程及机理。这有助于含铬型钒钛磁铁矿在烧结过程中的高效和节能，为高炉冶炼含铬型钒钛烧结矿提供基础理论依据。

6.3.1　不同时间下含铬型钒钛烧结矿的还原行为

1. 实验原料与方法

还原气体使用 30% CO 和 70% N_2，实验温度为 900℃。实验使用原料为承德含铬型钒钛烧结矿，碱度为 1.9，配碳量为 3.6wt%，其化学成分如表 6-11 所示。将 500g 含铬型钒钛烧结矿试样放置在反应管的平台上，在 5L/min 的 N_2 保护下升至反应温度 900℃。达到反应温度后，在 15L/min 的 N_2 下恒温 30min，然后通入 15L/min 的混合还原气体（CO：N_2 = 3：7）反应 60min、90min、120min、150min 和 180min。

表 6-11　承德含铬型钒钛烧结矿化学成分（wt%）

TFe	FeO	CaO	SiO$_2$	MgO	Al$_2$O$_3$	V$_2$O$_5$	TiO$_2$	Cr$_2$O$_3$
53.68	10.59	10.40	5.47	3.08	2.19	0.20	1.78	0.23

2. 实验结果和分析

1）还原率和孔隙率的变化

含铬型钒钛烧结矿在不同还原反应时间后样品的还原曲线和孔隙率的关系如图 6-33 所示。

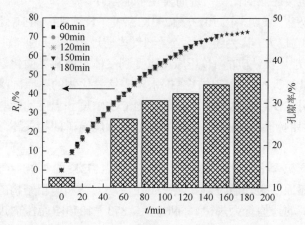

图 6-33　不同还原反应时间后含铬型钒钛烧结矿的还原曲线和孔隙率

图 6-33 中 5 条还原曲线几乎重叠，表明 5 个样品一致性较好，满足后续实验结果的对比分析要求。当试样达到还原平衡时，最终还原率并没有达到 100%，实际还原率在 73% 左右，这主要是在反应后期可能发生如下反应所致

$$2CO + O_2 \Longrightarrow 2CO_2 \tag{6-29}$$

$$3Fe + C \Longrightarrow Fe_3C \tag{6-30}$$

由图 6-33 可知，随着时间的延长，孔隙率增加，还原率也增加，孔隙率由开始还原前的 12.36% 增加到还原 180min 后的 36.94%，其中，还原 60min、90min、120min、150min 和 180min 后分别增加了 118%、147%、160%、177% 和 199%，可以看出，反应前 60min 孔隙率大幅增加。这主要是由于在反应前期赤铁矿还原为磁铁矿时发生体积膨胀而产生大量裂纹，烧结矿结构变疏松，孔隙率增加。同时，这些裂纹连接一些闭气孔，使其成为开气孔，烧结矿孔隙率进一步增加（图 6-34）；而在还原反应中期发生赤铁矿还原反应的数量减少，磁铁矿的还原反应逐渐增加，体积膨胀减少，孔隙率增加趋缓；至反应后期仅存在氧化亚铁还原反应，这时发生了体积收缩，生成了金属铁，烧结矿内部释放出更多的空间，使孔隙率继续增加。试样的孔隙率增加，加大了反应界面，加快了还原反应速率，改善了还原反应动力学条件，含铬型钒钛烧结矿的还原率提高。

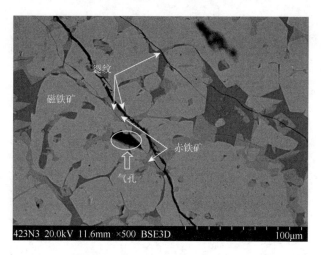

图 6-34　含铬型钒钛烧结矿的 SEM 图像（$t = 60\text{min}$）

2）动力学分析

多年来，关于铁矿石还原过程机理的研究，各研究者提出了许多不同的模型，其中以未反应核模型应用最广泛。据有关文献报道，对不同还原率的烧结矿矿样做矿岩相分析，确实见到由外向内推进的 Fe-FeO-Fe₃O₄-Fe₂O₃ 环带。根据未反应核理论，还原过程的总阻力是由气相边界层内传质、固体产物层内扩散和界面化学反应三个部分组成。在本实验条件下，还原反应开始阶段很难判断哪一步阻力是主要的。因为反应刚开始，产物层很薄，气体在产物层内的扩散阻力不大，在1173K 高温下化学反应速率很快，因而界面化学反应的阻力也不大；在本实验条件下，气体流量较小，相对来说，气相边界层内的传质也是不能忽略的。所以，我们采用三个步骤混合控制模型来处理数据。

以 $t / [1 - (1 - X)^{1/3}]$ 对 $1 + (1 - X)^{1/3} - 2(1 - X)^{2/3}$ 作图（图 6-35），得出斜率为 m、截距为 n 的直线，由此求出 De 与 k。

由图 6-35 可求得，$t / [1 - (1 - X)^{1/3}]$ 与 $1 + (1 - X)^{1/3} - 2(1 - X)^{2/3}$ 的直线方程 $Y = F(X)$，$Y = 152.18X + 313.50$。

分别用界面化学反应阻力率 R_i 和内扩散阻力率 R_r 对还原率 X 作图，可得各还原时间下两种阻力率随还原率的变化曲线图，如图 6-36 所示。

由图 6-36 可知：30% CO + 70% N₂ 还原气氛下，还原反应初期界面化学反应阻力相对占优，随着还原反应的进行和产物层的逐渐增厚，内扩散阻力所占比例迅速增大，但在本实验条件下，可认为界面化学反应为整个还原反应过程的主要限制性环节。

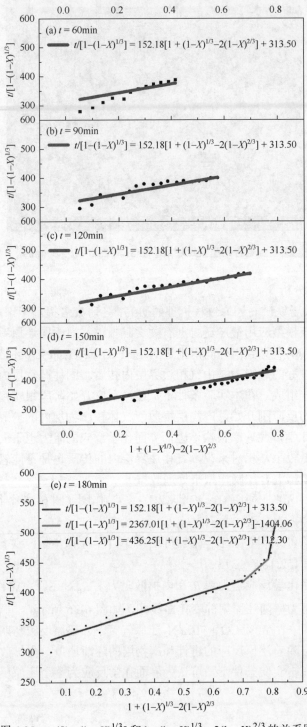

图 6-35 $t/[1-(1-X)^{1/3}]$ 和 $1+(1-X)^{1/3}-2(1-X)^{2/3}$ 的关系图

3）矿相结构分析

图 6-37 和图 6-38 分别为含铬型钒钛烧结矿样品在不同还原时间后的还原产物的 XRD 图谱和矿物组成。由图 6-37 和图 6-38 可知，还原反应前烧结矿的含铁矿物均以磁铁矿和赤铁矿为主，黏结相为铁酸钙、硅酸盐、玻璃质等。随还原时间延长，磁铁矿、赤铁矿和铁酸钙含量减少，硅酸盐含量减少，取而代之的是金属铁和难还原的浮氏体含量增加，而钙钛矿的含量几乎没有变化，在 90～120min 时浮氏体和金属铁增加量最多。还原时间超过 120min 后，含铬型钒钛烧结矿的矿物组成无明显变化，说明在此时还原反应已基本结束。

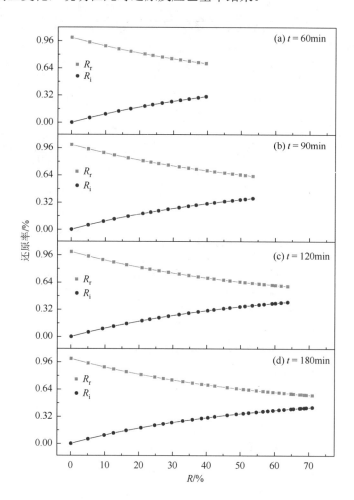

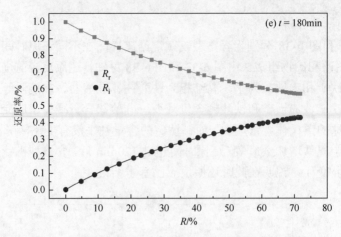

图 6-36　不同还原时间下 R_i 和 R_r 随还原率的变化曲线图

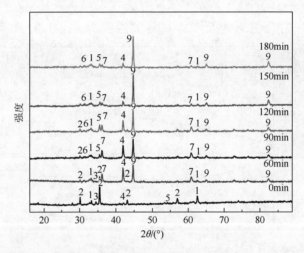

图 6-37　不同还原时间的含铬型钒钛烧结矿还原后的 XRD 图谱

1. 磁铁矿；2. 赤铁矿；4. 钙钛矿；5. 硅酸盐矿物；6. 钛尖晶石；7. 方铁矿；8. 铁板钛矿；9. 铁矿

　　图 6-39 为含铬型钒钛烧结矿样品在不同还原时间后的矿物显微结构照片。从图 6-39 来看，含铬型钒钛烧结矿还原过程是由高级金属氧化物向低级金属氧化物逐级由外向内还原的，即按逐级还原的顺序进行还原。如图 6-39（a）所示，还原反应前含铬型钒钛烧结矿的矿物组成以赤铁矿、磁铁矿、钙钛矿和铁酸钙为主，赤铁矿、磁铁矿主要呈自形晶、半自形晶和他形晶，铁酸钙多呈枝晶状和板状结构。在含铬型钒钛烧结矿还原 60min 后，样品核心部分仍部分保留了含铬型钒钛

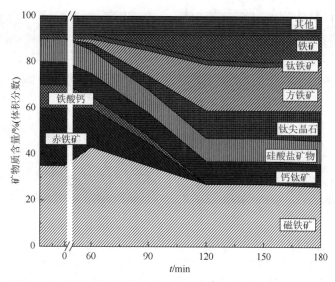

图 6-38　不同还原时间的含铬型钒钛烧结矿还原后的矿物组成

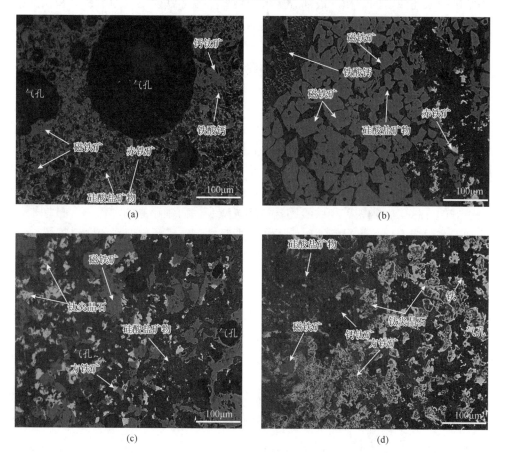

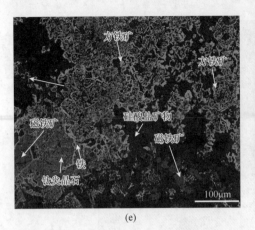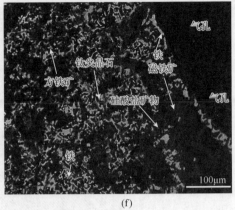

(e)　　　　　　　　　　　　　　　　(f)

图 6-39　不同还原时间的含铬型钒钛烧结矿还原后的微观结构图

（a）$t=0$min；（b）$t=60$min；（c）$t=90$min；（d）$t=120$min；（e）$t=150$min；（f）$t=180$min

烧结矿的未还原前的物相，大部分区域则主要发生赤铁矿还原为磁铁矿和铁酸钙还原为磁铁矿的反应［图 6-39（b）］。根据图 6-38 不同还原时间的含铬型钒钛烧结矿矿物组成，与原始含铬型钒钛烧结矿相比，还原前期含铬型钒钛烧结矿中赤铁矿和铁酸钙的体积减少，但赤铁矿减少的幅度远高于铁酸钙，原因是赤铁矿的还原性好于铁酸钙，且赤铁矿大量存在于孔洞附近，具有更好的还原动力学条件，可加速赤铁矿还原。

由图 6-39（c）可知，当还原时间从 60min 至 120min 时，试样外部的铁氧化物逐渐全部被还原为金属铁，核心处少量的浮氏体未被还原。但在烧结矿部分致密区域仍可观察到烧结矿的原始结构，大部分区域由于还原后生成金属铁，结构发生变化，形成相对均匀的金属铁层。因此，随着还原反应的进行，烧结矿中还原性好的赤铁矿、磁铁矿和铁酸钙含量逐渐减少，而难还原的浮氏体含量增加，这种矿物组成变化趋势很好地对应了含铬型钒钛烧结矿还原速率的变化规律。

由图 6-39（d）和图 6-39（e）可知，大部分浮氏体逐渐还原为金属铁，形成相对均匀的金属铁层。烧结矿中的其他矿物几乎未发生变化，说明在反应 120min 后其他矿物的还原反应停滞。

3. 讨论

由于含铬型钒钛烧结矿本身的非均匀性，其在不同区域内的结构有明显差异，化学反应的限制环节也必然会不同。还原反应的前期，在铁酸钙向磁铁矿还原过程中，被还原的磁铁矿较原来的铁酸钙结构疏松，且部分伴有裂纹。还原气体优先向裂纹区域扩散，还原反应沿裂纹和孔洞进行，并逐渐向周围区域扩散。因此，在还原反应的前期，主要的限制性控制环节是界面化学反应。而在还原反应的中后期，浮氏体开始出现，在浮氏体密集区域，即便周围有气孔或裂纹存在，但由于浮氏体结构较致密，还原气体扩散至浮氏体后就被阻隔，无法继续扩散，在浮氏体与金属铁之间会形成明显的反应界面（图 6-40）；而在烧结矿的结构疏松区域分布着大量微气孔和细裂纹，还原气体很容易扩散至反应界面，还原反应呈弥散式进行，还原效率更高。因此，还原反应的中后期受界面化学反应和内扩散的混合控制。由矿物分析和微观形貌图的结果也验证了在扩散过程控制阶段使用的未反应核模型及其推断的含铬型钒钛烧结矿还原过程的限制性环节的合理性。

在本实验条件下，界面化学反应为整个含铬型钒钛烧结矿还原反应过程的主要限制性环节。因此，当含铬型钒钛烧结矿的孔隙率越高，尤其是烧结矿的微气孔比例越高，越有利于还原反应的进行。因此，提高含铬型钒钛烧结矿中微气孔比例是改善含铬型钒钛烧结矿还原性能，保证含铬型钒钛烧结矿强度的一种有效手段。

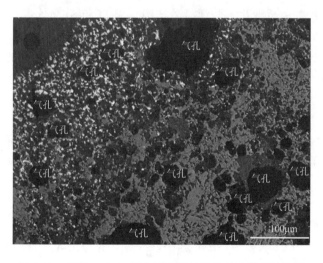

图 6-40　反应 120min 后含铬型钒钛烧结矿的微观结构图

4. 结论

（1）在 900℃，30% CO + 70% N_2 还原气氛下，含铬型钒钛烧结矿还原反应初期，界面化学反应阻力相对占优，随着还原反应的进行和产物层的逐渐增厚，内扩散阻力所占比例迅速增大，但在本实验条件下，界面化学反应为整个还原反应过程的主要限制性环节。

（2）随着还原反应的进行，含铬型钒钛烧结矿中还原性好的赤铁矿、磁铁矿和铁酸钙含量逐渐减少，而金属铁和难还原的浮氏体含量增加，这种矿物组成变化趋势很好地对应了含铬型钒钛烧结矿还原速率的变化规律。

（3）含铬型钒钛烧结矿的孔隙率越高，会加大还原反应界面，加快还原反应速率，改善还原反应动力学条件，有利于还原反应的进行。提高含铬型钒钛烧结矿中微气孔比例是改善含铬型钒钛烧结矿还原性能，保证含铬型钒钛烧结矿强度的一种有效手段。

6.3.2　不同温度下含铬型钒钛烧结矿的还原行为

1. 实验原料与方法

将 500g 含铬型钒钛烧结矿试样放置在反应管的平台上，在 5L/min 的 N_2 保护下升至反应温度 600℃、700℃、800℃、900℃和 1000℃。达到反应温度后，在 15L/min 的 N_2 下恒温 30min，然后通入 15L/min 的混合还原气体（$CO：N_2 = 3：7$）反应 3h。达到反应时间后，关闭还原气体，停止实验，通入 5L/min 的 N_2 冷却至室温。通过试样的失重变化、微观显微结构、XRD 和 SEM 分析，研究含铬型钒钛烧结矿的还原反应行为。

还原率的计算以三价铁状态为基准，用原子比 O/Fe 为 0.9 时的还原速率表示还原速率指数（RVI），单位为质量分数每分钟，按式（6-31）进行计算

$$RVI = \frac{\partial R_t}{\partial t} = \frac{33.6}{t_{60\%} - t_{30\%}} \tag{6-31}$$

式中，$t_{60\%}$ 为还原率为 60%时的时间；$t_{30\%}$ 为还原率为 30%时的时间。

实验达不到 60%的还原率时，式（6-32）适用于较低的还原率

$$RVI = \frac{\partial R_t}{\partial t} = \frac{K}{t_{y\%} - t_{30\%}} \tag{6-32}$$

式中，K 为反应度为 y%时的常数。

在反应温度为 873K 和 973K 实验中，经过计算得出 K 为 22.15 和 27.88。

2. 结果与分析

1）还原率与孔隙率变化

含铬型钒钛烧结矿试样在 600～1000℃范围内的还原率曲线如图 6-41 所示。由图 6-41 可知，随着温度的升高，还原反应的热力学条件改善，含铬型钒钛烧结矿的还原率也有所增加。含铬型钒钛烧结矿试样在 600～1000℃范围内的还原速率指数曲线和孔隙率的关系如图 6-42 所示。在赤铁矿还原过程中，含铬型钒钛烧结矿的强度降低，颗粒结构破碎、膨胀、孔隙率增大。由图 6-42 可知，随着温度

的升高，试样的孔隙率增加，加大了反应界面，加快了还原反应速率，改善了还原反应动力学条件，含铬型钒钛烧结矿的还原率提高。

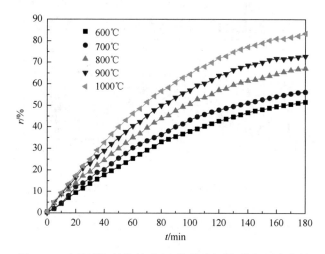

图 6-41　含铬型钒钛烧结矿在不同还原时间的还原率曲线

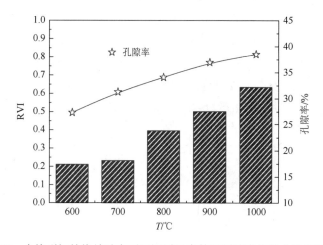

图 6-42　含铬型钒钛烧结矿在不同还原温度的还原速率指数曲线和孔隙率

2）还原动力学分析

由于实验中气体流量大于临界气流速度，尽可能避免外扩散对还原反应的限制，且由图 6-43 可知，还原率随时间 t 变化曲线并不呈线性关系。因此，在本实验中只讨论界面化学反应和内扩散两种可能的限制性环节。

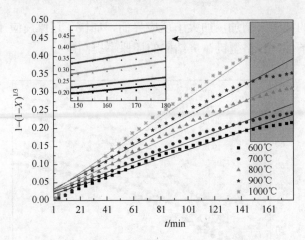

图 6-43   界面化学反应函数与实验数据的拟合

界面化学反应为限制性环节时，动力学方程如下

$$[1-(1-X)^{1/3}] = k_r + C_1$$

内扩散为限制性环节时，动力学方程如下

$$[1-3(1-X)^{2/3}+2(1-X)] = k_d t + C_2$$

图 6-43 和图 6-44 分别是界面化学反应函数和内扩散函数与实验数据的拟合情况图。由图 6-43 可知，$1-(1-X)^{1/3}$ 与 t 呈较好的直线关系，特别是在还原反应的前中期拟合情况较好，但后期的拟合情况较差，说明界面化学反应是还原反应过程前中期的限制性环节。由图 6-44 可知，$1-3(1-X)^{2/3}+2(1-X)$ 与 t 呈较好的

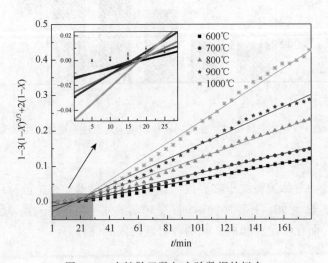

图 6-44   内扩散函数与实验数据的拟合

直线关系，特别是在还原反应的中后期拟合情况较好，但前期的拟合情况较差，说明内扩散是还原反应过程中后期的限制性环节。通过动力学公式计算，得出不同温度下的反应速率常数的数量级在 $10^{-5}\sim10^{-6}$ 之间，固相扩散系数的数量级在 $10^{-8}\sim10^{-9}$ 之间，与 Pan 等的计算结果在同一个数量级，具体的差异应该是体系中氧化物的结构不同造成的。

综上所述，30% CO + 70% N_2 还原气氛下，含铬型钒钛烧结矿在 873～1273K 等温还原时，反应过程由界面化学反应和气体内扩散混合控制。在反应前期，界面化学反应是主要的限制性控制环节，随着还原反应的进行，还原产物层逐渐增厚，还原反应受界面化学反应与内扩散的混合控制，还原继续进行，内扩散成为还原后期的主要限制性环节。

利用阿伦尼乌斯图计算出化学反应的表观活化能（E_a），结合不同控制环节的表观活化能不同的原理，也能判断化学反应的限制性环节。利用公式可绘制含铬型钒钛烧结矿的阿伦尼乌斯图，如图 6-45 所示，根据曲线的斜率即可计算出化学反应的活化能 E_a。图 6-45 中五条直线分别代表还原反应的不同阶段（还原度 $D = 5\%$、30%、50%、60% 和 70%）。在 600～1000℃温度下，随着还原度的提高，还原速率逐渐变慢；在相同还原度时，还原反应速率的对数 $\ln(dD/dt)$ 与温度的倒数（$1/T$）之间呈线性下降关系，根据图中各条曲线的斜率计算得到不同还原度时的表观活化能如表 6-12 所示。参考 Staangway 总结的反应活化能值与反应控制环节的对应关系，可知在含铬型钒钛烧结矿还原反应的前中期，烧结矿还原反应的限制性控制环节为界面化学反应，至反应后期（还原度 70% 以后），还原反应受内扩散控制。计算结果与采用未反应核模型动力学方程的结论一致，验证了对不同阶段限制性控制环节的判定和所建立模型的合理性。

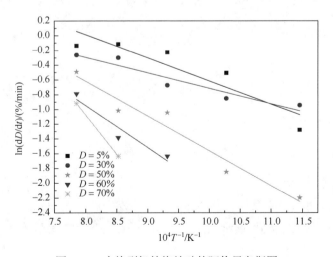

图 6-45　含铬型钒钛烧结矿的阿伦尼乌斯图

表 6-12　烧结矿在不同还原度下的反应表观活化能

还原度 D/%	5	30	50	60	70
反应表观活化能 E_a/(kJ/mol)	29.22	19.56	43.98	53.14	99.69

3）矿相结果分析

为了了解含铬型钒钛烧结矿内部微观变化规律，采用光学显微镜和扫描电镜观察原始烧结矿内部的微观结构，如图 6-46 所示。

图 6-46（a）为含铬型钒钛烧结矿还原后的微观结构照片。还原反应前烧结矿的矿物组成以赤铁矿、磁铁矿、钙钛矿和铁酸钙为主，赤铁矿、磁铁矿多呈自形晶、半自形晶和他形晶，铁酸钙多呈枝晶状和板状结构，矿相结构不均匀，主要为熔蚀结构、粒状结构、部分骸晶结构，气孔大小不一、分布不均，气孔率为 15%～20%。

从图 6-46 中不同温度下含铬型钒钛烧结矿的显微照片来看，烧结矿还原过程是由高级金属氧化物向低级金属氧化物逐级由外向内还原的，即遵循逐级还原的顺序进行还原。不同还原温度烧结矿 XRD 图谱和矿物组成如图 6-47 和图 6-48

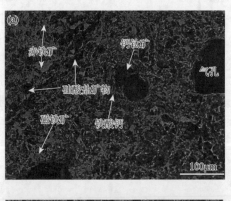
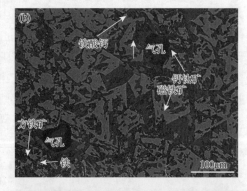
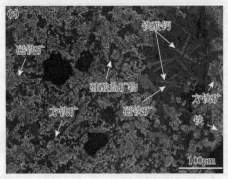
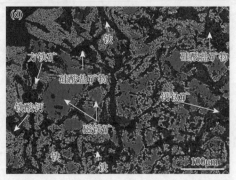

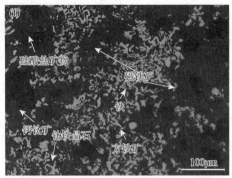

图 6-46　不同还原温度的含铬型钒钛烧结矿还原后的微观结构

（a）原矿；（b）$T=600℃$；（c）$T=700℃$；（d）$T=800℃$；（e）$T=900℃$；（f）$T=1000℃$

所示。结合图 6-48 和图 6-48 可以看出含铬型钒钛烧结矿的还原是由外向内逐渐进行的,根据还原过程中形成的还原产物不同,烧结矿内部变化可分为如下三个阶段。

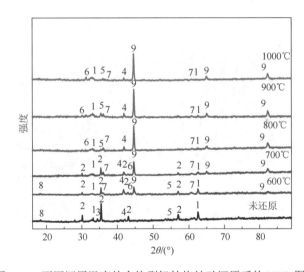

图 6-47　不同还原温度的含铬型钒钛烧结矿还原后的 XRD 图谱

1. 磁铁矿；2. 赤铁矿；3. 铁酸钙；4. 钙钛矿；5. 硅酸盐矿物；6. 钛尖晶石；7. 方铁矿；8. 铁板钛矿；9. 铁；

（1）反应温度 600～700℃时,赤铁矿还原。在该段的反应温度下,烧结矿原有的赤铁矿、铁酸钙、铁板钛矿等还原失氧转变为磁铁矿。磁铁矿开始反应,有细小浮氏体从磁铁矿中还原析出。该段主要物相是磁铁矿、浮氏体和少量金属铁粒,原烧结矿的钙钛矿、硅酸盐矿物均未变化（图 6-48）。

图 6-46（b）为 600℃时烧结矿还原后的微观结构照片。烧结矿中的赤铁矿还

原成磁铁矿，逐渐连接，铁酸钙分解为赤铁矿和氧化钙，存在于孔洞边沿的赤铁矿首先被还原，然后反应沿孔洞向周围进行，氧化钙则进入硅酸盐渣相中。此时烧结矿中的矿相包括磁铁矿、赤铁矿、铁酸钙、钙钛矿和硅酸盐矿物（图 6-48）。同时，烧结矿的孔洞增大，铁酸钙开始分解，但速度很慢。

（2）反应温度 700~900℃，磁铁矿还原。有的赤铁矿、铁酸钙、钛铁矿等还原失氧转变为磁铁矿，磁铁矿开始还原，有细小浮氏体从磁铁矿中还原析出。

图 6-46（c）为 700℃时烧结矿还原后的微观结构照片。烧结矿的矿相包括铁酸钙、赤铁矿、Fe_xO、磁铁矿及少量金属铁（图 6-48）。铁酸钙边缘的磁铁矿逐渐增多，并有极少量金属铁生成。烧结矿矿相中铁酸钙仍占一定比例，还原生成的磁铁矿所占比例增大。

图 6-46（d）为 800℃时烧结矿还原后的微观结构照片。烧结矿中金属铁明显增多，说明磁铁矿还原成金属铁的反应持续进行，在有的烧结矿边沿地带形成了一层金属铁外壳。此时的烧结矿矿相呈明显的层状分布，紧邻金属铁外壳的是一层磁铁矿，再往里是铁酸钙和磁铁矿的交织熔蚀结构，铁酸钙试样内铁酸钙分解加速。

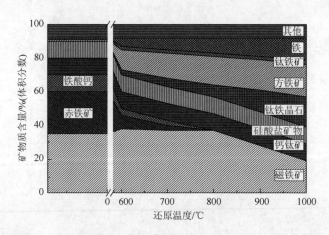

图 6-48　不同还原温度的含铬型钒钛烧结矿还原后的矿物组成

（3）反应温度 900~1000℃，浮氏体还原。磁铁矿固溶体被 CO 还原，生成浮氏体和钛铁晶石，在钛铁晶石固溶体中仍有少量浮氏体析晶，浮氏体还原析出金属铁粒。

图 6-46（e）为 900℃时烧结矿还原后的微观结构照片。烧结矿边沿金属铁层增厚，磁铁矿被持续还原为金属铁，金属铁含量增多逐渐连接成块。在烧结矿内部，有大块的磁铁矿出现，并可见浮氏体，此时，磁铁矿和铁酸钙的交织熔蚀结构中磁铁矿的含量明显多于铁酸钙。

图 6-46（f）为 1000℃时烧结矿还原后的微观结构照片。还原后烧结矿矿相中仅含有少量的铁酸钙，磁铁矿占绝大多数，此时金属铁大量生成，并且新生成的金属铁开始相互连接。

总体来看，铁酸钙在 600℃几乎不反应，700℃开始才有明显的矿相变化，铁酸钙还原时首先分解为赤铁矿，赤铁矿还原为磁铁矿，磁铁矿再还原为浮氏体，最终还原为金属铁，解离出来的 CaO 进入渣相中。

由于反应前期还原气体可迅速扩散至反应界面发生界面化学反应，因此反应界面较为模糊，在第三阶段出现的致密金属铁层，阻碍还原气体的扩散，此时还原反应的控制环节为固相内扩散。矿相分析和微观形貌图的结果也验证了在扩散过程控制阶段使用的未反应核模型推断的烧结矿还原过程的限制性环节及所建立模型的合理性。

3. 结论

（1）随着温度的升高，试样的孔隙率增加，加大了反应界面，加快了还原反应速率，改善了还原反应动力学条件，含铬型钒钛烧结矿的还原度提高。

（2）含铬型钒钛烧结矿在还原温度为 600～700℃时，主要发生赤铁矿还原反应，当反应温度为 700～900℃时，主要发生磁铁矿还原反应，当反应温度为 900～1000℃，主要发生浮氏体还原反应。

（3）含铬型钒钛烧结矿在 600～1000℃等温还原反应开始时，界面化学反应是主要的限制性控制环节，随着还原反应继续进行，还原产物层逐渐增厚，还原反应受界面化学反应与内扩散的混合控制，还原继续进行，内扩散成为还原后期的主要限制性控制环节。通过阿伦尼乌斯图计算，验证未反应核模型建立的合理性，计算结果可信。

6.4　软熔滴落带高温区有价组元对球团的影响

在高炉冶炼过程中，随着温度的升高和还原反应的进行，铁矿石发生形态变化，由固体转变为液体，但是它不是纯物质晶体，不能在一个熔点上转变，而是在一定温度范围内完成由固态变软再熔化的过程。铁矿石的软熔滴落特性可以用软化开始温度、软化温度区间等多项指标来表达，且软熔滴落机理较为复杂[18]。在含铬型钒钛磁铁矿冶炼过程中，钛组元、铬组元、硼组元和钙组元等对含铬型钒钛磁铁矿的软熔滴落特性影响很大，为了进一步弄清其对含铬型钒钛磁铁矿高温冶金性能的影响规律，本节研究了 TiO_2、Cr_2O_3、B_2O_3 和 CaO 对含铬型钒钛球团矿软熔滴落特性的影响及机理。

6.4.1　TiO$_2$对含铬型钒钛磁铁矿球团软熔滴落特性的影响机理

1. 实验原料

TiO$_2$对含铬型钒钛磁铁矿球团软熔滴落特性的影响实验所用原料为前述制备的含铬型钒钛磁铁矿氧化球团，其抗压强度和还原膨胀率均满足高炉入炉标准，其TiO$_2$含量分别为2.47wt%、4.44wt%、6.18wt%、9.22wt%和12.14wt%（钛精矿配入量为0wt%、5wt%、10wt%、20wt%、30wt%）。

2. 实验设备与方法

1）实验设备

目前，我国铁矿石软熔滴落性能的测定方法还未标准化，本小节实验根据东北大学制定的标准，采取鞍山市科翔仪器仪表有限公司设计的铁矿石荷重还原软熔滴落测定仪，研究了含铬型钒钛磁铁矿球团软熔滴落过程及机理。所用的实验设备实物图如图6-49所示，实验设备示意图如图6-50所示。

图6-49　含铬型钒钛磁铁矿球团软熔滴落实验所用设备实物图

中立式电炉反应管采用刚玉材料，内径为100mm，熔滴坩埚选用石墨材料，内径为75mm、外径为85mm和高为180mm。坩埚底部设有5mm的滴落孔约26个，平均分布在石墨坩埚底部。其底部设有孔洞的目的：一是使通入的还原性气体通过炉料；二是炉料在还原滴落时，保证液态的渣铁能顺利从石墨坩埚中滴落下来。石墨坩埚内部装料方式是模拟高炉装料方式：焦炭和冶金炉料分层装入。

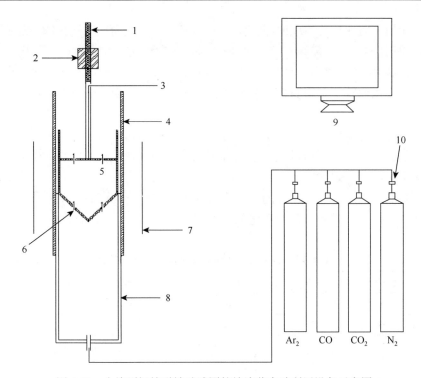

图 6-50　含铬型钒钛磁铁矿球团软熔滴落实验所用设备示意图

1. 载荷装置；2. 位移传感器；3. 热电偶；4. 刚玉还原管；5. 出气口；6. 石墨坩埚；7. 加热炉；8. 石墨套管；
9. 计算机；10. 气体流量计

熔滴炉采用 U 型二硅化钼棒作为加热元件，最高温度可达 1600℃。密封管采用高纯石墨材料，密封压差可达 30000Pa 以上。炉料在高温下的收缩位移通过压杆与仪器上的位移传感器相连接，从而能计算出炉料在不同温度下的收缩率。实验中用 S 型热电偶来采集炉料温度，热电偶精度可达±0.5%F.S，放在中空的压杆内部，工作端底部与炉料接触。

2）炉料要求

实验要求冶金炉料（含焦炭和球团矿）的粒度范围为 10～12.5mm。将制备好的 10.0～12.5mm 炉料各自混匀，在（105±5）℃的温度下进行烘干，烘干时间为 3h 以上，然后冷却至室温，并保存在干燥皿中，备用于软熔滴落实验。

3）实验过程及操作

（1）取 1 个石墨坩埚，底部铺 30mm 厚的焦炭粒，质量约为 74g，压平后将称好的 500g 冶金炉料放入坩埚内并铺平，然后在试样上再放入 15mm 厚的焦炭，质量约为 38g。

上下两层焦炭的作用是模拟高炉的装料制度和保护铁矿石；同时还起到料柱

骨架的作用来防止试样收缩时阻塞滴落孔和排气孔，从而保证熔化物和还原性气体顺利通过。

（2）装完料后，将石墨坩埚连同压杆平稳地放入还原管内，接好热电偶。

（3）将还原管下部密封好，防止实验过程中漏气，保证炉料在软熔滴落过程压差的准确性。

（4）通过外部施加压力，实验设备上的位移传感器下降，直到平稳地压到压杆上，压力的大小在实验过程中手动设置调节，调节量根据炉料在高炉内部下降过程的负荷程度设定。

（5）然后通过事先设定好的控温方式和不同料温下的还原气氛进行实验。实验过程中的控温方式及气氛的变化见表 6-13。

表 6-13　软熔滴落实验温度制度和气氛等指标

温度	0~400℃	400~900℃	900~1020℃	1020℃到滴落温度
升温速率/(℃/min)	10	10	3	5
升温时间/min	40	50	40	>60
气体组成和流量	N_2 100%　3L/min	N_2 60%　9L/min CO 26%　3.9L/min CO_2 14%　2.1L/min	N_2 70%　10.5L/min CO 30%　4.5L/min	

实验升温方式基本上是根据炉料在下降过程的时间与温度来推算，在 900~1020℃升温速度相对较慢，因为研究表明在此温度区间内高炉存在一个蓄热带[19, 20]，因此相对于其他阶段升温速度较慢。实验中气氛的控制根据实际高炉冶炼情况控制，CO、CO_2 和 N_2 的比例为高炉冶炼时炉顶煤气成分的平均含量比例值，同时高炉冶炼条件下还有水蒸气、H_2 和 CH_4，但是它们占总含量的百分比非常低，所以对上述三种气体没有考虑。

根据测定装置给出的料层收缩率（%）和料层气流阻力（即压力损失）随温度的变化情况，可以测出冶金炉料的软熔滴落特性。实验结果可由计算机画面输出，如图 6-51 所示。

3. 软熔滴落特性

高炉软熔带的内部形状是由矿石的熔化决定的，而透气性和气体分布情况会受到相应的影响。不同 TiO_2 含量的含铬型钒钛磁铁矿球团炉料在软熔滴落过程的压差和收缩率如图 6-51 所示，结果表明：每组炉料均出现了最大压差，最终的收缩率超过了 100%，是由于基准高度是石墨坩埚中含铬型钒钛磁铁矿球团炉料的高度，但是焦炭层在软熔滴落过程中，尤其是熔炼后期受到较大程度的压缩。

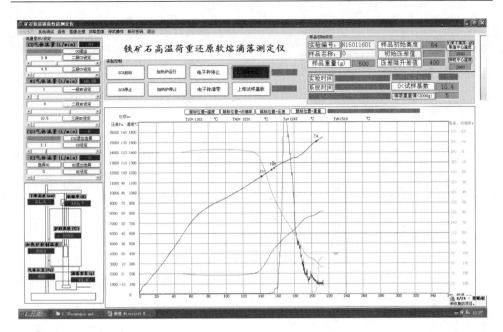

图 6-51　软熔滴落实验过程曲线图

对高炉块状带区间含铬型钒钛磁铁矿球团炉料的还原膨胀特性研究,得出图6-52所示的结果,发现:球团膨胀时速率较慢,但是当球团收缩时其收缩速率相对快得多。导致球团膨胀的因素主要是还原膨胀和热膨胀,本实验中,随 TiO_2 含量从 4.44wt% 升高到 12.14wt% 时,最大还原膨胀率从 1.45% 升高到 4.15%。除了赤铁矿还原为磁铁矿发生晶格转变的因素之外,还原过程中长晶须的形成会导致还原膨胀[21],氧化钙的存在会促进还原膨胀[22],氧化镁和二氧化硅会抑制还

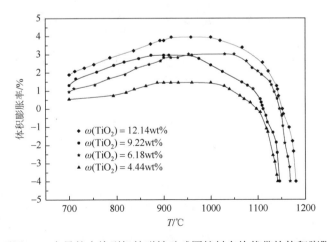

图 6-52　不同 TiO_2 含量的含铬型钒钛磁铁矿球团炉料在块状带的体积膨胀率变化图

原膨胀[22, 23]，TiO$_2$ 可能会导致还原过程中膨胀的发生[24]，随 TiO$_2$ 的增多，球团结构变化可能会加大。

不同炉料的软化开始温度（$T_{4\%}$）、软化终了温度（$T_{40\%}$）和软化温度区间（$T_{40\%}$–$T_{4\%}$）的变化如图 6-53 所示，其中，$T_{4\%}$、$T_{40\%}$ 分别为炉料还原软熔滴落过程中收缩率为 4%、40% 时对应的温度，（$T_{40\%}$–$T_{4\%}$）为软化终了温度和软化开始温度的差值。结果表明：随 TiO$_2$ 含量从 2.47% 增加到 12.14% 时，软化开始温度从 1088℃ 逐渐升高到 1180℃，软化终了温度从 1201℃ 逐渐升高到 1250℃，但是软化温度温度区间却从 113℃ 下降到 70℃。高炉冶炼要求软化开始温度高，软化温度区间窄，以保持炉况稳定，这有利于气固相还原反应的进行。所以，单纯从软化开始温度和软化温度区间判断：Ti 含量的升高利于高炉冶炼。杨广庆等[25]在对普通钒钛磁铁矿研究中定义软化开始温度为 $T_{10\%}$（炉料还原熔滴过程中收缩率为 10% 时对应的温度），发现：和普通铁矿石球团炉料相比，普通钒钛磁铁矿球团的软化开始温度更高。本实验发现：含铬型钒钛磁铁矿球团的软化开始温度和普通铁矿球团的软化开始温度差别更大。一方面，在还原初始阶段，(Fe, Cr)$_2$O$_3$ 相的还原速率远小于 Fe$_2$O$_3$ 的还原速率[26]。另一方面，在 Paananen 和 Kinnunen[24]的研究中发现：还原初始阶段，含 2wt% 和 5wt% TiO$_2$ 的试样还原速率远小于含 0wt% 和 0.5wt% TiO$_2$ 的试样还原速率；本实验中发现，TiO$_2$ 含量在 2.47wt%～12.14wt% 范围内变化时（钛精矿配入量为 0wt%～30wt%），对含铬型钒钛磁铁矿球团炉料初始阶段的还原有明显的抑制作用，原因是和钛氧化物结合的铁氧化物远比单独的铁氧化物难还原。

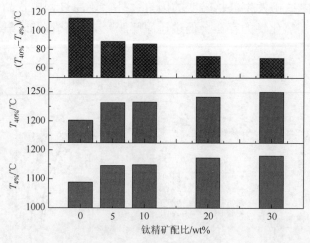

图 6-53　钛精矿配比对含铬型钒钛磁铁矿球团软熔滴落过程中 $T_{4\%}$、$T_{40\%}$ 和软化温度区间的影响

不同炉料的熔化开始温度（T_S）、滴落温度（T_D）和熔化温度区间（T_D–T_S）

的变化如图 6-54 所示，其中，T_S 为炉料还原熔滴过程中压差都升到 400Pa 以上时对应的温度，T_D 为金属铁从石墨坩埚中开始较大量流出时对应的温度，T_D-T_S 为滴落温度和熔化开始温度的差值。结果表明：随 TiO_2 含量从 2.47wt%增加到 12.14wt%时，熔化开始温度从 1223℃逐渐升高到 1303℃，但滴落温度从 1338℃ 明显逐渐升高到＞1550℃，熔化温度区间更是从 115℃明显升高到 269℃。随 TiO_2 含量的增加，熔化开始温度逐渐升高，利于高炉操作。但是，滴落温度也升高，且熔化温度区间变宽的速率更快，导致熔化温度区间的特性恶化。杨广庆等[25]对 TiO_2 含量为 9.02wt%的球团炉料进行研究得出：熔化开始温度为 1283℃，滴落温度为 1499℃，熔化温度区间为 216℃。和杨广庆等的研究相比，本实验中 TiO_2 含量为 9.22wt%的球团炉料的熔化开始温度降低 42℃，滴落温度升高 11℃，熔化温度区间升高 53℃。除了 TiO_2 含量的差别，较低量的 V 和 Cr 也可能会导致这个结果差异，这在后面做了进一步研究。图 6-55 为不同 TiO_2 含量的含铬型钒钛磁铁矿球团炉料软熔滴落过程中软熔滴落带位置分布图，从图 6-55 可以清晰地看出：随 TiO_2 含量的增加，整体来说，熔化开始温度升高，熔化温度区间逐渐下移，有利于高炉冶炼，但是熔化温度区间变宽，却不利于高炉操作。

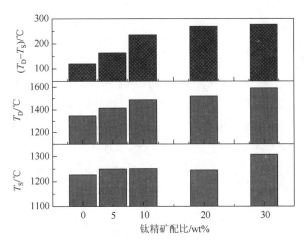

图 6-54　钛精矿配比对含铬型钒钛磁铁矿球团软熔滴落过程中 T_S、T_D 和熔化温度区间的影响

影响熔滴特性的因素众多，尤其对渣中带铁、渣铁难分和泡沫渣的现象需要引起足够重视。对此，一般来说，渣、铁的黏度和表面张力等特性的变化起到很重要的作用。对于液态生铁，钛对其表面张力的影响较小[27]，钛的存在只会略微降低生铁的表面张力。但是，钛对生铁的黏度影响却很显著，随钛含量的增加，生铁黏度增加，是因为钛原子的半径大于铁原子的半径，降低了铁熔体的自由空间[28, 29]。在 Fe-Ti-C 体系中，钛对黏度的影响，还与钛在铁水中的溶解度和析出

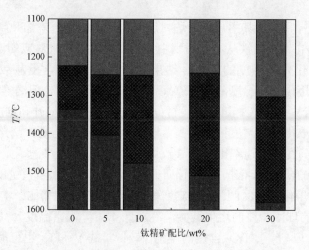

图 6-55　钛精矿配比对含铬型钒钛磁铁矿球团软熔滴落过程中软熔滴落带位置分布的影响

的形态有关。高炉中还原出来的钛熔于铁水，当[Ti]超过溶解度后，就会从铁水中析出，从而使铁水黏度升高。对渣来说，一般来说，TiO_2是钛渣的表面活性物质，有助于炉渣表面张力的下降，但是 TiO_2 对表面张力的影响很小，钛渣的表面张力对高炉的正常冶炼影响很低[30]。此外，据研究报道 TiO_2 的添加会降低渣的黏度和相应的黏性流体的活化能[31]，但是，考虑到本实验中钛的存在形式，除了以钛氧化物存在外，渣中还存在钛的碳氮化物，TiC 和 TiN 熔点高，不熔于渣和铁，而是浮悬、弥散在渣中，使渣变稠，严重时，渣中严重带铁，很难分开。高熔点物质的增多使渣黏稠化加快，这会影响到钒氧化物在渣铁间的传质条件，进而会使生铁中钒含量下降。考虑到钒对生铁黏度的影响，一般来说，钒会降低生铁的黏度，但是，其在 Fe-C-V 体系中会生成高熔点的碳化物，随着[V]含量的增加，黏度陡然升高，温度升高。但是，由于钒在生铁中的溶解度较大，随着温度的降低，析出的钒量降低，使钒对生铁的黏度影响较小。而且，[V]对生铁的影响远小于钛的影响，且钒的影响具有一定的独立性。由于生铁中[V]的量取决于初始炉料中带入的钒量，并且变化很小[32]，钛的影响可以忽略。对渣来说，在含钛炉渣中钒含量高于2wt%时，钒氧化物的存在会抑制钛氧化物的还原，但是本实验中钒含量远低于2wt%，因此钒氧化物对钛氧化物的影响可以忽略。但是，考虑到钒氧化物会被还原为 VC，而 VC 和 Ti(C, N)会形成固溶体，使渣黏稠，滴落难度加剧。由于固溶体的存在，VC 和 Ti(C, N)两相界面的表面张力也会变化，导致渣黏附在焦炭表面。另外，关于铬对生铁的影响，随生铁中铬含量的增加，生铁的黏度增大，流动性变差，一方面是因为铬的原子半径大于铁的原子半径，导致铁熔体的自由空间减小，另一方面是由于铬对黏度的影响和铁水中铬的碳化物的析出温度、Fe-Cr-C 系中铬的析出形态有关[33]。关于铬对渣的影响，邱贵宝等[34]研究发现：

在高炉渣中,由于 Cr_2O_3 易与 MgO 和 Al_2O_3 反应生成高熔点的 $MgCr_2O_4$、$MgCrAlO_4$ 尖晶石相, 随 Cr_2O_3 含量在 0wt%～4wt%范围内变化时, 渣的黏度会显著增加。因此, 含铬的钒钛磁铁矿冶炼得到渣的黏度会高于不含铬的钒钛磁铁矿冶炼得到渣的黏度。综上所述, 多种错综复杂的因素导致了含铬型钒钛磁铁矿球团炉料随 TiO_2 含量的增加在冶炼过程中的难度加剧。

据知, 透气性指数和压差密切相关, 压差越高, 透气性越差。在实际生产中, 透气性的好坏直接影响着高炉操作和产率, 因此有必要对不同 TiO_2 含量的球团炉料的熔滴特性进行优化。表 6-14 为炉料的最大压差和最大压差对应的温度、滴落压差和透气性指数结果。炉料透气性指数 S 值是通过还原熔炼过程中的参数和指标并采用如下公式计算

$$S = \int_{T_s}^{T_D} (\Delta P - \Delta P_S) dT \qquad (6-33)$$

式中, ΔP_S 是炉料温度达到熔化开始温度对应的压差; ΔP 是不同时刻对应的压差。一方面, 随 TiO_2 含量从 2.47wt%升高到 6.18wt%时, 最大压差从 15859Pa 达到最大值 19924Pa, 然后随 TiO_2 含量的继续升高, 最大压差开始下降。另一方面, 随 TiO_2 含量的升高, 整体来说, 透气性指数呈增加的趋势。杨广庆等[25]的研究表明: TiO_2 含量为 9.02wt%的普通钒钛球团矿炉料的最大压差和透气性指数分别为 6899Pa、691000Pa·℃。和杨广庆等[25]的研究相比, 本实验的 TiO_2 含量为 9.22wt%的含铬型钒钛球团矿炉料的最大压差增大很多、透气性变差很多。以上结果表明, 不同 TiO_2 含量的球团炉料最大压差均较大, 其透气性指数逐渐增大, 透气性指标逐渐恶化明显, 故总体判断: Ti 含量的升高不利于高炉冶炼, 会恶化冶炼指标。Paananen 和 Kinnunen 的研究表明[24]: 在含钛试样中心部分被还原为磁铁矿之前, 较高 TiO_2 含量时较差的透气性会促进浮氏体和金属铁的表面生成。随浮氏体铁的增多, 更多的铁橄榄石会出现, 这会导致球团内微孔的消失和孔隙率的降低, 进而会导致炉料收缩速率加快, 还原气体和气体产物的扩散变慢, 而且金属铁的形成也会导致炉料的收缩和气体扩散的阻碍。因此, 在球团炉料收缩过程中, 透气性指数提高很多。但是, 钛铁矿中的浮氏体铁比单独的浮氏体铁更难被还原为金属铁, 故推断: 随着浮氏体铁和 TiO_2 逐渐从铁钛氧化物分离出来, 金属铁的影响逐渐加大。

表 6-14　不同炉料结构的压差、透气性指数等指标

TiO_2 质量分数/wt%	ΔP_{max}/Pa	$T_{\Delta P}$/℃	透气性指数 S 值/(Pa·℃)	滴落压差/Pa
2.47	15859	1291	1232343	1448
4.44	12834	1307	1148683	2068
6.18	19924	1309	1320987	1111
9.22	15685	1312	1319763	1173
12.14	15549	1335	1489762	1471

4. 有价组元迁移研究

本节研究了有价组元 Fe、V、Ti 和 Cr 在渣和铁中的迁移行为和分布规律，以期为高炉生产实践提供参考指导。通过 XRF 和 ICP-AES 分析，软熔滴落后石墨坩埚的未滴落物和从石墨坩埚底部滴出的滴落物的化学组成分别如表 6-15 和表 6-16 所示。通过比较发现：Fe、V、Ti 和 Cr 在滴落物中的质量分数低于未滴落物的质量分数。此外，从实验中发现：大多数渣溅到石墨坩埚的顶部，大部分滴落物均为铁水。为了知悉有价组元的迁移特性，有必要对不同组元在渣和铁中的分布进行研究，因此通过对渣和铁的分离对有价组元迁移做进一步研究。

表 6-15　石墨坩埚底部未滴落物的化学组成（wt%）

TiO$_2$	TFe	V	Cr	Ti
6.18	97.85	0.098	0.181	0.069
9.22	95.00	0.069	0.130	0.166
12.14	95.35	0.062	0.104	0.231

表 6-16　从石墨坩埚底部滴出的滴落物的化学组成（wt%）

TiO$_2$	TFe	V	Cr	Ti
6.18	96.41	0.074	0.173	0.027
9.22	94.53	0.030	0.079	0.078
12.14	94.26	0.048	0.083	0.103

研究表明：大部分未滴落的渣铁在石墨坩埚中还原物料的最上层，渣铁中渣的比例高于铁的比例。在软熔滴落过程中，渣铁未顺利滴下的原因是 TiC 和 TiN 的生成而引起泡沫渣。在生产实践中，为了保证产率最大化，有必要最大限度地抑制 TiC 和 TiN 的生成。对 TiO$_2$ 含量为 9.22wt% 和 12.14wt% 的球团炉料软熔滴落后所得未滴落渣铁在 1350℃熔分 1h 后，发现渣在铁的上部，表 6-17 为熔分后所得渣和铁的化学组成。通过 Cr、V 和 Ti 在滴落物和渣、铁分离物的比较分析发现：钒含量从铁分离物中的 0.011wt%、0.016wt%分别变为滴落物（主要为金属铁）中的 0.030wt%、0.048wt%，铬含量从铁分离物中的 0.043wt%、0.041wt%分别变为滴落物中的 0.079wt%、0.083wt%，但是钛含量从铁分离物中的 0.134wt%、0.295wt%分别变为滴落物中的 0.078wt%、0.103wt%。故推断：在渣铁滴落、分离过程中，Cr 和 V 迁移到铁水中的比例明显高于迁移到渣中的比例，Ti 迁移到渣中的比例远高于迁移到铁水中的比例，这通过后面的微观形貌-微区成分分析得到了进一步验证。此外，大量 TiC 和 TiN 的出现导致软熔滴落过程中难滴现象的出现，这和大量泡沫渣溅到未滴落物上面、很少量的铁水从石墨坩埚孔中流出的实验结果相一致。因此，有必要采取一

定的措施降低渣中 TiC 和 TiN 引起的高黏度。此外，为了改善、优化 V、Cr 和 Ti 的利用率，有必要弄清其有价组元的迁移、转变特性和规律，在后续的 SEM-EDS 研究中对渣铁形成和分离过程中三种元素的组成和迁移规律做进一步研究。

表 6-17 石墨坩埚顶部未滴落渣铁熔分后所得渣和铁的化学组成（wt%）

项目	TiO₂	TFe	V	Cr	Ti
铁	9.22	77.68	0.011	0.043	0.134
	12.14	75.28	0.016	0.041	0.295
渣	9.22	75.85	0.137	0.054	4.07
	12.14	79.40	0.124	0.071	3.53

5. 微观结构

1）未滴落物

据知，高 TiO_2 含量的渣黏稠度高，渣铁难于分离。此外，前述研究发现，随 TiO_2 含量的增加，滴落特性越来越差。本实验发现：不同 TiO_2 含量的含铬型钒钛磁铁矿球团炉料软熔滴落后滴落铁的量远低于普通铁矿球团的滴落铁量，是由于含较多量渣的铁液溅到石墨坩埚的上部。此外，石墨坩埚表面上出现了一层金黄、紫红、淡蓝等色调多变的物质，推断色调多变的物质为 Ti(C, N)。Ti(C, N)是由渣焦反应或渣与石墨坩埚反应生成，这与前人研究相一致。更为重要的是，在图 6-56 和图 6-57 的未滴落物中检测到 Ti(C, N)。图 6-56（a）和（b）为不同放大倍数下 TiO_2 含量为 9.22wt%的含铬型钒钛磁铁矿球团炉料软熔滴落后所得未滴落物的 SEM 图，图 6-56（c）为 A 处的 EDS 图。图 6-57（a）和（b）为不同放大倍数下 TiO_2 含量为 12.14wt%的炉料软熔滴落后所得未滴落物的 SEM 图，图 6-57（c）为 B 处的 EDS 图。结果表明：从微观形貌图可以明显地发现有 Ti(C, N)的生成，Ti(C, N)很可能是通过渣焦反应形成，以规则的固体颗粒形式附着在焦炭的表面。图 6-58 为 TiO_2 含量为 9.22wt%和 12.14wt%的炉料软熔滴落所得渣铁分离后渣的 XRD 图，从 XRD 图发现：随 TiO_2 含量的增加，生成的 Ti(C, N)逐渐增多。此外，从热力学分析，当有碳存在时，TiO_2 在高温下还原生成 Ti(C, N)是必然的。热力学计算、XRD 分析、代表性的 SEM 图及含 Ti、C 和 N 元素组成的 EDS 图，表明 Ti(C, N)的生成量随 TiO_2 含量的增加而增多。随 TiO_2 含量的增加，更多和 Ti 结合的 C、N 被检测到，对 TiO_2 含量为 9.22wt%的炉料来说，其 C 含量为 5.54wt%、N 含量为 4.17wt%，对 TiO_2 含量为 12.14wt%的炉料来说，其 C 含量为 12.45wt%、N 含量为 5.28wt%。鉴于生成的 Ti(C, N)和前述软熔滴落行为研究中的熔滴特性密切相关，因此，冶炼含铬型钒钛磁铁矿时，很有必要降低 Ti(C, N)的生成量，并最后分解这些碳氮化合物。

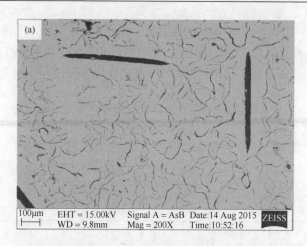

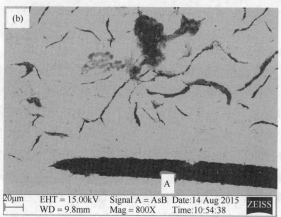

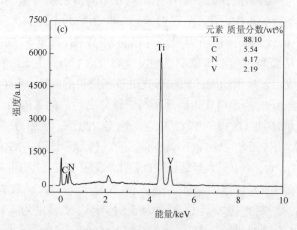

图 6-56　TiO$_2$质量分数为 9.22wt%的含铬型钒钛磁铁矿球团炉料软熔滴落后所得未滴落物的
SEM 图和 EDS 图

（a）SEM 图，200×；（b）SEM 图，800×；（c）A 处的 EDS 图

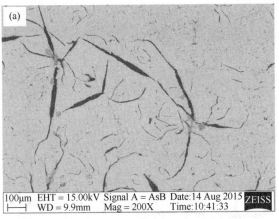

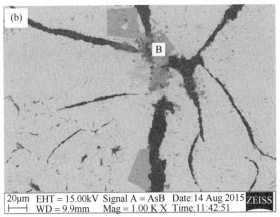

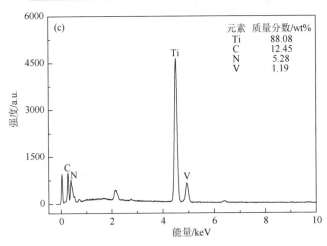

图 6-57　TiO₂ 含量为 12.14wt%的含铬型钒钛磁铁矿球团炉料软熔滴落后所得未滴落物的 SEM
图和 EDS 图

（a）SEM 图，200×；（b）SEM 图，1000×；（c）B 处的 EDS 图

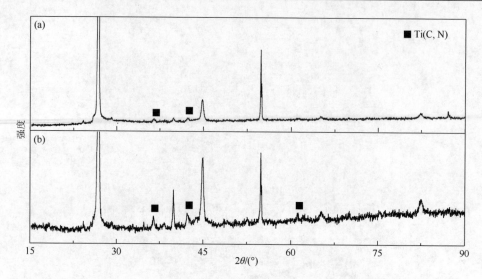

图 6-58　不同 TiO$_2$ 含量的含铬型钒钛磁铁矿球团软熔滴落后所得渣铁分离得到渣的 XRD 图
（a）9.22wt%；（b）12.14wt%

2）滴落铁

图 6-59 为 TiO$_2$ 含量分别为 6.18wt%、9.22wt% 和 12.14wt% 的含铬型钒钛磁铁矿球团炉料的滴落铁的 SEM 图，从图中可以看出：随 TiO$_2$ 含量的增加，金属铁的尺寸整体逐渐降低，滴落铁粒聚集程度降低，金属铁的滴落难度加大，滴落性降低，这和前述软熔滴落基础特性研究中滴落温度的升高是一致的。此外，依据本面前述研究，由于 Ti(C, N) 生成量的增多，渣铁聚集现象严重，且渣铁很难分离，铁更为分散，渣铁分离后，所得不含渣的铁量很少，滴落难度加剧。铁的宏观存在形态和微观结构检测证明：随 TiO$_2$ 含量的增加，铁尺寸的减小和滴落难度的加剧是一致的。图 6-60（a）为 TiO$_2$ 含量为 12.14wt% 的含铬型钒钛磁铁矿球团炉料的滴落铁的 SEM 图，图 6-60（b）、（c）和（d）分别为 A、B 和 C 处的能谱分析结果，研究发现金属铁不同区域的 Fe、V、Ti 和 Cr 元素的分布量不同。由于大部分钛氧化物未被充分还原，仍在渣中，但铁相内仍可发现有少量的 Ti 存在。而 Fe、V 和 Cr 在高温时相对容易被还原为液态金属，在元素周期表中 Cr 和 V 的原子紧邻，且二者晶格结构均为体心立方结构，这些因素表明 Cr 和 V 比 Cr 和 Ti 更难以分开。通过微区成分得到的元素迁移行为和本面前述的有价组元迁移研究结果是一致的。因此，在渣铁滴落、分离过程中，Cr 和 V 迁移到铁中的量明显高于迁移到渣中的量，但 Ti 迁移到渣中的量明显高于迁移到铁中的量。另外、V、Ti 和 Cr，尤其是 V 和 Cr，由于含量低，在相应的区域比较难于检测。因此，有必要对金属铁的元素分布做进一步检测。图 6-61 为 TiO$_2$ 含量为 12.14wt% 的含铬型钒钛球团矿炉料的滴落铁的面扫描图，由于 Cr 和 V 含量低，其只被少量检

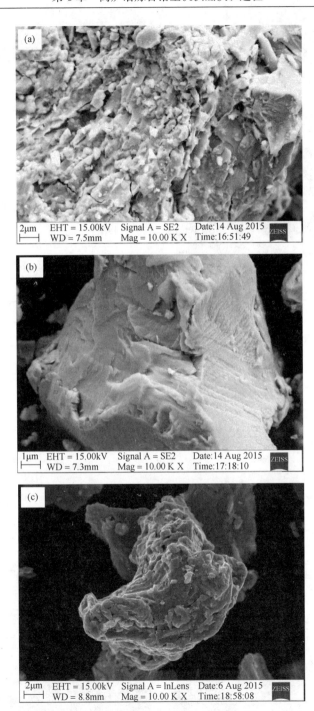

图 6-59　不同 TiO_2 含量的含铬型钒钛磁铁矿球团软熔滴落后所得滴落铁的 SEM 图（10000×）

（a）6.18wt%；（b）9.22wt%；（c）12.14wt%

测到，Ti 由于大部分分布在渣中，其量较少。此外，在金属铁内，Cr 和 V 的分布比 Ti 的分布更为均匀，这可从另一个角度说明 Cr 和 V 倾向于留在铁中，而 Ti 倾向于留在渣中。

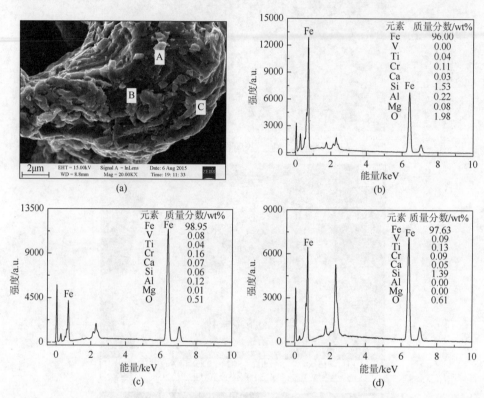

图 6-60　TiO$_2$ 含量为 12.14wt%的含铬型钒钛磁铁矿球团炉料软熔滴落后所得滴落铁的 SEM 图和 EDS 图

（a）SEM 图；（b）A 处的 EDS 图；（c）B 处的 EDS 图；（d）C 处的 EDS 图

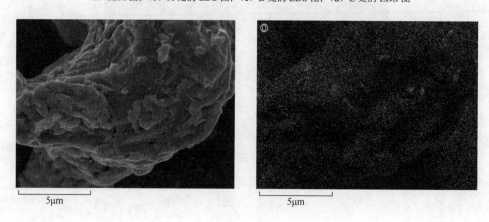

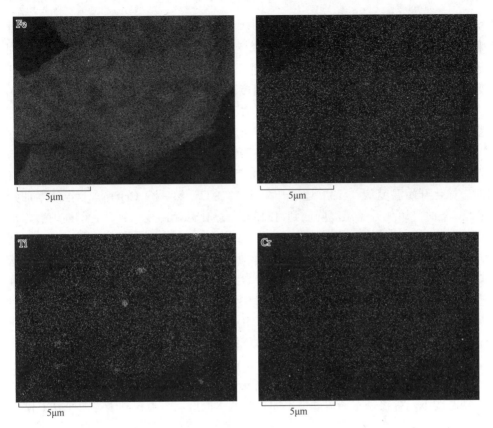

图 6-61　TiO$_2$ 含量为 12.14wt%的含铬型钒钛磁铁矿球团软熔滴落过程滴落铁的面扫描图

6.4.2　Cr$_2$O$_3$ 对含铬型钒钛磁铁矿球团软熔滴落特性的影响机理

1. 实验原料

Cr$_2$O$_3$ 对含铬型钒钛磁铁矿球团软熔滴落特性的影响实验所用原料为前述制备的不同 Cr$_2$O$_3$ 含量的含铬型钒钛磁铁矿氧化球团，其抗压强度和还原膨胀率均满足高炉入炉标准，其 Cr$_2$O$_3$ 含量分别为 0.28wt%、3.11wt%、5.85wt%和 8.22wt%。

2. 软熔滴落特性

图 6-62 为不同 Cr$_2$O$_3$ 含量的含铬型钒钛磁铁矿球团炉料软熔滴落过程中的 $T_{4\%}$、$T_{40\%}$和软化温度区间结果图。结果表明：随 Cr$_2$O$_3$ 含量从 0.28wt%增加到 8.22wt%时，软化开始温度从 1088℃ 逐渐升高到 1160℃，软化终了温度从 1201℃ 逐渐升高到 1295℃，软化温度区间从 113℃ 逐渐变宽到＞135℃，Cr$_2$O$_3$ 含量为

5.85wt%时软化温度区间最高为139℃。据前人研究表明：软化开始温度的升高有利于高炉炉况稳定，有利于气-固相还原反应的进行，但软化温度区间的变宽不利于高炉炉况稳定和气-固相还原反应的进行。因此，随 Cr_2O_3 含量的增加，软化开始温度升高提升了软化特性，但软化温度区间的变宽恶化了软化指标。随 Cr_2O_3 含量的增加，和铬氧化物结合的铁氧化物逐渐增多，依据热力学分析，铁-铬氧化物远比单独的铁氧化物难于还原，前述还原特性研究中也证实了这一点。

图 6-63 为不同 Cr_2O_3 含量的含铬型钒钛磁铁矿球团炉料软熔滴落过程中的 T_S、T_D 和熔化温度区间结果图。结果表明：随 Cr_2O_3 含量从 0.28wt%增加到 5.85wt%时，熔化开始温度从 1223℃逐渐升高到 1328℃，然后随 Cr_2O_3 含量继续增加到8.22wt%时，熔化开始温度降低到 1313℃。熔化开始温度的升高利于高炉冶炼指标的强化。随 Cr_2O_3 含量从 0.28wt%升高到 8.22wt%时，滴落温度从 1338℃逐渐升高到1570℃，但是，熔化温度区间迅速变宽到相对较高值 230℃以上，表明软熔滴落性能指标恶化。因此，随 Cr_2O_3 含量的增加，得出熔化温度区间的位置分布图如图 6-64 所示，结果表明：软熔带中熔化开始位置整体下移，改善了高炉冶炼指标，但熔化温度区间变宽却恶化了冶炼指标。

影响不同 Cr_2O_3 含量的含铬型钒钛磁铁矿球团炉料熔滴特性的因素很多，除了文中提到的 Ti(C, N)的影响之外，含铬铁水和含铬渣的特性也是重要的影响因素。从 Fe-Cr-C 三元相图可以看出：铬铁合金的液相线温度较高，因此在同样的出铁温度下，含铬铁水的流动性不如普通铁水的好。这点在刘平等的研究中也有

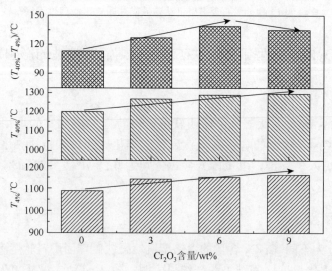

图 6-62 Cr_2O_3 含量对含铬型钒钛磁铁矿球团软熔滴落过程中 $T_{4\%}$、$T_{40\%}$和软化温度区间的影响

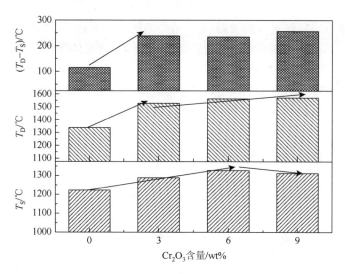

图 6-63　Cr_2O_3 含量对含铬型钒钛磁铁矿球团软熔滴落过程中 T_S、T_D 和熔化温度区间的影响

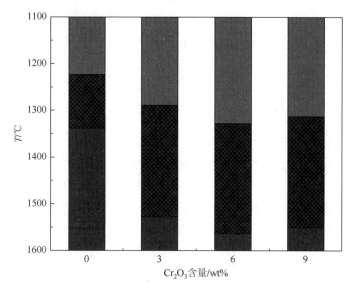

图 6-64　Cr_2O_3 含量对含铬型钒钛磁铁矿球团软熔滴落带位置分布的影响

相应的介绍[33]。此外，随铁水中铬含量的增多，铁水熔点增大，流动性降低[35, 36]，黏度增大，是因为铬原子的半径大于铁原子，随铁水中铬含量的增多，铁熔体的自由空间降低。在 Fe-Cr-C 系中铬对流动性、黏度的影响，还与铬在铁水中析出碳化物的温度及铬从铁水中析出的形态有关，在铁水中，铬的复合碳化物，如 $(Cr, Fe)_{23}C_6$、$(Cr, Fe)_3C_2$ 和 $(Cr, Fe)_7C_3$ 可以被发现。此外，有研究表明，氧化铬还原生成铬碳化物的反应比生成金属铬更易于进行[37]。图 6-65 为铬含量大于

3.11wt%的球团炉料滴落铁的 XRD 图,结果发现:铬的复合碳化物($Cr_{15.58}Fe_{7.42}C_6$)和碳化铬(CrC)被检测到。此外,发现:随 Cr_2O_3 含量的增加,铬的复合碳化物和碳化铬的生成量逐渐增多。另外,高炉渣中未还原的 Cr_2O_3 会增大含钛高炉渣的黏度,是因为高炉渣中的 Cr_2O_3 很容易和 MgO、Al_2O_3 反应生成高熔点的 $MgCr_2O_4$ 和 $MgCrAlO_4$ 尖晶石相。

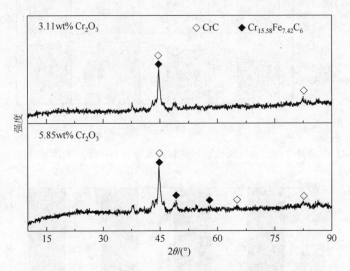

图 6-65　铬含量大于 3.11wt%的球团炉料滴落铁的 XRD 图

为了进一步探究含铬炉料的熔炼机理,对另外一些因素和指标进行了研究。表 6-18 为 Cr_2O_3 对含铬型钒钛磁铁矿球团软熔滴落过程中压差和其他性能的影响情况。结果表明:随 Cr_2O_3 含量从 0.28wt%增加到 3.11wt%,最大压差先降低到14946Pa,而后随 Cr_2O_3 含量继续增加到 8.22wt%时,最大压差升高到 23206Pa;随 Cr_2O_3 含量的增加,最大压差对应的温度从 1291℃显著升高到 1474℃,滴落压差也整体升高,透气性指数从 1232343Pa·℃显著升高到 2587504Pa·℃,并且和随 TiO_2 含量的增加时透气性指数增加的速率相比,其透气性指数增加速率更快。当 Cr_2O_3 含量超过 5.85wt%时,其透气性指数值远高于不含 TiO_2、Cr_2O_3 的普通球团炉料和普通钒钛磁铁矿球团[25],且透气性指数反映了含铬铁水的黏度和流动性大小。由于普通含钛铁水的滴落难度已经较大,随 Cr 含量的增加,其滴落难度会进一步加剧,这在熔滴特性和透气性指数方面有所反映。因此,相较 TiO_2 对球团炉料熔炼特性和机理的影响,Cr_2O_3 对球团炉料熔炼特性和机理的影响需引起更多的注意。

表 6-18　Cr$_2$O$_3$ 对含铬型钒钛磁铁矿球团软熔滴落过程中压差和其他性能的影响

Cr$_2$O$_3$ 含量/wt%	ΔP_{max}/Pa	$T_{\Delta P}$/℃	透气性指数 S 值 /(Pa·℃)	滴落压差/Pa
0.28	17722	1291	1232343	1448
3.11	14946	1366	1598833	2775
5.85	17130	1469	2033204	2949
8.22	23206	1474	2587504	2853

3. 微观结构

图 6-66 和图 6-67 为 Cr$_2$O$_3$ 含量分别为 3.11wt%、5.85wt% 的含铬型钒钛磁铁矿球团炉料滴落铁的 SEM 图, 其中 C、F 处为孔洞, 里面有铁液流入。结果表明: 随 Cr$_2$O$_3$ 含量的增加, 滴落铁的尺寸有所降低, 而滴落铁的聚集长大有利于滴落性的提高, 因此, 前述的随 Cr$_2$O$_3$ 含量的增加滴落难度加剧和微观形貌分析结果相一致。通过研究滴落铁不同处的元素组成, 得出图 6-68 和图 6-69 的 EDS 图。研究发现: 考虑到初始炉料中钒量较低的情况, 滴落铁中铬和钒含量在一个较高的水平, 但钛含量在一个相对较低的水平。表 6-19 为 Cr$_2$O$_3$ 含量分别为 3.11wt%、5.85wt% 的球团炉料滴落铁的化学组成, 从表 6-19 也可发现: 铁中钒和铬的比例明显高于渣中的比例, 但钛在铁中的比例明显低于渣中的比例。在钒氧化物和铬氧化物还原为金属钒和金属铬的过程中, 随着铁的聚集, 铁中铬和钒的量增多。但在高炉条件下钛氧化物很难还原为金属钛, 随着铁的聚集, 未发现铁中钛量的增多。前述的研究表明: 在渣铁形成的过程中, 有价组元 Cr、V 和 Ti 的迁移行为为 Cr 和 V 更易迁移到铁中, 而 Ti 更易迁移到渣中。通过本节研究铬含量更高的炉料冶炼过程中的 EDS 分析和化学组成, 进一步验证了上述观点。为了研究元素的整体分布, 对滴落铁做了面扫描。图 6-70 为 Cr$_2$O$_3$ 含量为 5.85wt% 的球团炉料滴落铁的元素分布图, 和 Cr$_2$O$_3$ 含量为 0.24wt% 的球团炉料滴落铁的面扫描相比, 可明显发现 Cr 分布显著增多, 且 Cr 和 V 在铁中分布更为均匀, 但 Ti 在铁中分布相对分散。图 6-71 和图 6-72 为 Cr$_2$O$_3$ 含量分别为 3.11wt%、5.85wt% 的球团炉料未滴落物的 SEM 图和 EDS 图。由于 Ti(C, N) 和焦炭具有良好的润湿性, 生成的 Ti(C, N) 大部分聚集在焦炭表面。Ti(C, N) 的生成几乎不可避免, 在未滴落物中也发现很多, 但同时发现有少量铬的碳化物或碳氮化物出现, 且有增多的趋势, 这在前面滴落铁的 XRD 图也检测到。由于 Ti(C, N) 加上 Cr(C, N) 的出现, 渣铁很容易聚集在一起且难以分离。在 1400℃ 通过分离 Cr$_2$O$_3$ 含量为 3.11wt% 的球团炉料的未滴落渣铁, 熔分时间为 1h, 发现仅有少量的渣分离出来, 图 6-73 为分离出渣的 SEM 图, 发现分离出来的渣中还附着铁。

图 6-66　Cr₂O₃ 含量为 3.11wt%的球团炉料软熔滴落后所得滴落铁的 SEM 图

（a）3000×；（b）10000×

图 6-67　Cr₂O₃ 含量为 5.85wt%的球团炉料软熔滴落后所得滴落铁的 SEM 图

（a）3000×；（b）10000×

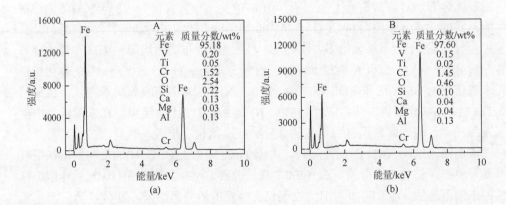

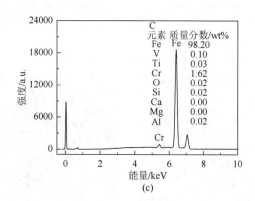

图 6-68　Cr₂O₃ 含量为 3.11wt% 的球团炉料软熔滴落后所得滴落铁的 EDS 图

（a）A 处；（b）B 处；（c）C 处

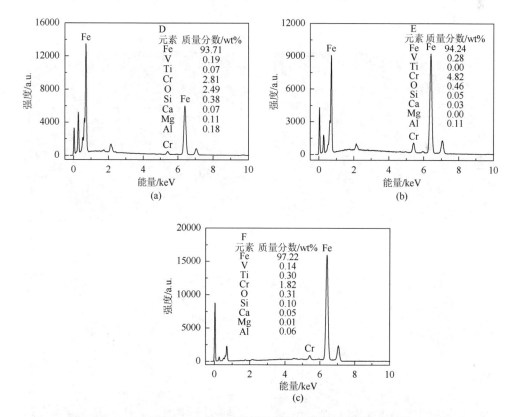

图 6-69　Cr₂O₃ 含量为 5.85wt% 的球团炉料软熔滴落后所得滴落铁的 EDS 图

（a）D 处；（b）E 处；（c）F 处

表 6-19　滴落物的化学组成（wt%）

Cr$_2$O$_3$	TFe	V	Cr	Ti
3.11	91.63	0.22	2.37	0.028
5.85	90.26	0.211	3.87	0.047

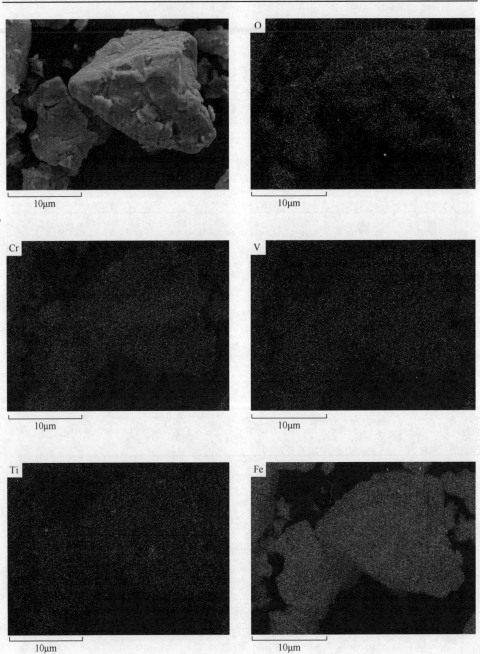

图 6-70 Cr_2O_3 含量为 5.85wt%的球团炉料软熔滴落后所得滴落铁的元素分布图

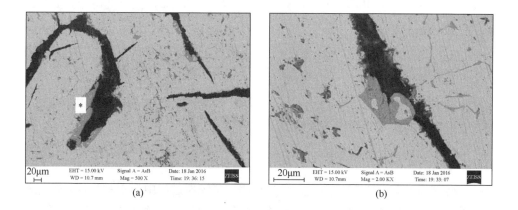

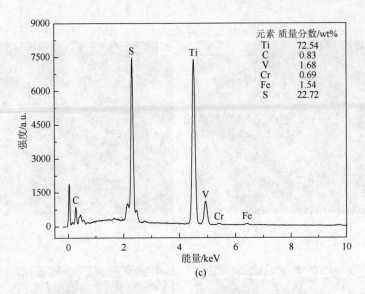

图 6-71　Cr$_2$O$_3$ 含量为 3.11wt% 的球团炉料软熔滴落后所得未滴落物的 SEM 图和 EDS 图

（a）SEM 图，2000×；（b）SEM 图，10000×；（c）* 处的 EDS 图

6.4.3　B$_2$O$_3$ 对含铬型钒钛磁铁矿球团软熔滴落特性的影响机理

1. 实验原料

B$_2$O$_3$ 对含铬型钒钛磁铁矿球团软熔滴落特性的影响实验所用原料为前述制备的不同 B$_2$O$_3$ 含量的含铬型钒钛磁铁矿氧化球团，其抗压强度和还原膨胀率均满足高炉入炉标准。

2. 软熔滴落特性

在软熔滴落过程中，随着含铬型钒钛磁铁矿球团炉料的还原，不同炉料的压差和收缩率变化如图 6-74 所示。结果表明：每组炉料结构均出现了最高压差，当压差降低到相对低的区间值 1373~2135Pa 时，液态铁水开始从石墨坩埚中滴落下来。收缩率（SR）采用如下公式计算

$$SR = [(H_0 - H) / H_0] \times 100\% \qquad (6\text{-}34)$$

式中，H_0 是球团炉料的初始高度；H 是球团炉料还原过程中的实时高度。收缩率超过了 100%，是由于基准高度是石墨坩埚中含铬型钒钛磁铁矿球团炉料的高度，但是焦炭层在软熔滴落过程中，尤其熔炼后期受到较大程度的压缩。

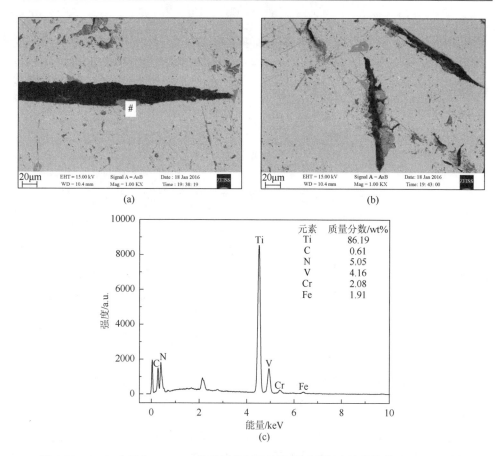

图 6-72　Cr_2O_3 含量为 5.85wt% 的球团炉料软熔滴落后所得未滴落物的 SEM-EDS 图

（a）SEM 图，1000×；（b）SEM 图，100×；（c）#处的 EDS 图

图 6-73　Cr_2O_3 含量为 3.11wt% 的球团炉料软熔滴落后所得未滴渣铁熔分后渣的 SEM 图

（a）2000×；（b）10000×

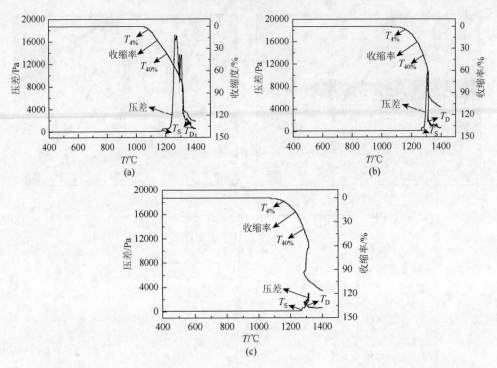

图 6-74 B$_2$O$_3$ 对含铬型钒钛磁铁矿球团软熔滴落过程中压差和收缩率的影响研究

（a）1.5wt%；（b）3.0wt%；（c）4.5wt%

图 6-75 为 B$_2$O$_3$ 对含铬型钒钛磁铁矿球团炉料的软化开始温度、软化终了温度和软化温度区间的影响。结果表明：随 B$_2$O$_3$ 含量从 0wt% 增加到 4.5wt% 时，软

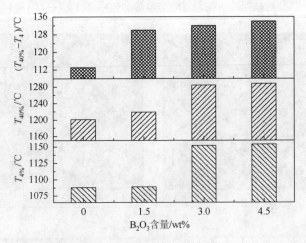

图 6-75 B$_2$O$_3$ 对含铬型钒钛磁铁矿球团软熔滴落过程中 $T_{4\%}$、$T_{40\%}$ 和软化温度区间的影响

化开始温度从 1088℃升高到 1154℃，软化温度区间从 113℃升高到 134℃。据研究可知，高炉冶炼要求软化开始温度高，软化温度区间窄，以保持炉况稳定，有利于气-固相还原反应的进行。本实验中软化温度的升高利于高炉冶炼，而软化温度区间的变宽不利于高炉冶炼。随球团内部 B_2O_3 含量的增加，升温过程中产生的液相显著增加很多，很大程度上阻碍了球团内部还原气体的扩散，导致了软化温度区间内还原难以进行。

图 6-76 为 B_2O_3 对含铬型钒钛磁铁矿球团炉料软熔滴落过程中熔化开始温度、滴落温度和熔化温度区间的影响。结果表明：随 B_2O_3 含量从 0 增加到 1.5wt%时，熔化开始温度先从 1223℃降低到 1178℃，然后随 B_2O_3 含量继续增加到4.5wt%时，熔化开始温度迅速升高到 1272℃；随 B_2O_3 含量从 0wt%增加到4.5wt%时，滴落温度从 1338℃逐渐降低到 1302℃。从熔化开始温度和滴落温度计算得到，随 B_2O_3 含量从 0wt%增加到 1.5wt%时，熔化温度区间先从 115℃升高到 157℃，但是随 B_2O_3 含量继续增加到 4.5wt%时，熔化温度区间迅速降低到 30℃。前人研究表明，熔化开始温度越高、熔化温度区间越窄，熔滴特性越好。本实验发现，在 B_2O_3 含量为 0wt%～1.5wt%时，熔滴指标经历了一段恶化阶段，但是当 B_2O_3 含量为 1.5wt%～4.5wt%时，熔滴指标得到很大程度的改善。因此，图 6-77 给出了 B_2O_3 含量为 0～4.5wt%熔化温度区间的位置分布图，从图中可以直观地看出熔化开始温度和熔化温度区间的变化情况，当 B_2O_3 含量大于 1.5wt%时，熔化开始温度位置显著下移，熔化温度区间显著变窄，高炉冶炼指标得到很大程度地改善。

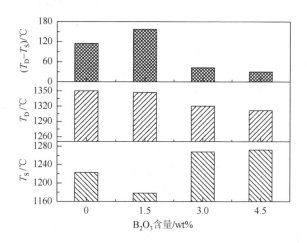

图 6-76　B_2O_3 对含铬型钒钛磁铁矿球团软熔滴落过程中 T_S、T_D 和熔化温度区间的影响

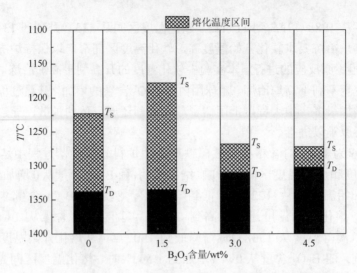

图 6-77　B_2O_3 对含铬型钒钛磁铁矿球团软熔滴落过程中软熔滴落带位置分布的影响

表 6-20 为不同 B_2O_3 含量的含铬型钒钛磁铁矿球团炉料软熔滴落过程的最大压差和最大压差对应的温度、滴落压差和透气性指数。压差的高低能明显反映透气性指数的大小。随 B_2O_3 含量的增加，不同炉料的最大压差明显降低、透气性指数值明显减小，表明透气性得到较大程度的改善。另外，前面对 TiO_2 和 Cr_2O_3 对含铬型钒钛磁铁矿球团炉料的软熔滴落特性研究发现，炉料还原温度达到 1500℃以上时仍未出现明显的渣铁分离现象，而本实验中由于 B_2O_3 添加剂的配加，发现了明显的渣铁分离现象，且分离程度很高。B_2O_3 极佳地起到了改善渣铁分离的作用，进而熔炼行为得到很大程度的改善。任山等[38]及崔传孟和徐秀光[39]的研究已经报道了 B_2O_3 可以降低含钛渣的黏度，改善含钛渣的流动性。渣中 B_2O_3 含量越高，$CaSiO_3$、$CaTiO_3$ 和 $MgTi_2O_5$ 等高熔点物质越少，而更多的低熔点物质如 CaB_2O_4 和 $Mg_2B_2O_5$ 等就会出现。这在图 6-78 中对不同渣的 XRD 图中可以看出。因此，熔化温度降低，渣的黏度降低，这样优质的黏度特性使得渣铁的流动性和分离效果得以保证。

表 6-20　B_2O_3 含量对含铬型钒钛磁铁矿球团软熔滴落过程中最大压差、最大压差对应的温度、透气性指数和滴落压差指标的影响

B_2O_3 含量/wt%	ΔP_m/Pa	T_m/℃	S/(Pa·℃)	ΔP_D/Pa
0	17722	1291	1232343	1448
1.5	17180	1263	1099199	2135
3.0	10866	1312	376998	1885
4.5	3033	1314	174476	1373

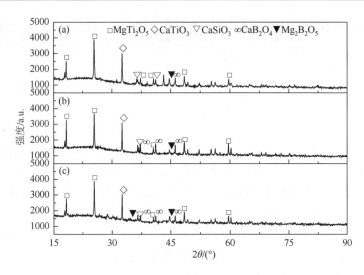

图 6-78　不同 B_2O_3 含量的含铬型钒钛磁铁矿球
团炉料软熔滴落后所得渣的 XRD 图

（a）1.5wt%；（b）3.0wt%；（c）4.5wt%

3. 有价组元迁移研究

众所周知，V、Ti 和 Cr 是珍贵的金属元素，B 为珍贵的非金属元素[40]，为充分利用这些有价元素，有必要对元素的迁移行为进行研究。本实验中，通过 XRF（X 射线荧光）和 ICP-AES（电感耦合等离子体原子光谱发射法）等分析手段对外配 B_2O_3 含量为 1.5wt%、3.0wt% 和 4.5wt% 的含铬型钒钛磁铁矿球团炉料软熔滴落后所得滴落铁和产生的渣进行化学组成分析，得出如表 6-21 和表 6-22 所示的结果。前述研究发现外配 TiO_2 和 Cr_2O_3 的含铬型钒钛磁铁矿球团炉料软熔滴落过程中所得的渣铁在正常熔炼条件下甚至附加额外的熔分操作条件下都很难分离开，但是由于 B_2O_3 的添加，在正常熔炼条件下，渣铁分离效果已经可以很好，且滴落铁的量更多。

表 6-21　B_2O_3 含量对含铬型钒钛磁铁矿球团炉料软熔滴落后所得金属铁化学组成的影响

（wt%）

B_2O_3	TFe	B	V	Cr	Ti
1.5	91.29	0.102	0.095	0.078	0.468
3.0	92.42	0.126	0.024	0.010	0.133
4.5	92.35	0.226	0.038	0.017	0.227

表 6-22　B_2O_3 含量对含铬型钒钛磁铁矿球团炉料软熔滴落后所得渣化学组成的影响（wt%）

B_2O_3	TFe	B_2O_3	V	Cr_2O_3	TiO_2
1.5	11.07	8.30	0.66	0.62	17.08
3.0	11.29	14.63	0.61	0.57	15.68
4.5	13.11	17.19	0.59	0.64	13.05

从表 6-21 和表 6-22 可以发现：有价组元 B 更易迁移到渣中，且随着初始球团炉料中 B_2O_3 添加剂的增多，B 的迁移现象越来越明显。一方面，随 B_2O_3 含量从 1.5wt% 增加到 4.5wt% 时，渣中 B_2O_3 含量从 8.30wt% 增加到 17.19wt%，但是渣中 B_2O_3 含量的增加降低钛氧化物迁移到渣中的比例，渣中 TiO_2 含量从 17.08wt% 降低到 13.05wt%。而且，尽管渣中 TiO_2 含量明显降低，从含量范围来看，钛依旧主要分布在渣中，这和前人在攀钢冶炼普通钒钛磁铁矿的生产实践研究中得出的结果一致。随 B_2O_3 含量从 1.5wt% 增加到 4.5wt%，铁中的 V 和 Cr 含量整体降低。另外，铁中 B 含量从 0.102wt% 增加到 0.226wt%。依据如下热力学计算[41]

$$B_2O_3(l) + 3C(s) === 2B(s) + 3CO(g)$$
$$\Delta G^{\ominus} = 858363 - 473.80T/K（J/mol）\qquad(6-35)$$

B_2O_3 还原为 B 的最低还原温度仍远高于铁氧化物的最低还原温度，因此铁氧化物的还原优先于硼氧化物。

硼易熔于铁液中，依据如下热力学计算

$$B_2O_3(l) + 3C(s) === 2[B]_{Fe} + 3CO(g)$$
$$\Delta G^{\ominus} = 727763 - 467.86T/K（J/mol）\qquad(6-36)$$

B_2O_3 可以还原到[B]，在铁液中会发现少量还原得到的[B]。借助于渣金两相熔体密度及表面张力的差异实现熔态分离铁、硼得到含硼生铁和富硼渣。另外，合金相中硼含量还与炉渣成分有关，渣中 B_2O_3 含量越高，生铁中[B]含量越高。

4. 微观结构

前面的软熔滴落特性中发现 B_2O_3 可以改善熔炼指标，尤其是高温时的熔滴特性，为了进一步探究冶炼机理，采用扫描电镜（SEM）和 X 射线能谱仪（EDS）对滴落物和未滴落物进行微观结构和微区成分分析。

图 6-79 为不同 B_2O_3 含量的含铬型钒钛磁铁矿球团炉料软熔滴落后所得滴落铁的 SEM 图，图 6-80 为相应的不同区域的 EDS 图。结果表明：随 B_2O_3 含量的增加，滴落铁的尺寸逐渐增大，滴落铁尺寸的增大利于滴落。结合前面的软熔滴落特性中滴落难度逐渐降低的结果，发现：滴落铁的微观形貌分析和前述滴落行为一致。

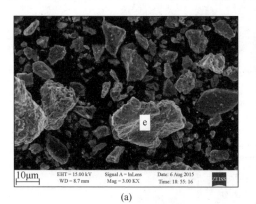
(a)

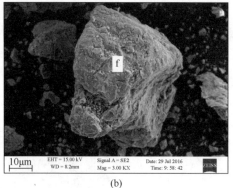
(b)

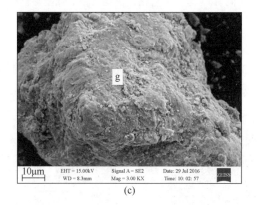
(c)

图 6-79　不同 B_2O_3 含量的含铬型钒钛磁铁矿球团炉料软熔滴落后
所得滴落铁的 SEM 图

（a）1.5wt%；（b）3.0wt%；（c）4.5wt%

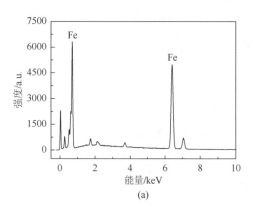
(a)

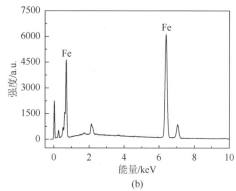
(b)

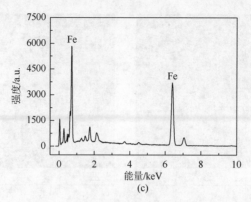

图 6-80 不同 B_2O_3 含量的含铬型钒钛磁铁矿球团炉料软熔滴落后
所得滴落铁的 EDS 图

(a) e 区；(b) f 区；(c) g 区

图 6-81 为外配 3.0wt%B_2O_3 的含铬型钒钛磁铁矿球团炉料软熔滴落后所得渣的 SEM 图。在熔炼过程中，很少有金属铁黏附在渣中，渣和铁的分离效果很明显。

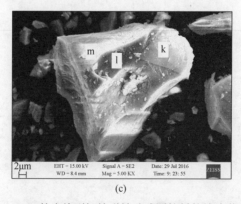

图 6-81 外配 3.0wt% B_2O_3 的含铬型钒钛磁铁矿球团炉料软熔滴落后所得渣的 SEM 图

(a) 500×；(b) 1500×；(c) 5000×

图 6-82 为相应区域的 EDS 图,发现:在 B 含量多的区域内 Ti 含量少,在 Ti 含量多的区域内 B 含量少。结合前面有价组元迁移研究中发现随 B_2O_3 含量的增加,渣中 TiO_2 含量逐渐减少,发现:微观结构合微区成分分析结果和有价组元组成和迁移行为一致。

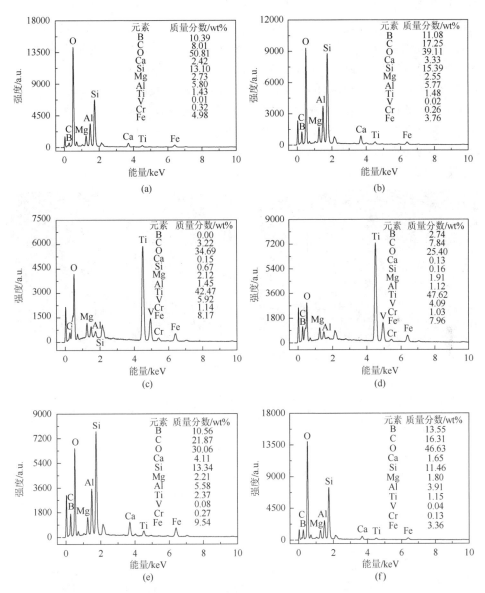

图 6-82　外配 3.0wt% B_2O_3 的含铬型钒钛磁铁矿球团炉料软熔滴落后所得渣的 EDS 图

(a) h 处;(b) i 处;(c) j 处;(d) k 处;(e) l 处;(f) m 处

图 6-83（a）、（b）为外配 3.0wt%B$_2$O$_3$ 的含铬型钒钛磁铁矿球团炉料软熔滴落后所得未滴落物的 SEM 图。铁氧化物（n 处）的能谱分析结果如图 6-83（c）所示，发现：铁氧化物未还原完全，倾向于和焦炭 [o 处，能谱分析结果如图 6-83（d）所示] 黏附在一起，这有利于高温时向金属铁的还原转变。在铁液形成过程中和铁液形成后的铁中，在浮氏体相内只发现有少量的硼存在，进一步证明了前述研究中得出的硼向铁中迁移的规律。但是，前述研究发现，外配 TiO$_2$ 和 Cr$_2$O$_3$ 的含铬型钒钛磁铁矿球团炉料软熔滴落过程中对熔炼指标、滴落特性影响严重的 Ti(C, N)，在本实验中焦炭周围未被发现，在渣和铁中也未检测到，这可从图 6-78 和图 6-84 的 XRD 图、图 6-79 和图 6-81 的 SEM 图及图 6-80 和图 6-82 的 EDS 图可得到证实。由于 B$_2$O$_3$ 的加入，Ti(C, N) 的生成受到了抑制，这从另一个方面很好地解释了随 B$_2$O$_3$ 含量的增加，滴落温度降低、熔化温度区间变窄和透气性指数变大等多方面的熔滴性能得到了优化。

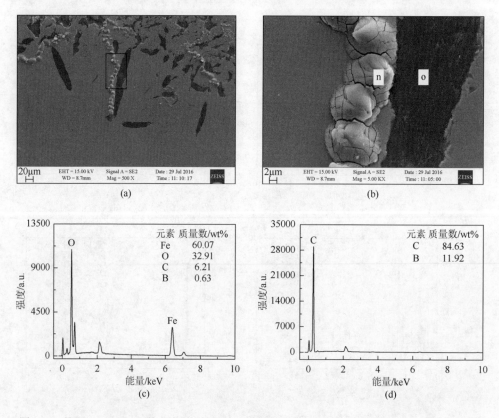

图 6-83　外配 3.0wt% B$_2$O$_3$ 的含铬型钒钛磁铁矿球团炉料软熔滴落后未滴落物的 SEM 图和 EDS 图

（a）SEM 图，500×；（b）SEM 图，5000×；（c）n 处的 EDS 图；（d）o 处的 EDS 图

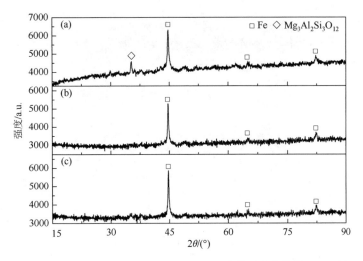

图 6-84　不同 B_2O_3 含量的球团炉料软熔滴落后滴落铁的 XRD 图

（a）1.5wt%；（b）3.0wt%；（c）4.5wt%

图 6-85 为外配 4.5wt%B_2O_3 的含铬型钒钛磁铁矿球团炉料软熔滴落后所得未滴落物的 SEM 图，其中图 6-85（c）为生成的金属铁的微观形貌图，即图 6-85（b）中长方形区域中的放大图；图 6-86 为相应的 p、q 和 r 处的微区成分分析结果图。球团炉料软熔滴落后主要分布在石墨坩埚内焦炭层的上方，而在石墨坩埚底部焦炭附近分布很少，这从图 6-87 的石墨坩埚的宏观剖面图可以看出。能谱分析结果表明：黏附在焦炭表面的铁氧化物的还原程度高于未黏附在焦炭表面的铁氧化物，这从侧面证实了铁氧化物的逐级还原理论。在相同的熔炼温度和时间条件下，和 B_2O_3 含量为 3.0wt%的含铬型钒钛磁铁矿球团炉料相比，B_2O_3 含量为 4.5wt%的球团炉料的还原程度更高。随 B_2O_3 含量的增加，在焦炭内更多含量的 B 被检测到，被焦炭还原的含硼炉料的还原程度更高，熔炼指标变好，进一步证实了前述的熔滴特性。

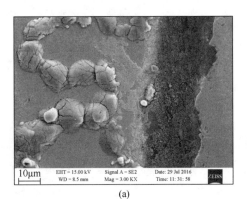

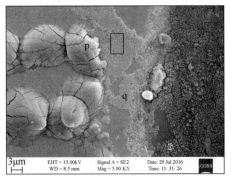

(a)　　　　　　　　　　　　　　　(b)

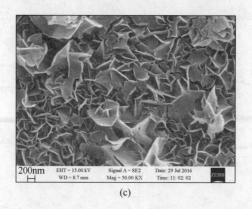

(c)

图 6-85 外配 4.5wt% B_2O_3 的球团炉料软熔滴落后未滴落物的 SEM 图

（a）3000×；（b）5000×；（c）50000×

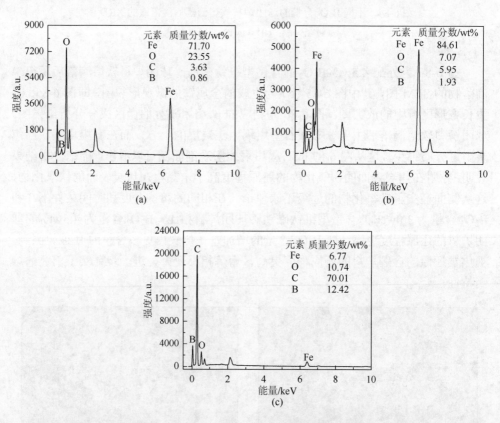

图 6-86 外配 4.5wt% B_2O_3 的球团炉料软熔滴落后未滴落物的 EDS 图

（a）p 处；（b）q 处；（c）r 处

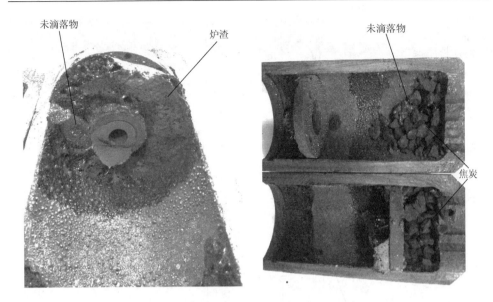

图 6-87　软熔滴落后石墨坩埚的宏观剖面图

6.4.4　CaO 对含铬型钒钛磁铁矿球团软熔滴落特性的影响机理

1. 实验原料

CaO 对含铬型钒钛磁铁矿球团软熔滴落特性的影响实验所用原料为前述制备的不同 CaO 含量的含铬型钒钛磁铁矿氧化球团，其抗压强度和还原膨胀率均满足高炉入炉标准。

2. 软熔滴落特性

在软熔滴落实验过程中，伴随着含铬型钒钛磁铁矿球团炉料的还原和熔炼，其相应的压差和收缩率结果如图 6-88 所示。结果表明：每种球团炉料均出现了不同的最高压差，当压差达到最大值并降低到 1451～2049Pa 区间时，金属铁逐渐开始从石墨坩埚中滴落到事先密封好的石墨坩埚内。收缩率超过 100%，是由于初始高度是石墨坩埚中球团炉料的高度，但是焦炭层在还原熔滴过程中也会受到挤压和压缩，尤其是在还原熔滴的后期。

图 6-89 为 CaO 对含铬型钒钛磁铁矿球团的软化开始温度（$T_{4\%}$）、软化终了温度（$T_{40\%}$）和软化温度区间（$T_{40\%}-T_{4\%}$）的影响。结果表明：随 CaO 含量从 0wt% 增加到 8wt% 时，软化开始温度从 1088℃升高到 1135℃。配加 CaO 的炉料软化终了温度高于未配加 CaO 的软化终了温度，CaO 含量从 2wt% 增加到 4wt%

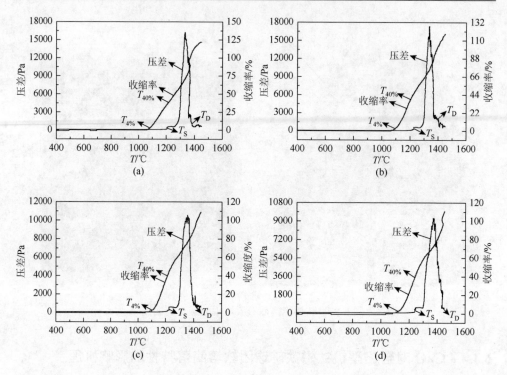

图 6-88　不同含量 CaO 对含铬型钒钛磁铁矿球团炉料软熔滴落过程中压差和收缩率的影响

(a) 2wt%；(b) 4wt%；(c) 6wt%；(d) 8wt%

时，软化终了温度从 1223℃降至 1208℃，当 CaO 含量从 4wt%增加到 8wt%时，软化终了温度逐渐升高到 1240℃。随 CaO 含量从 0wt%增加到 2wt%时，软化温度区间从 113℃增加到 134℃，当 CaO 含量从 2wt%继续增加到 8wt%时，软化温度区间逐渐降低到 100℃左右。鉴于相对较高的软化开始温度和较窄的软化温度区间有利于高炉炉况的稳定和气-固还原反应的进行，本实验中 CaO 含量在超过 2wt%时，CaO 含量的增加，利于改进软熔滴落过程的还原熔炼指标。一方面，CaO 添加剂对还原速率的影响与其配比、温度和还原率等有关。另一方面，炉料温度主要取决于低熔点渣相的熔点。随着 CaO 含量的增加，生成的钙铁硅酸盐（$Ca_3Fe_2Si_3O_{12}$，由前面外配 CaO 的含铬型钒钛磁铁矿球团的 XRD 研究得知）等还原性好的矿物逐渐增多，随着铁酸钙的出现，钛赤铁矿和钛磁铁矿的含量减少（部分磁铁矿氧化成 Fe_2O_3 生成了铁酸钙）[42]，还原性得到了一定程度的提高，在相同的还原条件下，更多的 FeO 被还原为金属铁，使进入渣中的 FeO 相应减少，因此渣相熔点升高，软化开始温度和软化终了温度升高。当 CaO 含量为 2wt%时，相对更高的软化终了温度和最高的软化温度区间很可能是 CaO 含量为 2wt%时制备的含铬型钒钛磁铁矿球团的内部结构最优和晶体结构更稳定，导致相对较低的还原速率，进而影响了软化过程。

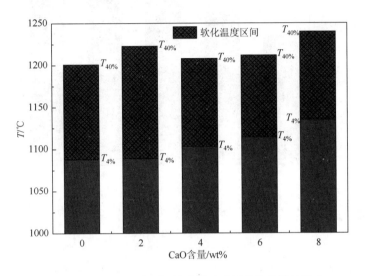

图 6-89　CaO 对含铬型钒钛磁铁矿球团软化特性的影响

图 6-90 为 CaO 对含铬型钒钛磁铁矿球团的熔化开始温度(T_S)、滴落温度(T_D)和熔化温度区间（T_D-T_S）的影响。结果表明：随 CaO 含量从 0wt%到 2wt%时，熔化开始温度从 1223℃下降到 1207℃，然后随着 CaO 含量从 2wt%到 8wt%时，熔化开始温度逐渐升高到 1243℃。随 CaO 含量从 0wt%到 8wt%时，滴落温度从 1338℃逐渐升高到 1438℃，相应地，熔化温度区间整体上从 115℃升高到 195℃。考虑到熔化开始温度，CaO 含量为 8wt%时，CaO 利于炉内操作的进行，但是考虑到滴落温度和熔化温度区间，CaO 含量为 8wt%时，CaO 不利于炉内操作的进行。对外配 CaO 的含铬型钒钛磁铁矿球团的熔滴性能的影响因素较多，除了铬氧化物、钒氧化物和钛氧化物的影响，CaO 对其也有一定的影响。随着 CaO 含量的增加，炉内钙钛矿和钛榴石等高熔点物质增多，导致炉料的熔化温度升高。另外，根据热力学计算

$$2CaO(s) + Fe_2O_3(s) =\!=\!= 2CaO \cdot Fe_2O_3(s), \quad \Delta G^{\ominus} = 53100 - 2.51T \text{（J /mol）} \quad （6-37）$$

$$2CaO(s) + SiO_2(s) =\!=\!= 2CaO \cdot SiO_2(s), \quad \Delta G^{\ominus} = -118800 - 11.3T \text{（J /mol）} \quad （6-38）$$

说明随着 CaO 含量的增加，在与 Fe_2O_3、SiO_2 共存的情况下，渣相中 $2CaO \cdot SiO_2$非常容易形成，其熔点高达 2130℃。因此随着 CaO 含量的增加，炉料熔化温度也升高。

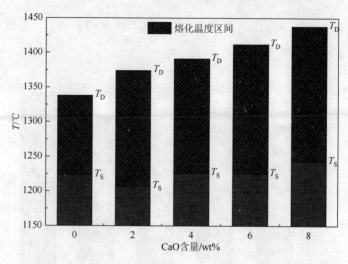

图 6-90　CaO 对含铬型钒钛磁铁矿球团熔化特性的影响

表 6-23 所示为外配 0wt%～8wt% CaO 的含铬型钒钛磁铁矿球团软熔滴落过程其他指标的影响,含每组炉料软熔滴落过程的最大压差和最大压差时对应的温度、滴落压差和透气性指数。结果表明:随 CaO 含量从 0 增加到 8wt%,最大压差整体上逐渐从 17722Pa 降低到 9311Pa,说明炉料透气性逐渐得到改善。研究结果得出:透气性指数随 CaO 含量的增加从 1232343kPa·℃整体上降低到 842193～867657kPa·℃,表明熔滴指标得到了改善。

表 6-23　CaO 对含铬型钒钛磁铁矿球团软熔滴落过程中其他指标的影响

CaO 含量/wt%	ΔP_{max}/Pa	$T_{\Delta P}$/℃	S 值/(kPa·℃)	滴落压差/Pa
0	17722	1291	1232343	1448
2	16243	1333	1011039	2049
4	17344	1337	1033882	2036
6	10564	1355	842193	1654
8	9311	1369	867657	1451

3. 有价组元迁移研究

研究含铬型钒钛磁铁矿球团炉料的还原熔炼发现,随着 CaO 含量的增加,渣铁分离状况得到较大程度的改善。软熔滴落实验结束后发现,较大量的金属铁从石墨坩埚滴落下来,较多量的渣在熔炼过程中形成并留在石墨坩埚内。CaO 添加剂利于渣的形成和渣铁的分离。表 6-24 和表 6-25 分别给出了分离得到的渣和铁的化学组成结果,化学分析采用 ICP-AES 和 XRF 法。结果表明:在渣铁形成过程中，随 CaO 外配质量分数的增加，CaO 对有价组元 Cr、V 和 Ti 的迁移有一定的影响作用，整体来说，铁中 Cr 和 V 含量逐渐增加而 Ti 含量逐渐减少，渣中 Cr 和 V 含量逐渐减少而 Ti 含量逐渐增加。鉴于 CaO 添加剂利于渣的形成和渣铁的分离，CaO 使得渣铁的分离指标得到改善。有价组元 Cr、V 和 Ti 的迁移特性，进一步证明了还原到液态铁水中的 Cr 和 V 更倾向于迁移到铁水中，而钛以钛氧化物的形式或生成的钙钛矿的形式更倾向于迁移到渣中。从表 6-24 和表 6-25 还发现：整体上，分布在渣中的 CaO 明显很大程度的增加，而分布在铁水中的 Ca 减少。因此，通过化学组成分析，在一定程度上，CaO 对有价组元 Cr、V 和 Ti 的迁移有一定的关系。

表 6-24　渣的化学组成

CaO 含量/wt%	渣						
	TFe/wt%	CaO/wt%	SiO$_2$/wt%	m(CaO)/m(SiO$_2$)	TiO$_2$/wt%	V/wt%	Cr$_2$O$_3$/wt%
2	11.68	14.60	38.12	0.38	17.92	1.23	1.16
4	8.91	24.81	31.48	0.79	17.53	1.27	1.11
6	5.18	36.10	30.19	1.20	14.84	0.84	0.57
8	4.44	39.56	29.67	1.33	13.06	0.89	0.49

表 6-25　铁水的化学组成

CaO 含量/wt%	铁水				
	TFe/wt%	Ca/wt%	Ti/wt%	V/wt%	Cr/wt%
2	96.00	0.034	0.052	0.031	0.006
4	96.03	0.048	0.036	0.025	0.002
6	96.05	0.140	0.059	0.034	0.031
8	96.47	0.017	0.013	0.018	0.016

4. 微观结构

图 6-91 为外配 4wt% CaO 的含铬型钒钛磁铁矿球团炉料软熔滴落后未滴落物的 SEM 图，图 6-92 为相应的 EDS 图，图 6-93 为外配 6wt% CaO 的球团炉料的未滴落物的面扫描即元素分布图。研究发现，由于 CaO 的加入，Ti 不易和焦炭相接触。具有高熔点且不溶于渣和铁的 Ti(C, N)在焦炭表面也未检测到。但是，前面的 TiO$_2$ 和 Cr$_2$O$_3$ 对炉料软熔滴落特性的研究发现了 Ti(C, N)的生成，且 Ti(C, N)的生成，严重影响相应的炉料滴落特性，如滴落温度高、滴落率低等。由此可以推断，CaO 不仅有利于渣的形成和渣铁的分离，还有利于抑制 Ti(C, N)的生成，

从而使得熔滴特性和指标得到很大程度的改善。

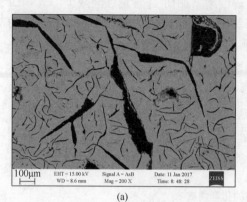
(a)

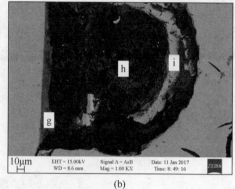
(b)

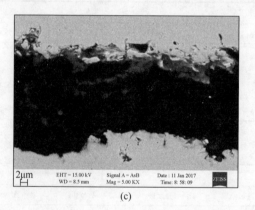
(c)

图 6-91　外配 4wt% CaO 的含铬型钒钛磁铁矿球团炉料软熔滴落后未滴落物的 SEM 图

（a）200×；（b）1000×；（c）5000×

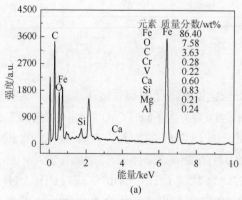
(a)

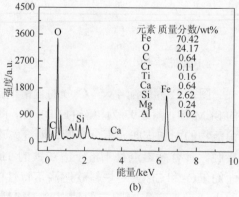
(b)

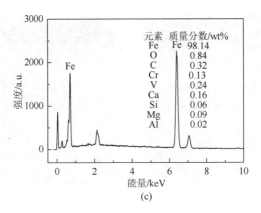

元素	质量分数/wt%
Fe	98.14
O	0.84
C	0.32
Cr	0.13
V	0.24
Ca	0.16
Si	0.06
Mg	0.09
Al	0.02

(c)

图 6-92　外配 4wt% CaO 的含铬型钒钛磁铁矿球团炉料软熔滴落后未滴落物的 EDS 图

（a）g 处；（b）h 处；（c）i 处

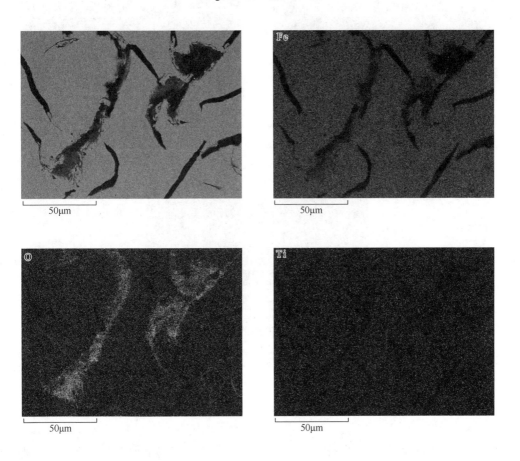

图 6-93　外配 6wt% CaO 的含铬型钒钛磁铁矿球团炉料软熔滴落后未滴落物的元素分布图

　　不同 CaO 含量的含铬型钒钛磁铁矿球团炉料软熔滴落后所得渣的微观形貌通过扫描电镜检测得出如图 6-94 所示的结果，图 6-95 为相应的 d、e 和 f 处能谱分析结果。结果表明：随 CaO 含量的增加，生成的钙钛矿（CaTiO₃）的量逐渐增多。在 6wt% 和 8wt% CaO 配比时发现有较多量的钙钛矿生成，而 2wt% CaO 配比时还未发现有钙钛矿的生成。钙钛矿的出现应该和熔滴特性具有重要的关系。一方面，通过如下热力学计算

$$CaO(s) + TiO_2(s) = CaO \cdot TiO_2(s), \quad \Delta G^{\ominus} = -79900 - 3.35T \text{（J/mol）} \tag{6-39}$$

发现 CaTiO₃ 比 TiC 和 TiN 更容易生成，CaTiO₃ 的出现对 TiC 和 TiN 的生成起到了抑制作用，使得熔滴指标得到了改善，具体表现为最大压差的降低，透气性指数的降低，这和前面的软熔滴落结果是一致的。另一方面，CaTiO₃ 的熔点高，很难被还原。CaTiO₃ 的增多导致了熔化温度区间的变宽、滴落难度的加大，这和前面的熔滴行为也是一致的。

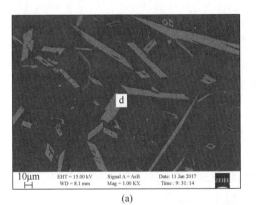

(a)

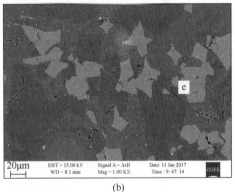

(b)

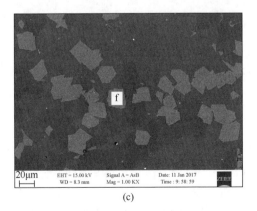

(c)

图 6-94　不同 CaO 含量的含铬型钒钛磁铁矿球团炉料软熔滴落后所得渣的 SEM 图

（a）2wt%；（b）6wt%；（c）8wt%

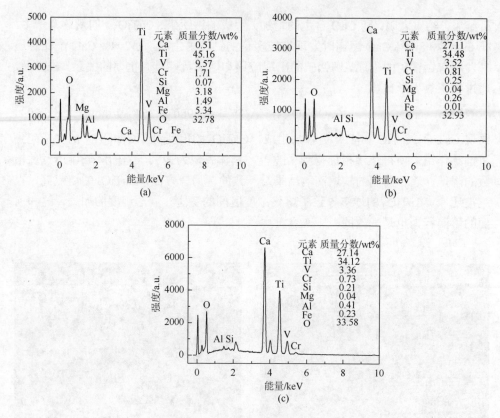

图 6-95　不同微区的能谱分析结果

（a）d 处；（b）e 处；（c）f 处

6.4.5　本节小结

本节研究了 TiO_2、Cr_2O_3、B_2O_3 和 CaO 对含铬型钒钛磁铁矿球团软熔滴落特性的影响机理，得出如下结论：

（1）随 TiO_2 含量在 2.47wt%～12.14wt%范围内变化时，软化开始温度和软化终了温度逐渐升高，软化温度区间逐渐变窄，熔化开始温度和滴落温度逐渐升高，熔化温度区间逐渐变宽，透气性指数整体上增加，最大压差先增加到 19924Pa（TiO_2含量为 6.18wt%）后降低。因此，有必要对相应 TiO_2 含量的球团炉料特性进行改善和优化。通过有价组元迁移、元素走向，结合微区形貌和成分分析研究发现：在渣铁滴落、分离过程中，Cr 和 V 迁移到铁中的量明显高于迁移到渣中的量，但 Ti 迁移到渣中的量明显高于迁移到铁中的量。随 TiO_2 含量的增加，Ti(C,N)生成量逐渐增多，Ti(C,N)以规则的固体颗粒形式附着在焦炭的表面；金属铁的聚集长大程度受到抑制，这和本实验中滴落难度的加剧现象相一致。

（2）随 Cr_2O_3 含量从 0.28wt%增加到 8.22wt%时，软化开始温度和软化终了温度逐渐升高，软化温度区间整体变宽，熔化开始温度整体升高，滴落温度逐渐升高，熔化温度区间迅速变宽到相对较高值 230℃以上，透气性指数显著增加，表明熔滴性能指标的恶化。随 Cr_2O_3 含量的增加，滴落难度加剧，这和 XRD 检测到的铬的复合碳化物和碳化物相一致，也和 SEM-EDS 检测到的未滴落物和滴落铁的微观形貌和微区成分相一致。

（3）随 B_2O_3 含量在 0wt%～4.5wt%范围内变化时，软化开始温度显著升高，软化温度区间显著变宽；熔化开始温度先降低后升高；滴落温度升高；熔化温度区间先升高后迅速降低；透气性逐渐得到改善。随 B_2O_3 的加入，除软化阶段的指标，其他熔炼指标均得到了改善和优化。硼很容易迁移到渣中，渣中硼氧化物的增多降低了迁移到渣中钛氧化物的比例。由于 B_2O_3 的加入，Ti(C,N)的生成受到了很大程度的抑制，在软熔滴落过程中渣铁分离效果很好。

（4）随 CaO 含量的增加，软化开始温度和软化终了温度整体上逐渐升高，软化温度区间先升高后降低，CaO 含量为 2wt%时软化温度区间最高。熔化开始温度和滴落温度逐渐升高，熔化温度区间逐渐增大，但透气性呈逐渐改善的趋势。尽管 CaO 含量为 2wt%时，含铬型钒钛磁铁矿球团的抗压强度最高，但是为了炉料透气性、渣形成和渣铁分离效果的改善，有必要提高 CaO 添加剂的配比。在渣铁的形成和分离过程中，CaO 对有价元素 Cr、V 和 Ti 的迁移有一定的影响。Ti(C,N)生成的抑制和 $CaTiO_3$ 生成的促进与相应的最大压差的降低和透气性的改善、熔化温度区间的变宽和滴落难度的加大等软熔滴落指标的改善相一致。

6.5　软熔滴落带高温区含铬型钒钛磁铁矿综合炉料研究

软熔带的位置、形状及厚薄对高炉操作有着重要的影响，反之高炉操作也能影响它们，但是矿石的软化及熔滴特性起决定性作用。

6.5.1　烧结矿碱度对综合炉料软熔滴落的影响

1. 实验原料和方法

1）实验原料

实验采用的含铁原料是四种不同碱度的承德含铬型钒钛烧结矿和一种承德含铬型钒钛球团矿。烧结矿碱度分别为 R = 1.9、2.1、2.3 和 2.5。球团矿碱度 0.31。实验用的神华焦炭符合 GB/T 1996—2017 国家一级标准，反应性 CRI 为 25.1%，反应后强度 CSR 为 68.8%。

2）实验设备

本实验所采用的设备为自行设计的 RDL-2000A 型矿石软熔滴落测定仪。

3）实验方案

在炉渣二元碱度 $R = 1.10$、焦比 350kg/t、焦丁比 20kg/t、煤比 160kg/t 不变的情况下，通过改变综合炉料中烧结矿的碱度和入炉球团的比例，研究烧结矿碱度对综合炉料的熔滴性能影响实验，方案如表 6-26 所示。

表 6-26　炉料熔滴实验方案

项目	炉料配比	烧结矿碱度 R
L-1	75wt%烧结矿 + 25wt%球团矿	1.9
L-2	69wt%烧结矿 + 31wt%球团矿	2.1
L-3	63wt%烧结矿 + 37wt%球团矿	2.3
L-4	58wt%烧结矿 + 42wt%球团矿	2.5

4）软熔滴落实验步骤

（1）制样。焦炭、矿石试样的粒度范围应为 10.0～12.5mm。焦炭、烧结矿使用方孔筛，球团矿使用圆孔筛。将所得烧结矿破碎后筛分得到的 10.0～12.5mm 试样混匀，并随机缩分，作为熔滴实验用试样。

实验试样在实验前应在烘箱（105±5）℃的温度下烘干，时间约为 2h，防止样品中出现过高水分。如果试样存在过高表面水，在实验升温过程中将产生 H_2，对还原过程造成影响，造成结果出现偏差。烘干后的试样保存在干燥皿之中。

（2）装料。取一内径为 75mm 的石墨坩埚，为了模拟高炉矿焦层状分布，先在下层装 30mm 的焦炭，约 73.5g，称取 500g 的含铁炉料，放于石墨坩埚中层，因样品有异、密度不同、高度约为 70mm，上部同样铺 15mm 厚的焦炭粒，约 36.5g。装完料后，将石墨坩埚连同压杆平稳地放入还原管内，打开压力启动阀门，在压杆顶部开始给压，在压槽内注入清水，进行水密封，再将还原管下部密封好，即可开始还原熔化实验。

（3）升温。为了防止原料升温过程中被氧化，实验过程中通入 N_2 进行保护。实验采取在 0～900℃升温速度为 l0℃/min，900～1020℃升温速度为 3℃/min，1020℃以后升温速度为 5℃/min，其他实验条件参见表 6-27。一般炉料达到 1550℃将会滴落完毕，为了保护实验设备，当中心炉料温度达 1580℃后，将自动停炉。实验结束后，将滴落物取出，用于后续渣铁分离等实验。

表 6-27　矿石软化及熔滴实验条件

升温时间/min	40	50	40	>120
负荷/(kg/cm²)	0.5	0.5	1.0	
气体组成和流量	N₂ 100% 3L/min	N₂ 60%　9L/min CO 26%　3.9L/min CO₂14%　2.1L/min	N₂ 70%　10.5L/min CO 30%　4.5L/min	
升温速度	10℃/min 从室温升至400℃	10℃/min 从 400℃升至 900℃	3℃/min 从 900℃升至 1020℃	5℃/min 从 1020℃至滴落

（4）实验结果计算。对于实验记录数据，不同研究者提出了多种衡量标准，本实验采用最常见的进行参考，其中主要有实验时间与试样温度、料层收缩率、料层气流阻力（即压力损失）及滴落物质量等参数之间的关系。

为了评价某种矿石的软熔性能，一般考察软化温度区间（$T_{40\%}$-$T_{10\%}$）、熔化温度区间（T_D-T_S）和软熔带温度区间（T_D-$T_{10\%}$）。软化开始温度 $T_{10\%}$ 为收缩率为 10%时的温度，软化终了温度 $T_{40\%}$ 为收缩率为 40%时的温度。熔化开始温度 T_S 为压差上升最剧烈的温度也就是压差陡升温度，本实验中把压差上升至 400Pa 作为压差陡升状态，熔化终了温度 T_D 为开始滴落的温度，最大压差 ΔP_{max} 对应矿料实验过程中出现的最高压差峰值。

熔滴实验本身涉及矿石荷重、升温、还原、软化、熔化、滴落过程，因此为了分析实验所用炉料软熔滴落性能，一般要考察炉料的软化温度区间（ΔT_1）、熔化温度区间（ΔT_{DS}）和软熔带温度区间（ΔT_{D1}）、透气性等方面。

软化温度区间、熔化温度区间及软熔带温度区间分别按式(6-40)、式(6-41)、式(6-42)计算

$$\Delta T_1 = (T_{40\%} - T_{10\%}) \tag{6-40}$$

$$\Delta T_{DS} = (T_D - T_S) \tag{6-41}$$

$$\Delta T_{D1} = (T_D - T_{10\%}) \tag{6-42}$$

本熔滴实验在判断炉料透气性时将结合炉料最大压差（ΔP_{max}），由于最大压差与总特征值具有同向变化的良好相关性，因此为了更好地衡量炉料的熔滴性能，阐述炉料透气性，引入了总特征值 S 的概念。其代表着高炉冶炼矿石熔滴过程中承受的压阻负荷。与最大压差一样，S 值越小，熔滴性能越好。其计算公式如下

$$S = \int_{T_S}^{T_D} (P_M - \Delta P_S) \cdot dT \tag{6-43}$$

式中，T_D 是开始滴落温度(℃)；T_S 是开始熔融温度(℃)；P_M 是任一温度 T 时的压差(Pa)；ΔP_S 是开始熔融时的压差(Pa)。

2. 实验结果和分析

当炉料进入高炉，在其下部高温段，炉料从外向内逐步被还原。颗粒表面被

还原后会形成一层金铁铁壳，内部是由未反应渣相和浮氏体及部分硅酸盐玻璃质组成的未反应核。炉料的软熔滴落等性质是由颗粒表面金属铁壳和未反应核内的矿物的软熔行为来决定的。

下部炉料随着温度的升高及煤气流的传质传热，内部未还原核中的渣相开始熔化，并向外渗透，当透过外部铁壳后，含铁炉料发生很大收缩，导致孔隙率下降，从而引起压差的上升。温度达到一定的高度，金属铁因渗碳熔点下降开始熔化，同时渣相也在熔化，在适宜的黏度及较好的流动情况下开始渣铁滴落。本部分从渣铁熔点、还原难易、炉料孔隙率等方面对软化、熔滴、透气性等实验结果进行分析。

1）软化性能

图 6-96 为配加不同碱度烧结矿的综合炉料软化性能示意图。由图 6-96 可知，随着烧结矿碱度的提高，球团比例增加，综合炉料的软化开始温度变化不大，软化终了温度有所下降，$T_{40\%}$ 从 1310.5℃下降到 1276.8℃，而软化温度区间变窄，ΔT_1 从 154.9℃下降到 117.9℃；炉料软化开始温度主要取决于低熔点渣相的熔点，烧结矿碱度提高后，铁酸钙等还原性好的矿物大量增加，赤铁矿与磁铁矿含量减少，还原性会显著提高，同时 FeO 含量较低的球团矿配比也相应增加，综合炉料还原性变好，在相同的还原条件下将有更多的 FeO 被还原成金属铁，进入渣中 FeO 相应减少，导致渣相熔点上升，软化开始温度和软化终了温度都会升高。但是提高烧结矿碱度后，球团矿配比增加，球团矿的软化开始温度和软件终了温度都低于烧结矿，且其软化温度区间也较窄。因此，综合炉料的软化开始温度变化不大，软化终了温度有所下降，软化温度区间变窄。

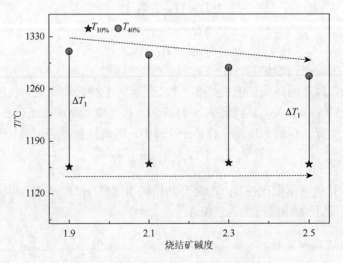

图 6-96　烧结矿碱度对 $T_{10\%}$、$T_{40\%}$ 及软化温度区间的影响

高炉冶炼含铬型钒钛磁铁矿时，软化开始温度高，软化温度区间窄，可以保持炉况稳定，有利于气-固相还原反应的进行，因此，提高烧结矿碱度有利于提高综合炉料的软化性能。

2）熔化性能

图 6-97 所示为烧结矿碱度对综合炉料软熔滴落性能的影响。随着入炉烧结矿碱度的增加，球团矿比例增加，综合炉料的熔化开始温度和滴落温度都下降，T_S 从 1248.9℃下降到 1226.2℃，T_D 从 1408.8℃下降到 1370.8℃，但后者的下降速度大于前者，所以熔化温度区间变窄，ΔT_{DS} 从 159.9℃下降至 144.6℃。随着碱度提高，烧结矿的熔化开始温度和滴落温度会上升，主要原因是由于烧结矿碱度增加，CaO 含量相应增加，烧结矿中 $CaO \cdot TiO_2$、钛榴石和 $2CaO \cdot SiO_2$ 等高熔点物质含量有所上升，从而提高了烧结矿的熔化温度。但由于烧结矿碱度的增加，软熔带较窄的球团矿配比也随之增加，这就造成综合炉料软熔带变窄，整个熔化温度区间在高炉内的位置上移。

高炉操作要求熔化开始温度高一些，熔化温度区间窄一些，高炉冶炼中软熔带的位置靠下一些，并且滴落温度不能过高，这些对于煤气流走向、炉料下行、炼铁操作是非常有利的。

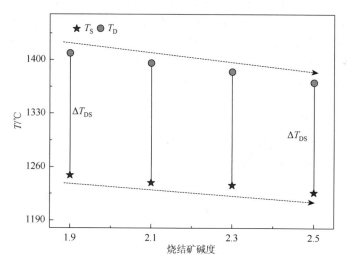

图 6-97　烧结矿碱度对 T_S、T_D 及熔化温度区间的影响

3）软熔带和透气性

图 6-98 所示为烧结矿碱度对综合炉料软熔带位置的影响。随着入炉烧结矿碱度的增加及球团矿入炉比例的增加，综合炉料的软熔带变窄，但软熔带下沿有所上移。球团矿对综合炉料透气性的提高起到重要作用。在高炉冶炼过程中，炉料

最好能在高温下迅速熔化，这样对于减薄软熔层厚度，提高料层透气性具有重要意义，因此随着烧结矿碱度增加，综合炉料的软熔性能总体而言变好。

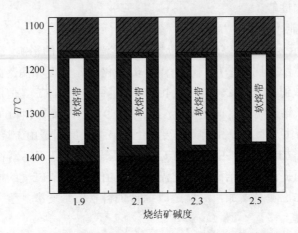

图 6-98　烧结矿碱度对综合炉料软熔带位置的影响

图 6-99 所示为烧结矿碱度对综合炉料透气性的影响。由图 6-99 可知，随着入炉烧结矿碱度的增加及球团矿入炉比例的增加，S 值和 ΔP_{max} 先逐渐减小后增大、烧结矿透气性增大、炉料透气性得到改善，有利于高炉顺行。但由于球团矿的透气性较差，在较低温度会生成大量的 FeO，FeO 和 SiO$_2$ 会生成低熔点的 2FeO·SiO$_2$ 等物质，熔化较早，因此会导致炉料的透气性变差。因此，球团矿配比过多，对综合炉料的透气性不利。

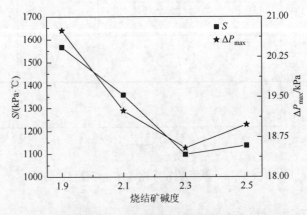

图 6-99　不同碱度烧结矿的透气性

4）滴落性能

图 6-100 所示为配加不同碱度烧结矿对综合炉料滴落特性的影响。随着入炉

烧结矿碱度的增加及球团矿入炉比例的增加，综合炉料的滴落压差降低，滴落率
先升高后降低。综合炉料还原性逐渐变好，有效提高了综合炉料的滴落率，但是
当烧结矿碱度由 2.3 进一步提高到 2.5，在渣中形成的硅酸二钙、钙钛矿等高熔点
化合物增多，容易产生非均匀相，影响渣相黏度，使滴落率稍有下降。

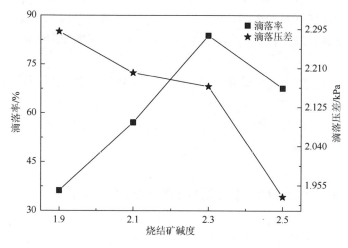

图 6-100　不同碱度烧结矿的滴落特性

5）烧结矿碱度对 V、Cr 迁移的影响

表 6-28 所示为渣铁分离后渣铁的成分。随综合炉料中烧结矿碱度的增加，滴
落铁中 V、Cr 元素含量有所增加，V、Cr 的收得率也相应增加。烧结矿碱度增加
后，一方面还原性能较好的赤铁矿和铁酸钙含量增加，还原性能较差的磁铁矿含
量减少，烧结矿还原性能得到改善；另一方面，熔剂数量的增加导致烧结料层的
收缩增加，促使烧结矿的孔隙率提高，铁矿石还原过程中的内扩散得到改善，因
此烧结矿还原性的改善促进了 V、Cr 的还原。另外，烧结矿碱度增加，烧结矿中
CaO 含量增加，而 CaO 存在能改善硅还原钒氧化物的条件，因此促进了硅对钒的
还原。综上所述，综合炉料中烧结矿碱度的增加有利于 V 元素的还原。

表 6-28　滴落铁和渣中 V、Cr 含量（wt%）

项目	铁成分			V 收得率	Cr 收得率	渣成分		
	Fe	V	Cr			Fe	V₂O₅	Cr₂O₃
L-1	95.89	0.209	0.061	40.84	32.15	1.638	0.095	0.001
L-2	96.57	0.211	0.065	41.19	34.26	1.570	0.104	0.003
L-3	96.61	0.222	0.087	42.29	45.86	2.121	0.126	0.001
L-4	96.69	0.234	0.096	44.54	50.60	1.891	0.103	0.004

3. 小结

（1）随着炉料结构中烧结矿碱度提高，炉料结构中球团矿比例相应提高，综合炉料的软化开始温度变化不大，软化终了温度有所下降，而软化温度区间变窄，软化性能改善；综合炉料的熔化开始温度和滴落温度下降，熔化温度区间明显收窄，熔化温度区间在高炉内的位置上移；软熔带变薄，软熔带下沿上移，软熔性能总体而言变好，透气性先增加后降低；综合炉料的滴落压差降低，滴落率先增加后降低。

（2）炉料结构中烧结矿碱度增加，可以促进 V 的还原，还原到铁水中的 V 含量和 V 的收得率均增加。

（3）从综合炉料熔滴性能角度考虑，烧结矿二元碱度应不低于 2.1，相应氧化球团配比不低于 31wt%。

6.5.2　烧结矿中 MgO 含量对综合炉料软熔滴落的影响

1. 实验原料和方法

1）实验原料

实验采用的含铁原料是四种不同 MgO 含量的烧结矿和一种球团矿。烧结矿 $\omega(MgO)$ 分别为 2.66wt%、2.96wt%、3.26wt% 和 3.56wt%。球团矿碱度为 0.31。实验用的神华焦炭符合 GB/T 1996—2017 国家一级标准，反应性 CRI 为 25.1%，反应后强度 CSR 为 68.8%。

2）实验方案

在炉渣二元碱度 $R = 1.10$、焦比 350kg/t、焦丁比 20kg/t、煤比 160kg/t 不变的情况下，通过改变综合炉料中烧结矿的 MgO 含量，研究烧结矿 MgO 含量对综合炉料的熔滴性能影响实验，方案如表 6-29 所示。

表 6-29　综合炉料熔滴实验方案（wt%）

编号	MgO 含量	烧结矿配比	球团矿配比
D-1	2.66	75	25
D-2	2.96	75	25
D-3	3.26	75	25
D-4	3.56	75	25

2. 实验结果与分析

炉渣中含有适量 MgO 对高炉生产至关重要，可以改善炉渣的流动性和炉渣的脱硫能力，也可以抑制碱金属在炉内循环和积累，还能提高炉渣排碱率等[43-52]。但烧结矿中 MgO 含量过高，会影响烧结矿的常温强度及高温冶金性能，从而影响高炉生产。因此，在特定原料条件下，优化并控制烧结矿中适宜的 MgO 含量具有重要意义[53]。本部分从渣铁熔点、还原难易、炉料孔隙率等方面对软化、熔滴、透气性等实验结果进行了分析。

1）软化性能

图 6-101 所示为烧结矿中 MgO 含量对 $T_{10\%}$、$T_{40\%}$ 及软化温度区间的影响。随着烧结矿中 MgO 含量增加，综合炉料的软化开始温度 $T_{10\%}$ 基本稳定，维持在 1160℃左右，软化终了温度 $T_{40\%}$ 维持在 1315℃左右，而软化温度区间维持在 155℃左右；随 MgO 含量的增加，炉料的软化开始温度、软化终了温度及软化温度区间变化不大，说明 MgO 含量的增加对炉料的软化性能影响不大。

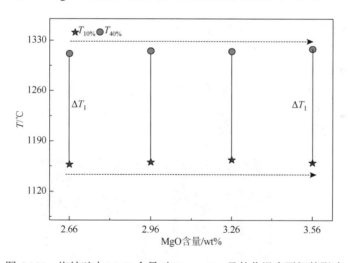

图 6-101　烧结矿中 MgO 含量对 $T_{10\%}$、$T_{40\%}$ 及软化温度区间的影响

2）熔化性能

图 6-102 所示分别为烧结矿中 MgO 含量对 T_S、T_D 及熔化温度区间的影响。随着烧结矿中 MgO 含量增加，综合炉料的熔化开始温度逐渐升高，T_S 从 1249.1℃略微上升到 1256.6℃，滴落温度上升，T_D 从 1409.5℃升至 1455.8℃，熔化温度区间变宽，ΔT_{DS} 从 160.4℃上升至 199.2℃。随着 MgO 含量的增加，复合铁酸钙（SFCA）生成越来越困难，而一些高熔点物质会大量生成，如镁橄榄石、钙镁橄榄石、镁硅钙石、镁黄长石、钙钛矿、正硅酸钙等，这些高熔点物质的存在，使

初渣流动困难、滴落温度升高、熔化温度区间增大。因此，含铬型钒钛烧结矿中 MgO 含量增加后，综合炉料的熔化性能变差。

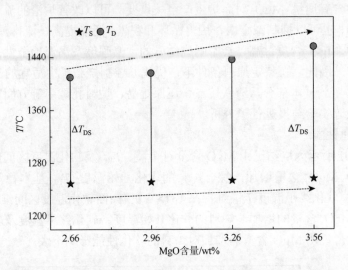

图 6-102 　烧结矿中 MgO 含量对 T_S、T_D 及熔化温度区间的影响

3）软熔带和透气性

烧结矿中 MgO 含量对综合炉料软熔带位置的影响如图 6-103 所示，由图可知，随着烧结矿中 MgO 含量增加，软熔带区间变宽，位置下移。由于初渣中含 MgO 的高熔点物质增多，烧结矿软熔带区间明显变宽。

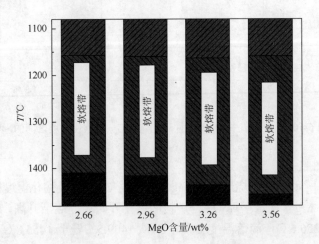

图 6-103 　烧结矿中 MgO 含量对综合炉料软熔带位置的影响

图 6-104 所示为烧结矿中 MgO 含量对综合炉料透气性的影响。随着烧结矿中

MgO 含量增加,透气性指数 S 值和最大压差 ΔP_{max} 升高,说明透气性变差;高熔点物质大量增加,因此炉渣的熔点升高、黏度增大、流动性变差,最终导致料柱的压差增大,熔滴综合指标变差。

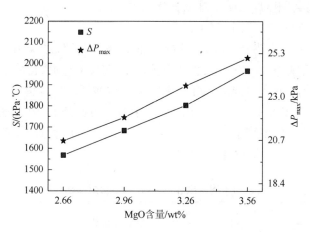

图 6-104　烧结矿中 MgO 含量对综合炉料透气性的影响

4)滴落性能

图 6-105 所示为烧结矿中 MgO 含量对滴落率和滴落压差的影响。随着烧结矿中 MgO 含量增加,滴落率逐渐变小,透液性变差。对高碱度烧结矿而言,MgO 增加,使烧结混合料形成含镁的高熔点物质,因此渣中 MgO 含量越高越不易滴

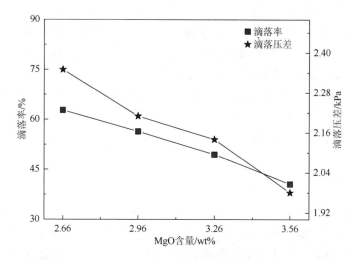

图 6-105　烧结矿中 MgO 含量对滴落率和滴落压差的影响

落，导致高炉料柱透气性和透液性均变差，难以强化冶炼。另外 T_D、T_S 升至较高水平时，可以促进 Ti 的直接还原，生成固相 Ti（C,N），它不溶于渣和生铁，而是浮悬在渣中，使渣变稠、不易滴落；因此，在其他冶炼条件相同的前提下，使用高 MgO 含量的高碱度烧结矿，难以强化高炉冶炼。

5）烧结矿 MgO 含量对 V、Cr 迁移的影响

表 6-30 所示为渣铁分离后滴落铁和渣的成分。随综合炉料中烧结矿 MgO 含量的增加，滴落铁中 V、Cr 元素含量有所减少，V、Cr 的收得率也相应减少。当 MgO 增加时，有铁酸镁生成，其生成量越多，铁酸钙含量就越少，故还原性能变差。而 Fe 的还原和 V 的还原呈现正相关关系。一方面是 Fe 中还原的 V 减少，另一方面是渣铁的滴落率较小，造成 V 的收得率随 MgO 含量的增加而明显减小。Cr 随 MgO 含量的变化机理与 V 相似。

表 6-30 滴落铁和渣中 V、Cr 含量（wt%）

项目	铁成分			V 收得率	Cr 收得率	渣成分		
	Fe	V	Cr			Fe	V$_2$O$_5$	Cr$_2$O$_3$
L-1	96.25	0.221	0.087	43.30	45.93	1.736	0.089	0.002
L-2	95.25	0.214	0.083	41.70	43.74	1.985	0.105	0.001
L-3	94.7	0.208	0.075	40.41	39.41	1.895	0.110	0.001
L-4	94.69	0.201	0.074	39.93	38.75	2.005	0.097	0.001

3. 小结

（1）随着烧结矿中 MgO 含量增加，综合炉料的软化开始温度和软化终了温度基本稳定、熔化开始温度逐渐升高、滴落温度大幅上升、熔化区间变宽；透气性恶化、滴落率逐渐变小、最大压差升高。

（2）烧结矿中 MgO 含量增加，不利于 V 的还原，还原到铁水中的 V 含量和 V 的还原率均减小。

（3）从综合炉料熔滴性能角度考虑，烧结矿中 MgO 含量在 3.26wt%左右为宜。

6.5.3 本节小结

含铬型钒钛烧结矿低温还原粉化严重的原因是含铬型钒钛烧结矿的物相组成复杂，各矿物相的特性差异很大，随 TiO$_2$ 含量的增加，一方面含铬型钒钛烧结矿的气孔增多、孔隙率变大，有利于赤铁矿的还原，另一方面钙钛矿含量增加，导致硅酸盐的断裂韧性降低，其阻碍裂纹扩展的能力变弱，两者相互影响导致含铬型钒钛烧结矿的 RDI 降低。

含铬型钒钛烧结矿的孔隙率越高，尤其是烧结矿的微气孔比例越高，会加大反应界面、加快还原反应速率、改善还原反应动力学条件，越有利于还原反应的进行。提高含铬型钒钛烧结矿中微气孔比例是改善含铬型钒钛烧结矿还原性能、保证含铬型钒钛烧结矿强度的一种有效手段。含铬型钒钛烧结矿在 600～1000℃等温还原反应开始时，界面化学反应是主要的限制性控制环节，随着还原反应继续进行，还原产物层逐渐增厚，还原反应受界面化学反应与内扩散的混合控制，还原继续进行，内扩散成为还原后期的主要限制性环节。

随着炉料结构中烧结矿碱度增加，炉料结构中球团矿比例相应提高，综合炉料的软化性能改善、软熔性能变好、透气性先增加后降低、滴落压差降低、滴落率先增加后降低。炉料结构中烧结矿碱度增加，可以促进 V 的还原，还原到铁水中的 V 含量和 V 的收得率均增加。烧结矿二元碱度应不低于 2.1，相应氧化球团配比不低于 31wt%；随着烧结矿中 MgO 含量增加，综合炉料的软化温度区间稍微变宽、熔化温度区间稍有收窄、透气性先变好后恶化、滴落率逐渐变小、最大压差先降低后升高。烧结矿中 MgO 含量增加，不利于 V 的还原，还原到铁水中的 V 含量和 V 的还原率均减小。烧结矿 MgO 含量增加对高炉冶炼钒钛磁铁矿综合炉料的熔滴性能有不利影响，不利于高炉强化冶炼，应在满足高炉渣需求的前提下，合理控制烧结矿中 MgO 含量。烧结矿中 MgO 的含量在 3.26wt%左右为宜。

6.6 有价组元在软熔滴落带的迁移机理

在高炉冶炼过程中，连续下降的炉料在上升气流的作用下，不断地被还原、加热，并软化熔融而形成软熔带和滴落带。软熔带对高炉中下部起着煤气再分布的作用，它的形状和位置对高炉冶炼过程产生明显的影响，如影响矿石的预还原、生铁含硅、煤气利用、炉缸温度与活跃程度及对炉衬的维护等。不同的炉料结构会影响软熔带和滴落带的形成、变化等特性。在软熔、滴落带中入炉炉料会发生复杂的化学反应及物理变化。本节实验内容主要研究：一是不同炉料结构下的软熔滴落特性；二是在模拟高炉还原条件下，解析含含铬钒钛精矿粉的球团矿及球团矿和烧结矿两者的混合炉料结构中的有价组元（Fe、V、Ti、Cr）在软熔滴落带的迁移机理和基本反应。

6.6.1 不同炉料结构的软熔滴落特性

本实验主要是研究配加含铬型钒钛磁铁精矿粉球团矿和烧结矿及两者的混合

炉料结构在模拟高炉冶炼条件下,有价组元在软熔滴落带的基本反应和迁移机理。在研究软熔滴落带有价组元迁移机理之前,先考察了不同炉料结构的软熔滴落特性,同时也是为下一步有价组元的迁移机理实验制定温度区间。软熔滴落带对高炉操作有很大的影响,前人对炉料结构的软熔滴落特性的研究表明:在软化开始阶段,软化变形仅发生在试样接触点和接触面处,孔隙的有效通道并未严重受阻,不会使气流阻力明显增加。因此,为了评价某种矿石的软熔性能,定义收缩率为4%的温度为软化开始温度($T_{4\%}$),软化终了温度为收缩率为40%时的温度($T_{40\%}$);熔化开始温度为压差上升最剧烈的温度(T_S),滴落温度为熔化终了温度(T_D),最大压差为ΔP_{max},达到最大压差时的温度为$T_{\Delta P}$。

对于不同炉料结构下软熔滴落性能的分析,传统的研究方式是考察炉料结构的软化温度区间($T_{40\%}$-$T_{4\%}$)、熔化温度区间(T_D-T_S)及最大压差,软化和熔化温度区间作为判断炉料结构的软熔滴落带位置的重要依据,而最大压差则反映了炉料结构在软熔滴落带的透气性阻力。

1. 实验设备

本实验采用东北大学设计的 RDL-05 型矿石冶金性能综合测定仪。

2. 不同炉料结构的软熔滴落特性实验结果

根据上述实验方法,分别测定了单一烧结矿、单一球团矿和球比为 33.65wt% 球团矿和烧结矿三种不同炉料结构的软熔滴落特性。实验得到的软熔滴落温度见表 6-31,得到的最大压差及其相关的结果见表 6-32。

表 6-31 不同炉料结构的软熔滴落温度(℃)

项目	$T_{4\%}$	$T_{10\%}$	$T_{40\%}$	$T_{40\%}$-$T_{4\%}$	T_S	T_D	T_D-T_S
球团矿	1087.9	1114.5	1200.9	113	1223.3	1338.3	115
烧结矿	1120.3	1162.5	1256.3	136	1239.8	1404.3	164.5
混合炉料	1102.5	1148.1	1232.7	130.2	1245.1	1376.4	131.3

表 6-32 不同炉料结构的压差和其他性能

项目	ΔP_{max}/Pa	$T_{\Delta P}$/℃	S 值/(kPa·℃)	滴落压差/Pa
球团矿	17722	1290.9	1232343	1448
烧结矿	12615	1374.2	1655956	1919
混合炉料	15527	1301.6	1253071	1804

1）软化性能

根据实验结果，绘制了不同炉料结构下的软化开始温度、软化终了温度及软化温度区间图，如图 6-106 所示。

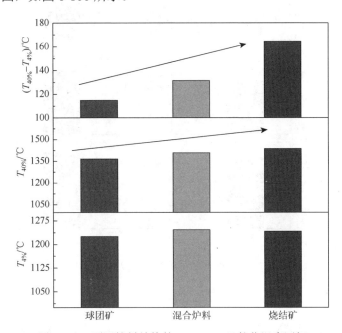

图 6-106　不同炉料结构的 $T_{4\%}$、$T_{40\%}$ 及软化温度区间

图 6-106 表明：单一球团矿的 $T_{4\%}$、$T_{40\%}$ 温度最低，烧结矿的最高、混合炉料结构的居中，其原因可能是烧结矿加入了大量的熔剂，其主要组成为 CaO 和 MgO。在形成烧结矿时，可能产生了大量的高熔点化合物，如 $CaSiO_3$、$MgSiO_3$ 和 $CaTiO_3$ 等，因此导致烧结矿的软化开始温度升高。同时也可以看出软化温度区间也符合上述规律，即由大到小依次为：烧结矿、混合炉料、球团矿。在高炉冶炼过程中要求软化温度区间要窄、软化开始温度要高，因此综合考虑，三种炉料结构中混合炉料的软化性能最好。

2）熔化性能

根据实验所得数据，分别对熔化开始温度、滴落温度及两者之差的熔化温度区间进行了处理，如图 6-107 所示。

由图 6-107 可见：三种炉料结构的熔化开始温度很接近，混合炉料的熔化开始温度稍高一些，球团矿相对其他两种炉料结构的熔化温度稍低一点；滴落温度为烧结矿最高、球团矿最低、混合炉料的居中。熔化温度区间和滴落温度的规律相同。由此可以看出烧结矿的滴落温度最高，在球团矿中配加烧结矿能使混合炉料的滴落温度升高。

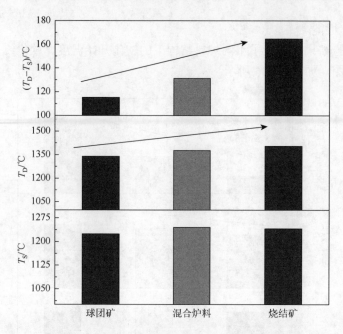

图 6-107 不同炉料结构的 T_S、T_D 及熔化温度区间

3）软熔带

根据上述每种炉料结构下的收缩率和压差随温度变化的关系可以画出不同炉料结构的软熔带位置，如图 6-108 所示。

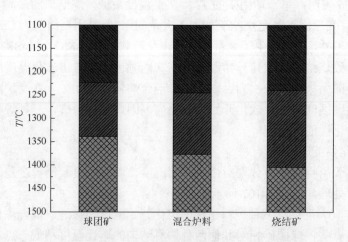

图 6-108 不同炉料结构的软熔带位置

从图中可以看出，球团矿的软熔带最窄，烧结矿的软熔带最宽，当两种炉料混

合时，软熔带区间居中；同时还可以看出，随着球团矿中加入烧结矿，软熔带的位置开始往下移动，当全部为烧结矿时，软熔带向下移动的位置最大。由于烧结矿和球团矿的原料不同，图 6-109 的 $CaO\text{-}SiO_2\text{-}FeO$ 相图可以说明产生上述现象的原因。

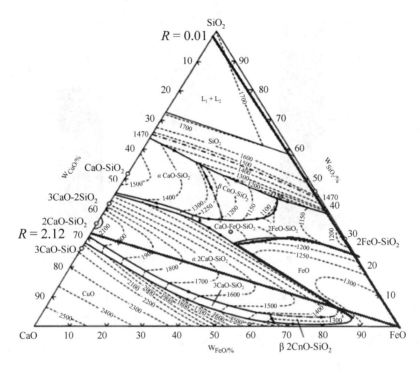

图 6-109　$CaO\text{-}SiO_2\text{-}FeO$ 相图

由图 6-109 可以看出，球团矿在还原过程中在 1200℃时产生的 FeO 会发生熔化，产生的 FeO 与 SiO_2 结合生成的 $2FeO\cdot SiO_2$ 在 1200℃时也会熔化，而高熔点化合物只有 SiO_2，因此会导致球团矿熔化开始温度、滴落温度较低；而对于烧结矿，我们可以看出，在 FeO 区域内时的 FeO 熔化温度高达 1300℃，然后生成的 $nCaO\cdot mSiO_2$ 化合物，其熔点基本均大于 1300℃。因此导致烧结矿的熔化开始温度和滴落温度都比较高。对于高炉冶炼来说，软熔带的位置越低、滴落温度越高、熔化开始温度越高、并且具有较窄的软熔滴落带，对于高炉冶炼是非常有利的。综合上述来考虑，上述三种炉料结构中混合炉料结构的软熔滴落特性最好。

4）透气性

根据研究表明：高炉炉床的透气性能是一个很重要的指标，因为它决定了通过炉床的气体量的大小。而炉床的透气性基本由炉料的透气性来决定。因此，冶金炉料在高温下的透气性能也是衡量炉料结构一个很重要的指标。图 6-110 所示为不同炉料结构的透气性能。

由图 6-110 可见，单一球团矿的透气性最差，随着球团矿中配入烧结矿，会一定程度上提高混合炉料的透气性能。单一烧结矿的透气性能最好，其可能的原因如下。

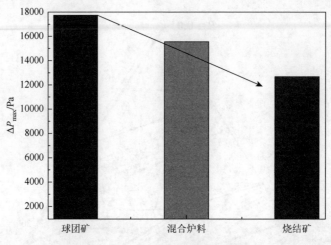

图 6-110　不同炉料结构的透气性

（1）相关生产表明，炉料结构的透气性能随着钒钛矿的加入会变差，导致在高温下产生很高的压差。本实验中球团矿中配入了 40wt%的含铬型钒钛磁铁矿，而烧结矿中含铬型钒钛磁铁矿的配比为 13.11wt%，因此从此方面来说烧结矿的透气性能要好于球团矿。

（2）预还原程度对软化温度和透气性能有很大影响。随着预还原程度的增加，FeO 含量升高、软化温度降低、收缩率增加、透气性阻力增加。然而球团在还原过程中会出现还原阻滞的问题，原因是还原过程中内部产生大量的 FeO，其熔化会堵塞球团矿内部的微孔隙，阻碍球团矿的进一步还原，致使此时球团矿中的 FeO 含量急剧增加，因此导致单一球团矿炉料的透气性能变差。

（3）从上述的 $CaO\text{-}SiO_2\text{-}FeO$ 相图也能看出，球团矿的碱度非常低，在 1200～1300℃范围内生成大量的 FeO，FeO 和 SiO_2 生成 $2FeO\cdot SiO_2$，其在 1200℃时开始熔化，因此球团矿中没有高熔点的物相生成，会导致球团矿的透气性能变差；而烧结矿的碱度为 $R=2.12$，其相交于 FeO 熔化曲线温度为 1300℃，随着温度升高会生成大量的高熔点化合物 $n CaO\cdot m SiO_2$，其熔化温度基本均大于 1300℃。因此烧结矿的透气性能明显会好于球团矿的透气性能。

图 6-111、图 6-112 和图 6-113 为三种不同炉料结构滴落的渣铁照片。从图 6-111～图 6-113 可以看出，单一球团矿炉料结构下滴落的渣和铁相非常少，在实验室过程中渣铁不易滴落，且渣相颜色为黑色；混合炉料结构下滴落的渣铁量最

多，渣相颜色也呈现黑色；单一烧结矿炉料结构下的滴落物基本都为铁相，表面上只有少量的渣相覆盖，且渣相的颜色为白色，和球团矿滴落的渣颜色有很大差别。

图 6-111　单一球团矿的滴落物　　图 6-112　混合炉料的滴落物　　图 6-113　烧结矿的滴落物

3. 滴落生铁中 Ti、V 和 Cr 的含量

通过对滴落的渣铁在石墨坩埚中进行熔分，熔分温度为 1500℃。经熔分后得到三种炉料结构的滴落生铁，然后对生铁中的 Ti、V 和 Cr 的含量进行化验分析，分析结果见表 6-33。

表 6-33　滴落生铁中的 Ti、V、Cr 含量（wt%）

项目	Ti	V	Cr
球团矿滴落生铁	0.305	0.09	0.03
混合炉料滴落生铁	0.349	0.244	0.094
烧结矿滴落生铁	0.101	0.175	0.087

由表 6-33 可知：混合炉料滴落生铁中的 Ti、V 和 Cr 的含量高于球团矿和烧结矿滴落生铁中的含量。由此可以看出，球团矿和烧结矿的混合炉料结构的还原性要好于单一的球团矿或者烧结矿炉料结构的还原性。从滴落生铁的 V 和 Cr 的含量来看，烧结矿在软熔滴落带的还原性明显好于球团矿。由于烧结矿中含有 CaO 和 MgO 较多，会与 TiO_2 发生结合，从而减少钛的还原量。所以烧结矿中钛的还原量相对于球团矿中钛的还原量较低。

4. 未滴落物物相组成

对上述三种炉料未滴落物经细磨处理后进行了 XRD 分析，如图 6-114 所示。通过 XRD 分析得到的不同炉料未滴落物的物相组成见表 6-34。

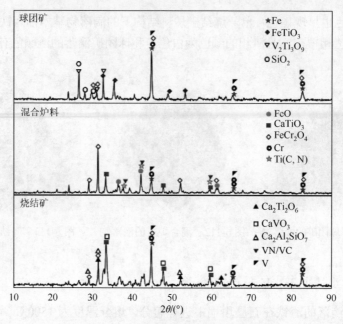

图 6-114　不同炉料未滴落物的 XRD 图

表 6-34　未滴落物的物相组成

项目	有价组元物相组成
球团矿未滴落物	Fe、FeTiO₃、V₂Ti₃O₉、V、FeCr₂O₄、Cr、SiO₂
混合炉料未滴落物	Fe、FeO、CaTiO₃、V、VN、VC、Ti(C, N)、FeCr₂O₄、Cr
烧结矿未滴落物	Fe、CaTiO₃、Ca₂Ti₂O₆、V、CaVO₃、Ca₂Al₂SiO₇、FeCr₂O₄、Cr

从表 6-34 分析可知：三种炉料的未滴落物中都有未滴下的 Fe、V 和 Cr，而没有发现 Ti。这说明钛氧化物还原为 Ti 单质是在滴落过程中与焦炭充分接触时发生的。球团矿的未滴落物中钛和钒形成复合氧化物 $V_2Ti_3O_9$ 进入渣相中，而烧结矿中形成 $CaVO_3$、$CaTiO_3$ 和 $Ca_2Ti_2O_6$ 的复合氧化物进入渣相中。混合物料中的 V、Ti 主要是生成碳氮化合物进入渣相中。由此可见，在不同的原料配比组成下有价组元在渣中存在的形式也不同。

6.6.2　有价组元在软熔滴落带的迁移机理实验设计

通过前期对两种炉料结构的软熔滴落基础特性的研究可知：球团矿炉料结构的软熔滴落温度区间为 1100～1350℃，混合炉料结构的软熔滴落温度区间为 1100～1400℃。因此要考察两种炉料结构在高炉冶炼条件下的软熔滴落温度区间内的相变历程要在上述温度区间内进行。由此设计了在还原到特定温度停止还原的实验（表 6-35），来解析上述两种炉料结构在模拟高炉冶炼条件下的软熔滴落带有价组元迁移机理。本实验的研究目的和意义在于：通过实验室模拟高炉冶炼的条件，来探明上述两种炉料结构中的有价组元（Fe、V、Ti、Cr）在高炉冶炼时的有价组元迁移规律，从而为以后开发和利用宝贵的含铬型钒钛磁铁矿资源提供理论依据。

表 6-35　实验方案的设计

项目	还原到特定温度/℃					
单一球团矿	1100	1150	1200	1250	1300	1350
混合炉料	1150	1200	1250	1300	1350	1400

实验进行时，按照做软熔滴落特性的实验步骤进行，当还原到特定的温度时，停止升温、停止通入还原性气体，同时改通入流量为 15L/min 的氩气进行冷却，目的是使还原后的炉料加速冷却到 1000℃以下，同时通入氩气也是为了保证还原后的炉料不与空气接触，避免与空气中的氧气和氮气发生反应致使影响实验结果。当被还原后的炉料冷却到室温时进行取样化验，来探明有价组元的迁移机理。

6.6.3　球团矿的实验结果

因为球团矿中配加了 40wt%的含铬型钒钛磁铁矿，其含量相对比较高。因此，有必要对单一球团矿在软熔滴落带的有价组元迁移机理进行研究。

1. 球团矿在软熔滴落带的形貌变化

在高炉冶炼条件下，在软熔滴落带冶金炉料宏观和微观结构上会发生很大的变化。本实验中通过在软熔滴落带不同的温度下停止还原来比较入炉的冶金炉料发生的变化。图 6-115 为单一球团矿炉料结构在软熔滴落带不同温度下的宏观形貌图。图 6-116 为单一球团矿炉料结构在软熔滴落带不同温度下放大 2000 倍的 SEM 图及 1300℃下的 EDS 图。

1100℃　　　　　　　　　　　1200℃　　　　　　　　　　　1300℃

图 6-115　单一球团矿炉料结构在软熔滴落带不同温度下的宏观形貌图

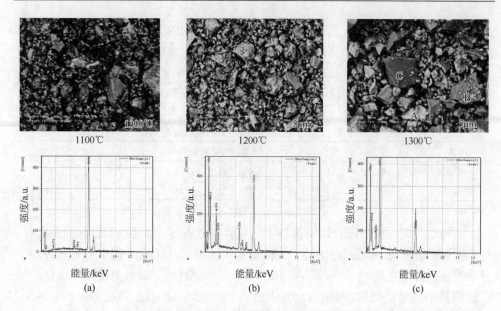

图 6-116　单一球团矿炉料结构在软熔滴落带不同温度下的 SEM 和 EDS 图

从图 6-116 可以明显地看出：随着温度的升高，料层的厚度明显降低。在 1100℃时，球团矿还是呈圆球形状，并且以点接触的方式黏结在一起；1200℃时球团矿发生明显的变形，此时的球团矿以面接触的方式黏合；1300℃时球团原来的形貌基本消失，上下层的焦炭被压入球团中和球团混合在一起，说明球团矿在此温度下已经发生了少量的熔化还未到滴落的程度。从炉料宏观结构的变化也能看出，随着温度的升高，炉料由软化变至熔化阶段，料层变得非常紧密，料柱的气孔明显减少，使料柱的透气性变差。

从图 6-116 中可以看出：随着温度的升高，铁颗粒与渣相分隔的越来越明显，并且渣相和铁相开始各自聚集长大，由 1100℃下的小块状长成 1300℃下的大块状。图中 A 点白亮部分为铁；B 点灰色的部分主要组成元素为 Al、Si、Mg、Ti、Cr、C、N、V 和 O，它们之间形成复杂的化合物；C 点黑色的部分组成元素主要为 Fe、Si 和 O，形成初渣。

2. 球团矿在软熔滴落带的有价组元迁移机理

上述实验不同温度下还原后的球团矿，经制样机细磨成粉末后，做了 XRD 分析，目的是探明球团矿在软熔滴落带不同温度下有价组元的矿相组成，从而确定不同温度下球团矿中有价组元的迁移机理。图 6-117 为球团矿不同温度下的 XRD 图。

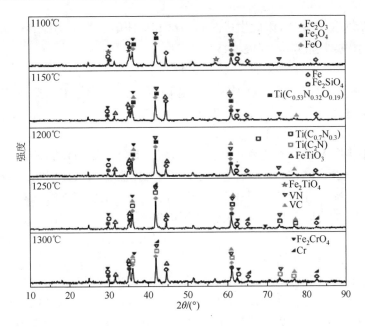

图 6-117　球团矿不同温度下的 XRD 图

　　通过 X 射线衍射对单一球团矿炉料在软熔带不同温度下的分析，可以得出有价组元在软熔滴落带的不同温度下的物相组成，见表 6-36。

表 6-36　软熔滴落带不同温度下有价组元的物相组成

项目	有价组元物相组成
氧化球团	Fe_2O_3、V_2O_3、$Fe_2Ti_3O_9$、$MgTiO_3$、$CrVO_3$、Mg_2SiO_4、$(Fe_{0.6}Cr_{0.4})_2O_3$
1100℃	Fe_2O_3、Fe_3O_4、FeO、Fe、Fe_2SiO_4、$Ti(C_{0.53}N_{0.32}O_{0.19})$、$Fe_2TiO_4$、$VN$、$FeCr_2O_4$
1150℃	Fe_3O_4、FeO、Fe、Fe_2SiO_4、$Ti(C_{0.53}N_{0.32}O_{0.19})$、$FeTiO_3$、$VN$、$VC$、$FeCr_2O_4$
1200℃	Fe_3O_4、FeO、Fe、Fe_2SiO_4、$Ti(C_{0.53}N_{0.32}O_{0.19})$、$FeTiO_3$、$VN$、$VC$、$FeCr_2O_4$
1250℃	Fe_3O_4、FeO、Fe、Fe_2SiO_4、$Ti(C_{0.7}N_{0.3})$、$FeTiO_3$、VN、VC、$FeCr_2O_4$、Cr
1300℃	Fe_3O_4、FeO、Fe、Fe_2SiO_4、$Ti(C,N)$、$FeTiO_3$、VN、VC、$FeCr_2O_4$、Cr

　　通过表 6-36 列出的软熔滴落带不同温度下有价组元的物相组成，结合前面滴落生铁中化验得到的有价组元形态，可以总结出球团矿有价组元在软熔滴落带的迁移机理。

　　（1）铁组元的迁移机理。铁氧化物在软熔滴落带的还原历程符合逐级还原的规律，即 $Fe_2O_3 \rightarrow Fe_3O_4 \rightarrow FeO \rightarrow Fe$。因为本实验中所用的球团矿为酸性球团，在

组成上含有大量的 SiO_2，因此生成的 FeO 会和球团矿中的 SiO_2 结合生成 Fe_2SiO_4。即反应为 $2FeO + SiO_2 \longrightarrow Fe_2SiO_4$。

（2）钛组元的迁移机理。钛氧化物在氧化球团中主要以 $Fe_2O_3 \cdot 3TiO_2$ 和 $MgO \cdot TiO_2$ 的形式存在；而 $MgO \cdot TiO_2$ 在高温下很稳定，所以不会被还原；而 $Fe_2O_3 \cdot 3TiO_2$ 化合物会被还原，即 $Fe_2O_3 \cdot 3TiO_2 \rightarrow 2FeO \cdot TiO_2 \rightarrow FeO \cdot TiO_2 \rightarrow Ti(O_{0.19}C_{0.53}N_{0.32}) \rightarrow Ti(C_{0.7}N_{0.3}) \rightarrow Ti(C, N) \rightarrow [Ti]$。

由上述钛氧化物转变历程可知：首先是钛赤铁矿（$Fe_2O_3 \cdot 3TiO_2$）发生还原生成钛铁晶石（$2FeO \cdot TiO_2$），然后进一步还原生成钛铁矿（$FeO \cdot TiO_2$）；钛铁矿进一步和固体 C、N_2 发生反应生成 TiC、TiN。由于 TiN、TiC 在渣相中难以独立存在，加之 Ti(C, N) 的点阵常数与 TiN-TiC 的固溶浓度呈直线关系，因此会生成 Ti(C, N)。而 $Ti(O_{0.19}C_{0.53}N_{0.32})$ 中间体为在 Ti(C, N) 形成的初期，固溶一部分低价钛氧化物而形成的 Ti（C, N, O）固溶体。

（3）钒组元的迁移机理。钒氧化物在氧化球团中主要以 V_2O_3 和 $CrVO_3$ 的 + 3 价氧化物的形式存在；在还原到 1100℃ 时有 VN 存在，随着温度的升高又有 VC 出现；滴落的渣铁在分离后得到的滴落铁，经化验，检测到有 V 的存在。因此钒组元的迁移机理：$V_2O_3 \rightarrow VN$、$VC \rightarrow [V]$。

（4）铬组元的迁移机理。铬氧化物还原历程：铬氧化物在氧化球团中主要是以 $CrVO_3$ 和 $(Fe_{0.6}Cr_{0.4})_2O_3$ 的 + 3 价氧化物的形式存在；铬氧化物在还原过程中先出现 $FeCr_2O_4$，然后随着温度升高到 1250℃ 时通过 XRD 检测到 Cr。其还原历程为 $(Fe_{0.6}Cr_{0.4})_2O_3 \rightarrow FeCr_2O_4 \rightarrow [Cr]$。生成的 $FeCr_2O_4$ 而没有发生还原的，在渣铁滴落后主要存在于渣相中。

6.6.4　混合炉料的实验结果

目前我国高炉生产中绝大多数的炉料结构为高碱度烧结矿配加酸性球团的炉料结构。这是因为高碱度烧结矿对原料的要求不太苛刻，生产过程容易控制，成本比较低廉，并且烧结矿具有良好的冶金性能。在本实验前一部分中可以看出，两者混合炉料结构的软熔滴落性能及透气性能都要好于单一的球团矿或者烧结矿。本实验中球团矿配加了 40wt% 的含铬钒钛磁铁矿，而烧结矿中配加了 13.11wt% 的含铬钒钛磁铁矿，并且根据现场的高炉渣的碱度确定本实验过程混合炉料结构下的球团比为 33.65wt%。所以从实践生产环节有必要研究混合炉料结构的有价组元在软熔滴落带的迁移机理，为工业生产提供一定的理论依据。

1. 混合炉料在软熔滴落带的形貌变化

不同炉料结构的软熔滴落特性有很大的差别，混合炉料结构的软熔滴落带温度要高于单一球团矿炉料结构的软熔滴落带温度。这样会使混合炉料结构的软熔滴落带在高炉内部整体向下移动，有利于高炉的冶炼。图 6-118 为混合炉料结构在软熔滴落带不同温度下的宏观形貌图。同时在此处也对两种结构的宏观形貌对比。

1150℃　　　　　　　　　　1250℃　　　　　　　　　　1350℃

图 6-118　混合炉料结构在不同温度下的宏观形貌图

从图 6-118 可以明显地看出：随着温度的升高，料层的厚度明显降低。在 1150℃时球团矿基本上还是呈现原来的形貌，烧结矿基本上也没有发生变形，球团矿和烧结矿之间以点接触的方式黏合在一起；物料之间的气孔相对比较发达。在 1250℃时球团矿和烧结矿发生明显的变形，此时的球团矿和烧结矿之间的结合方式基本体现为面接触；物料之间的气孔明显较 1150℃的少。

在 1350℃时除了部分边缘地带外，已经找不到球团矿和烧结矿原来的形貌并且此时已经分不清楚是烧结矿还是球团矿，上下层的焦炭被压入混合炉料中，说明混合炉料在此温度下已经发生了少量的熔化还未到滴落的程度；同时物料的气孔基本上已经消失。边缘地带有发亮的部分为还原出的 Fe 单质。

混合炉料与单一球团矿炉料的宏观照片对比，单一球团矿的炉料结构在 1300℃时料层收缩非常明显，料层基本上没有气孔，而混合炉料结构的料层厚度在 1350℃时的收缩程度明显小于单一烧结矿料层的厚度。从宏观上也能看出混合炉料的软熔滴落温度要高于单一球团矿的炉料。

图 6-119 为混合炉料结构在软熔滴落带不同温度下放大 1000 倍的 SEM 图及 1350℃下的 EDS 图。

从图 6-119 能看出混合炉料的微观结构变化情况和单一球团矿炉料微观变化比较类似。即在 1150℃时有明显的铁粒生成，但是其规模比较分散和细小。

随着温度的升高，铁颗粒与渣相分隔得越来越明显，并且渣相和铁相开始各自聚集长大。

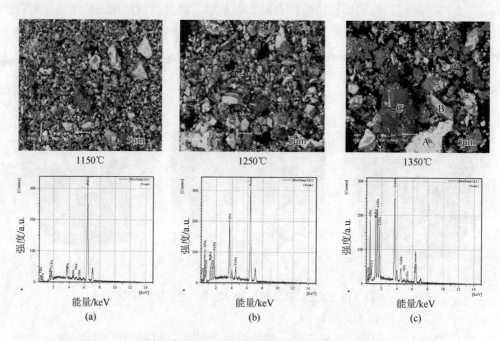

图 6-119　混合炉料结构在软熔滴落带不同温度下的 SEM 和 EDS 图

从 1350℃的 SEM 和 EDS 图可知：A 点白亮的部分主要为铁，同时有很少量的 Ca、Si、O、Ti 元素组成的氧化物；B 点灰色的部分主要组成元素为 Ca、Fe、Ti、Cr、C、N、V 和 O，它们之间形成复杂的化合物；C 点黑色的部分组成元素主要为 Ca、Si、Al 和 O，形成了复杂氧化物，并进入到渣相中。

2. 混合炉料在软熔滴落带的有价组元迁移机理

根据上述实验，对还原到不同温度下的混合炉料做了 X 射线衍射分析，目的是探明混合炉料在软熔滴落带不同温度下的物相组成，从而解析高炉冶炼条件下，混合炉料在软熔滴落带的有价组元迁移机理。图 6-120 为混合炉料不同温度下的 X 射线衍射图。

根据上述对 X 射线衍射的处理，得出在软熔滴落带不同温度下有价组元的物相组成情况，见表 6-37。

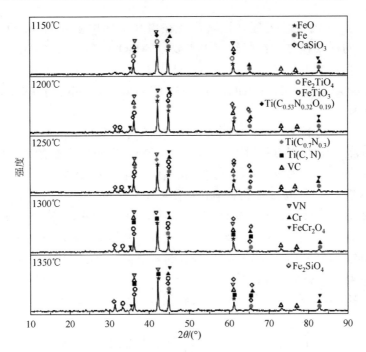

图 6-120　混合炉料不同温度下的 X 射线衍射图

表 6-37　软熔滴落带不同温度下有价组元的物相组成

项目	有价组元物相组成
氧化球团	Fe_2O_3、V_2O_3、$Fe_2Ti_3O_9$、$MgTiO_3$、$CrVO_3$、Mg_2SiO_4、$(Fe_{0.6}Cr_{0.4})_2O_3$
烧结矿	Fe_2O_3、Fe_3O_4、Mg_2VO_4、V_2O_3、$MgTiO_3$、$FeCr_2O_4$、$FeTiO_3$、$CaFeSi_2O_6$
1150℃	FeO、Fe、Fe_2SiO_4、Ti $(C_{0.53}N_{0.32}O_{0.19})$、$Fe_2TiO_4$、$VN$、$FeCr_2O_4$
1200℃	FeO、Fe、Fe_2SiO_4、Ti $(C_{0.53}N_{0.32}O_{0.19})$、$Ti$ $(C_{0.7}N_{0.3})$、$FeTiO_3$、VN、VC、$FeCr_2O_4$、Cr
1250℃	FeO、Fe、Fe_2SiO_4、Ti $(C_{0.7}N_{0.3})$、$FeTiO_3$、VN、VC、$FeCr_2O_4$、Cr
1300℃	FeO、Fe、Fe_2SiO_4、Ti (C, N)、$FeTiO_3$、VN、VC、$FeCr_2O_4$、Cr
1350℃	FeO、Fe、Fe_2SiO_4、Ti (C, N)、$FeTiO_3$、VN、VC、$FeCr_2O_4$、Cr

通过表 6-37 列出的不同温度下有价组元的物相组成和 1400℃下滴落生铁中有价组元存在形式可以得出有价组元在软熔滴落带的迁移机理。

（1）铁组元的迁移机理。铁氧化物在软熔滴落带的还原历程符合逐级还原的规律，即 $Fe_2O_3 \rightarrow Fe_3O_4 \rightarrow FeO \rightarrow Fe$。同时生成的 FeO 会和物料中的 SiO_2 结合生成 Fe_2SiO_4。即反应为 $2FeO + SiO_2 \longrightarrow 2FeO \cdot SiO_2$。但是从混合物料的不同温度下的物相组成来看，球团矿中出现了 Fe_3O_4 而混合炉料中没有出现。可见在球团矿中加入烧结矿促进了球团矿的还原。

（2）钛组元的迁移机理。钛氧化物在氧化球团中主要以 $Fe_2O_3 \cdot 3TiO_2$ 和 $MgO \cdot TiO_2$ 的形式存在，在烧结矿中主要以 $MgO \cdot TiO_2$ 和 $FeTiO_3$ 形式存在。$MgO \cdot TiO_2$ 在高温下很稳定，所以不会被还原；球团矿中的 $Fe_2O_3 \cdot 3TiO_2$ 会被还原，即 $Fe_2O_3 \cdot 3TiO_2 \rightarrow 2FeO \cdot TiO_2 \rightarrow FeO \cdot TiO_2 \rightarrow Ti(O_{0.19}C_{0.53}N_{0.32}) \rightarrow Ti(C_{0.7}N_{0.3}) \rightarrow Ti(C, N) \rightarrow [Ti]$。

从上述还原过程来看，和球团矿还原过程基本一致，但是 $Ti(O_{0.19}C_{0.53}N_{0.32})$ 和 $Ti(C_{0.7}N_{0.3})$ 的出现温度相对于单一球团矿炉料出现的温度要稍低一些。从此也看出，在球团矿中加入烧结矿，促进了钛氧化物向 Ti(C,N) 转化。

（3）钒组元的迁移机理。钒在氧化球团中主要以 V_2O_3 和 $CrVO_3$ 的 +3 价氧化物的形式存在；在烧结矿中以 V_2O_3 和 Mg_2VO_4 的形式存在，而 Mg_2VO_4 在高温下比较稳定，不易被还原。钒的还原历程在两种炉料结构下都相同，由于在未滴落物和滴落的渣铁经分离化验生铁时，检测到其中有 V 存在，因此钒组元的迁移机理为 $V_2O_3 \rightarrow VN$、$VC \rightarrow [V]$。

（4）铬组元的迁移机理。铬氧化物还原历程：铬元素在氧化球团中主要以 $CrVO_3$ 和 $(Fe_{0.6}Cr_{0.4})_2O_3$ 形式存在，在烧结矿中以 $FeCr_2O_4$ 形式存在。铬氧化物在还原过程中先出现 $FeCr_2O_4$，然后随着温度升高到 1200℃ 时通过 XRD 检测到 Cr 存在。因此其还原历程为 $(Fe_{0.6}Cr_{0.4})_2O_3 \rightarrow FeCr_2O_4 \rightarrow [Cr]$。但是混合炉料出现 Cr 的温度要低于单一球团矿炉料。

6.6.5 本节小结

（1）软熔滴落带的位置：球团矿的软熔滴落区间窄，但是其熔化开始温度和滴落温度低；烧结矿的熔化开始温度和滴落温度高，但是其软熔带比较宽；两者混合炉料的软熔带相对比较窄，同时熔化开始温度和滴落温度比较高。因此混合炉料的软熔滴落带的位置比较合理。

（2）透气性：三种炉料结构的透气阻力从高到低依次为球团矿、混合炉料和烧结矿，烧结矿的透气性能最好。但从综合软熔滴落带的位置来看，混合炉料结构的软熔滴落特性最好。

（3）还原过程宏观和微观形貌：从宏观形貌上看，随着温度的升高，物料之间的接触方式为点接触→面接触→混熔在一起；同时物料的收缩率越来越大、变形越来越明显、透气性能越来越差；混合炉料在相同温度下的收缩要小于球团矿的收缩率。从微观上看，还原出来的铁在较低的温度下比较细小和分散，随着温度的升高，渣相和铁相开始各自聚集长大呈块状。

（4）有价组元迁移机理：球团矿和烧结矿的有价组元在软熔滴落带的迁移机理基本一致。铁组元的迁移机理为 $Fe_2O_3 \rightarrow Fe_3O_4 \rightarrow FeO \rightarrow Fe$，同时生成的 FeO 会

和 SiO_2 生成 $2FeO \cdot SiO_2$；钛组元的迁移机理为 $Fe_2O_3 \cdot 3TiO_2 \rightarrow 2FeO \cdot TiO_2 \rightarrow$ $FeO \cdot TiO_2 \rightarrow Ti(O_{0.19}C_{0.53}N_{0.32}) \rightarrow Ti(C_{0.7}N_{0.3}) \rightarrow Ti(C,N) \rightarrow [Ti]$；钒组元的迁移机理为 $V_2O_3 \rightarrow VN$、$VC \rightarrow [V]$；铬组元的迁移机理为 $(Fe_{0.6}Cr_{0.4})_2O_3 \rightarrow FeCr_2O_4 \rightarrow [Cr]$。从混合炉料和球团矿中有价组元的变化过程可以看出，钛的碳氮化合物和单质 Cr 在混合炉料中出现的温度稍低于球团矿中出现的温度，同时混合炉料中 Fe_3O_4 消失得比较快，这也能充分说明混合炉料的还原性好于球团矿的还原性。

6.7　本章小结

通过对含铬型钒钛球团矿在高炉块状带的 400～1100℃非等温还原过程进行研究，含铬型钒钛球团矿的还原膨胀率呈先增大后减小的趋势，还原冷却后的抗压强度呈先减小后增大的趋势。通过对含铬型钒钛球团矿在高炉块状带的 800～1100℃等温还原过程进行研究，得出含铬型钒钛球团矿的最终还原率先轻微上升，再明显上升，含铬型钒钛球团矿的还原膨胀率逐渐升高，抗压强度逐渐减小。

模拟高炉块状带 400～1100℃时，含铬型钒钛磁铁矿球团还原反应级数符合一级几何收敛，还原过程中的表观活化能为 42.6kJ/mol。通过分析高炉冶炼含铬型钒钛磁铁矿块状带还原反应机理得出，界面化学反应和气体通过产物层的内扩散为非等温还原过程的主要控制环节。

通过研究 CO-CO_2-N_2 气氛下的含铬型钒钛磁铁矿球团还原表观动力学，得出：120min 内，还原由气体通过产物层的扩散和界面化学反应混合控制，具体为：在还原初始阶段，控制环节主要为界面化学反应，120min 内随着还原的进行，控制环节逐渐转为界面化学反应和气体通过产物层的扩散混合控制；120min 后，控制环节无规律。

通过研究 CO-N_2 气氛下的含铬型钒钛磁铁矿球团还原表观动力学，得出：反应速率由界面化学反应和气体通过产物层的内扩散混合控制，具体为：在初始阶段，控制环节主要为界面化学反应，随着还原的进行，且还原率小于30%时，速率控制环节逐渐转变为界面化学反应和气体通过产物层的扩散混合控制，当还原率大于35%时，速率控制环节主要为气体通过产物层的扩散，当还原率达到60%时，由于浮氏体铁到金属铁的还原阻滞，界面化学反应控制环节反而在一定程度上增强。

含铬型钒钛烧结矿在 600～1000℃等温还原反应开始时，界面化学反应是主要的限制性控制环节，随着还原反应继续进行，还原产物层逐渐增厚，还原反应受界面化学反应与内扩散的混合控制，还原继续进行，内扩散成为还原后期的主要限制性环节。通过阿伦尼乌斯图计算验证未反应核模型建立合理，计算结果可信。

随 TiO_2 含量在 2.47wt%～12.14wt%范围内变化时，软化开始温度和软化终了温度逐渐升高，软化温度区间逐渐变窄，熔化开始温度和滴落温度逐渐升高，区间逐渐变宽，透气性指数整体上增加，最大压差先增加到 19924Pa（TiO_2 含量为 6.18wt%）后降低；随 Cr_2O_3 含量从 0.28wt%增加到 8.22wt%时，软化开始温度和软化终了温度逐渐升高，软化温度区间整体变宽，熔化开始温度整体升高，滴落温度逐渐升高，熔化温度区间迅速变宽到相对较高值 230℃以上，透气性指数显著增加，表明熔滴性能指标的恶化；随 B_2O_3 含量在 0wt%～4.5wt%变化时，软化开始温度显著升高，软化温度区间显著变宽；熔化开始温度先降低后升高；滴落温度升高；熔化温度区间先升高后迅速降低；透气性逐渐得到改善；随 CaO 含量的增加，软化开始温度和软化终了温度整体上逐渐升高，软化温度区间先升高后降低，CaO 含量为 2wt%时软化温度区间最高。熔化开始温度和滴落温度逐渐升高，温度区间逐渐增大，但透气性呈逐渐改善的趋势。

球团矿和烧结矿的有价组元在软熔滴落带的迁移机理基本一致。铁组元的迁移机理为：$Fe_2O_3 \rightarrow Fe_3O_4 \rightarrow FeO \rightarrow Fe$，同时生成的 FeO 会和 SiO_2 生成 $2FeO \cdot SiO_2$；钛组元的迁移机理：$Fe_2O_3 \cdot 3TiO_2 \rightarrow 2FeO \cdot TiO_2 \rightarrow FeO \cdot TiO_2 \rightarrow Ti(O_{0.19}C_{0.53}N_{0.32}) \rightarrow Ti(C_{0.7}N_{0.3}) \rightarrow Ti(C, N) \rightarrow [Ti]$；钒组元的迁移机理：$V_2O_3 \rightarrow VN$、$VC \rightarrow [V]$；铬组元的迁移机理：$(Fe_{0.6}Cr_{0.4})_2O_3 \rightarrow FeCr_2O_4 \rightarrow [Cr]$。从混合炉料和球团矿中有价组元的变化过程可以看出，钛的碳氮化合物和单质 Cr 在混合炉料中出现的温度稍低于球团矿中出现的温度，同时混合炉料中 Fe_3O_4 消失得比较快，这也能充分说明混合炉料的还原性好于球团矿的还原性。

参 考 文 献

[1] 张元波. 含锡锌复杂铁精矿球团弱还原焙烧的物化基础及新工艺研究[D]. 长沙：中南大学，2006.

[2] 梁连科，杨怀. 冶金热力学与动力学[M]. 沈阳：东北工学院出版社，1990.

[3] 陈宇飞，张宗诚. 多孔铁矿石球团还原动力学[J]. 化工冶金，1987，8（2）：9-20.

[4] Fruehan R J. The rate of reduction of iron oxides by carbon[J]. Metallurgical and Materials Transactions B，1977，8B（2）：279-286.

[5] Huang D. A kinetic model for the reaction process of iron oxide-carbon-oxygen coexistent system inside iron-ore pellets[C]. Process Technology Conference，1992，10：409-416.

[6] Dutta S. Thermogravimetric and laboratory investigations of magnetite concentrate reduction by solid reducers[J]. Metallurgical and Materials Transactions B，1994，25B（5）：15-26.

[7] Prakash S，Goswami M C，Mahapatra A K S，et al. Morphology and reduction kinetics of fluxed iron ore pellets[J]. Ironmaking & Steelmaking，2000，27（3）：194-201.

[8] Rayi H，Kundu N. Thermal analysis studies on the initial stages of iron oxide reduction[J]. Thermochimica Acta，1986，101：107-118.

[9] 刘建华，张家芸，周土平. CO 及 CO-H_2 气体还原铁氧化物反应表观活化能的评估[J]. 钢铁研究学报，2000，（1）：9-13.

[10] Dey S K，Jana B，Basumallick A. Kinetics and reduction characteristics of hematite-noncoking coal mixed pellets under nitrogen gas atmosphere[J]. ISIJ International，1993，33（7）：735-739.

[11] 黄丹. 钒钛磁铁矿综合利用新流程及其比较研究[D]. 长沙：中南大学，2012.

[12] Tian Y W，Li H，Zhang X，et al. Synthesis and thermal decomposition kinetics of LiNiO2[J]. Transactions of Nonferrous Metals Society of China，2002（01）：127-131

[13] Nasr M I，Omar A A，Khedr MH. EI-Geassy A A. Effect of nickel oxide doping on the kinetics and mechanism of iron oxide reduction. ISIJ International，1995，35（9）：1043-1049.

[14] Wang Y. Reduction extraction kinetics of titania and iron from an ilmenite by H_2-Ar gas mixtures[J]. ISIJ International，2009，49（2）：164-170.

[15] Sun K，Takahashi R，Yagi J I. Reduction kinetics of cement-bonded natural ilmenite pellets with hydrogen[J]. ISIJ International，1992，32（4）：496-504.

[16] Jones D G. Kinetics of gaseous reduction of ilmenite[J]. Journal of Applied Chemistry & Biotechnology，2007，25（8）：561-582.

[17] Dentcll L. Means of improving high temperature properties of pellets for blast furnace use[J]. Scandinavian Journal of Metallurgy，1981，10：205-209.

[18] 赵宏博，程树森，白永强，等. 高炉块状带矿石逐渐升温还原对料层透气性影响[J]. 钢铁，2011，46（11）：10-15.

[19] Leimalm U，Forsmo S，Dahlstedt A，et al. Blast furnace pellet textures during reduction and correlation to strength[J]. ISIJ International，2010，50（10）：1396-1405.

[20] Hayashi S，Iguchi Y. Influence of several conditions on abnormal swelling of hematite pellets during reduction with H_2-CO gas mixtures[J]. Ironmaking & Steelmaking，2005，32（4）：353-358.

[21] Wang H T，Sohn H Y. Effect of CaO and SiO_2 on swelling and iron whisker formation during reduction of iron oxide compact[J]. Ironmaking & Steelmaking，2011，38（6）：447-452.

[22] Li G H，Tang Z K，Zhang Y B，et al. Reduction swelling behaviour of haematite/magnetite agglomerates with addition of MgO and CaO[J]. Ironmaking & Steelmaking，2010，37（6）：393-397.

[23] Paananen T，Kinnunen K. Effect of TiO_2-content on reduction of iron ore agglomerates[J]. Steel Research International，2009，80（6）：408-414.

[24] 杨广庆，张建良，邵久刚，等. 全钒钛球团与普通球团软熔性能对比研究[J]. 钢铁钒钛，2012，33（5）：30-34.

[25] Khedr M H. Isothermal reduction kinetics of Fe_2O_3 mixed with $1-10\%$ Cr_2O_3 at 1173-1473 K[J]. ISIJ International，2000，40（4）：309-314.

[26] 罗维忠，毛裕文，黄路，等. 静滴法测定含钛生铁的表面张力[J]. 钢铁，1987，22（1）：1-4.

[27] 文光远，鄢毓璋，赵诗金，等. 含钒钛铁水性质的研究[J]. 钢铁，1996，31（2）：6-11.

[28] 文光远，鄢毓璋，赵诗金，等. 重钢钒钛铁水的性质及其对粘罐的影响[J]. 四川冶金，1994，（2）：1-7.

[29] 王文忠，施月循. 还原条件下钛渣表面张力的研究[J]. 钢铁钒钛，1989，10（2）：13-15.

[30] Saito N，Hori N，Nakashima K，et al. Viscosity of blast furnace type slags[J]. Metallurgical and Materials Transactions B，2003，34（10）：509-516.

[31] 文光远，鄢毓璋，周培土，等. 攀钢高炉铁水的性质[J]. 钢铁钒钛，1996，17（3）：24-29.

[32] 刘平，丁伟中，李一为. 不锈钢母液的凝固点及流动性的实验研究[J]. 铁合金，2004，（2）：8-11.

[33] Qiu G B，Chen L，Zhu J Y，et al. Effect of Cr_2O_3 addition on viscosity and structure of Ti-bearing blast furnace slag[J]. ISIJ International，2015，55（7）：1367-1376.

[34] 甘勤，何木光，何群. 低硅高碱度对钒钛烧结矿冶金性能的影响[C]. 2010 年全国炼铁生产技术会议暨炼铁

学术年会，北京，2009：6.

[35] 张友平，张振伟，毛晓明，等. 高炉含铬铁水粘罐现象的探讨[J]. 宝钢技术，2015，（1）：50-54.

[36] 刘平. 氧化铬在高炉上部的还原行为和含铬铁水流动性的研究[D]. 上海：上海大学，2004.

[37] Ren S，Zhang J L，Wu L S，et al. Influence of B_2O_3 on viscosity of high Ti-bearing blast furnace slag[J]. ISIJ International，2012，52（6）：984-991.

[38] 崔传孟，徐秀光. 富硼渣熔体物理性质测定[J]. 钢铁研究学报，1996，8（2）：54-58.

[39] 张海风. 以含硼生铁为添加剂的硼钢的制备和性能研究[D]. 沈阳：东北大学，2009.

[40] 郎建峰，艾志，张显鹏. "高炉法"综合开发硼铁矿工艺中铁硼分离基本原理及工艺特点[J]. 矿产综合利用，1996，（3）：1-3.

[41] 王福佳，吕庆，陈树军，等. 碱度对含钒钛高炉炉料熔滴性能的影响[J]. 钢铁钒钛，2015，36（5）：92-96.

[42] Tocarovskii I G，Bol'shakov V I，Togobitskaya D N，et al. Influence of the softening and melting zone on blast-furnace smelting[J]. Steel in Translation，2009，39（1）：34-44.

[43] 范晓慧，李文琦，甘敏，等. MgO 对高碱度烧结矿强度的影响及机理[J]. 中南大学学报（自然科学版），2012，43（9）：3325-3330.

[44] 吴胜利，韩宏亮，姜伟忠，等. 烧结矿中 MgO 作用机理[J]. 北京科技大学学报，2009，31（4）：428-432.

[45] 甘勤，何群，文永才. MgO 对钒钛烧结矿质量的影响[J]. 钢铁钒钛，2008，29（1）：54-60.

[46] 甘勤，何群，文永才. MgO 对钒钛烧结矿矿物组成及冶金性能影响的研究[J]. 钢铁，2008，43（8）：7-11.

[47] 吕庆，李福民，王文山，等. ω(MgO)对含钒、钛烧结矿强度和烧结过程的影响[J]. 钢铁研究学报，2007，35（1）：5-8.

[48] Matsumura M，Hoshi M，Kawaguchi T. Improvement of sinter softening property and reducibility by controlling chemical compositions[J]. ISIJ International，2005，45（4）：594-602.

[49] Zhou M，Yang S T，Jiang T，et al. Influence of MgO in form of magnetite on properties and mineralogy of high chromium，vanadium，titanium magnetite sinters[J]. Ironmaking & Steelmaking，2015，42（3）：217-225.

[50] 周密，杨松陶，姜涛，等. MgO 在含铬型钒钛烧结矿制备中的迁移及作用[J]. 中国有色金属学报，2014，24（12）：3108-3114.

[51] 任允芙，蒋烈英，王树同，等. 配加白云石烧结矿中 MgO 的赋存状态和矿物组成及其对冶金性能影响的研究[J]. 烧结球团，1984，2：1-9.

[52] Ichiro S，Mineo S，Masahiro M. Melting property of MgO containing sinter[J]. Trans ISIJ，1981，21（6）：862-864.

第7章 高炉冶炼含铬型钒钛磁铁矿渣系 优化实验研究

高炉渣的性能对高炉炼铁有着重要的影响，关于普通高炉渣及含钛高炉渣有很多研究，并且比较成熟。在前面的章节中，我们对含铬型钒钛磁铁矿粉在烧结矿和球团矿制备、炉料结构等方面进行了研究，为含铬型钒钛磁铁矿粉高炉应用奠定了一定的基础。由于冶炼含铬型钒钛磁铁矿，在此类含钛高炉渣中不可避免地会出现 Cr_2O_3，关于 Cr_2O_3 对含钛高炉渣性能的影响目前并不明确，其是否对高炉炼铁生产有制约性影响并不清楚。本节以俄罗斯含铬型钒钛磁铁矿为主要研究对象，对现场渣进行了高温冶金性能的研究，并对此渣系进行了优化，探究了炉渣各因素的影响规律。

7.1 渣系优化的正交实验研究

本节以现场高炉渣为基准，按照现场渣化学成分（CaO、SiO_2、MgO、TiO_2、Al_2O_3）的波动范围，列出三水平四因素的正交表，同时考察熔化性温度、初始黏度、高温黏度三个指标，并利用综合加权评分法得出最优渣系。

7.1.1 实验方法

1. 实验原料

炉渣黏度和熔化性温度实验中的炉渣采用配渣，配渣实验能消除炉渣中其他微量元素的干扰，目的是找出中性条件下炉渣黏度和熔化性温度与炉渣主要化学成分（CaO、MgO、SiO_2、Al_2O_3 和 TiO_2）的关系。

配合炉渣实验进行炉渣黏度和熔化性温度实验，将炉渣 $m(CaO)/m(SiO_2)$，MgO、Al_2O_3 和 TiO_2 含量选定为变量，为消除其他因素的影响，渣样中的 CaO、MgO、SiO_2、Al_2O_3、TiO_2 均由分析纯化学试剂配制。以现场高炉渣平均化学成分为基准确定实验方案，按 $\omega(CaO + MgO + SiO_2 + Al_2O_3 + TiO_2) = 100wt\%$ 条件确定炉渣上述成分含量的变化范围，其化学成分如表 7-1 所示。

表 7-1　现场高炉渣化学成分

组成	MgO	TiO$_2$	SiO$_2$	CaO	Al$_2$O$_3$
含量/wt%	9.12	5.28	33.11	37.36	11.16

根据生产实际,确定各因素变化范围为二元碱度 1.05～1.2、MgO 含量 8wt%～10wt%、TiO$_2$ 含量 6wt%～10wt%、Al$_2$O$_3$ 含量 11wt%～15wt%。

每种纯化学试剂都经 1173K 高温焙烧 2h。为了进一步模拟高炉生产条件和提高实验的准确性,要先预熔实验渣样,使之形成均相渣。按比例称量一定量经过处理的 CaO、MgO、SiO$_2$、Al$_2$O$_3$、TiO$_2$ 五种氧化物混合后放入内衬钼片的石墨坩埚,置于二硅化钼电阻炉内,在氩气保护、1500℃下混合物熔融 20min,充分搅拌后取出,冷却、粉碎后备用。

2. 实验方案

根据现场高炉渣及其波动范围,按 20(CaO + MgO + SiO$_2$ + Al$_2$O$_3$ + TiO$_2$) = 100% 条件列出三水平四因素的正交表,如表 7-2 所示。

表 7-2　正交实验配料表

序号	CaO/wt%	SiO$_2$/wt%	MgO/wt%	TiO$_2$/wt%	Al$_2$O$_3$/wt%	m(CaO)/m(SiO$_2$)
1	38.41	36.59	8	6	11	1.05
2	35.34	33.66	10	8	13	1.05
3	32.27	30.73	12	10	15	1.05
4	36.91	32.09	8	8	15	1.15
5	36.91	32.09	10	10	11	1.15
6	36.91	32.09	12	6	13	1.15
7	37.64	31.36	8	10	13	1.2
8	37.64	31.36	10	6	15	1.2
9	37.64	31.36	12	8	11	1.2

按照此表,需进行 9 组正交实验。为追求实验精准程度,每组实验重复做三次,取平均值。

3. 实验步骤

根据实验方案,用分析纯化学试剂配好试样,准备实验。具体实验流程如图 7-1 所示。

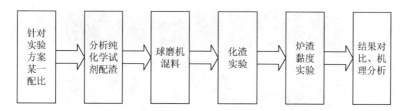

图 7-1　正交实验流程

按照上述实验流程，进行正交实验。步骤如图 7-2 所示。

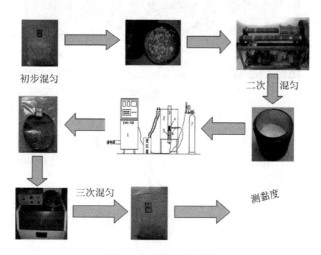

初步混匀　　　　　　　　　　　　　　　　　二次　混匀

三次混匀　　　　　　　　　　　　　　　　测黏度

图 7-2　正交实验步骤

实验过程中会用到以下设备：球磨机（图 7-3）、制样机（图 7-4）、化渣电阻炉（图 7-5）、黏度计（图 7-6）。

图 7-3　球磨机

图 7-4　制样机

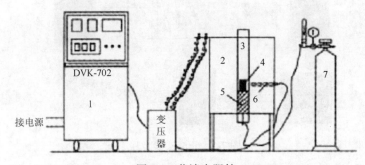

图 7-5　化渣电阻炉

1. DWK-702 精密温度控制装置；2. 二硅化钼管式炉；3. 高铝管（高 580mm、外径 84mm、内径 76mm）；
4. 坩埚；5. 耐火砖；6. 铂铑热电偶；7. 氩气瓶

图 7-6　黏度计

测黏度实验原理和步骤：实验室测定炉渣黏度时有很多方法，常常利用细管法、柱体（测头）旋转法、扭摆振动法等测定。本工作采用柱体（测头）旋转法进行炉渣黏度测定。测量的装置主要包括黏度计和二硅化钼高温炉两部分，另外还有循环水冷却系统和惰性气体保护系统。黏度计由升降机构和钢丝测杆吊挂系统等部分组成；二硅化钼高温炉用于升温熔化炉渣，温度可升至 1600℃，具有低电压、大电流的特点。由于本工作的炉渣均为含钛渣，为防止生成 TiC、TiN 等高熔点物质，在实验时通入氩气作为保护气氛，实验装置如图 7-6 所示。

本实验采用柱体旋转法来测试。当外力使内柱体在高温熔体中均匀转动，而盛熔渣的坩埚静止不动，则在柱体之间径向距离上便产生了速度梯度。于是，在液体中就产生了内摩擦力。当液体为层流流动时，该摩擦力力矩为

$$M = \frac{4\pi\eta\omega h}{\dfrac{1}{r^2} - \dfrac{1}{R^2}} \tag{7-1}$$

式中，r 是内柱体的半径(m)；R 是外柱体的半径(m)；h 是内柱体浸入液体的深度(m)；ω 是转动柱体的角速度(rad/s)；η 是液体的黏度(Pa·s)。

由扭矩传感器可精确地测定仪器主轴的扭矩和主轴的角速度，熔渣的黏度可按式(7-2)计算

$$\eta = \frac{M\left(\dfrac{1}{r^2} - \dfrac{1}{R^2}\right)}{4\omega\pi h} \tag{7-2}$$

当 R 和 r 及内柱体浸入液体的深度 h 一定，角速度 ω 也一定，上式即可改写为

$$\eta = KM \tag{7-3}$$

标定设备常数 K 时，以蓖麻油为标准液，用水银温度计测得室温 19.2℃，根据如下公式

$$\eta = 4.306 \times 10^{-11} e^{6.993/T} \tag{7-4}$$

得室温 19.2℃下蓖麻油的黏度 $\eta_{标} = 1.047 \text{Pa·s}$，则常数 K 可表示为

$$K = \eta_{标} / M \tag{7-5}$$

这样，就可以通过测量冷态下的蓖麻油，固定转速 200r/min，扭矩 M 也是固定值，即得可出常数 K 值为 0.5690。

采用柱体旋转法测试熔渣黏度时，实验过程是至关重要的，必须严格按照实验步骤进行。

采用 RTW 熔体物性测定仪进行炉渣的黏度实验。浸入炉渣中的旋转测头采用钼质测头，采用石墨坩埚（内径 $\phi 40\text{mm} \times 70\text{mm}$、外径 $\phi 50\text{mm} \times 80\text{mm}$）盛渣，渣量为 140g。为防止炉渣渗碳，其内部衬有钼片；为防止炉渣熔化过程中的喷溅，石墨坩埚上放置和其外径尺寸相同的石墨套筒（内径 $\phi 40\text{mm} \times 250\text{mm}$，外径 $\phi 50\text{mm} \times 250\text{mm}$）。实验过程中从炉管底部通入氩气，其流量为 1.5L/min。炉渣黏度的测定从 1500℃ 开始，炉渣黏度测定时的降温速度自动控制为 –3℃/min，得出炉渣的 $\eta\text{-}t$ 曲线，将 $\eta\text{-}t$ 曲线与横坐标成 135° 的斜线相切点的温度定义为熔化性温度（T_m），与 T_m 相对应的黏度称为初始黏度 η_0，1500℃ 相对应的黏度称为高温黏度 η_g。

操作步骤：

（1）装渣样。将衬有钼片的石墨坩埚和套筒放入黏度炉中，称量渣样 140g，通过漏斗置入石墨坩埚中，准备升温。

（2）黏度炉升降温。打开计算机桌面上的高温熔体测定系统，在控温菜单中，点击【自动控温】，改变"电压变动步长"为 0.05，点击【增加】，直至控制柜上的电流、电压表有数字显示，说明可控硅导通，炉子开始升温。点击【显示】调出控温图。选择确认主画面上的"恒温温度"值（系统默认 1300℃），设定为 1500℃。打开冷却水，并通入氩气。

（3）测黏度。安装黏度测试转杆，调整电炉到适当位置，点击【测黏度】选择【变温测试黏度】，进行测试。如果需要测试黏度常数，则准备"标准油"、温度计等，点击【测黏度】，选择【测黏度常数】，进行测试。测试黏度时，点击【显示】调出黏度图（图 7-7）。

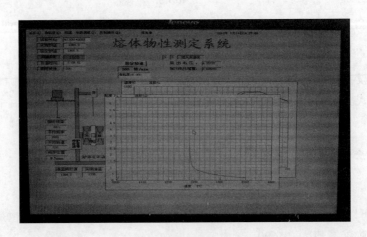

图 7-7　黏度曲线图

测试结束时，要点击"控温"中的【自动控温】，待温度升高到 1400℃以上（图 7-8），取出转杆。然后点击"控温"中的【结束升温】，"控制操作"中的【结束实验】，退出程序，关闭电炉强电开关。待炉温降到 300℃以下时，关闭冷却水。

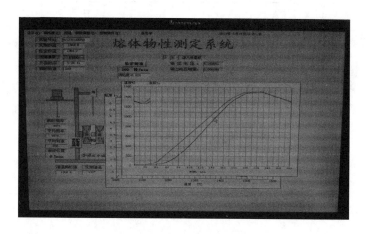

图 7-8　控温曲线图

黏度计参数设置见表 7-3。

表 7-3　黏度计参数

参数指标	数值	参数指标	数值
油温度/℃	19.2	平均频率/Hz	10119
油黏度/(Pa·s)	1.047	转速/(r/min)	200
零点频率/Hz	9753	测常数	0.5690

7.1.2　实验结果及分析

1. 正交实验黏度-温度分析

通过降温测量炉渣黏度，得出 9 组正交实验的黏度-温度曲线图。

图 7-9 为正交实验 1 号图，化学成分为 CaO 含量 38.41wt%、SiO_2 含量 36.59wt%、MgO 含量 8wt%、TiO_2 含量 6wt%、Al_2O_3 含量 11wt%，二元碱度为 1.05。

图7-10为正交实验2号图，化学成分为CaO含量35.34wt%、SiO$_2$含量33.66wt%、MgO含量10wt%、TiO$_2$含量8wt%、Al$_2$O$_3$含量13wt%，二元碱度1.05。

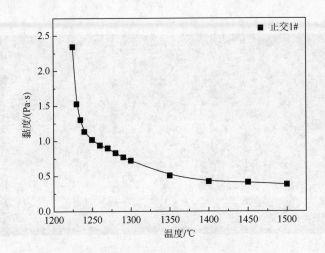

图7-9　正交实验1号黏度-温度曲线图

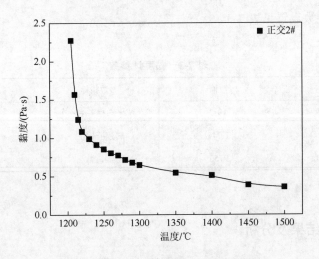

图7-10　正交实验2号黏度-温度曲线图

图7-11为正交实验3号图，化学成分为CaO含量32.27wt%、SiO$_2$含量30.73wt%、MgO含量12wt%、TiO$_2$含量10wt%、Al$_2$O$_3$含量15wt%，二元碱度为1.05。

图7-12为正交实验4号图，化学成分为CaO含量36.91wt%、SiO$_2$含量

32.09wt%、MgO 含量 8wt%、TiO$_2$ 含量 8wt%、Al$_2$O$_3$ 含量 15wt%，二元碱度为 1.15。

　　图 7-13 为正交实验 5 号图，化学成分为 CaO 含量 36.91wt%、SiO$_2$ 含量 32.09wt%、MgO 含量 10wt%、TiO$_2$ 含量 10wt%、Al$_2$O$_3$ 含量 11wt%，二元碱度为 1.15。

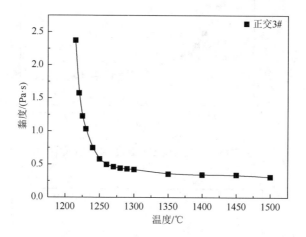

图 7-11　正交实验 3 号黏度-温度曲线图

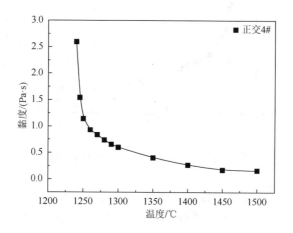

图 7-12　正交实验 4 号黏度-温度曲线图

　　图 7-14 为正交实验 6 号图，化学成分为 CaO 含量 36.91wt%、SiO$_2$ 含量 32.09wt%、MgO 含量 12wt%、TiO$_2$ 含量 6wt%、Al$_2$O$_3$ 含量 13wt%，二元碱度为 1.15。

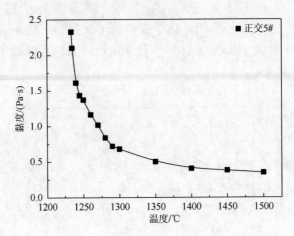

图 7-13   正交实验 5 号黏度-温度曲线图

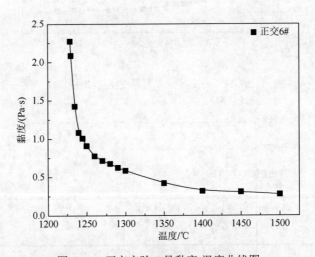

图 7-14   正交实验 6 号黏度-温度曲线图

图 7-15 为正交实验 7 号图，化学成分为 CaO 含量 37.64wt%、SiO$_2$ 含量 31.36wt%、MgO 含量 8wt%、TiO$_2$ 含量 10wt%、Al$_2$O$_3$ 含量 13wt%，二元碱度为 1.2。

图 7-16 为正交实验 8 号图，化学成分为 CaO 含量 37.64wt%、SiO$_2$ 含量 31.36wt%、MgO 含量 8wt%、TiO$_2$ 含量 10wt%、Al$_2$O$_3$ 含量 13wt%，二元碱度为 1.2。

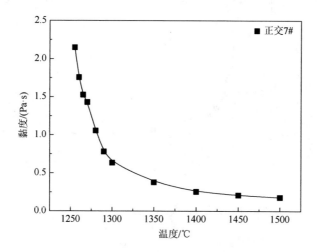

图 7-15　正交实验 7 号黏度-温度曲线图

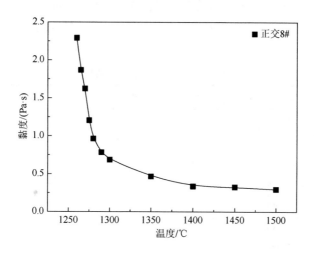

图 7-16　正交实验 8 号黏度-温度曲线图

　　图 7-17 为正交实验 9 号图，化学成分为 CaO 含量 37.64wt%、SiO$_2$ 含量 31.36wt%、MgO 含量 10wt%、TiO$_2$ 含量 6wt%、Al$_2$O$_3$ 含量 15wt%，二元碱度为 1.2。

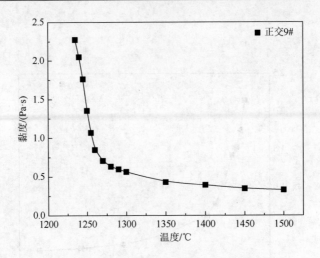

图 7-17 正交实验 9 号黏度-温度曲线图

2. 熔化性温度分析

通过进行 9 组正交实验,对其黏度-温度曲线做 135°切线,定义切点温度为熔化性温度,切点纵坐标为炉渣初始黏度。炉渣熔化性温度如表 7-4 所示。

表 7-4 熔化性温度实验结果

样品	$m(CaO)/m(SiO_2)$	MgO/wt%	TiO₂/wt%	Al₂O₃/wt%	T_m/℃
1	1.05	8	6	11	1245
2	1.05	10	8	13	1230
3	1.05	12	10	15	1250
4	1.15	8	8	15	1260
5	1.15	10	10	11	1290
6	1.15	12	6	13	1260
7	1.2	8	10	13	1295
8	1.2	10	6	15	1290
9	1.2	12	8	11	1270

用正交实验极差分析方法对熔化性温度进行分析,得到各因素对炉渣熔化性温度的影响主次及最优条件如表 7-5 所示。

表 7-5　熔化性温度实验结果分析

水平	$m(CaO)/m(SiO_2)$	MgO/wt%	TiO_2/wt%	Al_2O_3/wt%
1	1241.67	1266.67	1265.00	1268.33
2	1270.00	1270.00	1253.33	1261.67
3	1285.00	1260.00	1278.33	1266.67
极差	43.33	10.00	25.00	6.67
显著性	$R_A > R_C > R_B > R_D$			
最优条件	A_1	B_3	C_2	D_2

由表 7-5 可知，碱度因素对炉渣熔化性温度影响最大，其次是 TiO_2 含量，再次是 MgO 含量，Al_2O_3 含量影响最小，为得到较低的熔化性温度，最优组合为碱度 1.05、MgO 含量 12wt%、TiO_2 含量 8wt%、Al_2O_3 含量 13wt%。

图 7-18 为熔化性温度随各因素水平的变化规律。由图可以看出，熔化性温度随碱度的变化最为明显，随碱度增大，熔化性温度升高。

3. 初始黏度分析

定义熔化性温度下对应的炉渣黏度为初始黏度，实验结果如表 7-6 所示。

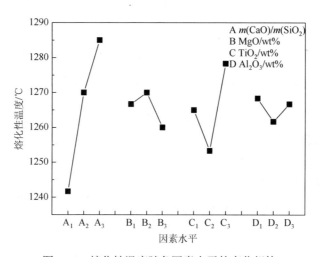

图 7-18　熔化性温度随各因素水平的变化规律

表 7-6　初始黏度实验结果

样品	$m(CaO)/m(SiO_2)$	MgO/wt%	TiO_2/wt%	Al_2O_3/wt%	η_0/(Pa·s)
1	1.05	8	6	11	1.077
2	1.05	10	8	13	0.99

续表

样品	$m(CaO)/m(SiO_2)$	MgO/wt%	TiO$_2$/wt%	Al$_2$O$_3$/wt%	η_0/(Pa·s)
3	1.05	12	10	15	0.578
4	1.15	8	8	15	0.941
5	1.15	10	10	11	0.719
6	1.15	12	6	13	0.776
7	1.2	8	10	13	0.708
8	1.2	10	6	15	0.783
9	1.2	12	8	11	0.706

用正交实验极差分析方法对初始黏度进行分析，得到各因素对炉渣初始黏度的影响主次及最优条件如表 7-7 所示。

表 7-7　初始黏度实验结果分析

水平	$m(CaO)/m(SiO_2)$	MgO/wt%	TiO$_2$/wt%	Al$_2$O$_3$/wt%
1	0.88	0.91	0.88	0.83
2	0.81	0.83	0.88	0.82
3	0.73	0.69	0.67	0.77
极差	0.15	0.22	0.21	0.07
显著性			$R_B > R_C > R_A > R_D$	
最优条件	A$_3$	B$_3$	C$_3$	D$_3$

由表 7-7 可知，MgO 含量对炉渣初始黏度影响最大，其次是 TiO$_2$ 含量，再次是碱度，Al$_2$O$_3$ 含量影响最小。为得到较低的初始黏度，最优组合为碱度 1.2、MgO含量 12wt%、TiO$_2$ 含量 10wt%、Al$_2$O$_3$ 含量 15wt%。

由图 7-19 初步判断，初始黏度随 MgO 含量、Al$_2$O$_3$ 含量的变化较为明显，都是随其增大有下降趋势。而随碱度因素和 TiO$_2$ 含量的变化较为微小，初步判断也是随其下降的。

4. 高温黏度分析

定义 1500℃下对应的炉渣黏度为高温黏度，实验结果如表 7-8 所示。

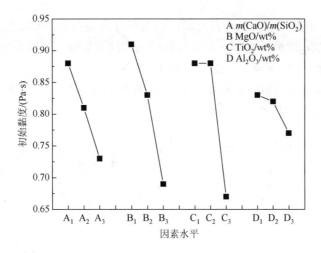

图 7-19　初始黏度随各因素水平的变化规律

表 7-8　高温黏度实验结果

样品	$m(CaO)/m(SiO_2)$	MgO/wt%	TiO$_2$/wt%	Al$_2$O$_3$/wt%	η_g/(Pa·s)
1	1.05	8	6	11	0.38
2	1.05	10	8	13	0.358
3	1.05	12	10	15	0.311
4	1.15	8	8	15	0.163
5	1.15	10	10	11	0.35
6	1.15	12	6	13	0.277
7	1.2	8	10	13	0.181
8	1.2	10	6	15	0.297
9	1.2	12	8	11	0.328

　　用正交实验极差分析方法对高温黏度进行分析，得到各因素对炉渣高温黏度的影响主次及最优条件如表 7-9 所示。

表 7-9　高温黏度实验结果分析

水平	$m(CaO)/m(SiO_2)$	MgO/wt%	TiO$_2$/wt%	Al$_2$O$_3$/wt%
1	0.35	0.24	0.32	0.35
2	0.26	0.34	0.283	0.27
3	0.27	0.31	0.281	0.26
极差	0.09	0.09	0.04	0.10
显著性		$R_D > R_A > R_B > R_C$		
最优条件	A$_2$	B$_1$	C$_3$	D$_3$

由表 7-9 可知，Al_2O_3 含量对炉渣高温黏度影响最大，其次是碱度，再次是 MgO 含量，TiO_2 含量影响最小。为得到较低的高温黏度，最优组合为碱度 1.15、MgO 含量 8wt%、TiO_2 含量 10wt%、Al_2O_3 含量 15wt%。

由图 7-20 初步判断高温黏度除了随 TiO_2 含量变化微小外，随碱度因素、MgO 含量、Al_2O_3 含量变化都较为明显。

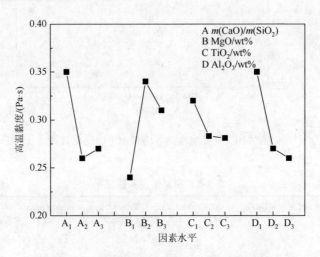

图 7-20　高温黏度随各因素水平的变化规律

7.1.3　最优渣系的确定

多指标实验的综合加权评分法是将多指标实验的结果，根据各项实验指标在整个实验中的重要性，确定其所占的权重，将多指标的实验结果化为单指标的实验结果，即综合加权评分值，然后按单指标分析方法，对方案进行综合选优的一种方法。因此，在多指标实验的综合加权评分法中，确定各项实验指标的权重是首要的也是关键的环节，对各项指标赋权的合理与否，直接关系到分析结论的可靠性。

目前，指标权重的确定方法主要有主观赋权法和客观赋权法。主观赋权法是由评价分析人员根据各项实验指标的重要性（主观重视程度）而赋权的一类方法，常用的有专家调查法、循环打分法、二项系数法、层次分析法等。不论是哪一种，都是基于对各项指标重要性的主观认知程度，免不了带有一定程度的主观随意性。客观赋权法是利用实验指标值所反映的客观信息确定权重的一种方法，主要有变异值法（如标准差、方差或平均值等）、熵值法。它们都是根据实验结果来测定不同方案同一属性指标间的稳定性给指标赋权的一种方法。变异值（或熵值）越大，标志变异程度就越大，方案的稳定性就越差。反之，变异值（或熵值）越小，标志变异程度就越小，方案的稳定性就越好。显然，仅靠客观权重还不能充分体现评价方法分析者对不同指标的主观认知程度[1]。

为了兼顾分析者对指标重要性的主观认知（经验），同时又充分利用实验结果提供的指标重要性的客观信息，使对指标的赋权达到主观与客观的统一，进而使评价客观、真实、有效，故本节采用一种新的权重确定方法——综合权重赋值法。以优化理论为依据，建立指标综合权重的优化模型，并求解得出最优渣系。

1. 确定标准化评价矩阵

设多指标实验问题有 n 个实验方案，记为 $I = \{1, 2, 3, \cdots, n\}$，有 m 个实验指标，记为 $J = \{1, 2, \cdots, m\}$，实验方案 i 对指标 j 的实验值为 $x_{ij}(i = 1, 2, 3, \cdots, n; j = 1, 2, 3, \cdots, m)$，称矩阵 $X = (x_{ij})_{n \times m}$ 为方案集对指标集的评价矩阵。

由于在多指标实验中，有的指标要求越小越好，有的指标要求越大越好，还有的指标则要求稳定在某一确定值——理想值。另外，还存在数量级和量纲不同的问题[2]。为了统一各指标的趋势要求，消除各指标间的不可公度性，我们将评价矩阵 X 进行标准化处理。

由实验结果可得评价矩阵 $X = (x_{ij})$，即

$$X = (x_{93}) = \begin{bmatrix} 1245 & 1.077 & 0.38 \\ 1230 & 0.99 & 0.358 \\ 1250 & 0.578 & 0.311 \\ 1260 & 0.941 & 0.163 \\ 1290 & 0.719 & 0.35 \\ 1260 & 0.776 & 0.277 \\ 1295 & 0.708 & 0.181 \\ 1290 & 0.783 & 0.297 \\ 1270 & 0.706 & 0.328 \end{bmatrix} \tag{7-6}$$

当综合加权评分法以评分值越小越好为准则时，令

$$y_{ij} = \begin{cases} x_{ij} & j \in I_1 \\ x_{j\max} - x_{ij} & j \in I_2 \\ |x_{ij} - x_j^*| & j \in I_3 \end{cases} \tag{7-7}$$

其中，$I_1 = \{$要求越小越好的指标$\}$；$I_2 = \{$要求越大越好的指标$\}$；$I_3 = \{$要求稳定在某一理想值的指标$\}$。

本实验渣系要求熔化性温度、初始黏度和高温黏度都越小越好，故 $y_{ij} = x_{ij}$。即

$$Y = (y_{93}) = \begin{bmatrix} 1245 & 1.077 & 0.38 \\ 1230 & 0.99 & 0.358 \\ 1250 & 0.578 & 0.311 \\ 1260 & 0.941 & 0.163 \\ 1290 & 0.719 & 0.35 \\ 1260 & 0.776 & 0.277 \\ 1295 & 0.708 & 0.181 \\ 1290 & 0.783 & 0.297 \\ 1270 & 0.706 & 0.328 \end{bmatrix} \qquad (7\text{-}8)$$

然后，统一指标的数量级并消除量纲。

令

$$z_{ij} = 100 \times (y_{ij} - y_{\min}) / (y_{j\max} - y_{j\min}), i = 1, 2, \cdots, n; j = 1, 2, \cdots, m \qquad (7\text{-}9)$$

其中，$y_{j\min} = \min\{y_{ij} \mid i = 1, 2, \cdots, n\}$；$y_{j\max} = \max\{y_{ij} \mid i = 1, 2, \cdots, n\}$，记标准化后的评价矩阵为 $z = (z_{ij})_{nm}$。

由此可得，标准化后的评价矩阵为

$$Z = (z_{93}) = \begin{bmatrix} 23.077 & 100 & 100 \\ 0 & 82.565 & 89.862 \\ 30.769 & 0 & 68.203 \\ 46.154 & 72.745 & 0 \\ 92.308 & 28.257 & 86.175 \\ 46.154 & 39.679 & 52.535 \\ 100 & 26.052 & 8.295 \\ 92.308 & 41.082 & 61.751 \\ 61.538 & 25.651 & 76.037 \end{bmatrix} \qquad (7\text{-}10)$$

2. 确定各项指标的综合权重

1）确定指标的主观权重

设所得各项实验指标的主观权重为

$$\alpha = (\alpha_1, \alpha_2, \cdots, \alpha_m)^{\mathrm{T}} \qquad (7\text{-}11)$$

其中，$\sum\limits_{j=1}^{m} \alpha_j = 1, \alpha_j \geqslant 0 (j = 1, 2, \cdots, m)$。

在该实验的 3 个指标中，根据以往的经验和炼铁技术要求，采用专家调查法得到各项指标的主观权重：

熔化性温度 $\alpha_1 = 0.4$、初始黏度 $\alpha_2 = 0.2$、高温黏度 $\alpha_3 = 0.4$。

即

$$\alpha = (0.4, 0.2, 0.4)^{\mathrm{T}} \qquad (7\text{-}12)$$

2）确定指标的客观权重

设所得各项实验指标的客观权重为

$$\beta = (\beta_1, \beta_2, \cdots, \beta_m)^{\mathrm{T}} \qquad (7\text{-}13)$$

其中，$\sum\limits_{j=1}^{m}\beta_j = 1, \beta_j \geqslant 0 (j = 1, 2, \cdots, m)$。

在该实验的 3 个指标中，采用熵值法得到各项指标的客观权重。由熵值法公式

$$h_j = -(\ln n)^{-1}\sum_{i=1}^{n} p_{ij}\ln p_{ij} \qquad (7\text{-}14)$$

$$\beta_j = (1 - h_j)\bigg/ \sum_{k=1}^{m}(1 - h_k)(j = 1, 2, \cdots, m) \qquad (7\text{-}15)$$

其中，$p_{ij} = z_{ij}\bigg/ \sum\limits_{i=1}^{n} z_{ij}$，且当 $p_{ij} = 0$ 时，规定

$$p_{ij}\ln p_{ij} = 0(i = 1, 2, \cdots, n; j = 1, 2, \cdots, m) \qquad (7\text{-}16)$$

得

$$P = (p_{93}) = \begin{bmatrix} 0.047 & 0.240 & 0.184 \\ 0 & 0.198 & 0.166 \\ 0.062 & 0 & 0.126 \\ 0.094 & 0.175 & 0 \\ 0.187 & 0.068 & 0.159 \\ 0.094 & 0.095 & 0.097 \\ 0.203 & 0.063 & 0.015 \\ 0.187 & 0.099 & 0.114 \\ 0.125 & 0.062 & 0.140 \end{bmatrix} \qquad (7\text{-}17)$$

$$h = (0.898, 0.887, 0.0899)^{\mathrm{T}} \qquad (7\text{-}18)$$

$$\beta = (0.32, 0.36, 0.32)^{\mathrm{T}} \qquad (7\text{-}19)$$

3）确定指标的综合权重

设所得各项实验指标的综合权重为

$$W = w = (w_1, w_2, \cdots, w_m)^{\mathrm{T}} \tag{7-20}$$

其中，$\sum_{j=1}^{m} w_j = 1, w_j \geqslant 0 (j = 1, 2, \cdots, m)$。

为了兼顾主观偏好（对主观赋权法和客观赋权法的偏好），又充分利用主观赋权法和客观赋权法各自带来的信息，达到主客观的统一，建立如下的优化决策模型

$$\min F(w) = \sum_{i=1}^{n} \sum_{j=1}^{m} \{\mu[(w_j - \alpha_j)z_{ij}]^2 + (1-\mu)[(w_j - \beta_j)z_{ij}]^2\}$$

$$\text{st} \begin{cases} \sum_{j=1}^{m} w_j = 1 \\ w_j \geqslant 0, j = 1, 2, \cdots, m \end{cases} \tag{7-21}$$

其中，$0 < \mu < 1$ 为偏好系数，它反映分析者对主观权重和客观权重的偏好程度。

定理　若 $\sum_{i=1}^{n} z_{ij}^2 > 0 (j = 1, 2, \cdots, m)$，则优化模型（7-21）有唯一解[3]，其解为

$$W = [\mu\alpha_1 + (1-\mu)\beta_1, \mu\alpha_2 + (1-\mu)\beta_2, \cdots, \mu\alpha_n + (1-\mu)\beta_n]^{\mathrm{T}} \tag{7-22}$$

由式(7-22)，并取偏好系数 $\mu = 0.5$，最终得到各项指标的综合权重

$$w = (0.36, 0.28, 0.36)^{\mathrm{T}} \tag{7-23}$$

3. 计算综合加权评分值

设各项实验指标的综合加权评分值为

$$F = f = (f_1, f_2, \cdots, f_n)^{\mathrm{T}} \tag{7-24}$$

其中，$f_i \geqslant 0 (i = 1, 2, \cdots, n)$。

由综合加权评分公式

$$f_i = \sum_{i=1}^{n} w_j z_{ij} \quad i = 1, 2, \cdots, n; j = 1, 2, \cdots, m \tag{7-25}$$

即　　　　　　　　　　　　　　　$F = ZW \tag{7-26}$

得　　　$f = (72.31, 55.47, 35.63, 36.98, 72.17, 46.64, 46.28, 66.96, 56.71)^{\mathrm{T}} \tag{7-27}$

4. 根据单指标实验分析评价方法进行分析

综合数据整理如表 7-10 所示。由表 7-10 可知，根据现场高炉渣的波动范围，对渣系进行优化，得到最优渣系，二元碱度 1.15、MgO 含量 10wt%、TiO_2 含量 8wt%、Al_2O_3 含量 15wt%。在这个标准下，得到渣系的熔化性温度、初始黏度及

高温黏度较为合理。同时得出，对渣系综合指标的影响大小依次为 Al_2O_3 含量、MgO 含量、TiO_2 含量、二元碱度。可见对于此渣系而言，Al_2O_3 含量对整个渣系的熔化性温度、初始黏度、高温黏度综合指标影响最大。

表 7-10　渣系优化实验方案、实验结果及结论

序号	因素				指标值			综合加权评分值 f_i
	A	B	C	D	$T_m/℃$	$\eta_0/(Pa·s)$	$\eta_g/(Pa·s)$	
1	1.05	8	6	11	1245	1.077	0.38	72.31
2	1.05	10	8	13	1230	0.99	0.358	55.47
3	1.05	12	10	15	1250	0.578	0.311	35.63
4	1.15	8	8	15	1260	0.941	0.163	36.98
5	1.15	10	10	11	1290	0.719	0.35	72.17
6	1.15	12	6	13	1260	0.776	0.277	46.64
7	1.2	8	10	13	1295	0.708	0.181	46.28
8	1.2	10	6	15	1290	0.783	0.297	66.96
9	1.2	12	8	11	1270	0.706	0.328	56.71
k_1	54.47	51.86	61.97	67.06	$w_1 = 0.36$，$w_2 = 0.28$，$w_3 = 0.36$			
k_2	51.93	64.87	49.72	49.46	因素主次 D→B→C→A			
k_3	56.65	46.33	51.36	46.52	水平优劣 D_3 B_3 C_2 A_2			
R	4.72	18.54	12.25	20.54	最优组合 A_2 B_3 C_2 D_3			

7.1.4　本节小结

以现场渣为基准，炉渣化学成分波动范围为二元碱度在 1.05～1.2 之间，MgO 含量在 8wt%～10wt% 之间，TiO_2 含量在 6wt%～10wt% 之间，Al_2O_3 含量在 11wt%～15wt% 之间。在此范围内，通过设计三水平四因素的正交表，考察熔化性温度、初始黏度、高温黏度三个指标，采用综合加权评分法得到以下结论。

（1）最优渣系为二元碱度 1.15、MgO 含量 10wt%、TiO_2 含量 8wt%、Al_2O_3 含量 15wt%，此条件的渣系最为理想。对渣系综合指标的影响大小依次为 Al_2O_3 含量、MgO 含量、TiO_2 含量、二元碱度。

（2）对渣系熔化性温度影响大小依次为二元碱度、TiO_2 含量、MgO 含量、Al_2O_3 含量。要得到较低的熔化性温度，最优组合为碱度 1.05、MgO 含量 12wt%、TiO_2 含量 8wt%、Al_2O_3 含量 13wt%。

（3）对渣系初始黏度影响大小依次为 MgO 含量、TiO_2 含量、二元碱度、Al_2O_3

含量。要得到较低的初始黏度，最优组合为碱度 1.2、MgO 含量 12wt%、TiO_2 含量 10wt%、Al_2O_3 含量 15wt%。

（4）对渣系高温黏度影响大小依次为 Al_2O_3 含量、二元碱度、MgO 含量、TiO_2 含量。要得到较低的高温黏度，最优组合为碱度 1.15、MgO 含量 8wt%、TiO_2 含量 10wt%、Al_2O_3 含量 15wt%。

现场生产要想获得良好的渣系，建议将碱度控制在 1.15 左右，其他化学成分控制在 MgO 含量 10wt%、TiO_2 含量 8wt%、Al_2O_3 含量 15wt%左右，建议现场通过改善入炉原料等手段来达到此目标。

7.2　渣系单因素变化规律的实验研究

由 7.1 节的正交实验研究，我们得到了最优渣系及各因素对炉渣冶金性能的影响主次。但是对于炉渣冶金性能随各因素的具体变化规律，以上研究结果尚不明确。因此本节重点研究了渣系单因素的变化规律，以便为实际生产提供参考。

7.2.1　实验方案

本节实验原料及方法同 7.1.1 节，配渣波动范围还是以现场高炉渣为基准，在此基础上适当放宽，考虑到现场冶炼生铁使用了 30wt%的进口钒钛磁铁矿，后期可能增加其配比，故将 TiO_2 含量上限提高到 14wt%。配料表如表 7-11 所示。其中选择与现场高炉渣成分最相近的为实验基准渣，见表 7-12。根据基准渣成分及配料表，设计配合炉渣实验方案如表 7-13 所示。

表 7-11　单因素实验配料表

实验编号	$m(CaO)/m(SiO_2)$	MgO/wt%	TiO_2/wt%	Al_2O_3/wt%
1	1.05	8	6	11
2	1.1	9	8	12
3	1.15	10	10	13
4	1.2	11	12	14
5	1.25	12	14	15

表 7-12　实验炉渣基准成分

CaO/wt%	SiO_2/wt%	MgO/wt%	Al_2O_3/wt%	TiO_2/wt%	合计	R_2
39.05	33.95	10	11	6	100	1.15

表 7-13　配合炉渣实验方案及结果

序号	变化因素	CaO/wt%	SiO₂/wt%	MgO/wt%	Al₂O₃/wt%	TiO₂/wt%	$m(CaO)/m(SiO_2)$	T_m/°C	η_0/(Pa·s)	η_g/(Pa·s)
0	基准渣	39.05	33.95	10	11	6	1.15	1250	0.924	0.401
1		37.39	35.61	10	11	6	1.05	1230	0.992	0.358
2	CaO/SiO₂	38.24	34.76	10	11	6	1.10	1245	1.433	0.38
3		39.82	33.18	10	11	6	1.2	1300	0.986	0.233
4		40.56	32.44	10	11	6	1.25	1345	0.755	0.201
5		40.12	34.88	8	11	6	1.15	1285	1.126	0.228
6	MgO	39.58	34.42	9	11	6	1.15	1240	0.969	0.177
7		38.51	33.49	11	11	6	1.15	1245	0.982	0.369
8		37.98	33.02	12	11	6	1.15	1340	0.964	0.245
9		37.98	33.02	10	11	8	1.15	1245	0.956	0.366
10	TiO₂	36.91	32.09	10	11	10	1.15	1285	0.766	0.354
11		35.84	31.16	10	11	12	1.15	1390	0.428	0.249
12		34.77	30.23	10	11	14	1.15	1405	0.358	0.244
13		38.51	33.49	10	12	6	1.15	1255	0.885	0.412
14	Al₂O₃	37.98	33.02	10	13	6	1.15	1280	0.803	0.101
15		37.44	32.56	10	14	6	1.15	1330	0.871	0.233
16		36.91	32.09	10	15	6	1.15	1340	1.002	0.294

7.2.2　实验结果及分析

1. 碱度对炉渣熔化性能的影响

碱度是影响高炉渣的黏度和熔化性温度的重要因素，碱度的高低决定着渣中硅氧络离子 $Si_xO_y^{z-}$ 的结构的复杂程度，而 $Si_xO_y^{z-}$ 结构的复杂程度又决定着高炉渣的黏度。降低碱度则使 $Si_xO_y^{z-}$ 的结构变复杂，黏度增大；提高碱度则使 $Si_xO_y^{z-}$ 的结构趋于简单，黏度降低。当碱度过高时，渣中的 CaO 完全使复杂的 $Si_xO_y^{z-}$ 解体，多余的 CaO 由于本身熔点高，在渣中形成了部分高熔点化合物（如硅酸二钙，熔点 2130℃），容易产生非均匀相，从而导致炉渣黏度和熔化性温度都有所提高[4]。

碱度对含钛高炉渣黏度影响与普通炉渣的相似，无论在还原条件下还是在中性条件下，碱度对 TiO₂ 含量不同的高炉渣（高钛渣、中钛渣、低钛渣）的黏度和熔化性温度的影响是一致的，即随碱度提高，黏度降低，熔化性温度升高，超过一定值后，继续增加碱度，黏度升高。这时影响钛渣黏度变化的主要原因是随炉渣碱度升高，CaO 与 TiO₂ 反应形成高熔点的钙钛矿[5]，并较早析出，使炉渣黏度增大、熔化性温度升高。

由图 7-21 可以看出，不同碱度下，炉渣黏度-温度曲线距离比较远，说明碱度对炉渣熔化性温度的影响还是比较大的。而且高温时，炉渣黏度-温度曲线距离也较大，说明碱度对炉渣高温黏度有一定影响。

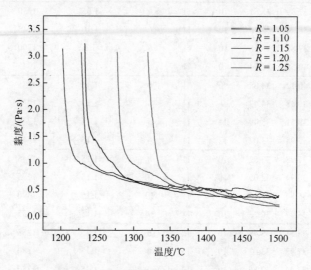

图 7-21　不同碱度炉渣的黏度-温度曲线

由图 7-22 可以看出，随着碱度增加，炉渣熔化性温度升高。当炉渣碱度超过1.15 时，熔化性温度升高趋势较为明显。当碱度增加到 1.25 时，炉渣熔化性温度达到最高，为 1345℃。

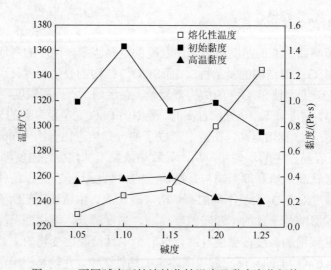

图 7-22　不同碱度下炉渣熔化性温度及黏度变化规律

随碱度增加，炉渣初始黏度先升高后降低。当炉渣碱度增加到 1.10 时，初始黏度达到最高，为 1.433Pa·s。然后随碱度增加而波动下降，当碱度增加到 1.25 时，炉渣初始黏度达到最低，为 0.755Pa·s。

随碱度增加，炉渣高温黏度先升高后降低。当炉渣碱度增加到 1.15 时，高温黏度达到最高，为 0.401Pa·s。然后随碱度增加而急剧下降，当碱度增加到 1.25 时，炉渣高温黏度达到最低，为 0.201Pa·s。

碱度从 1.15 增加到 1.25 时炉渣初始黏度及高温黏度都出现略微降低的现象，原因可能是随着碱度的提高，渣中已经没有多余的 TiO_2 与 CaO 反应形成钙钛矿，在碱度为 1.25 时，渣中的钙钛矿的生成量达到最大值。

2. MgO 含量对炉渣熔化性能的影响

MgO 的碱性低于 CaO，其含量对四元普通高炉渣系的黏度和熔化性温度有很大影响。当渣中的 MgO 含量比较低时，它能使炉渣的结构变简单，提高渣中的 MgO 含量可以促使部分 $Si_xO_y^{z-}$ 解体，并能与 SiO_2、Al_2O_3、$CaO·SiO_2$ 等简单化合物形成一系列的低熔点复杂化合物，如黄长石（$2CaO·Al_2O_3·SiO_2$-$2CaO·MgO·SiO_2$）、镁蔷薇辉石（$3CaO·MgO·2SiO_2$）、钙镁橄榄石（$CaO·MgO·SiO_2$）等，由 CaO-SiO_2-Al_2O_3-MgO 系相图[6]可知，这些复杂化合物的熔点都在 1400℃ 以下，从而可以降低炉渣的熔点，使黏度降低；但当炉渣中的 MgO 含量比较高时，再增加炉渣中的 MgO 含量，则形成高熔点化合物，如尖晶石（$MgO·Al_2O_3$，熔点为 2135℃）和方镁石（熔点为 2800℃）等，这些化合物在炉渣中产生非均匀相，从而导致炉渣的黏度和熔化性温度都有所提高，使炉渣的流动性变差[4]。

MgO 对含 TiO_2 五元渣系的黏度和熔化性温度也有很大的影响。在还原条件下，碱度较低时，随渣中 MgO 含量的增加，黏度和炉渣熔化性温度都是降低的；碱度较高时，渣中 MgO 含量超过一定数值后，炉渣黏度和熔化性温度也随之升高。

中性条件下的炉渣中 MgO 含量对黏度和熔化性温度的影响如图 7-23 所示。由图 7-23 可知，当炉渣中含 MgO 为 8wt% 和 12wt% 时，炉渣黏度-温度曲线离其他曲线较远，且炉渣熔化性温度较高，高温黏度相差很小；MgO 在 9wt%～11wt% 之间时的曲线距离较近，熔化性温度及初始黏度相差不大，但高温黏度相差较大。

由图 7-24 可以看出，随 MgO 含量增加，炉渣熔化性温度先降低后升高。当炉渣中 MgO 含量在 9wt%～11wt% 之间时，熔化性温度变化不大。当 MgO 含量超过 11wt% 时，炉渣熔化性温度急剧升高。MgO 含量增加到 12wt% 时，熔化性温度达到最高，为 1340℃。

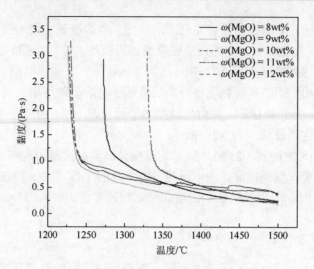

图 7-23　不同 MgO 含量的炉渣黏度-温度曲线

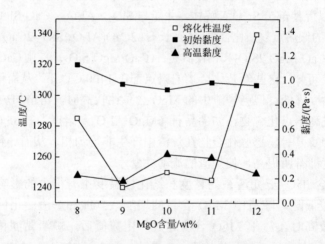

图 7-24　不同 MgO 含量炉渣熔化性温度及黏度变化规律

　　随 MgO 含量增加，炉渣初始黏度降低。当炉渣中 MgO 含量为 9wt%时，初始黏度急剧降低。当 MgO 含量增加到 10wt%时，炉渣初始黏度达到最低 0.924Pa·s。然后随 MgO 含量增加有微量升高，但变化不大；MgO 含量超过 11wt%时，初始黏度继续呈现降低趋势。

　　随 MgO 含量增加，炉渣高温黏度先升高后降低。当炉渣中 MgO 含量在 8wt%～9wt%之间时，高温黏度有微量降低趋势，但不明显。在 9wt%时，达到最低，为 0.177Pa·s。然后随 MgO 含量的增加而急剧升高，当 MgO 含量增加到 10wt%时，炉渣高温黏度达到最高，为 0.401Pa·s，然后又随 MgO 含量有所下降。

3. Al₂O₃含量对炉渣熔化性能的影响

Al₂O₃ 是一种熔点比较高的物质。在普通高炉渣中，随 Al₂O₃ 含量的提高，炉渣的黏度和熔化性温度也随之升高，使炉渣的流动性变差、脱硫能力下降、焦比升高、高炉操作困难[7]。因为 Al₂O₃ 含量增加，炉渣中 Al₂O₃ 吸收氧离子构成 AlO₄⁵⁻复合阴离子团的数量也随之增加，容易形成结晶能力很强的高熔点复杂化合物，如镁铝尖晶石（MgO·Al₂O₃，熔点为 2135℃），铝酸钙（CaO·Al₂O₃，熔点为 1600℃）等，随着尖晶石和铝酸钙含量的增加，渣中会出现钙长石等对炉渣影响更大的矿相组分，内部结构更加复杂，形成大量的非均匀相，在炉渣中很容易结晶出固溶体，使炉渣的黏度越来越大，流动性变差[8]。

Al₂O₃ 对钛渣的熔化性能也有很大的影响。在还原条件下，由于钛渣中 TiO₂被还原生成一些低价的钛氧化物如 Ti₃O₅、Ti₃O₂ 和 TiO，Al₂O₃ 与钛渣中的这些低价钛氧化物形成的固溶体称为黑钛石，其他金属的氧化物以同晶型进入这些固溶体的晶格中，同时与二价及三价钛混合，形成诸如下面形式的复杂化合物：m[(Ti，Fe，Mg，Mn)O₂]·n[(Ti，Fe，Al，Cr)₂O₃·TiO₂]，所以这些杂质成分包括 Al₂O₃ 进入钛渣晶格后对炉渣的特性不可避免地要产生某些影响[9]。因此由于钛渣中存在 Al₂O₃ 与低价钛氧化物形成的难熔固溶体，随着其含量的增加而导致钛渣的熔化性温度升高，黏度增大。

中性条件下炉渣 Al₂O₃ 含量对黏度和熔化性温度的影响如图 7-25 所示。由图 7-25 可知，中性条件下 Al₂O₃ 含量在 11wt%～13wt%时，炉渣黏度-温度曲线相距较近，熔化性温度较低，高温黏度相差较大，且 Al₂O₃ 含量在 13wt%时，炉渣呈长渣趋势。Al₂O₃ 含量比较低时，增加 Al₂O₃ 含量，炉渣熔化性温度大幅度增大且初始黏度和高

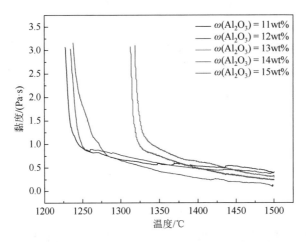

图 7-25　不同 Al₂O₃ 含量炉渣的黏度-温度曲线

温黏度是降低的，在 13wt%时降到最低。Al_2O_3 含量大于 13wt%后随着其含量的增加熔化性温度升高，但 Al_2O_3 含量提高到一定值后炉渣黏度变化不大。

在中性条件下，TiO_2 是以 $[TiO_6]^{8-}$ 八面体结构的形式存在于渣中，TiO_2 不会被还原，因此也就不会出现二价或三价钛的氧化物，进而不会由于 Al_2O_3 含量的提高而生成既含铝又含钛的复杂化合物。所以在中性条件下 Al_2O_3 对钛渣的影响和对普通高炉渣的影响相同。

图 7-26 是炉渣熔化性温度、初始黏度和高温黏度随 Al_2O_3 含量变化的规律曲线。由图可以看出，随 Al_2O_3 含量增加，炉渣熔化性温度升高。当炉渣中 Al_2O_3 含量在 12wt%～14wt%之间时，熔化性温度急剧升高。当 Al_2O_3 含量增加到 15wt%时，炉渣熔化性温度达到最高，为 1340℃。

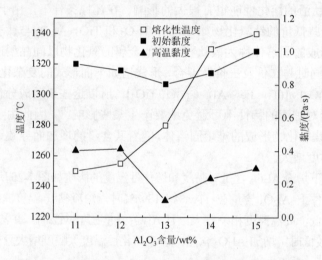

图 7-26　不同 Al_2O_3 含量炉渣熔化性温度及黏度变化规律

随 Al_2O_3 含量增加，炉渣初始黏度先降低后升高。当炉渣中 Al_2O_3 含量增加到 13wt%时，初始黏度达到最低，为 0.803Pa·s，然后随 Al_2O_3 含量增加而升高，超过 14wt%时，炉渣初始黏度升高趋势显著。当 Al_2O_3 含量增加到 15wt%时，初始黏度达到最高，为 1.002Pa·s。

随 Al_2O_3 含量增加，炉渣高温黏度先降低后升高。Al_2O_3 含量在 11wt%～12wt%之间时，炉渣高温黏度有微量升高趋势，但变化不明显。当炉渣中 Al_2O_3 含量增加到 13wt%时，高温黏度达到最低，为 0.101Pa·s，然后随 Al_2O_3 含量增加而升高。

4. TiO_2 含量对炉渣熔化性能的影响

TiO_2 的阳离子的静电势和 Al_2O_3 的近似相同，故可作为两性氧化物看待，在普通高炉渣中含量超过一定值后便可作为 $CaO\text{-}MgO\text{-}SiO_2\text{-}Al_2O_3\text{-}TiO_2$。按照熔渣离子理论来说，$TiO_2$ 是弱酸性氧化物，Ti^{4+} 离子半径比 Si^{4+}、Al^{3+}、Mg^{2+} 大，阻碍复杂结构的阴离子形成，因此增加渣中 TiO_2 含量能降低普通高炉渣的黏度[10]。

　　在高炉现场生产中，含钛高炉渣的黏度往往有很高的黏度，熔渣与焦炭及含碳饱和的铁液接触时，其内的 TiO_2 被还原生成 TiC、TiN、Ti(C,N)等高熔点的物质，随着 TiC、TiN 含量增加，在渣温低于熔化性温度时，将导致熔渣黏度急剧升高。在中性条件下 TiO_2 不会被还原，TiO_2 中 Ti^{4+} 携带的氧离子数较多，一个钛离子带有两个氧离子，但其离子场强明显小于硅离子，因此对氧离子的束缚力较小，表现出部分氧离子群离趋势，利于渣中 $Si_xO_y^{z-}$ 的解体，促使炉渣黏度降低[11]。

　　对于含 TiO_2 高炉渣的黏度研究中，大量的实验研究都是在还原条件下进行的，并且得到统一的结论：随 TiO_2 含量增加，高炉渣黏度也随之增加，熔化性温度升高。

　　图 7-27 是不同 TiO_2 含量配渣的黏度-温度曲线。由图可以看出，TiO_2 含量在6wt%～10wt%之间时，曲线比较接近，熔化性温度和初始黏度相差不大；当 TiO_2 含量超过 10wt%时，曲线距离其他三条曲线较远，熔化性温度急剧升高，初始黏度和高温黏度降低。

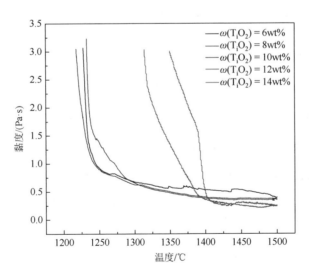

图 7-27　不同 TiO_2 含量配渣的黏度-温度曲线

　　图 7-28 是炉渣熔化性温度、初始黏度和高温黏度随 TiO_2 含量变化的规律曲线。由图可以看出，随 TiO_2 含量增加，炉渣熔化性温度升高。TiO_2 含量在 6wt%～8wt%之间时，炉渣熔化性温度有微量降低趋势，但变化不明显。当炉渣中 TiO_2 含量超过 8wt%时，熔化性温度急剧升高。当 TiO_2 含量增加到 14wt%时，炉渣熔化性温度达到最高，为 1405℃。

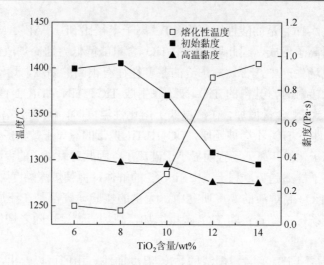

图 7-28　不同 TiO_2 含量炉渣熔化性温度及黏度变化规律

随 TiO_2 含量增加，炉渣初始黏度降低。TiO_2 含量在 6wt%～8wt%之间时，炉渣初始黏度有微量升高趋势，但变化不明显。当炉渣中 TiO_2 含量超过 8wt%时，初始黏度急剧降低。当 TiO_2 含量增加到 14wt%时，炉渣初始黏度达到最低，为 0.358Pa·s。

随 TiO_2 含量增加，炉渣高温黏度降低。当炉渣中 TiO_2 含量超过 10wt%时，高温黏度急剧降低。TiO_2 含量超过 12wt%时，高温黏度降低趋势平缓。当 TiO_2 含量增加到 14wt%时，炉渣初始黏度达到最低 0.244Pa·s。

7.2.3　本节小结

本部分补充了正交实验中的其他部分点，并将二元碱度上限提高到 1.25，TiO_2 含量上限增加到 14wt%，得出了单因素变化对渣系的如下影响规律，在中性气氛下：

（1）随着碱度增加，炉渣熔化性温度升高，初始黏度和高温黏度先升高后降低。

（2）随着 MgO 含量增加，炉渣熔化性温度先降低后升高，初始黏度降低，高温黏度先升高后降低。

（3）随着 Al_2O_3 含量增加，炉渣熔化性温度升高，初始黏度和高温黏度先降低后升高。

（4）随着 TiO_2 含量增加，炉渣熔化性温度升高，初始黏度和高温黏度降低。

7.3　钒和铬对含钛高炉渣冶金性能的影响规律研究

本节研究了现场高炉渣的冶金性能，并以现场渣为实验基准渣，在此渣系基础上微调 V_2O_5 和 Cr_2O_3 含量，变化范围为 1wt%～3wt%。由于 V_2O_5 易挥发，本

实验实际添加的是 V_2O_3，按摩尔比等量换算为 V_2O_5，研究钒和铬对渣系冶金性能的影响，为实际生产提供了技术支持。

7.3.1　现场高炉渣的冶金性能

1. 现场高炉渣的化学成分及熔化温度

表 7-14 为现场高炉渣化学成分，与 7.1 节中化学分析的五元渣系成分基本一致。

表 7-14　现场高炉渣化学成分

CaO/wt%	FeO/wt%	MgO/wt%	S/wt%	SiO$_2$/wt%	V$_2$O$_5$/wt%	Al$_2$O$_3$/wt%	MnO/wt%	TiO$_2$/wt%	Cr$_2$O$_3$/wt%	R_2
38.22	1.1	9.98	0.5	32.98	0.15	10.63	0.26	5.32	0.028	1.16

采用 LZ 型熔点熔速测定仪（图 7-29）对该渣系进行熔化性温度的测定，测定结果如表 7-15 所示。

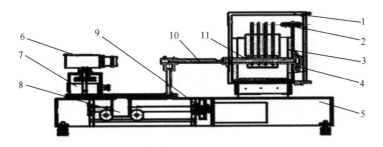

图 7-29　LZ 型熔点熔速测定仪

1.冷却炉壳；2.铜电极；3.耐火砖；4.通气装置；5.底座；6.摄像机；7.固定机构；8.转动机构；9.形成开关；10.载物台；11.炉膛

表 7-15　现场高炉渣熔化性温度测定结果

熔化性温度	温度值/℃
软化温度	1286
半球点温度	1290
流动温度	1299

2. 现场高炉渣的黏度和熔化性温度

用黏度计对现场高炉渣黏度进行测定，测定过程采用降温测黏度，从 1510℃

开始降温，降温速度为 3℃/min，当炉渣黏度超过 3Pa·s 时，停止测定。测定界面如图 7-30 所示。

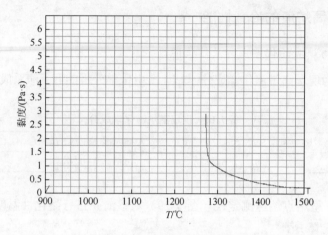

图 7-30　黏度测定界面图

由图 7-30 可知，用黏度计测定现场高炉渣的黏度，其黏度-温度曲线大体呈短渣趋势，转折点较为明显。用 Origin 软件分析后，其曲线如图 7-31 所示。图 7-31 为炉渣黏度-温度曲线图。由图可以看出，炉渣黏度曲线和黏度测定界面图基本一致，呈短渣趋势，转折点很明显，熔化性温度为 1287℃，初始黏度为 1.103Pa·s，高温黏度为 0.226Pa·s。

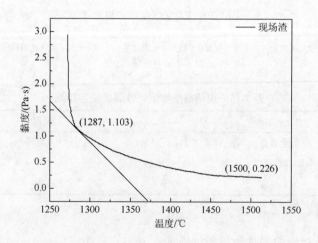

图 7-31　现场高炉渣黏度-温度曲线图

3. 现场高炉渣的 XRD 分析

为了确定现场高炉渣的矿相组成，采用 X 射线衍射分析技术对其进行分析，分析结果如图 7-32 所示。X 射线衍射分析表明，现场高炉渣主要由镁方柱石、铬铁矿、钛铁矿、钙钛矿及其他复合矿物等组成。

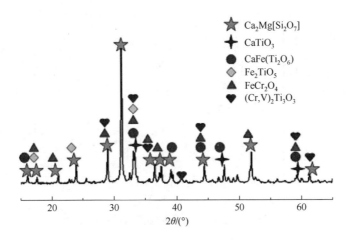

图 7-32　现场高炉渣 X 射线衍射分析

7.3.2　钒对含钛高炉渣冶金性能的影响规律研究

现场高炉渣 V_2O_5 含量为 0.15wt%，以现场高炉渣为实验基准渣，在此基础上添加 V_2O_3，添加量转化为等摩尔 V_2O_5 后为 1wt%、1.5wt%、2wt%、2.5wt%、3wt% 五个实验渣。用黏度计测定炉渣黏度，得到熔化性温度、初始黏度（η_0）、高温黏度（η_g），如表 7-16 所示。

表 7-16　钒对含钛高炉渣冶金性能影响实验结果

V_2O_5/wt%	T_m/℃	η_0/(Pa·s)	η_g/(Pa·s)
0.15	1287	1.103	0.226
1	1295	1.068	0.215
1.5	1293	1.037	0.213
2	1292	1.031	0.210
2.5	1291	1.018	0.205
3	1285	1.007	0.199

由图 7-33 可以看出，添加 V_2O_5 对炉渣黏度-温度曲线影响变化不大，都是呈

短渣趋势。熔化性温度和初始黏度都有微量变化，高温黏度变化不明显，基本相差无几。

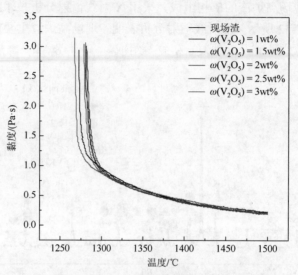

图 7-33　不同 V_2O_5 含量炉渣黏度-温度曲线图

由图 7-34 可以看出，添加 V_2O_5，其含量由 1wt%增加到 3wt%，炉渣熔化性温度随 V_2O_5 含量的增加而略微降低，但均高于现场渣熔化性温度。实验研究表明，含钛高炉渣中钒氧化物的存在可抑制钛氧化物的还原，但 V_2O_5 含量超过 2wt%才能充分发挥其抑制作用[12]。当 V_2O_5 含量超过 2wt%时，熔化性温度降低明显，说明 V_2O_5 含量超过 2wt%抑制了钛氧化物的还原。

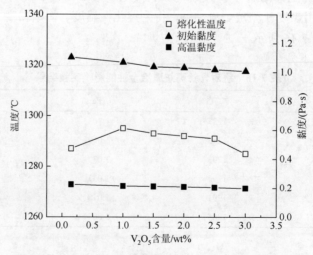

图 7-34　不同 V_2O_5 含量炉渣熔化性温度及黏度变化规律

添加 V_2O_5，其含量由 1wt%增加到 3wt%，炉渣初始黏度随 V_2O_5 含量的增加而略微降低，且均低于现场渣初始黏度。

添加 V_2O_5，其含量由 1wt%增加到 3wt%，炉渣高温黏度随 V_2O_5 含量的变化不明显，说明添加 V_2O_5 对渣系高温黏度作用不大。

7.3.3 铬对含钛高炉渣冶金性能的影响规律研究

现场高炉渣 Cr_2O_3 含量为 0.028wt%，以现场高炉渣为实验基准渣，在此基础上添加 Cr_2O_3，添加量为 1wt%、1.5wt%、2wt%、2.5wt%、3wt%五个实验渣。用黏度计测定炉渣黏度，得到熔化性温度、初始黏度、高温黏度如表 7-17 所示。

表 7-17　铬对含钛高炉渣冶金性能影响实验结果

Cr_2O_3/wt%	T_m/℃	η_0/(Pa·s)	η_g/(Pa·s)
0.028	1287	1.103	0.226
1	1305	0.754	0.209
1.5	1302	0.815	0.205
2	1300	0.941	0.202
2.5	1295	0.968	0.200
3	1285	1.017	0.197

由图 7-35 可以看出，添加 Cr_2O_3 对炉渣黏度-温度曲线影响变化不大，但是和图 7-34 相比，其影响规律要比 V_2O_5 明显些，可能是在实验过程中，由于实验设备密封性问题，部分 V_2O_5 过早地挥发。

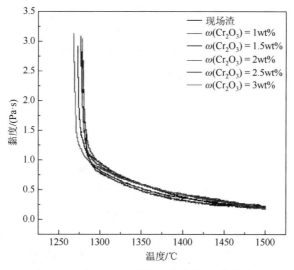

图 7-35　不同 Cr_2O_3 含量配渣黏度-温度曲线图

由图 7-36 可以看出，添加 Cr_2O_3，其含量由 1wt%增加到 3wt%，炉渣熔化性温度随 Cr_2O_3 含量的增加而略微降低，但均高于现场渣熔化性温度。

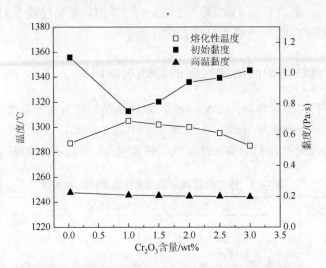

图 7-36　不同 Cr_2O_3 含量炉渣熔化性温度及黏度变化规律

添加 Cr_2O_3，其含量由 1wt%增加到 3wt%，炉渣初始黏度随 Cr_2O_3 含量的增加而略微升高，但均低于现场渣初始黏度。

添加 Cr_2O_3，其含量由 1wt%增加到 3wt%，炉渣高温黏度随 Cr_2O_3 含量变化不明显，说明添加 Cr_2O_3 对渣系高温黏度作用不大。

研究表明，铬主要以铬铁尖晶石（$Fe_2O_3 \cdot Cr_2O_3$）、铬镁尖晶石（$MgO \cdot Cr_2O_3$）和铬酸钙（$CaO \cdot Cr_2O_3$）等形态存在。铬镁尖晶石较其他尖晶石熔点高，约 2350℃。MgO 与 $MgO \cdot Cr_2O_3$ 的共熔点达 2300℃以上难熔[13]。由图 7-32 中 X 射线衍射分析可知，Cr 是以 $FeCr_2O_4$ 的形态存在的，铬铁尖晶石熔点也很高，但由图 7-36 可以看出，添加 Cr_2O_3，熔化性温度反而降低，说明在高炉渣中，还产生了其他物质，且在一定范围内可能降低渣系的熔点。

7.3.4　本节小结

对现场渣进行了高温冶金性能研究，并以现场渣为基准渣，研究了钒和铬对渣系冶金性能的影响规律，得出了以下结论，在中性气氛下：

（1）现场高炉渣的 V_2O_5 含量和 Cr_2O_3 含量都较低，都小于 1wt%，其熔化性温度为 1287℃，初始黏度为 1.103Pa·s，高温黏度为 0.226Pa·s。

（2）添加 V_2O_5，其含量由 1wt%增加到 3wt%，炉渣熔化性温度和初始黏度随 V_2O_5 含量的增加而略微降低，高温黏度随 V_2O_5 含量的变化不大。

（3）添加 Cr_2O_3，其含量由 1wt%增加到 3wt%，随 Cr_2O_3 含量的增加，炉渣熔化性温度略微降低，初始黏度略微升高，高温黏度变化不大。

7.4　Cr_2O_3 对含钛熔渣流变特性的影响

高炉渣的性能对高炉炼铁有着重要的影响，关于普通高炉渣及含钛高炉渣有很多研究，并且比较成熟。在前面的章节中，我们对含铬型钒钛磁铁矿在烧结矿制备、新型炉料结构等方面进行了研究，为含铬型钒钛磁铁矿粉高炉应用奠定了一定的基础。冶炼含铬型钒钛磁铁矿，在此类含钛高炉渣中不可避免地会出现 Cr_2O_3，关于 Cr_2O_3 对含钛高炉渣性能的影响目前并不明确，其是否对高炉炼铁生产有制约性影响并不清楚。

此外，关于含钛高炉渣的流体类型的研究一直没有明确的定论，以往的研究大多建立在均相、牛顿流体的理论基础上；对炉渣黏度的测定，以往也多采用建立在牛顿均相流体理论基础上的研究方法，如定转速旋转法。但是含钛熔渣的黏度是随剪切速率的改变而变化的，即剪切速率和剪切应力的关系为非线性关系，在本部分研究中，将含钛熔渣作为一种非均相、非牛顿的高温流体进行研究。

因此，本节在含钛高炉渣非牛顿流体的基础上，引用流变学的研究方法，研究 Cr_2O_3 对五元含钛熔渣 $CaO-SiO_2-Al_2O_3-MgO-TiO_2$ 系的流变特性的影响，并确定其本构方程及熔渣熔体所表现出的流体类型，分析炉渣成分对其流变特性的影响，同时作为对比研究了 V_2O_5 对五元含钛熔渣 $CaO-SiO_2-Al_2O_3-MgO-TiO_2$ 系的流变特性的影响，从理论和实验上进一步揭示和验证含钛冶金熔渣的非牛顿行为及其流变学规律，也进一步完善含铬型钒钛磁铁矿高炉冶炼理论。

7.4.1　实验原料、设备及方法

1. 实验原料

本节研究的渣系为 $CaO-SiO_2-Al_2O_3-MgO-TiO_2$ 五元渣系，以攀钢高炉渣成分为基准（表 7-18），渣系配料中 Al_2O_3、MgO、TiO_2 分别固定为 14wt%、8wt%、20wt%，碱度固定为 1.10。分别添加不同含量的 Cr_2O_3 和 V_2O_5，见表 7-19、表 7-20。

表 7-18　攀钢高炉渣的平均化学成分

成分	CaO	SiO_2	MgO	Al_2O_3	TiO_2	TFe
含量/wt%	26.42	24.95	8.98	13.97	19.12	1.77

表 7-19　添加 Cr_2O_3 时的渣样成分

编号	CaO/wt%	SiO₂/wt%	MgO/wt%	Al₂O₃/wt%	Cr₂O₃/wt%	TiO₂/wt%	合计/wt%	碱度
C-1	30.12	27.38	8	14	0.5	20	100	1.10
C-2	29.86	27.14	8	14	1.0	20	100	1.10
C-3	29.60	26.90	8	14	1.5	20	100	1.10
C-4	29.33	26.67	8	14	2.0	20	100	1.10

表 7-20　添加 V_2O_5 时的渣样成分

编号	CaO/wt%	SiO₂/wt%	MgO/wt%	Al₂O₃/wt%	V₂O₅/wt%	TiO₂/wt%	合计/wt%	碱度
V-1	30.12	27.38	8	14	0.5	20	100	1.10
V-2	29.86	27.14	8	14	1.0	20	100	1.10
V-3	29.60	26.90	8	14	1.5	20	100	1.10
V-4	29.33	26.67	8	14	2.0	20	100	1.10

　　实验研究的非均相含钛冶金熔渣均由化学试剂配制而成。在配制前，首先将高纯化学试剂在 900℃高温下焙烧 2h（Cr_2O_3、V_2O_5 直接在烘箱 120℃下烘 2h）。然后按照表 7-19、表 7-20 设定成分称取试剂，混合均匀后，放入内衬钼片的石墨坩埚，置于二硅化钼电阻炉内，在 1500℃、氩气气氛保护下熔融 20min，冷却、粉碎后备用，以便使熔渣成分均匀稳定。

2. 含钛熔渣流变性测试设备及实验流程

　　采用高温流变仪测定含钛熔渣流变性。该设备主要由 Brookfield DV-Ⅲ型流变仪、高温电阻炉和数据采集系统等部分组成，实验用测量转子为钼质纺锤形，盛渣用坩埚为内衬钼片的石墨坩埚（内径 ϕ40mm×90mm），渣量为 140g，实验全程采用氩气气氛保护，流量为 1.0L/min。

3. 本构方程建立与误差分析

　　学者提出了描述流体流变特性的方程模型[14]，如 Bingham 模型、Ellis 模型、Carreau 模型、Casson 模型、Ostwaldde Waele 模型和 Herschel-Bulkley 模型等。其中，Herschel-Bulkley 模型又称屈服-幂律模型，应用广泛，其本构方程见式（7-28）。本实验通过该模型确定含钛熔渣高温流变本构方程

$$\tau = \tau_y + kD^n \tag{7-28}$$

式中，τ 为剪切应力(Pa)；τ_y 为屈服应力(Pa)；k 为黏性因子；D 为剪切速率(s^{-1})；n 为流动指数。

对于屈服应力 τ_y, 若实验测得的值小于 0, 则不符合能量守恒原理, 按 0 处理; 若大于 0, 则则比较其被忽略与否时对粘性因子影响的误差。本实验选择 17.5℃时标准蓖麻油（牛顿流体）实验中最大 $(\sigma\tau_y)_{max}$ 作为判断是否忽略 τ_y 的依据。同样, 当实验测量所得流动指数 n 不为 1 时, 则以其与标准牛顿流体的相对误差 σ 作为比较 n 是否为 1 的依据, 相对误差计算公式见式（7-29）。计算时 D 值取每次测量实验中的最大值。如果 σ 小于标准蓖麻油实验最大误差 10.6%时, 则 n 值修正为 1, 流变本构方程按 $n=1$ 给出

$$\sigma = |D^n - D^{1.00} / D^{1.00}| \times 100\% \tag{7-29}$$

当 $\tau_y = 0$、$n = 1$ 时, 为牛顿流体（Newtonian fluid）; 当 $\tau_y = 0$、$n > 1$ 时, 为膨胀性流体（dilatant fluid）; 当 $\tau_y = 0$、$n < 1$ 时, 为假塑性流体（pseudoplastic fluid）; 当 $\tau_y \neq 0$、$n = 1$ 时, 为宾厄姆流体（Bingham fluid）; 当 $\tau_y \neq 0$、$n < 1$ 时, 为塑性假塑性流体（plastic pseudoplastic fluid）; 当 $\tau_y \neq 0$、$n > 1$ 时, 为塑性膨胀性流体（plastic expansion fluid）。

7.4.2　实验结果与分析讨论

1. Cr_2O_3 对含钛熔渣流变特性及本构方程的影响

剪切速率为 $14s^{-1}$ 时不同 Cr_2O_3 含量熔渣的黏度-温度关系曲线见图 7-37。

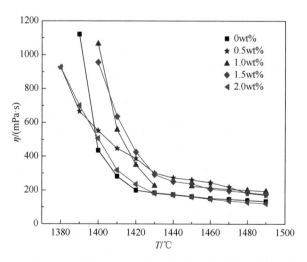

图 7-37　不同 Cr_2O_3 含量熔渣黏度-温度关系曲线

由图可见, 随 Cr_2O_3 含量的增加, 熔渣的高温黏度整体呈先升高后降低的趋势, 但是增大和减小得都不明显, 表明 Cr_2O_3 含量对熔渣的黏度影响较小。

不同 Cr_2O_3 含量熔渣在不同温度下的黏度-剪切速率关系曲线见图 7-38。

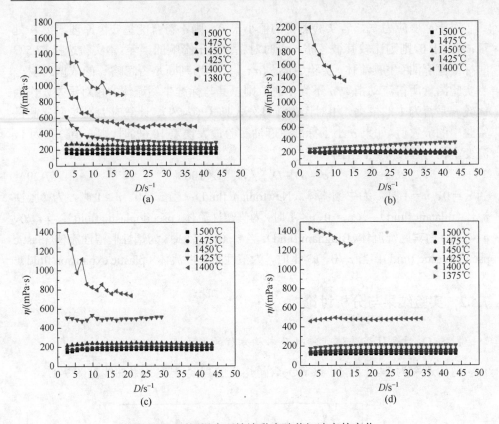

图 7-38　不同温度下熔渣黏度随剪切速率的变化

（a）Cr_2O_3 0.5wt%；（b）Cr_2O_3 1.0wt%；（c）Cr_2O_3 1.5wt%；（d）Cr_2O_3 2.0wt%

由图可见，Cr_2O_3 含量对熔渣的临界黏度温度作用不大；当 Cr_2O_3≤0.5wt% 时，熔渣在温度较高时就出现了剪切稀化现象；当 Cr_2O_3≥1.0wt% 时，熔渣黏度在高温区与剪切速率无关，曲线基本为平行于 x 轴的直线，但是温度在 1425℃左右时，熔渣出现一时的剪切稠化的现象，随温度的降低，熔渣又出现剪切稀化的现象。

关于剪切变稀和剪切增稠，Hoffman[15]提出了有序/无序转变机理：剪切变稀是由于体系中粒子的有序程度随剪切速率的增加而提高；剪切增稠是由于体系中粒子的有序结构受到破坏而引起流动不稳定。实验中，温度较低时，熔渣开始析出晶体，晶体高度分散于熔渣中，随着剪切速率的增加，析出的晶体有序程度增加，熔渣出现剪切稀化现象。

而 Brady 和 Bossis[16]通过斯托克斯动力学模拟提出了"粒子簇"生成机理，认为剪切增稠是由于随着剪切速率的增加，流体作用力成为主要的作用力，导致体系中的固体颗粒形成粒子簇，粒子簇随着流体作用力的增大而变大，从而阻碍流体流动，使体系的黏度增大。同时，固体颗粒的膨胀和压缩，以及颗粒-流体的表面张力也影响体系的流变特性。

不同 Cr_2O_3 含量熔渣在不同温度下的剪切应力 τ 与剪切速率 D 关系曲线见图7-39。

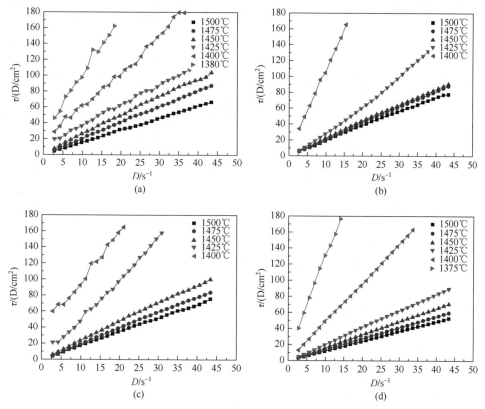

图 7-39　不同温度下剪切应力随剪切速率的变化图

（a）Cr_2O_3 0.5wt%；（b）Cr_2O_3 1.0wt%；（c）Cr_2O_3 1.5wt%；（d）Cr_2O_3 2.0wt%

由图可见，当熔渣在高温时，熔渣 τ-D 曲线基本为通过原点的直线，此时熔渣表现为牛顿流体；温度低于 1450℃时，剪切应力变化幅度开始增加，熔渣迅速固化，曲线开始不通过原点，此时熔渣表现为非牛顿流体。

Herschel-Bulkley 模型回归结果见表 7-21。由表可知，所有拟合本构方程的相关系数均满足 $R^2>0.99$，说明拟合方程与实际测量曲线相关性良好。当 $Cr_2O_3\leqslant0.5wt\%$ 时，随着温度的降低，熔渣表现出的流体类型依次为牛顿流体、非牛顿假塑性流体和非牛顿塑性假塑性流体。当 $1.0wt\%\leqslant Cr_2O_3\leqslant1.5wt\%$ 时，随着温度的降低，熔渣表现出的流体类型依次为牛顿流体、非牛顿假塑性流体、非牛顿塑性膨胀性流体和非牛顿塑性假塑性流体。当 Cr_2O_3 含量增加到 2wt%，温度高于 1400℃时，熔渣稳定表现为牛顿流体，随温度的降低，熔渣表现为非牛顿塑性假塑性流体。

表 7-21 不同 Cr_2O_3 含量熔渣本构方程

Cr_2O_3 含量/wt%	T/℃	本构方程		误差 σ/%	修正方程	流体类型	R^2
		假设 $\tau_y \neq 0$	假设 $\tau_y = 0$				
0.5	1500	$\tau = 0.02595 + 0.15364D^{0.9989}$	$\tau = 0.15902D^{0.9906}$	3.48	$\tau = 0.15902D^{1.00}$	牛顿	0.9994
	1475	$\tau = -0.08420 + 0.23378D^{0.9630}$	$\tau = 0.21539D^{0.9827}$	6.31	$\tau = 0.21539D^{1.00}$	牛顿	0.9996
	1450	$\tau = -0.14356 + 0.35266D^{0.8900}$	$\tau = 0.31630D^{0.9249}$	24.63	$\tau = 0.31630D^{0.9249}$	假塑性	0.9992
	1425	$\tau = 0.99199 + 0.31363D^{0.9474}$	$\tau = 0.60007D^{0.7939}$	17.99	$\tau = 0.99199 + 0.31363D^{0.9474}$	塑性假塑性	0.9985
	1400	$\tau = 2.22638 + 0.92873D^{0.9317}$	$\tau = 2.03886D^{0.7099}$	21.97	$\tau = 2.22638 + 0.92873D^{0.9317}$	塑性假塑性	0.9959
1.0	1500	$\tau = -0.33996 + 2.9889D^{0.8853}$	$\tau = 0.20419D^{0.9807}$	7.02	$\tau = 0.20419D^{1.00}$	牛顿	0.9994
	1475	$\tau = -0.23333 + 0.28655D^{0.9151}$	$\tau = 0.22066D^{0.9789}$	7.61	$\tau = 0.22066D^{1.00}$	牛顿	0.9998
	1450	$\tau = -0.28422 + 0.33266D^{0.8841}$	$\tau = 0.26090D^{0.9418}$	19.70	$\tau = 0.26090D^{0.9418}$	假塑性	0.9996
	1425	$\tau = 0.24663 + 0.14852D^{1.2297}$	$\tau = 0.17791D^{1.1849}$	137.8	$\tau = 0.24663 + 0.14852D^{1.2297}$	塑性膨胀	0.9998
	1400	$\tau = 1.91875 + 1.86764D^{0.8219}$	$\tau = 0.30562D^{0.6739}$	51.95	$\tau = 1.91875 + 1.86764D^{0.8219}$	塑性假塑性	0.9955
1.5	1500	$\tau = -0.14592 + 0.21418D^{0.9458}$	$\tau = 1.8172D^{0.9852}$	5.43	$\tau = 0.18172D^{1.00}$	牛顿	0.9993
	1475	$\tau = -0.26470 + 0.26282D^{0.9274}$	$\tau = 0.20313D^{0.9891}$	4.03	$\tau = 0.20313D^{1.00}$	牛顿	0.9995
	1450	$\tau = -0.35409 + 0.34966D^{0.8979}$	$\tau = 0.26430D^{0.9646}$	12.50	$\tau = 0.26430D^{0.9646}$	假塑性	0.9993
	1425	$\tau = 0.89551 + 0.27783D^{1.1607}$	$\tau = 0.47122D^{1.0200}$	82.81	$\tau = 0.89551 + 0.27783D^{1.1607}$	塑性膨胀	0.9982
	1400	$\tau = 1.0225 + 0.95607D^{0.8975}$	$\tau = 1.74203D^{0.7178}$	25.72	$\tau = 1.0225 + 0.95607D^{0.8975}$	塑性假塑性	0.9967
2.0	1500	$\tau = -0.02749 + 0.12638D^{0.9900}$	$\tau = 0.12071D^{1.0011}$	0.42	$\tau = 0.12071D^{1.00}$	牛顿	0.9999
	1475	$\tau = -0.01852 + 0.13616D^{1.0031}$	$\tau = 0.13244D^{1.0098}$	3.76	$\tau = 0.13244D^{1.00}$	牛顿	0.9999
	1450	$\tau = -0.05451 + 0.16606D^{0.9963}$	$\tau = 1.5506D^{1.0129}$	4.98	$\tau = 0.15506D^{1.00}$	牛顿	0.9999
	1425	$\tau = -0.4012 + 0.25343D^{0.9523}$	$\tau = 2.0200D^{1.0068}$	2.60	$\tau = 0.20200D^{1.00}$	牛顿	0.9996
	1400	$\tau = 0.10583 + 0.47390D^{1.0193}$	$\tau = 4.9981D^{1.0055}$	1.93	$\tau = 0.49981D^{1.00}$	牛顿	0.9999
	1375	$\tau = 0.78198 + 1.47316D^{0.9144}$	$\tau = 18.7501D^{0.8377}$	20.22	$\tau = 0.78198 + 1.47316D^{0.9144}$	塑性假塑性	0.9964

对实验冷却后的渣样进行 XRD 分析，见图 7-40。

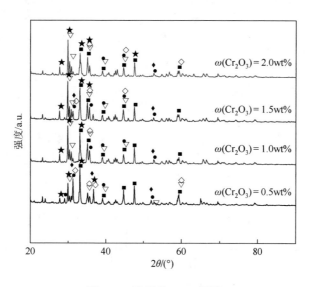

图 7-40　渣样的 XRD 图谱

■CaTiO₃ ▽CaMg(SiO₃)₂ ●Ca₂Mg（Si₂O₇）◇Mg₃Al₂(SiO₄)₃ ◆Ca₂Al₂SiO₇ ★Ca₃Cr₂(SiO₄)₃

在本实验条件下，所有实验渣样的矿物以低熔点且稳定性好的黄长石初晶区组成为主，另外渣样中存在钙钛矿（$CaTiO_3$）、镁铝榴石（$Mg_3Al_2Si_3O_{12}$）、钙铬榴石[$Ca_3Cr_2(SiO_4)_3$] 等高熔点物质。熔渣中的黄长石主要是由钙镁黄长石（$Ca_2MgSi_2O_7$）和钙铝黄长石（$Ca_2Al_2SiO_7$）所组成的复杂固溶体（$2CaO \cdot Al_2O_3 \cdot SiO_2 - 2CaO \cdot MgO \cdot SiO_2$）所组成。钙铝黄长石和钙镁黄长石在高炉炉渣中可以形成无限固溶体，黄长石的熔点比较低，其中纯钙镁黄长石的熔点为 1458℃，纯钙铝黄长石的熔点为 1590℃。

2. V_2O_5 对含钛熔渣流变特性及本构方程的影响

剪切速率为 $14s^{-1}$ 时不同 V_2O_5 含量熔渣的黏度-温度关系曲线见图 7-41。由图可见，V_2O_5 对熔渣的熔化性温度作用明显，可以显著提高熔渣的熔化性温度；随 V_2O_5 含量的增加，熔渣的高温黏度变化呈先升高后降低的趋势，但是增大和减小得都不明显，表明 V_2O_5 含量对熔渣的高温黏度影响较小。

不同 V_2O_5 含量熔渣在不同温度下的黏度-剪切速率关系曲线见图 7-42。

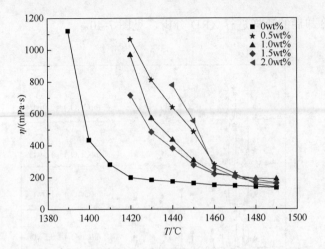

图 7-41　不同 V_2O_5 含量熔渣的黏度-温度关系曲线

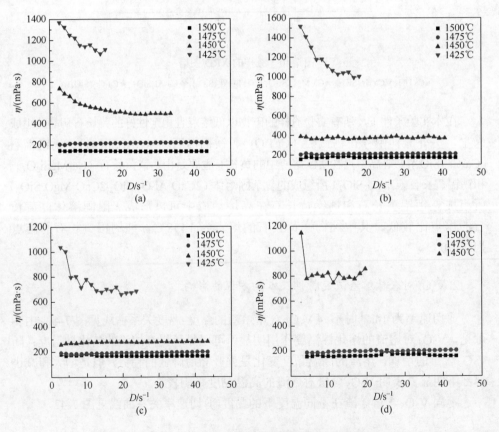

图 7-42　不同温度下熔渣黏度随剪切速率的变化

（a）V_2O_5 0.5wt%；（b）V_2O_5 1.0wt%；（c）V_2O_5 1.5wt%；（d）V_2O_5 2.0wt%

由图可见，当 $V_2O_5 \geqslant 0.5wt\%$，温度高于 1450℃时，熔渣黏度基本仅与温度有关，而与剪切速率无关，曲线基本为平行于 x 轴的直线。温度低于 1450℃时，熔渣黏度与剪切速率有关，表现为剪切稀化；当 $V_2O_5 \geqslant 1.5wt\%$时，且随 V_2O_5 含量的增加，熔渣低温下剪切稀化现象越不明显。

关于剪切稀化，Bossis 和 Brady[16]通过斯托克斯动力学模拟提出了"粒子簇"生成机理，认为剪切变稀是由于连续的空间网络结构被破坏，体系黏度下降；本实验中，随着温度的降低，高熔点钙钛矿晶体析出，随着剪切速率的增加，熔渣中的连续钙钛矿晶体结构被破坏，使得熔渣体系黏度下降，熔渣表现出剪切稀化现象。

不同V_2O_5含量熔渣在不同温度下的剪切应力τ与剪切速率D关系曲线见图7-43。

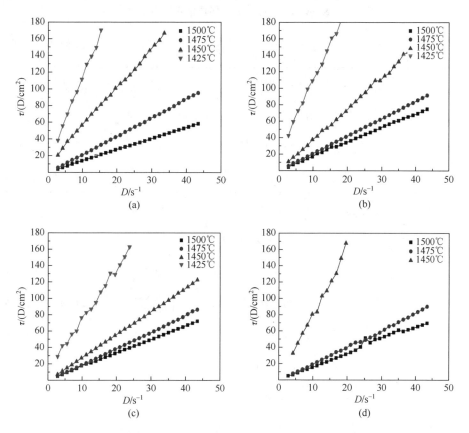

图 7-43　不同温度下剪切应力随剪切速率的变化图

（a）V_2O_5 0.5wt%；（b）V_2O_5 1.0wt%；（c）V_2O_5 1.5wt%；（d）V_2O_5 2.0wt%

由图可见，当熔渣在高温时，熔渣 τ-D 曲线基本为通过原点的直线，此时熔渣表现为牛顿流体；温度低于 1475℃时，剪切应力变化幅度开始增加，熔渣迅速固化，曲线开始不通过原点，熔渣内部出现屈服应力，此时熔渣表现为非牛顿流体。

Herschel-Bulkley 模型回归结果见表 7-22。由表可知，所有拟合本构方程的相关系数均满足 $R^2 > 0.99$，说明拟合方程与实际测量曲线相关性良好。当 $V_2O_5 \leqslant 0.5wt\%$ 时，随着温度的降低，熔渣表现出的流体类型依次为牛顿流体、非牛顿假塑性流体和非牛顿塑性假塑性流体。当 $V_2O_5 = 1.0wt\%$ 时，随着温度的降低，熔渣表现出的流体类型依次为牛顿流体和非牛顿塑性假塑性流体。当 $V_2O_5 \geqslant 1.5wt\%$ 时，随温度的降低，熔渣依次表现为牛顿流体和非牛顿塑性膨胀性流体，且随含量的继续增加，转变温度升高。

表 7-22　不同 V_2O_5 含量熔渣本构方程

V_2O_5 含量 /wt%	T/℃	本构方程 假设 $\tau_y \neq 0$	本构方程 假设 $\tau_y = 0$	误差 σ/%	修正方程	流体类型	R^2
0.5	1500	$\tau = -0.06751 + 0.16096D^{0.9540}$	$\tau = 0.14594D^{0.9775}$	8.13	$\tau = 0.14594D^{1.00}$	牛顿	0.9996
	1475	$\tau = -0.02037 + 0.20542D^{1.0168}$	$\tau = 0.20146D^{1.0214}$	8.40	$\tau = 0.20146D^{1.00}$	牛顿	0.9996
	1450	$\tau = -0.02194 + 0.86070D^{0.8203}$	$\tau = 0.85281D^{0.8226}$	46.39	$\tau = 0.85281D^{0.8226}$	假塑性	0.9987
	1425	$\tau = 0.51511 + 1.33405D^{0.9134}$	$\tau = 1.57343D^{0.8633}$	21.08	$\tau = 0.51511 + 1.33405D^{0.9134}$	塑性假塑性	0.9964
1.0	1500	$\tau = -0.09953 + 0.20785D^{0.9533}$	$\tau = 0.18578D^{0.9802}$	7.19	$\tau = 0.18578D^{1.00}$	牛顿	0.9992
	1475	$\tau = 0.00759 + 0.20229D^{1.0104}$	$\tau = 0.20380D^{1.0085}$	3.26	$\tau = 0.20380D^{1.00}$	牛顿	0.9999
	1450	$\tau = -0.01868 + 0.37112D^{1.0039}$	$\tau = 0.36718D^{1.0065}$	2.44	$\tau = 0.36718D^{1.00}$	牛顿	0.9983
	1425	$\tau = 1.49852 + 11.4160D^{0.9223}$	$\tau = 1.82932D^{0.7863}$	20.18	$\tau = 1.49852 + 1.14160D^{0.9223}$	塑性假塑性	0.9984
1.5	1500	$\tau = -0.09273 + 0.19187D^{0.9891}$	$\tau = 0.17302D^{1.0104}$	4.00	$\tau = 0.17302D^{1.00}$	牛顿	0.9996
	1475	$\tau = 0.00652 + 0.17714D^{1.0257}$	$\tau = 0.17849D^{1.0238}$	9.38	$\tau = 0.17849D^{1.00}$	牛顿	0.9998
	1450	$\tau = 0.00067 + 0.26321D^{1.0176}$	$\tau = 0.26334D^{1.0175}$	6.82	$\tau = 0.26334D^{1.00}$	牛顿	0.9999
	1425	$\tau = 1.61357 + 0.48689D^{1.0700}$	$\tau = 1.03032D^{0.8614}$	24.84	$\tau = 1.61357 + 0.48689D^{1.0700}$	塑性膨胀	0.9938
2.0	1500	$\tau = -0.35632 + 0.25973D^{0.8919}$	$\tau = 0.17608D^{0.9843}$	5.75	$\tau = 0.17608D^{1.00}$	牛顿	0.9984
	1475	$\tau = 0.10502 + 0.15279D^{1.0758}$	$\tau = 0.17830D^{1.0364}$	33.08	$\tau = 0.10502 + 0.15279D^{1.0758}$	塑性膨胀	0.9989
	1450	$\tau = 0.45675 + 0.64745D^{1.0611}$	$\tau = 0.79235D^{1.0012}$	19.94	$\tau = 0.45675 + 0.64745D^{1.0611}$	塑性膨胀	0.9925

7.4.3 本节小结

本节首先从黏度与剪切速率的关系对含钛高炉渣的非牛顿性质进行表征，然后通过研究剪切速率和剪切应力之间的关系，构建实验本构方程来描述熔渣的非牛顿性质。由于关于剪切稀化/剪切稠化的机理并不唯一，本节分别从"粒子簇"生成机理和有序/无序转变机理两方面进行分析，并作以综合，结论如下：

（1）Cr_2O_3 含量对熔渣的黏度影响较小。当 $Cr_2O_3 \leqslant 0.5wt\%$ 时，熔渣在温度较高时就出现了剪切稀化现象；当 $Cr_2O_3 \geqslant 1.0wt\%$ 时，熔渣黏度在高温区与剪切速率无关，但是温度在 1425℃ 左右时，熔渣出现一时的剪切稠化的现象。

（2）当 $Cr_2O_3 \leqslant 0.5wt\%$ 时，随着温度的降低，熔渣依次表现为牛顿流体、非牛顿假塑性流体和非牛顿塑性假塑性流体。当 $1.0wt\% \leqslant Cr_2O_3 \leqslant 1.5wt\%$ 时，随着温度的降低，熔渣依次表现为牛顿流体、非牛顿假塑性流体、非牛顿塑性膨胀性流体和非牛顿塑性假塑性流体。当 Cr_2O_3 含量增加到 $2wt\%$ 时，熔渣表现为牛顿流体或非牛顿塑性假塑性流体。

（3）V_2O_5 对熔渣的熔化性温度作用明显，可以显著提高熔渣的熔化性温度；当 $V_2O_5 \geqslant 0.5wt\%$，温度高于 1450℃ 时，熔渣黏度基本仅与温度有关，而与剪切速率无关，曲线基本为平行于 x 轴的直线。温度低于 1450℃ 时，熔渣黏度与剪切速率有关，表现为剪切稀化；当 $V_2O_5 \geqslant 1.5wt\%$ 时，且随 V_2O_5 含量的增加，熔渣低温下剪切稀化现象越不明显。

（4）当 $V_2O_5 \leqslant 0.5wt\%$ 时，随着温度的降低，熔渣依次表现为牛顿假塑性流体和非牛顿塑性假塑性流体。当 $V_2O_5 = 1.0wt\%$ 时，随着温度的降低，熔渣依次表现为牛顿流体和非牛顿塑性假塑性流体。当 $V_2O_5 \geqslant 1.5wt\%$ 时，随温度的降低，熔渣依次表现为牛顿流体和非牛顿塑性膨胀性流体，且随含量的继续增加，转变温度升高。

由此，可以推断在含钛高炉渣 $CaO\text{-}SiO_2\text{-}Al_2O_3\text{-}MgO\text{-}TiO_2$ 系中，Cr_2O_3 对熔渣的影响较小，甚至不如 V_2O_5 在其中的影响大，因此，从熔渣的流变学视角看，含铬型钒钛磁铁矿在高炉冶炼是可行的。

7.5 本 章 小 结

（1）软熔滴落带有价组元迁移机理：球团矿和烧结矿的有价组元在软熔滴落带的迁移机理基本一致。铁组元的迁移机理为 $Fe_2O_3 \rightarrow Fe_3O_4 \rightarrow FeO \rightarrow Fe$，同时生成的 FeO

会和 SiO_2 生成 $2FeO \cdot SiO_2$；钛组元的迁移机理为 $Fe_2O_3 \cdot 3TiO_2 \rightarrow 2FeO \cdot TiO_2 \rightarrow FeO \cdot TiO_2 \rightarrow Ti(O_{0.19}C_{0.53}N_{0.32}) \rightarrow Ti(C_{0.7}N_{0.3}) \rightarrow Ti(C,N) \rightarrow [Ti]$；钒组元的迁移机理为 $V_2O_3 \rightarrow VN$、$VC \rightarrow [V]$；铬组元的迁移机理为 $(Fe_{0.6}Cr_{0.4})_2O_3 \rightarrow FeCr_2O_4 \rightarrow [Cr]$。从混合炉料和球团矿中有价组元的变化过程可以看出，钛的碳氮化合物和单质 Cr 在混合炉料中出现的温度稍低于球团矿中出现的温度，同时混合炉料中 Fe_3O_4 消失得比较快，这也能充分说明混合炉料的还原性好于球团矿的还原性。

（2）采用正交实验综合加权评分法得到最优渣系：二元碱度 1.15、MgO 含量 10wt%、TiO_2 含量 8wt%、Al_2O_3 含量 15wt%，此条件的渣系最为理想。对渣系综合指标的影响大小依次为 Al_2O_3 含量、MgO 含量、TiO_2 含量、二元碱度。

（3）单因素变化规律对渣系冶金性能的影响：随着碱度增加，炉渣熔化性温度升高，初始黏度和高温黏度先升高后降低；随着 MgO 含量增加，炉渣熔化性温度先降低后升高，初始黏度降低，高温黏度先升高后降低；随着 Al_2O_3 含量增加，炉渣熔化性温度升高，初始黏度和高温黏度先降低后升高；随着 TiO_2 含量增加，炉渣熔化性温度升高，初始黏度和高温黏度降低。

（4）钒和铬对渣系冶金性能的影响：添加 V_2O_5，其含量由 1wt% 增加到 3wt%，炉渣熔化性温度和初始黏度随 V_2O_5 含量的增加而略微降低，高温黏度随 V_2O_5 含量的变化不大；添加 Cr_2O_3，其含量由 1wt% 增加到 3wt%，随 Cr_2O_3 含量的增加，炉渣熔化性温度略微降低，初始黏度略微升高，高温黏度变化不大。

（5）在含钛高炉渣 $CaO-SiO_2-Al_2O_3-MgO-TiO_2$ 系中，Cr_2O_3 对熔渣的影响较小，甚至不如 V_2O_5 在其中的影响大，因此，从熔渣的流变学视角看，含铬型钒钛磁铁矿在高炉冶炼是可行的。

参 考 文 献

[1] 陈建设. 冶金实验研究方法[M]. 北京：冶金工业出版社，2005.

[2] 北京大学数学系正交实验组. 正交实验法[M]. 北京：科学普及出版社，1979.

[3] 陶菊春，吴建民. 综合加权评分法的综合权重确定新探[J]. 系统工程理论与实践，2001，（8）：45-46.

[4] 李福民，吕庆，胡宾生，等. 高炉渣的冶金性能及造渣制度[J]. 钢铁，2006，41（4）：19-22.

[5] 傅念新，张勇维，隋智通. 化学成分对高炉高钛渣钙钛矿相析出行为的影响[J]. 矿业工程，1997，17（4）：36-39.

[6] 文光远，裴鹤年. 安钢高炉最佳造渣制度的研究之一——炉渣的物理性能[J]. 四川冶金，1997，（4）：11-15.

[7] 沈峰满. 高 Al_2O_3 含量渣系高炉冶炼工艺探讨[J]. 鞍钢技术，2005，（6）：1-4.

[8] 邹祥字，张伟，王再义，等. 碱度和 Al_2O_3 含量对高炉渣性能的影响[J]. 鞍钢技术，2008，（4）：20-22.

[9] 赵志军，马恩泉，连玉锦. Al_2O_3 在钛渣中的行为[J]. 钢铁钒钛，2002，23（3）：36-38.

[10] 贺道中. 高炉高钛渣冶金物化性能的研究[J]. 湖南冶金，1994，（5）：13-18.

[11] 谢冬生，毛裕文，郭昭信，等. 中性条件下高炉钛渣黏度的研究[J]. 钢铁，1986，21（1）：6-11.

[12] 杜鹤桂，张子平. 高炉型钛渣中 V_2O_5 对 TiO_2 还原的抑制[J]. 钢铁钒钛，1994，15（4）：1-4.

[13] 谭建红. 铬渣治理及综合利用途径讨论[D]. 重庆：重庆大学，2005.

[14] 张钦哉. 流变学及粘度检测技术新发展[J]. 石油仪器，1997，11（1）：7-11.

[15] Hoffman R L. Explanations for the cause of shear thickening in concentrated colloidal suspensions[J]. Journal of Rheology，1998，42（1）：111-123.

[16] Brady J F，Bossis G. The rheology of concentrated suspensions of spheres in simple shear flow by numerical simulation [J]. Journal of Fluid Mechanics，1985，155：105-129.

第8章 含铬型钒钛磁铁矿冶炼中有价组元的迁移

含铬型钒钛磁铁矿和普通铁精矿的冶炼相比，有一定的共同点，但也有明显的差异，差异性最主要是由含铬型钒钛磁铁矿中化学成分和矿物类型造成的。化学成分主要体现在有价组元（V、Ti 和 Cr）的不同，钛元素给造球和炼铁环节增加了难度，由于钒和铬元素的高价值性，增加了转炉提钒和后续的钒铬分离工序[1, 2]。目前，在实验室条件下，对含铬型钒钛磁铁矿有一定的研究，但是和现场条件还是有一定的差异。

在不同冶炼含铬型钒钛磁铁矿的钢铁集团取样，对它们进行化学分析、矿物显微结构分析，掌握冶炼含铬型钒钛磁铁矿的特殊性，探明含铬型钒钛磁铁矿冶炼中有价组元的迁移规律，还发现其与实验室条件下的实验结果有一定的区别。

8.1 含铬型钒钛磁铁矿烧结矿中有价组元的迁移

8.1.1 烧结矿的矿物组成

烧结矿作为高炉炼铁的主要原料，它的好坏直接影响着高炉的运行，优质的烧结矿可以使高炉顺行并且产出更多的铁水，提高经济效益。烧结矿是由多种矿物组成的复合体，是一种复杂的结构，采用不同的烧结原料和配矿方案，生产的烧结矿矿物结构都不相同[3]。

含铬型钒钛磁铁矿由于低硅含钛的特点，属于难烧结铁矿粉，因此在烧结原料中需配入适量的其他铁矿粉。我国生产的含铬型钒钛磁铁矿都属于高碱度烧结矿，这类烧结矿的优点是强度高、还原性好。含铬型钒钛磁铁矿烧结矿都离不开 Fe、Ti、Ca、Si、Mg、Al 的物理化学反应，知道了这六种元素在烧结过程中的行为，就可能预知成品由哪几种矿物组成。Fe 在含铬型钒钛磁铁矿精矿粉中主要以磁铁矿的形式存在，烧结过程会形成赤铁矿、磁铁矿、浮氏体、金属铁、铁酸钙系列和橄榄石系列等；Ti 在精矿粉中主要以磁铁矿中的钛铁晶石和片状钛铁矿的形式存在，烧结过程会形成钛赤铁矿、钛磁铁矿、钙钛矿等；Ca 在精矿粉中主要存在于脉石中，烧结过程中会形成铁酸钙系列、硅酸钙系列、钙钛矿、橄榄石系列及游离的 CaO 等；Si 在精矿粉中主要存在于脉石中，烧结过程中会形成硅酸钙系列、橄榄石系列、玻璃质等；Mg 和 Al 在精矿粉中存在于磁铁矿中的镁铝尖晶石和脉石中，烧结过程中会形成橄榄石系列、长石系列等。含铬型钒钛磁铁矿烧结矿可能的矿物组成为钛磁铁矿、钛赤铁矿、铁酸钙、硅酸钙、钙铁橄榄石、铁橄榄石、钙钛矿和玻璃质等。

除含铬型钒钛磁铁矿的化学成分对烧结矿矿物组成有影响外，碱度、烧结气氛、烧结温度和冷却速度都对烧结矿矿物组成和含量有影响。精矿粉中 FeO 含量越高，烧结矿中的橄榄石含量随之增加；碱度变化时，铁酸钙含量会发生变化；不同的烧结气氛会形成不同的矿物，还原气氛有助于 Fe_3O_4 再结晶，弱还原性或氧化气氛有助于 Fe_2O_3 和铁酸钙的生成；烧结温度变化时，不同熔点的矿物含量会发生变化；冷却速度可以决定矿物结晶的好坏和多少，当冷却速度过快，烧结矿中会出现大量的玻璃质。

8.1.2　烧结矿的微观结构

用显微镜观察含铬型钒钛磁铁矿烧结矿的剖面图，不仅可以清晰地看到所含矿物类型，还可以看到矿物的大小和它们之间的关系，这也与烧结矿的质量紧密相关。不同的矿物类型有不同的抗压强度和还原率，它们是衡量烧结矿质量的重要因素，表 8-1 为几种常见矿物的数据。

表 8-1　几种常见矿物的抗压强度和还原率

矿物名称	化学分子式	抗压强度/（N/mm²）	还原率/%
磁铁矿	Fe_3O_4	360.90	26.70
赤铁矿	Fe_2O_3	260.70	49.40
铁酸钙	$CaO·Fe_2O_3$	370.11	49.20
钙钛矿	$CaO·TiO_2$	83.36	—
硅酸钙	SiO_2	20.31	—
铁橄榄石	$2FeO·SiO_2$	265.80	1.32
钙铁橄榄石	$(CaO)_{1.12}·(FeO)_{0.88}·SiO_2$	230.30	6.60

从表 8-1 可以看出，铁酸钙的抗压强度最高，还原率也很高，是烧结矿中应该发展的矿物。相比于钙铁橄榄石，铁橄榄石有更高的抗压强度，但是它的还原性太差，不是理想矿物。硅酸钙的抗压强度很差，不利于形成高强度的烧结矿。在烧结过程中，高熔点的钙钛矿在 1200℃ 以上的熔体中析出，它是早期结晶矿物，不起黏结作用，并且它的抗压强度很差，会使烧结矿强度下降。一般情况下，优质烧结矿应该由抗压强度高且还原性好的矿物组成。

　　铁矿物之间除了一部分通过连晶连接外，还有一部分是通过黏结相连接在一起的，黏结相包括铁酸钙和硅酸盐。铁酸钙液相黏结力大、流动性好，常与其他矿物紧密黏结在一起，有时与 Fe_3O_4 形成熔蚀状，具有极大的黏结力。硅酸盐主要包括硅酸钙和橄榄石，一部分作黏结相嵌于铁矿物的间隙中，可以提高烧结矿微观结构的强度；还有一部分形成独立相，呈单独晶粒，没有与其他矿物黏结，只具备自身的机械强度。液相充足时，与其他矿物黏结优良，烧结矿的微观结构往往是致密的，其微观结构的强度也大。

　　有些矿物的抗压强度很高，但是不同晶型对烧结矿的影响也不同。如 Fe_2O_3，虽然它的抗压强度和还原性很好，但是如果结晶为鱼脊状和散骨状，烧结矿低温还原严重粉化，导致高炉冶炼中产生悬料、崩料现象，影响高炉正常操作。烧结矿中还会出现各种裂纹，都会严重影响烧结矿的强度。

8.1.3　有价组元迁移实例

　　我国黑龙江建龙钢铁有限公司和承钢钢铁集团以含铬型钒钛磁铁矿为炼铁主要原料，有自己的烧结厂，烧结矿也主要供内部使用。

　　黑龙江建龙钢铁有限公司烧结（黑建烧结矿）主要使用的钒钛磁铁矿为从俄罗斯进口的含铬型钒钛磁铁矿（进口钒钛磁铁矿），承钢钢铁集团烧结（承钢烧结矿）使用的钒钛磁铁矿主要为远通含铬型钒钛磁铁矿（远通钒钛磁铁矿），它们的铁精矿和烧结矿的化学成分如表 8-2 所示。

表 8-2　铁精矿和烧结矿的化学成分

项目	化学成分/wt%								
	TFe	TiO_2	V_2O_5	Cr_2O_3	FeO	SiO_2	Al_2O_3	MgO	CaO
进口钒钛磁铁矿	60.93	5.55	1.00	0.62	31.28	1.47	3.33	1.06	0.15
黑建烧结矿	46.98	1.63	0.36	0.25	—	5.40	1.91	3.04	16.28
远通钒钛磁铁矿	63.95	2.57	0.57	0.06	26.52	3.47	1.42	1.35	1.42
承钢烧结矿	55.15	1.86	0.27	0.13	—	5.42	2.08	1.82	11.24

　　从表 8-2 可以看出，进口钒钛磁铁矿的铁品位较高，TiO_2 含量中等属于中钛型，V_2O_5 和 Cr_2O_3 含量均大于 0.5wt%，SiO_2 含量只有 1.47wt%，因此进口钒钛磁铁矿属于含铬高铁中钛低硅型钒钛磁铁矿。这类钒钛磁铁矿由于 SiO_2 含量极低，烧结时形成的液相量不足，难以得到很好的黏结，因此在烧结时配加其他铁精矿。远通钒钛磁铁矿铁品位高，TiO_2 含量较低属于低钛型，V_2O_5 含量大于 0.5wt%，Cr_2O_3 含量只有 0.06wt%，SiO_2 含量为 3.47wt%，远通钒钛磁铁矿属于含铬型高铁

低钛型钒钛磁铁矿。在黑龙江建龙烧结厂和承钢烧结厂选取 5 千多批烧结矿，黑建烧结矿原料除含铬型钒钛磁铁矿外，全部为普通铁精粉，因此烧结矿中有价氧化物 TiO_2、V_2O_5、Cr_2O_3 全部由含铬型钒钛磁铁矿提供；承钢烧结矿原料主要为远通钒钛磁铁矿，还配加少量当地其他钒钛磁铁矿。在不考虑误差的情况下，两种含铬型钒钛磁铁矿中的有价组元（Fe、V、Ti 和 Cr）全部进入烧结矿中。

将两种烧结矿镶样、细磨、抛光后在显微镜下观察它们的微观结构，如图 8-1 所示。

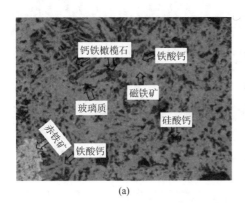 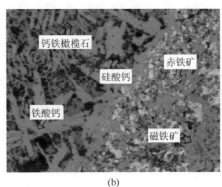

图 8-1　含铬型钒钛磁铁矿烧结矿的微观结构

（a）黑建烧结矿；（b）承钢烧结矿

图 8-1（a）为黑建烧结矿的微观结构，其矿物组成主要是磁铁矿、赤铁矿、铁酸钙、钙铁橄榄石、硅酸钙和玻璃质。图 8-1（b）为承钢烧结矿的微观结构，其矿物组成为磁铁矿、赤铁矿、铁酸钙、钙铁橄榄石和硅酸钙。黑建烧结矿和承钢烧结矿中铁酸钙液相形成较好，有针条状和熔蚀状，都能为烧结矿提供较高强度。黑建烧结矿和承钢烧结矿中硅酸盐液相主要为钙铁橄榄石和硅酸钙，钙铁橄榄石嵌布在铁矿物间隙中。黑建烧结矿中的钙铁橄榄石与磁铁矿胶结良好。两种烧结矿铁矿物都为磁铁矿和赤铁矿，其中磁铁矿主要为熔蚀结构，赤铁矿呈骸晶状。这种骸晶状赤铁矿在高炉冶炼时会导致低温还原粉化严重。

为进一步从理论上阐明烧结过程中有价组元的物相变化，对有价组元的矿物形成过程进行分析，如图 8-2 所示。钒钛磁铁矿烧结是一个复杂的物理化学变化过程，既有氧化还原反应，又有固相反应。部分磁铁矿在烧结过程中氧化为赤铁矿；CaO 同 SiO_2 和 Fe_2O_3 经过固相反应可以生成硅酸钙、铁酸钙；CaO 同还原产物 FeO 和精矿粉中的脉石矿物形成低熔点的钙铁橄榄石。在烧结温度下，烧结层是一个固液共存的体系，在冷却过程中，首先结晶出的是赤铁矿和磁铁矿，其次析出较少的硅酸钙，此后是熔点较低的铁酸钙。由于 TiO_2、CaO 和 FeO_x 的析出，

液相中的 SiO_2 含量升高，随后析出的是低熔点的钙铁橄榄石，来不及结晶的将会以玻璃相出现。

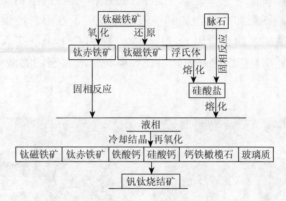

图 8-2　钒钛磁铁矿烧结矿的矿物生成过程

8.2　含铬型钒钛磁铁矿球团制备中有价组元的迁移

8.2.1　球团矿的矿物组成

钒钛磁铁矿球团的固结形式如普通铁精粉球团矿一样，是以固相固结为主，液相黏结为辅，其中固相固结是指赤铁矿晶粒发育、长大、互连成整体的固结方式[4]。Fe 在含铬钒型钛磁铁矿精矿粉中主要以磁铁矿和钛铁矿的形式存在，氧化焙烧过程中会形成赤铁矿、磁铁矿、铁板钛矿和铁橄榄石等，其中赤铁矿为主晶相；Ti 在含铬型钒钛磁铁矿精矿粉中主要以磁铁矿中的钛铁晶石和钛铁矿的形式存在，氧化焙烧过程中会形成钛赤铁矿、钛磁铁矿和铁板钛矿等；V 和 Cr 以类质同象存在于钛磁铁矿中，在氧化焙烧过程中会形成钛磁铁矿和钛赤铁矿。成品球团矿中具体的矿物组成由原料的化学成分和生产工艺共同决定。

8.2.2　球团矿的微观结构

含铬型钒钛磁铁矿球团矿和普通球团一样，铁品位高、还原性好、强度高，和高碱度钒钛磁铁矿烧结矿搭配可以显著改善炉料结构，使高炉增产节能、生产成本降低。球团矿焙烧可以分为五个阶段，即干燥带→预热带→焙烧带→均热带→冷却带。每一个阶段球团矿的微观结构都有不同。

（1）干燥带球团微观结构。干燥阶段温度在 400℃以下，主要使球团中的水分蒸发，排除部分结晶水。此时化学反应轻微，矿物颗粒呈分散状，铁矿物保持铁精粉原有的晶型。

（2）预热带球团微观结构。预热阶段温度在 900～1000℃，这个过程中，水分进一步挥发，固相反应和化学反应都比较快，一些低熔点矿物形成，大部分的磁铁矿被氧化成赤铁矿，钛铁矿被氧化成铁板钛矿（950℃），晶粒处于发育长大阶段，部分晶粒相互靠拢连接。低熔点矿物主要为橄榄石，如铁橄榄石在 990℃开始反应。

（3）焙烧带球团微观结构。焙烧阶段温度较高，为 1200～1300℃，这时反应加速、铁氧化物会进一步发育长大、矿物软熔、液相形成、新的化合物产生，使矿物重新排列组合。氧化充分的球团矿结晶发育良好，晶粒粗大、互连成片，结构强度好；而氧化不良的球团矿，残存磁铁矿多，球呈分层状，外层是亮白色的赤铁矿锁边，里层以磁铁矿再结晶为主，粒状多、互连性差。

（4）均热带球团微观结构。均热带温度略低于焙烧带，约为 1150℃，保持一段时间的目的是使球团内部晶体进一步长大，尽可能发育完善，使物相均匀化，减少内部应力。相比均热前球团矿的微观结构，此阶段的球团矿矿物组成和微观结构更完善。

（5）冷却带球团微观结构。冷却带是从温度低于 1000℃开始，所有矿物在这个过程中结晶，结晶速度依次是二氧化硅→磁铁矿→浮氏体→赤铁矿→橄榄石。结晶速度过快，会出现玻璃质等影响球团矿质量。

8.2.3　有价组元迁移实例

黑建球团矿主要使用的钒钛磁铁矿为从俄罗斯进口的含铬型钒钛磁铁矿，其球团矿的化学成分如表 8-3 所示。

表 8-3　进口钒钛磁铁矿的化学成分

项目	化学成分/wt%								
	TFe	TiO$_2$	V$_2$O$_5$	Cr$_2$O$_3$	FeO	SiO$_2$	Al$_2$O$_3$	MgO	CaO
黑建球团矿	60.83	1.63	0.36	0.64	—	6.37	2.48	2.06	0.58

从表 8-3 可以看出，进口钒钛磁铁矿球团的铁品位较高，TiO$_2$ 含量较少属于低钛型，Cr$_2$O$_3$ 含量大于 0.5wt%，CaO 含量只有 0.58wt%。在不考虑误差或取足够多批次球团矿的情况下，造球过程是满足物质守恒的，因此含铬型钒钛磁铁矿中的有价组元 TFe、TiO$_2$、V$_2$O$_5$、Cr$_2$O$_3$ 全部进入球团矿中。

　　将取得的黑建球团矿镶样、细磨、抛光后用显微镜观察显微结构，在扫描电镜下又对铁板钛矿进行了观察，如图 8-3 所示。

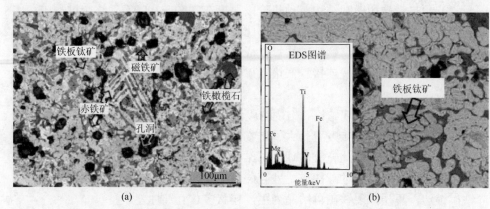

(a)　　　　　　　　　　　　　　　　　(b)

图 8-3　含铬型钒钛磁铁矿球团矿的微观结构及铁板钛矿 SEM-EDS 图谱

(a) 黑建球团矿的微观结构；(b) 铁板钛矿的 SEM-EDS 图谱

　　图 8-3 (a) 中，球团矿的矿物组成主要是磁铁矿、赤铁矿、铁板钛矿和铁橄榄石。球团矿外层氧化较好，残存磁铁矿较少，新生的赤铁矿呈粒状集合体或互连状，晶型较为粗大。相比之下，球团矿内层氧化差一些，残留磁铁矿较多，呈网格状。铁橄榄石嵌布在铁矿物的间隙中，将矿物颗粒胶结成较坚固的整体结构。与普通球团微观结构最大的不同是出现了铁板钛矿，其 SEM-EDS 图谱如图 8-3 (b) 所示，铁板钛矿呈粒状集合体，和赤铁矿的间隙充满了铁橄榄石，主要为 Fe、O 和 Ti 元素，还有少量的 V、Mg 和 Al 元素。

　　据有关专家研究表明，固体物质开始反应的温度远低于它们的熔点或共熔点，在一定的温度下固态物质的质点不仅具有可动性，而且质点之间还可以直接反应。图 8-4 为含铬型钒钛磁铁矿球团的矿物生成过程示意图，造球过程为氧化过程，

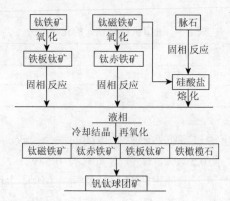

图 8-4　含铬型钒钛磁铁矿球团的矿物生成过程

精矿粉中的磁铁矿氧化为赤铁矿，此时由于晶格结构发生变化，新生的赤铁矿具有很大的迁移能力；精矿粉中的钛铁矿氧化为铁板钛矿，主要为粒状集合体。在较高的温度下，颗粒之间通过固相扩散形成赤铁矿晶桥将颗粒连接起来，使球团矿获得较高强度。

8.3　含铬型钒钛磁铁矿高炉冶炼中有价组元的迁移

8.3.1　有价组元氧化物在高炉中的还原反应

含铬型钒钛磁铁矿炉料的铁氧化物在高炉中的还原反应和普通铁精矿炉料的类似，都是由高级铁氧化物向低级铁氧化物逐渐变化的，具体还原顺序为 $Fe_2O_3 \rightarrow Fe_3O_4 \rightarrow Fe_xO \rightarrow Fe$，但是在高炉的具体位置铁氧化物的还原反应又有差异[5]。炉身上部 Fe_xO 同 TiO_2 为基的矿物结合成 $2FeO \cdot SiO_2$、$FeO \cdot TiO_2$ 和 $FeO \cdot 2TiO$ 等难还原的固溶体，这些矿物会拉长 Fe_xO 的还原历程。炉身下部到炉腹铁氧化物的还原发展很快，还原率最高能达到 80%以上，还有相当部分铁氧化物在炉腹到炉缸进行直接还原。

钛元素是高炉冶炼含铬型钒钛磁铁矿与冶炼普通矿不同的最主要因素，根据热力学数据，钛氧化物很难被 CO 和 H_2 还原，一般是通过 C 的直接还原完成的。高炉内由于有过剩的 C 和 N_2 存在，以及渣焦、渣铁润湿和接触良好，在高温下可以直接还原为低价 Ti（2＋，3＋）、TiC、TiN 和[Ti]。反应生成的低价 Ti 会以钛辉石、巴依石的形式进入渣相中；TiC、TiN 和 Ti(C,N)固溶体弥散于渣相中；而[Ti]部分进入到铁相中，其余以 TiC 或 TiN 的形态析出进入渣相中。

钒钛磁铁矿炉料中的钒和铬以 V^{3+} 和 Cr^{3+} 的形态固溶于铁氧化物晶格内形成钒铁尖晶石和铬铁尖晶石。钒的氧化物较铁氧化物难还原，但高炉内 V 与 Fe 在固液相都无限互溶，会大大改善 V 还原的热力学条件。实验室研究表明钒钛磁铁矿烧结矿中铁的还原率达到 90%以上时，铁相中才出现了[V]；根据热力学数据，铬的氧化物也属于难还原物，所以钒和铬的还原主要在软熔滴落过程及渣-铁间进行。

8.3.2　高炉渣的矿物结构

冶炼含铬型钒钛磁铁矿时需要考虑 TiO_2 对造渣过程的影响，这也是与冶炼普通铁精矿最大的不同之处。冶炼普通铁精矿形成的是四元（CaO-MgO-SiO$_2$-Al$_2$O$_3$）渣系，而冶炼含铬型钒钛磁铁矿形成的是五元（CaO-MgO-SiO$_2$-Al$_2$O$_3$-TiO$_2$）渣系，根据 TiO_2 含量的不同，又可以将五元渣系分为高钛渣（＞20wt%TiO$_2$）、中钛渣

（10wt%～20wt%TiO$_2$）和低钛渣（＜10wt%TiO$_2$）。各类含 TiO$_2$ 五元炉渣的冶金性能不仅不同于四元炉渣，而且五元炉渣由于 TiO$_2$ 含量的不同，其冶金性能也有显著区别。

先前有专家对不同 TiO$_2$ 含量炉渣的矿物组成进行了研究，研究表明 TiO$_2$ 含量不同时，含钛炉渣的矿物组成有很大不同，如表 8-4 所示。与普通四元炉渣不同的是，含钛五元炉渣全部都有钙钛矿和 Ti(C, N)固溶体，低钛炉渣矿物组成以黄长石为主；中钛炉渣矿物以钛辉石为主，巴依石较少，没有黄长石；随着 TiO$_2$ 含量的增加，高钛炉渣矿物中还是以钛辉石为主但含量变少，巴依石和钙钛矿变多，没有黄长石。高熔点矿物相增加，使得含钛炉渣黏度增大。其中，TiC、TiN 和 Ti(C,N)固溶体是矿物相中最早析出的一种，其熔点远高于炉温，所以它们在炉内以固相存在于渣中，是造成炉渣黏度增大的最主要因素，且它们常分布于金属铁的周围形成固体壳，使整个铁珠起一种固体作用，影响铁相的滴落。

表 8-4　不同含钛炉渣的矿物组成

TiO$_2$/wt%	矿物组成/wt%					
	钙钛矿	钛辉石	巴依石	尖晶石	Ti(C,N)	黄长石
10.37	11.64	—	—	微量	0.80	82.10
18.60	10.00	78.00	9.00		<0.50	
22.80	14.30	62.87	14.20	0.10	0.33	

Fe 在烧结矿和球团矿中主要以磁铁矿、赤铁矿和铁板钛矿的形式存在，高炉冶炼过程中大部分被还原进入到铁水中，只有很少部分以金属铁颗粒和亚铁离子进入到渣中；Ti 在烧结矿和球团矿中主要以钛赤铁矿、钛磁铁矿和铁板钛矿的形式存在，高炉冶炼过程中极少部分进入到铁水中，其余以钛辉石（被还原为 Ti^{3+}）、巴依石（被还原为 Ti^{3+}）、钙钛矿（Ti^{4+}）和 Ti(C,N)固溶体（被还原为 Ti^{2+}）进入渣中；V 和 Cr 在烧结矿和球团矿中主要以类质同象存在于钛磁铁矿、钛赤铁矿中，在高炉冶炼过程中大部分会被还原为[V]和[Cr]进入到铁水中，其余以 V^{3+} 和 Cr^{3+} 形式进入到渣中。

8.3.3　高炉渣的微观结构

根据 TiO$_2$ 含量的不同，含钛炉渣的微观结构有显著的差异，所以不同的炉渣类型有不同的微观结构。低钛渣以黄长石和钙钛矿为主，还有少量的尖晶石和 Ti(C,N)固溶体，它们的结晶先后顺序为 Ti(C,N)固溶体→尖晶石→钙钛矿→黄长石；中钛渣和高钛渣以钛辉石、巴依石和钙钛矿为主，有少量的 Ti(C,N)固溶体，它们的结晶先后顺序为 Ti(C,N)固溶体→钙钛矿→钛辉石→巴依石。TiC 为灰白色,多呈粒状或粒状集合体,分布在铁珠周围或铁珠中;TiN 为橘黄色或鲜黄色,形状为规则的正方形、长方形或成群粒状和链状;Ti(C,N)固溶体常呈橙黄色、玫瑰色等,它们是最早结晶出来的矿物。先期结晶的尖晶石晶型完整,而后期结晶的尖晶石常与钙钛矿连生,它们都呈粒状单体或集合体,反光下呈黑灰色,突起高。钙钛矿一般均匀分布在硅酸盐矿物基底上,一般硅酸盐矿物基底随着 TiO$_2$ 含量的不同而发生变化,当低钛渣时硅酸盐矿物基底为黄长石,当中钛渣和高钛渣时硅酸盐矿物基底为钛辉石。钙钛矿属于较早期结晶出的矿物,受冷却速度影响极大。当冷却速度较慢时,一般呈自形或半自形粒状结晶,粒度为 20~40μm;若冷却速度过快时,呈十字形、骨架形和树枝状等骸晶连体,粒度较细小,甚至形成 1~2μm 的雏晶而为固溶体分离结构。钛辉石在 TiO$_2$ 含量不同的炉渣中均有出现,在中钛渣和高钛渣中为硅酸盐矿物基底相。巴依石在中钛渣和高钛渣中出现,多为柱状和长柱形结晶,粒度变化较大,为 10~200μm,钛含量比钛辉石中的高。

8.3.4　有价组元迁移实例

黑龙江建龙钢铁有限公司和承德钢铁集团有限公司的高炉原料主要为含铬型钒钛磁铁矿烧结矿和球团矿,产品主要为含钛炉渣和含钒铁水,其化学成分如表 8-5 所示。

表 8-5　含钛炉渣和含钒铁水的化学成分

化学成分	TFe/wt%	TiO$_2$/wt%	V$_2$O$_5$/wt%	Cr$_2$O$_3$/wt%	SiO$_2$/wt%	Al$_2$O$_3$/wt%	MgO/wt%	CaO/wt%	碱度
黑建炉渣	0.76	8.17	0.21	0.16	30.59	12.39	8.82	34.95	1.14
承钢炉渣	2.17	7.30	0.11	<0.01	29.44	14.69	6.76	36.95	1.26

化学成分	TFe/wt%		[Ti]/wt%		[V]/wt%		[Cr]/wt%
黑建铁水	94.50		0.169		0.413		0.30
承钢铁水	94.16		0.267		0.209		0.093

从表 8-5 可以看出,含铬型钒钛磁铁矿高炉原料中的 Fe 元素绝大部分进入铁水中,还原率很高;V 和 Cr 元素大多数还原进入铁水中,有一小部分进入渣中,还原率能达到 75%以上;而 Ti 元素只有很少一部分进入铁水中,其余主要留在炉渣中。

将两种含钛炉渣镶样、细磨和抛光后,用矿相显微镜观察其微观结构,如图 8-5 所示。

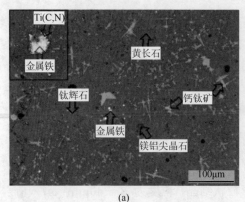
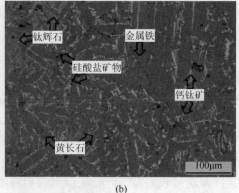

(a)　　　　　　　　　　　　　　　　(b)

图 8-5　含钛炉渣的微观结构
(a) 黑建炉渣；(b) 承钢炉渣

图 8-5 (a) 为黑建炉渣的微观结构，矿物组成主要为黄长石、钙钛矿、镁铝尖晶石、钛辉石、金属铁和 Ti(C,N)。黑建炉渣属于低钛型炉渣，基底相为黄长石相；钙钛矿嵌于黄长石中，大部分呈十字状雏形晶，晶型较小，有小部分呈块状自形晶，晶型较大；钛辉石分布在黄长石中，大小不一，有些与钙钛矿连接在一起；镁铝尖晶石呈粒状自形晶，嵌入黄长石中；黄长石中弥散有较小的金属铁粒，周围亮白光滑，在其他区域看到有较大的金属铁粒，被橘黄色的 Ti(C, N)固溶体包裹，由于 Ti(C,N)固溶体的存在，包裹在铁珠外层形成一个"固体壳"，不仅会增加铁珠与熔渣间的摩擦力，影响其滴落，还会增加炉渣的表面黏度，使得炉渣变稠影响高炉冶炼。图 8-5 (b) 为承钢炉渣，同样是低钛型炉渣，矿物组成主要为黄长石、钙钛矿、钛辉石、金属铁和少量复杂硅酸盐相。承钢炉渣中没有发现大块被 Ti(C, N)包裹的金属铁；钙钛矿晶型较小，多呈骨架状，没出现块状晶型，十字状晶型也较少。

高炉原料在高炉还原条件下发生了复杂的还原反应和固相反应等（图 8-6），炉喉到炉身下部（650～1250℃）主要为 CO 参与的还原反应和固相反应，由烧结矿和球团矿中的磁铁矿、赤铁矿、铁酸钙、铁板钛矿和钙铁橄榄石还原生成金属铁、钒铁尖晶石、钙钛矿和浮氏体。炉身下部到炉腹（1250～1350℃），直接还原发展，初渣开始形成，铁氧化物大量被还原为金属铁，金属铁在渣中扩散聚集成较大铁珠。再往下就是软熔滴落带，钒、铬和钛氧化物还原为[V]、[Cr]和[Ti]进入铁相中，其余部分进入含钛炉渣中。

图 8-6 中还列出冶炼进口钒钛磁铁矿中有价组元（Fe、V、Ti 和 Cr）的分配情况。造球过程中，在不考虑误差的情况下，含铬型钒钛磁铁矿中精矿粉有价组元全部进入烧结矿和球团矿中；在高炉中经过一系列反应后，进口钒钛磁铁矿中的 Fe、V、Ti 和 Cr 分别有 99.5wt%、86.1wt%、6.35wt% 和 78.6wt% 进入黑建铁水中，有

0.39wt%、12.2wt%、90.3wt%和 14.0wt%进入黑建炉渣中，其余部分在除尘灰中。

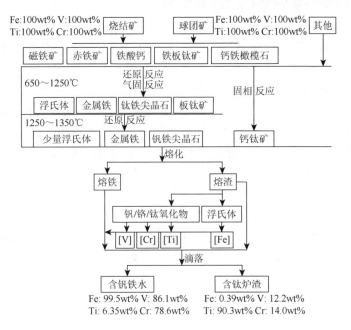

图 8-6　进口含铬型钒钛磁铁矿冶炼相变过程及有价组元分配示意图

8.4　含铬型钒钛磁铁矿转炉中有价组元的迁移

将含钒铁水采用转炉双联法进行提钒和炼钢，提钒是采用转炉并配合铁水撇渣、加冷却剂、挡渣出半钢等多项技术措施，使含钒铁水分离成钒渣和半钢的过程；炼钢是用半钢为原料，再加入适当的废钢进行吹炼，直至钢水成分和温度均合格，停止吹炼，在出钢过程中加入合金料，进行脱氧合金化的过程。

8.4.1　钒渣的矿物组成及微观结构

含钒铁水中含有较多的 V、Ti 和 Cr 元素，由于它们都比 Fe 更容易氧化，因此通过转炉氧化条件将这些有价组元氧化出来，进入钒渣中。在吹钒初期，强烈的氧化环境下，形成铁质初渣，当铁质渣出现在表面上时，铁水中的其他有价组元被氧化生成各自特定价态的氧化物。铁质渣以铁橄榄石为主，也是钒渣的基底相；随后生成的有价组元氧化物主要是它们组成的尖晶石，常呈自形或半自形结晶，均匀分布在铁质渣中；出渣时也会带出大小不一的金属铁，颗粒较小的会嵌于铁质渣中，颗粒较大的连接钒渣，肉眼可以看清。

8.4.2　转炉渣的矿物组成及微观结构

由于转炉炼钢过程时间很短，所以需要做到快速成渣，使炉渣尽快具有适当的碱度、氧化性和流动性，以便迅速将半钢中的 P 和 S 等杂质元素去除，保证炼出合格的优质钢水。当原料变为半钢时，成渣困难，因此采用留渣法进行炼钢。炉渣一般是由半钢中的有价组元及 Si、P 等的氧化产物和加入的石灰熔解而生成，另外还有少量的其他渣料及侵蚀的炉衬等组成。吹炼过程中，温度升高极快，每一温度梯度停留时间短，炉渣的矿物组成分布不均匀，偏析较大。因此在不同时间、不同碱度和不同部位的炉渣，其矿物成分都可能不同。

基底相一般为硅酸钙系列，基本上有两种类型，一种是硅酸三钙为主的三钙渣，另一种是硅酸二钙为主的二钙渣。硅酸三钙呈长柱状，是条状网络结构，其颗粒大小和炉渣的冷却速度有关，冷却缓慢时颗粒较粗，冷却较快时颗粒较细；硅酸二钙呈粒状或粒状颗粒组成的花朵状，其颗粒大小也与冷却速度有关。半钢中的有价组元在氧化吹炼过程中，其氧化物和 CaO 固溶形成 RO 相，在基底相中分布。部分铁氧化物会和 CaO 反应生成铁酸二钙，与 RO 相紧密相连。此外，炉渣中还含有少量未熔石灰的残留包块及来自炉衬的方镁石包块。

8.4.3　有价组元迁移实例

黑龙江建龙钢铁有限公司采用转炉双联法，将之前的含钒铁水进行提钒，产物为半钢和钒渣；继续对半钢转炉炼钢，产物主要为钢坯和转炉渣，还有少部分的污泥等，但是含量很少，就不做分析。钒渣、转炉渣、半钢和钢坯的化学成分如表 8-6 所示。

表 8-6　钒渣和转炉渣及半钢和钢坯的化学成分（wt%）

化学成分	TFe	TiO$_2$	V$_2$O$_5$	Cr$_2$O$_3$
黑建钒渣	25.98	7.33	16.72	8.76
黑建转炉渣	23.75	0.52	1.09	0.04
承钢钒渣	33.47	10.41	9.35	2.76
承钢转炉渣	27.97	10.06	10.65	3.75
化学成分	TFe	[Ti]	[V]	[Cr]
黑建半钢	96.00	0.022	0.041	0.053
黑建钢坯	97.70	—	0.032	0.102

从表 8-6 可以看出，含钒铁水中的 Fe 元素大部分进入半钢中，还有一部分进入钒渣中；V、Ti 和 Cr 元素大多数被氧化进入钒渣中，只有一小部分进入半钢中，氧化度能达到 75% 以上。半钢在转炉中继续进行氧化除杂，V 和 Ti 大多数进入转炉渣中，只有极少部分进入钢坯中，甚至在钢坯中已经检测不到 Ti 元素；而 Cr 元素较多停留在钢水中，一少部分进入转炉渣中。

将钒渣和转炉渣镶样、细磨和抛光后，用矿相显微镜观察其微观结构，如图 8-7 和图 8-8 所示。

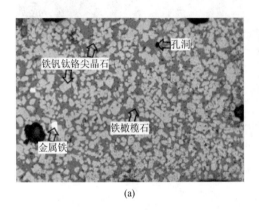
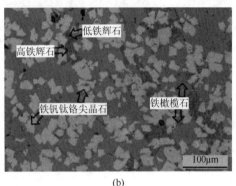

（a）　　　　　　　　　　　　　　　　　　（b）

图 8-7　含铬型钒钛磁铁矿钒渣的微观结构

（a）黑建钒渣；（b）承钢钒渣

图 8-7（a）为黑建钒渣的微观结构，其基底相为铁橄榄石，是含钒铁水在氧化过程中被氧化成 FeO，与 SiO$_2$ 反应生成的；铁钒钛铬尖晶石均匀分布在铁橄榄石中，有长柱状和多边形状，以自形晶为主；金属铁颗粒较大，嵌入在渣中。图 8-7（b）为承钢钒渣的微观结构，基底相为铁橄榄石，铁钒钛铬尖晶石均匀分布在其中。相比黑建钒渣，尖晶石颗粒较大但是数量较少，是由于钒和铬含量较少导致生成的尖晶石量也少。铁橄榄石和尖晶石缝隙中还分布有铁辉石，黑灰色的是低铁辉石，深灰色的是高铁辉石，是由承钢钒渣中较多的硅和铁反应生成的。

含钒铁水中的 Fe 在转炉氧化条件下，除进入半钢中以外，一部分以金属铁被钒渣带出，一部分被氧化为 FeO，和 SiO$_2$ 反应生成铁橄榄石和含铁辉石，还有一部分被氧化和其他金属氧化物形成铁钒钛铬尖晶石固溶体。V、Ti 和 Cr 除极小部分进入半钢中，其他都被氧化形成尖晶石固溶体进入钒渣中。

图 8-8（a）为黑建转炉渣，矿物组成主要为硅酸二钙、铁酸二钙、RO 相和方镁石。硅酸二钙为基底相，多数呈粒状组成的花朵状，还有一小部分呈单独的粒状，颗粒较小，是 CaO 与 SiO$_2$ 反应生成的；RO 相分布在基底相硅酸二钙中，含量较少；铁酸二钙和 RO 相呈熔蚀状，含量较多，分布在基底相中；方镁

石是 Mg 和渣中的 Fe 反应生成的，在铁酸二钙中，呈深灰色。图 8-8（b）为承钢转炉渣的微观结构，其矿物组成为硅酸三钙、铁酸二钙、RO 相和金属铁。硅酸三钙呈柱状，颗粒较大，为基底相，RO 相、铁酸二钙和金属铁都分布在其中。

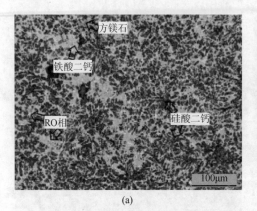
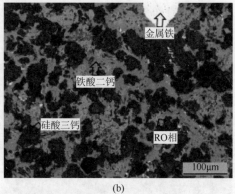

　　　　　　(a)　　　　　　　　　　　　　　　　　　　　(b)

图 8-8　含铬型钒钛磁铁矿转炉渣的微观结构

（a）黑建转炉渣；（b）承钢转炉渣

　　半钢中的 Fe 在转炉氧化条件下，大部分进入钢坯中，其余一部分以金属铁形式被转炉渣带出，一部分被氧化为 Fe_2O_3，和 CaO 反应生成铁酸二钙，一部分被氧化，和其他金属氧化物形成 RO 相固溶体，还有一部分和炉衬的 MgO 发生反应。V 和 Ti 除极小部分进入钢坯中，其他都被氧化形成 RO 相固溶体进入转炉渣中。Cr 有一部分残留在钢坯中，还有少部分被氧化，与其他氧化物形成 RO 相固溶体进入转炉渣中。

　　含钒铁水在转炉双联法氧化条件下发生了复杂的氧化反应（图 8-9），其中转炉提钒过程中，主要为含钒铁水中有价组元的氧化及和其他氧化物发生反应，由铁水中的[Fe]、[V]、[Ti]和[Cr]及所加冷却剂中的[Fe]和 Fe_2O_3 氧化为 FeO、Fe_2O_3、V_2O_3、TiO_2 和 Cr_2O_3，FeO 和 SiO_2 反应生成铁橄榄石，Fe_2O_3、V_2O_3、TiO_2 和 Cr_2O_3 形成铁钒钛铬尖晶石固溶体。转炉炼钢过程中，是半钢中有价组元的氧化反应及氧化物之间的固相反应，由半钢中的[Fe]、[V]、[Ti]和[Cr]和铁水中的[Fe]、[V]、[Ti]和[Cr]氧化为 Fe_2O_3、V_2O_3、TiO_2 和 Cr_2O_3，大部分 Fe_2O_3 与 CaO 反应生成铁酸二钙，其他形成 RO 相固溶体，SiO_2 和 CaO 发生固相反应生成硅酸二钙或硅酸三钙。

　　图 8-9 中还列出黑建转炉冶炼含钒铁水中有价组元（Fe、V、Ti 和 Cr）的分配情况。将含钒铁水中的有价组元看作 1，全部进入转炉中参与反应；在提钒过

程中经过一系列反应后，Fe、V、Ti 和 Cr 分别有 97.5wt%、10.1wt%、11.7wt%和 18.0wt%进入半钢中，有 0.95wt%、83.1wt%、84.7wt%和 73.1wt%进入钒渣中；而在进一步半钢炼钢的反应过程中，初始的 Fe、V、Ti 和 Cr 分别有 93.0wt%、2.90wt%、0.29wt%和 17.4wt%进入钢坯中，有 2.71wt%、6.63wt%、10.8wt%和 0.61wt%进入转炉渣中。

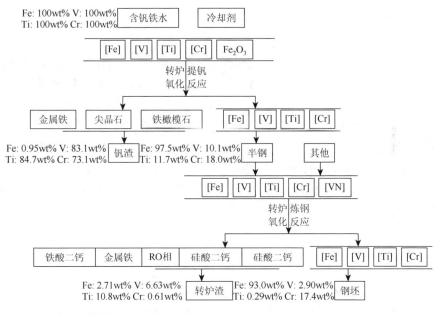

图 8-9　转炉双联法相变过程及有价组元分配示意图

8.5　含铬型钒钛磁铁矿钒铬分离过程中有价组元的迁移

含铬型钒钛磁铁矿钒渣中的 V、Cr 含量较高，且 V 是重要的战略金属，我国还面临 Cr 资源枯竭的现状，所以钒渣具有很高的经济价值。现在钒铬分离的工艺流程主要有原料预处理、提钒、除杂、沉钒及废水处理 5 个工序。转炉提钒后的钒渣含有较多金属铁，焙烧过程中会影响炉料，因此对原料进行破碎，通过磁选分离精钒渣和金属铁，回收金属铁进行钒铁冶炼，对精钒渣进行后续处理。

8.5.1　提钒工艺

精钒渣提钒有钠化法和钙化法，使用较广的是钠化法。钠化法的原理是以食盐或苏打为添加剂,通过氧化焙烧将低价态的钒转化为五价钒的水溶性钠盐,称为熟料,在此过程中其他元素也被氧化为高价氧化物。钙化法是将石灰和石灰石等含钙化合物添加到精钒渣中造球、焙烧,将其氧化成不易溶于水的钒酸盐,此种方法虽然不会产生 Cl_2 和 HCl 等污染环境的气体,但是焙烧选择性高,工艺复杂。

8.5.2　浸出工艺

熟料的浸出一般有水浸、酸浸和碱浸三种,一般可溶性钒酸钠采用水浸,而不溶于水的钒酸盐采用酸浸或碱浸。采用连续式浸出工艺,将熟料加入湿球磨机内,研磨浸取后将料浆输送到沉降槽,加热到 80℃ 以上,沉降后的溢流再经多次沉降,得到的澄清液称为钒液,沉降后的滤渣(称为弃渣)输送到渣场。钒液为焙烧后的钒酸钠等钒酸盐水溶液,弃渣由氧化焙烧过程中其他元素氧化物组成。通过调节钒液 pH 和加入 $CaCl_2$ 等措施,对钒液进行除杂形成净化钒液,在这个过程中的沉淀物称为钒泥,钒泥由 Fe、Ti 和 Cr 等金属氢氧化物和磷酸钙组成。

8.5.3　沉钒工艺

使用较广的为铵盐沉钒法,可以制取品位较高的五氧化二钒,在不同 pH 值下,钒的存在形式有较大差异。净化钒液中加入氯化铵或硫酸铵,pH 在 8 左右时,可结晶出白色偏钒酸铵沉淀。当 pH 在 4～6 之间时,沉淀物变为十钒酸铵钠,还需要进一步调节 pH 和加热,沉淀出十钒酸铵,这种方法工艺复杂,周期长。将钒酸铵沉淀进一步提取片状五氧化二钒。

8.5.4　有价组元迁移实例

黑龙江建龙钢铁有限公司钒铬分离过程中相变示意图如图 8-10 所示。精钒渣使用钠化焙烧的方法生产熟料,精钒渣尖晶石相和铁橄榄石相中的 V^{3+} 大部分被氧化成钒酸钠,少部分被氧化成溶于酸的钒酸盐;Fe^{2+}、Ti^{4+} 和 Cr^{3+} 也被氧化成高价氧化物,与碳酸钠生成金属盐类。熟料采用连续式浸出,在浸出过程中,钒酸盐溶于水中,还有一些金属盐类也进入其中组成钒液,最后的残渣组成弃渣。钒液使用 $CaCl_2$ 并调节 pH 进一步除杂,钒液中除钒外的金属离子和磷酸根离子发生反应,产生金属氢氧化物沉淀和磷酸钙沉淀组成钒泥,净化液成为净化钒液。净化钒液沉钒工序过程中,净化钒液中的钒酸钠和铵盐生成偏钒酸铵沉淀,用于生产片状五氧化二钒，未参加反应的 Cr^{3+} 和 V^{3+} 残留在废水中。对废水进一步处理，分离成氨氮废水和铬渣，铬渣以 $Cr(OH)_3$ 为主。

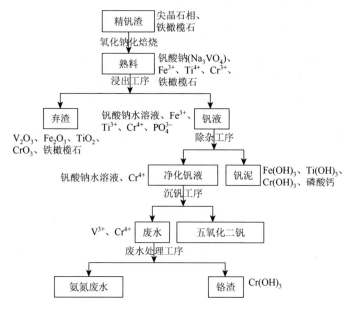

图 8-10　黑龙江建龙钢铁有限公司钒铬分离中相变过程示意图

8.6　本章小结

（1）含铬型钒钛磁铁矿烧结矿的矿物组成以钛磁铁矿为主，还含有钛赤铁矿、铁酸钙、硅酸钙、钙铁橄榄石和玻璃质；球团矿的矿物组成以钛赤铁矿为主，含有钛磁铁矿、铁板钛矿和铁橄榄石。

（2）高炉冶炼含铬型钒钛磁铁矿炉料时，炉料中的铁和钛氧化物都是逐级被还原。钛的存在，拉长了铁氧化物的还原历程，钒和铬氧化物在软熔滴落过程及渣-铁间被大量还原。铁、钒和铬大多数被还原为[Fe]、[V]和[Cr]进入铁水中，少量进入到炉渣中；而炉料中的钛只有很少一部分被还原为[Ti]进入铁水中，其余一部分被还原为低价钛进入渣中，还有一部分与 CaO 反应生成钙钛矿进入渣中。

（3）转炉提钒过程中，少量[Fe]及大多数[V]、[Ti]和[Cr]被氧化以铁橄榄石和含铁钒钛铬尖晶石形式进入钒渣中，有些含铁量高的钒渣中会出现含铁辉石。转炉炼钢时根据钢种不同，半钢中的有价组元（[V]、[Ti]和[Cr]）选择性进入钢水中，其余被氧化以 RO 相进入转炉渣中。

（4）钒铬分离由多次工序组成，氧化焙烧过程中，将精钒渣中有价组元氧化为高价氧化物，一系列工序后除大多数钒和部分铬进入净化钒液中，其余金属氧化物均生成沉淀以弃渣和钒泥的形式排出。净化钒液进一步处理提取片状五氧化二钒，剩余的废水收集氨氮和铬渣。

参 考 文 献

[1]　杜鹤桂. 高炉冶炼钒钛磁铁矿原理[M]. 北京：科学出版社，1996：21-49.

[2]　王喜庆. 钒钛磁铁矿高炉冶炼[M]. 北京：冶金工业出版社，1994：82-107.

[3]　陈耀铭，陈锐. 烧结球团矿微观结构[M]. 长沙：中南大学出版社，2011.

[4]　黄道鑫. 提钒炼钢[M]. 北京：冶金工业出版社，2000：55-71.

[5]　王筱留. 钢铁冶金学（炼铁部分）[M]. 北京：冶金工业出版社，2005：97.

第 9 章　钒工业废水处理和有价组元回收

钒工业排放的废水主要由酸性铵盐沉钒工艺的上清液、多钒酸铵清洗及其他杂水组成。钒工业废水重金属浓度高、盐度高、对环境危害大且酸性强，成分复杂且水质波动较大，其主要污染物：六价铬含量 $\rho_{Cr(VI)} = 800 \sim 4000 mg/L$，总铬含量 $\rho_{TCr} = 1000 \sim 4500 mg/L$，钒含量 $\rho_V = 50 \sim 200 mg/L$，氨氮含量 $\rho_{NH_3-N} = 2500 \sim 4500 mg/L$，pH $= 2.0 \sim 3.0$ 且排放量较大，为 $400 \sim 800 t/d$。根据《钒工业污染物排放标准》（GB 26452—2011），$\rho_{Cr(VI)} < 0.5 mg/L$，$\rho_{TCr} < 1.5 mg/L$，$\rho_V < 1.0 mg/L$，$\rho_{NH_3-N} < 40 mg/L$，可见钒工业废水中污染物浓度较高，超标严重。目前，该废水通常采用化学沉淀 + 吹脱工艺处理并分为两个单元回收其中的有价组元，即重金属处理回收单元和氨氮处理回收单元。

9.1　钒工业废水中重金属处理及回收

9.1.1　工艺原理

在钠化提钒工艺中，由于钒铬性质相似，因此钒渣中的钒及铬组元均被转化为高价态的易溶性钠盐，经高温水浸后转移到浸出液中。经净化后的含钒浸出液在酸性条件下利用铵盐将可溶性钒酸盐转化成多钒酸铵实现钒组元的提取。在实际生产过程中，沉钒工艺指标见表 9-1，可见废水中仍存在一定量的钒组元，具有较高的回收价值。因此，在重金属处理回收单元中，通常将钒和铬分两步回收，首先进一步回收废水中的钒组元，随后再将残留的少量的钒及铬组元沉淀回收。

表 9-1　沉钒工艺指标

项目	含钒浓度 /(g/L)	杂质磷含量/(g/L)	杂质硅含量/(g/L)	钒浸出液 pH	上清液含钒浓度/(g/L)			上清液 pH
					钒浓度< 22g/L	22g/L≤钒浓度≤25g/L	钒浓度> 25g/L	
指标	15～30	≤0.02	≤0.3	6.2～7.2	≤0.12	≤0.15	≤0.20	2.0～3.0

在沉钒废水中，钒和铬通常以最高氧化态五价钒及六价铬形式存在，由于高价态的钒和铬具有较高的电荷半径比，所以在沉钒废水中不存在简单的 V^{5+} 及 Cr^{6+}

离子，其通常以含氧酸根形式存在。溶液中钒及铬的存在形态与溶液 pH 和浓度有关，废水中钒浓度较低，主要以单钒酸根形式存在，在酸性条件下主要为 VO_2^+，而弱酸性及中性条件下主要为 VO_3^-。废水中六价铬浓度较高，在酸性条件下主要以 $HCrO_4^-$ 及 $Cr_2O_7^{2-}$ 形式共同存在（浓度越高，$Cr_2O_7^{2-}$ 含量越高），在中性条件下以 CrO_4^{2-} 形式存在[1-3]。

实际生产中，常用聚合硫酸铁溶液（含铁 11wt%）作为钒沉淀剂，在弱酸性或中性条件下形成组成不定的钒酸铁水合物（$xFe_2O_3 \cdot yV_2O_5 \cdot zH_2O$）沉淀，进一步回收废水中的钒。其主要原理是在弱酸性条件下，Fe^{3+} 可以与废水中的 VO_3^- 反应生成 $Fe(VO_3)_3$ 沉淀，见式（9-1）。随后调节废水 pH = 5～7，过量的 Fe^{3+} 与 OH^- 生成 $Fe(OH)_3$，见式（9-2），最终形成复杂的共沉淀物 $xFe_2O_3 \cdot yV_2O_5 \cdot zH_2O$，沉淀过滤分离。聚合硫酸铁溶液与钒的理论投加质量比为 3.33∶1，实际生产中，为提高钒回收效率，其投加质量比按 5.0∶1～10.0∶1 计算。此外，废水中存在少量的 Cr^{3+} 会形成 $Cr(OH)_3$ 一同沉淀，而六价铬不发生反应，仍然停留在溶液中。上述反应对低浓度的含钒铬溶液（提钒废水）中的钒的分离效果较好[4-7]。

$$Fe^{3+} + 3VO_3^- \Longrightarrow Fe(VO_3)_3 \downarrow \qquad (9-1)$$

$$Fe^{3+} + 3OH^- \Longrightarrow Fe(OH)_3 \downarrow \qquad (9-2)$$

废水中的六价铬主要以 $HCrO_4^-$ 及 $Cr_2O_7^{2-}$ 形态存在，具有较强的氧化性，毒性较强，通常需将六价铬在酸性条件下还原为毒性较小的三价铬，再于中性条件下形成氢氧化铬沉淀从水中分离回收。影响六价铬还原效率的主要因素为还原反应 pH 及还原剂投加量，六价铬还原过程通常在酸性条件下进行。常用的还原剂有 $FeSO_4$、Na_2SO_3、$NaHSO_3$、$Na_2S_2O_5$ 及 SO_2 等。但以亚铁盐作为还原剂，沉淀渣量较大，且沉淀物中铬品位较低，不利于资源化利用，常用于低浓度含铬废水处理。

目前，实际生产中多采用 SO_2 或亚硫酸盐（如 Na_2SO_3、$NaHSO_3$、$Na_2S_2O_5$）作为还原剂。当以亚硫酸盐作为还原剂时，可将亚硫酸盐配制成一定浓度的溶液或以固体形式加入废水中，在酸性条件下可将废水中的 $HCrO_4^-$、$Cr_2O_7^{2-}$ 及少量的 VO_2^+ 还原为 Cr^{3+} 及 VO^{2+}，见式(9-3)～式(9-11)；当以 SO_2 作为还原剂时，需先将硫磺在燃烧炉内燃烧生成 SO_2 气体，随后以废水吸收 SO_2 气体生成 H_2SO_3，在酸性条件下可将废水中的 $HCrO_4^-$、$Cr_2O_7^{2-}$ 及少量的 VO_2^+ 还原为 Cr^{3+} 及 VO^{2+}，见式(9-12)～式(9-16)。影响还原反应效率的主要因素为 pH 及还原剂投加量，由式(9-12)～式(9-16)可知，适当降低反应 pH，有利于还原反应完全、快速进行。当 pH<2 或更低时，可在 3～5min 内反应完毕，但过低的 pH 容易产生 SO_2，导致二次污染。当 pH>3.0 时，反应速率较慢，因此实际生产中常将 pH 控制在 2.0～3.0 范围内，反应时间以 15～30min 为宜。表 9-2 为常用还原剂与六价铬和五价钒理论的投加量比，由于实际废水中存在其他杂质或因还原剂保存不当，有效成分含量降低等，还原剂实际投加量通常要高于理论值（常取理论值的 1.2～1.5 倍）。值得注意的是，还原剂投加量过高时，会生成$[Cr_2(OH)_2(SO_4)_3]^{2-}$配合物，导致还原后的 Cr^{3+} 难以形成氢氧化物沉淀[7-11]。待还原反应完成后，加入碱液调节废水 pH 至中性，将 Cr^{3+} 及 VO^{2+} 沉淀分离，见式(9-17)和式(9-18)。实际生产中常采用 20% NaOH 溶液调节废水 pH = 7～8，过高的 pH 容易导致钒和铬复溶。

表 9-2　还原剂与六价铬和五价钒的理论投加量比

还原剂种类	Cr（VI）	V（V）
$Na_2S_2O_5$	2.74：1	0.932：1
Na_2SO_3	3.6：1	1.234：1
$NaHSO_3$	3.0：1	1.02：1
S	0.925：1	0.314：1

以亚硫酸盐作为还原剂

$$2\,Cr_2O_7^{2-} + 3\,S_2O_5^{2-} + 10H^+ \Longequal 6\,SO_4^{2-} + 4Cr^{3+} + 5H_2O \tag{9-3}$$

$$4\,HCrO_4^- + 3\,S_2O_5^{2-} + 10H^+ \Longequal 6\,SO_4^{2-} + 4Cr^{3+} + 7H_2O \tag{9-4}$$

$$4\,VO_2^+ + S_2O_5^{2-} + 2H^+ \Longequal 2\,SO_4^{2-} + 4VO^{2+} + H_2O \tag{9-5}$$

$$Cr_2O_7^{2-} + 3\,SO_3^{2-} + 8H^+ \Longequal 3\,SO_4^{2-} + 2Cr^{3+} + 4H_2O \tag{9-6}$$

$$2\,HCrO_4^- + 3\,SO_3^{2-} + 8H^+ \Longequal 3\,SO_4^{2-} + 2Cr^{3+} + 5H_2O \tag{9-7}$$

$$2\,VO_2^+ + SO_3^{2-} + 2H^+ \Longequal SO_4^{2-} + 2VO^{2+} + H_2O \tag{9-8}$$

$$Cr_2O_7^{2-} + 3\,HSO_3^- + 5H^+ \Longequal 3\,SO_4^{2-} + 2Cr^{3+} + 4H_2O \tag{9-9}$$

$$2\,HCrO_4^- + 3\,HSO_3^- + 5H^+ \Longequal 3\,SO_4^{2-} + 2Cr^{3+} + 5H_2O \tag{9-10}$$

$$2\,VO_2^+ + HSO_3^- + H^+ \Longequal SO_4^{2-} + 2VO^{2+} + H_2O \tag{9-11}$$

以 SO_2 作为还原剂

$$S + O_2 \Longequal SO_2 \tag{9-12}$$

$$SO_2 + H_2O \Longequal H_2SO_3 \tag{9-13}$$

$$Cr_2O_7^{2-} + 3H_2SO_3 + 2H^+ \Longequal 3\,SO_4^{2-} + 2Cr^{3+} + 4H_2O \tag{9-14}$$

$$2\,HCrO_4^- + 3H_2SO_3 + 2H^+ \Longequal 3\,SO_4^{2-} + 2Cr^{3+} + 5H_2O \tag{9-15}$$

$$2\,VO_2^+ + H_2SO_3 \Longequal SO_4^{2-} + 2VO^{2+} + H_2O \tag{9-16}$$

加入碱液沉淀

$$Cr^{3+} + 3OH^- \Longequal Cr(OH)_3\downarrow \tag{9-17}$$

$$VO^{2+} + 2OH^- \Longequal VO(OH)_2\downarrow\ (VO_2\cdot H_2O) \tag{9-18}$$

综上所述，废水中钒铬组元的迁移转化过程如下：

（1）废水中的五价钒主要以 VO_3^- 形式存在，而六价铬主要以 $HCrO_4^-$ 及 $Cr_2O_7^{2-}$ 形式存在。

（2）向废水中加入过量的聚合硫酸铁（含全铁质量分数 11wt%），调节 pH 至中性，则废水中的 VO_3^- 与过量的 Fe^{3+} 形成组成不定的钒酸铁水合物沉淀（$xFe_2O_3 \cdot yV_2O_5 \cdot zH_2O$），而废水中六价铬则以 CrO_4^{2-} 形式存在，此外少量的 Cr^{3+} 会形成 $Cr(OH)_3$ 一同沉淀。此过程中废水中的钒可降至 20mg/L 以下，去除率（回收率）约 80% 以上。沉淀物中钒含量约为 10wt%（以 V_2O_5 计，干基），生产 1t V_2O_5 产品可得到含水率为 60% 左右的钒酸铁沉淀物 0.2t。

（3）将废水调节至酸性，废水中残留的钒和铬分别以 VO_2^+、$HCrO_4^-$ 及 $Cr_2O_7^{2-}$ 形式存在，经亚硫酸盐或二氧化硫还原后废水中高价态的 VO_2^+、$HCrO_4^-$ 及 $Cr_2O_7^{2-}$ 转化为低价态 VO^{2+} 和 Cr^{3+}，此时废水中的六价铬浓度 <0.5mg/L，五价钒浓度 <1.0mg/L。

（4）将还原后的废水调节至中性，则废水中的 VO^{2+} 和 Cr^{3+} 可转化为难溶的 $VO_2 \cdot nH_2O$ 和 $Cr_2(OH)_3$ 沉淀物。生产 1t V_2O_5 产品可得到含水率为 50%~60% 的氢氧化铬沉淀（也称绿泥）约为 0.7t。氢氧化铬沉淀中钒含量为 0.5wt%~1.0wt%（以 V_2O_5 计，干基），铬含量为 30wt%~40wt%（以 Cr_2O_3 计，干基）。

9.1.2　主要工艺过程及运行参数

目前，针对高浓度含钒含铬废水主要采用化学沉淀工艺处理并分步回收其中的有价组元钒和铬，以承德某钒厂钒铬废水处理回收单元为例，工艺流程如图 9-1 所示，其主要工艺过程如下。

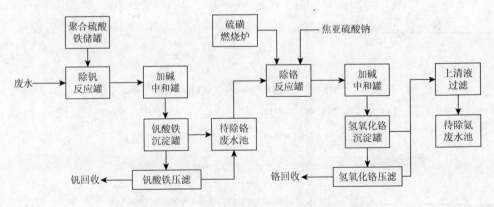

图 9-1　废水中重金属处理及回收工艺流程示意图

（1）检查聚合硫酸铁储罐液位，当液位满足卸车条件时，指挥聚合硫酸铁车开到指定位置；检查并确认泵、管路及安全防护设施完善后，连接车与溶解槽之间的管路；打开聚合硫酸铁车出液阀门，将聚合硫酸铁自流至相应的溶解槽，观测溶解槽液位，以避免冒槽；当车内聚合硫酸铁卸空后，穿戴耐碱服及耐碱手套将管道内残存聚合硫酸铁导入溶解槽内，确保现场无聚合硫酸铁流出，完成卸车；卸车完成后关闭相应的循环泵、阀门。

（2）开启废水输送泵，使废水进入除钒反应罐；向罐内加入聚合硫酸铁，开启搅拌，根据上清液中钒的含量，调节聚合硫酸铁加入量，搅拌 20min 后，进入加碱中和罐并调节 pH 为 4.5～6.5，持续搅拌 10～20min。值得注意的是，中和罐调节 pH 不宜过高或过低，pH 过低会导致铁残留较多，也会对后续处理中压滤机的滤布造成腐蚀；而 pH 过高会导致沉淀物中铬含量较多，并且会导致后续除铬工序中消耗过多的酸。废水进入钒酸铁沉淀罐固液分离，静置 1～3h 后，上清液溢流进入待除铬废水池，浓密的罐底浆料经钒酸铁板框压滤机进行过滤，滤液进入钒酸铁集液罐并泵入待除铬废水池。

（3）板框压滤机将工作模式拨至过滤模式；点击"压紧"按钮，板框压滤机压紧，并保压，压力控制在 14～20MPa；开启板框打浆泵将浆液泵入板框进行过滤。当钒酸铁板框打浆泵流量显示低于 $10m^3/h$ 时，停止进液；点击板框压滤机"压榨"按钮，进行压榨，时间为 600s；压榨完成后，再次点击"压榨"按钮，进行排气；点击"松开"按钮，卸压后进行拉板、卸泥；板框压滤机将工作模式拨至水洗模式，进行清洗滤布；清洗完成后，进行下一循环工作。

（4）检查硫磺燃烧炉热风温度，温度控制在 90～120℃；硫磺燃烧炉炉膛温度低于 240℃时使用加热棒点燃硫磺炉。将加热棒插入炉膛内开始通电，由视镜观察加热棒温度升高变红后，开启硫磺燃烧炉。硫磺燃烧炉开启后，观察炉膛温度、负压变化。设备运转正常后，根据废水中铬含量调整输硫量。停炉后，关闭罗茨风机，打开排空机运行 20min 后，关闭排空机。

（5）当以 SO_2 作还原剂时，打开进 SO_2 控制阀，将待除铬反应池内清液泵入除铬反应罐吸收 SO_2 气体，进行六价铬还原，搅拌 10～20min，根据实际情况调节 pH 为 2.0～3.0。当以焦亚硫酸钠作为还原剂时，调节 pH 到 2.0，然后加入焦亚硫酸钠，搅拌 10min，测量 pH，如果 pH 超过 3.5，继续补酸，搅拌 5min。根据经验值计算还原剂投加量，反应过程中观察水的颜色，确定还原剂和硫酸是否还需加入。

（6）还原反应完成后，废水进入加碱中和罐，开启搅拌，并向其中加入碱液，调节 pH 为 7～9，并搅拌 10～20min。废水进入氢氧化铬沉淀罐固液分离，现场可根据实际情况加入适量絮凝剂，静置沉淀 1～3h 后，上清液泵入叶滤机过滤，滤液进入待除氨废水池。罐底氢氧化铬浆料经氢氧化铬板框压滤机进行过滤，清液进入氢氧化铬集液罐后，经叶滤机过滤后进入待除氨废水池。取处理后废水样，送至化验室进行化验，并记录化验结果。取样时，需戴好劳动保护用品。

（7）板框压滤机将工作模式拨至过滤模式；点击"压紧"按钮，板框压滤机压紧，并保压，压力控制在 14～20MPa；开启板框打浆泵将浆液泵入板框进行过滤。当氢氧化铬板框打浆泵流量显示低于 10m³/h 时，停止进液；点击板框压滤机"压榨"按钮，进行压榨，时间为 600s；压榨完成后，再次点击"压榨"按钮，进行排气；点击"松开"按钮，卸压后进行拉板、卸泥；板框压滤机将工作模式拨至水洗模式，进行清洗滤布；清洗完成后，进行下一循环工作。氢氧化铬泥可作为生产碱式硫酸铬的原料出售。

9.1.3　设备故障应对方法

（1）压滤机压力超过工作压力时，停止进液，开启卸压阀，降低压滤机内压力。

（2）由仪表损坏造成冒液现象时，应采取紧急停车措施，联系维修人员修理仪表，并清理冒液至地坑，回收利用。

（3）板框无法正常压紧漏液时，停止进液，检查板框，查清原因。

（4）硫磺燃烧炉喷枪及输硫管堵塞时，停喷射泵，清理喷枪及输硫管。

（5）硫磺燃烧炉操作画面故障，无法进行自动操作时，采取手动操作：设定输硫量后，手动开启输硫泵及罗茨风机，调整风机频率。

（6）硫磺燃烧炉负压或正压过高报警时，应立即停炉，开启排空风机，检查烟气管道及换热器罗茨风机管道是否堵塞，发现后及时清除堵塞物料保证管道畅通。

（7）由聚合硫酸铁腐蚀导致储罐和管道漏液时，及时关闭相关泵及进出口阀门，将腐蚀漏液处补焊或更换，将地面积聚的聚合硫酸铁清理至地坑回收。

（8）泵打液速度慢或不打液时，应停止泵运转，开启备用泵，检查泵的管路及叶轮处是否有杂物堵塞，及时清理；泵出现振动和异响时，检查泵的联轴器处滑块和叶轮。

9.1.4　工艺事故应对方法

（1）除钒阶段废水内钒浓度＞0.05g/L：当聚合硫酸铁流量偏小时，增加聚合硫酸铁加入量；当钒酸铁沉淀罐 pH 偏低或偏高时，调节 pH 至 5.5～6.5。

（2）废水内六价铬浓度＞0.5mg/L：以 SO₂ 作为还原剂时，当 SO₂ 流量小未能有效还原六价铬，调节硫磺燃烧量或适量加入焦亚硫酸钠或液态 SO₂；当硫磺燃烧炉管路及喷枪发生堵塞时，确定堵塞部位，进行清理；当硫磺燃烧炉操作发生错误，输硫量过大，升华硫将冷却器及管路堵塞时，降低炉温，查找冷却器堵塞部位，进行清理。

（3）处理后的废水浑浊：当板框出现跑浑时，清洗板框滤布，检查滤布是否有损坏；当压滤机出现跑浑时，停止进液后，卸压清洗滤布。

9.2 废水中氨氮处理及回收

9.2.1 工艺原理

高浓度氨氮废水主要采用吹脱（气提）法处理，其主要原理是废水中的氨氮（NH_3-N）通常以铵离子（NH_4^+）或游离氨（NH_3）的状态保持平衡存在，其平衡关系如式（9-19）。氨与铵根离子的分配比率可按式（9-20）计算，可见废水中氨氮存在形态主要受废水 pH 的影响，当 pH 高时，平衡向右移动，游离氨的比例较大，当 pH 为 11 左右时，游离氨大致占 90%。此外，温度也会影响反应式（9-19）的平衡，温度升高，平衡向右移动。表 9-3 列出了不同条件下氨氮的离解率。表中数据表明，当 pH 大于 10 时，离解率在 80%以上，当 pH 达 11 时，离解率高达98%，且受温度的影响甚微[12-16]

$$NH_4^+ + OH^- \rightleftharpoons NH_3 + H_2O \qquad (9-19)$$

$$K_a = K_w/K_h = (C_{NH_3} \cdot C_{H^+})/C_{NH_4^+} \qquad (9-20)$$

其中，K_a 是铵根离子电离常数；K_w 是水电离常数；K_h 是氨水电离常数；C 是物质浓度。

表 9-3 不同 pH 及水温下氨氮的离解率

温度/℃	氨氮的离解率/%			
	pH = 9.0	pH = 9.5	pH = 10	pH = 11
20	25	60	80	98
30	50	80	90	98
35	58	83	93	98

吹脱法是指在废水中加入碱，调节 pH 至碱性（pH＞11），利用 NH_4^+ 和 NH_3 之间的动态平衡，先将废水中的 NH_4^+ 转化为 NH_3，在碱性条件下控制水温负荷及气液比，将气体通入水中，使气液充分接触，同时水中溶解的游离氨穿过气液界面，向气相转移，从而达到去除氨氮的目的，常用空气、烟气作载体进行吹脱，若用蒸汽作为载体则称为气提法。吹脱法是目前比较成熟的高浓度氨氮废水处理工艺，主要采用吹脱池或吹脱塔，由于吹脱池占地面积较大且易造成二次污染，

因此实际生产中常采用吹脱塔。吹脱塔常采用逆流操作，塔内装有一定高度的填料，以增加气-液传质面积，从而有利于氨气从废水中解吸。常用填料有拉西环、聚丙烯鲍尔环、聚丙烯多面空心球等。废水被提升到填料塔的塔顶，并分布到填料的整个表面，通过填料往下流，与气体逆向流动，空气中氨的分压随氨的去除程度增加而增加，随气液比增加而减少[13-16]。吹出的氨氮进入冷凝分离设备或酸液吸收设备进行回收，见式（9-21）。

$$2NH_3 + H_2O + H_2SO_4 \rightleftharpoons (NH_4)_2SO_4 + H_2O \qquad (9\text{-}21)$$

综上所述，废水中氨氮的迁移转化过程如下：

（1）吹脱前，先将废水 pH 调节至 12 以上，废水中的氨氮由铵根离子（NH_4^+）转化为游离氨（NH_3）。当以高温蒸汽或空气作为载体吹脱时，废水中的游离氨扩散到气相中与水分离，随载体进入到吸收塔中。经高温蒸汽或烟气吹脱后，废水中残留的氨氮（残留的氨氮以 NH_4^+ 和少量 NH_3 形式存在）$\rho_{NH_3\text{-}N} < 40\text{mg/L}$。

（2）载气中的游离氨经吸收塔中 pH<2.5 的稀硫酸被吸收，再次转化为铵根离子并以硫酸铵[$(NH_4)_2SO_4$]溶液形式存在，当硫酸铵浓度达到 270g/L 后，回用于酸性铵盐沉钒工段。

9.2.2　主要工艺过程及运行参数

以承德某钒厂钒铬废水处理回收单元为例，利用企业自产蒸汽对钒工业排放的高浓度氨氮废水进行高温蒸汽吹脱，工艺流程如图 9-2 所示，其主要工艺过程如下。

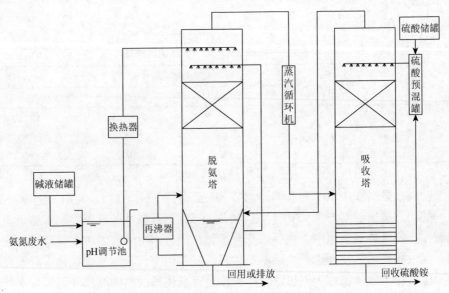

图 9-2　氨氮废水中氨氮处理及回收工艺流程示意图

（1）检查液碱储罐液位，当液碱储罐液位满足卸碱条件时，指挥液碱车开到指定位置。检查并确认泵、管路及安全防护设施完善后，连接泵与液碱车、泵与储罐卸碱口处的管路。打开液碱车出液阀门，开启管道泵卸碱。当液碱车内液碱卸空后，停止卸碱泵，穿戴耐碱服及耐碱手套将管道内残存液碱导入空桶内，并将桶内液碱由卸碱口倒入储罐。确保现场无液碱流出，完成卸碱。

（2）检查并确认硫酸储罐液位，当浓硫酸储罐液位低于最低液位时，需向储罐内补酸。检查并确认打酸泵及管路无泄漏后，联系沉钒班组打酸。由沉钒班组相应岗位人员，打开相应高液位及轮次低的沉钒硫酸储罐出液阀→打开打酸泵进液阀→启动打酸泵→打开打酸泵出液阀。打酸过程中，观察脱氨硫酸储罐液位变化情况，检查硫酸输送管路。当液位达到上限时，联系沉钒班组关闭打酸泵出液阀→停止打酸泵→关闭打酸泵进液阀→关闭相应储罐的出液阀。

（3）检查并确认生产水供水正常；打开生产水手动总阀门，将生产水调节阀开度调至100%，打开硫酸预混罐生产水气动控制阀，向硫酸预混罐内注入生产水。观察硫酸预混罐液位，当硫酸预混罐液位达到预警液位时，关闭生产水控制阀。开启硫酸预混罐搅拌，打开硫酸储罐出液阀，打开硫酸预混罐进液阀，调节硫酸调节阀控制硫酸流量。检测硫酸预混罐内溶液 pH，当 pH 在 1.4~2.5 之间时，关闭硫酸储罐出液阀和硫酸预混罐进液阀。打开硫酸铵循环泵进液阀和出液阀，开启硫酸铵循环泵，调节硫酸铵循环泵频率，将流量控制在 110~150m^3/h。硫酸铵循环泵启动后，打开吸收塔出液阀，手动调节硫酸预混罐进液阀开度，保持吸收塔液位达到 1.5~2m。

（4）检查并确认蒸汽循环机轴承箱油位及冷却水箱冷却水液位。当蒸汽循环机轴承箱油位及冷却水箱冷却水液位符合要求后，将蒸汽循环机电机频率设定为 5Hz，启动蒸汽循环机。蒸汽循环机启动后，每隔 30s 将蒸汽循环机电机频率调大 5Hz，直至将蒸汽循环机频率调至 35Hz。蒸汽循环机运行过程中，检查并确认设备运行正常。打开纤维球过滤器手动阀门，启动纤维球过滤器工作模式，检查并确认纤维球过滤器进液阀和出液阀为打开状态；打开液碱储罐出液阀，打开液碱泵进液阀和出液阀，启动液碱泵，调节液碱调节阀开度，液碱流量控制在 1.4~2m^3/h。控制氨氮废水 pH 不低于 12.5。打开含氨污水泵进液阀，启动含氨污水泵，打开含氨污水泵出液阀，调节含氨污水调节阀开度，将含氨污水流量控制在 110~130m^3/h，向纤维球过滤器内注水；打开纤维球过滤器放气阀门，观察纤维球过滤器液位，当液位超过上部视镜，放气阀无空气排出后，打开含氨废水加压泵进液阀和出液阀，开启含氨废水加压泵，调整含氨废水加压泵出液阀开度，确保含氨废水加压泵出口流量与进液流量相符；当气提脱氨塔底部液位达到 2m 时，关闭含氨污水泵，关闭污水加压泵，关闭液碱泵，开启脱氨废水循环泵；打开再沸器进气阀及出液手动阀，打开蒸汽冷凝水至浸出工序手动控制阀，逐渐增加蒸汽调节阀开度，此时废水经过气提脱氨塔再沸器产生蒸汽进入气提脱氨塔，对系统进行预热；预热过程中再次确认下部放空管线阀门打开，确保系统内部空气排空正常。观察气提脱氨塔及氨气吸收塔内压力及温度变化，确认蒸汽正常循环；待气提脱氨塔塔底温度达到105℃，塔顶温度达到98℃左右，且气提脱氨塔底部放空管有较大量蒸汽排出时，再次向系统内进液；打开脱氨废水泵的进液阀和出液阀，启动脱氨废水泵，调节脱氨废水调节阀开度，控制脱氨塔底部液位在1.5~2m；打开气动控制阀，使脱氨废水在脱氨废水泵至废水缓冲池循环处理。工艺要求氨氮浓度小于40mg/L。检测脱氨废水的氨氮含量，当氨氮浓度符合要求后，打开反应釜气动控制阀，关闭废水缓冲池气动控制阀，将脱氨后废水改进反应釜调节pH。脱氨废水pH根据工艺要求调整至6~8；确认气提脱氨塔塔底脱氨水排水正常后，将气提脱氨塔底部放空管线阀门调小，放空阀门开度以系统没有大量蒸汽逸出为宜。当冷凝水池液位达2m后，联系炼铁厂进行渣处理工序，开启冷凝水泵，将脱氨废水泵至炼铁厂冲渣；循环硫酸溶液（吸收塔出液）pH为2左右时，应开启硫酸泵和调节硫酸调节阀开度，向硫酸预混罐内补酸。记录pH的变化，循环硫酸pH最高不得超过2.5；待循环硫酸pH稳定，且补充硫酸正常后，检测硫酸铵溶液浓度，当浓度达到270g/L（或密度达到1.2kg/m³）后，开启硫酸铵溶液外排阀门及调节阀，将硫酸铵溶液打至硫酸铵储罐。根据硫酸预混罐液位变化，调整生产水加入量。氨吸收系统需停止硫酸铵循环作业时，应先关闭吸收塔至预混罐回液阀，并停止蒸汽加热。再次开启循环作业时，首先开启硫酸铵循环泵待循环正常后，打开回液阀，再进行蒸汽加热，防止由于关闭、打开吸收塔出液阀时产生气锤现象，将管道及塔锅底连接处震裂。系统紧急停车时，将蒸汽调节阀调小至10%，根据塔内压力，逐渐降低蒸汽循环风机频率，打开补气阀门，防止氨气管道产生负压而吸瘪。系统停车作业结束后，关闭蒸汽阀。

（5）观察纤维球过滤器底部压力和顶部压力。当纤维球过滤器底部压力和顶部压力差值超过0.14MPa后，工作中的纤维球过滤器需要进行反洗和正洗。启动备用纤维球过滤器工作模式，将使用中的纤维球过滤器切换至反洗模式。检查并确认反洗进液阀与出液阀为打开状态。打开正反洗水泵进液阀和出液阀，启动正反洗水泵；打开反洗排污泵进液阀和出液阀，启动反洗排污泵。启动纤维球过滤器搅拌，反洗15min；反洗结束后，将纤维球过滤器切换至正洗模式。检查并确认正洗进液阀与出液阀为打开状态。正洗时间控制为10min。正洗结束后，关闭搅拌器，关闭正反洗水泵与反洗排污泵，纤维球过滤器正、反洗工作完成。

（6）停止系统进液及循环作业。关闭废水进液泵、污水加压泵、液碱泵和硫酸铵循环泵，并关闭相应控制阀及调节阀。保持脱氨塔液位不超过2m时，停止脱氨出水泵及关闭相应阀门。关闭蒸汽循环风机。逐渐将蒸汽循环风机频率调低（每15min降低5Hz），直至关闭。关闭蒸汽阀门。蒸汽调节阀门逐渐关闭，保证系统塔压、塔温逐渐降低。当塔压降至 0.005MPa 时，开启吸收塔补气阀门，开启脱氨塔风管道补气阀门，防止系统产生负压造成设备损坏（如阀门无法开启），手动开启吸收塔风管道、脱氨塔风管道两个手动阀门，进行补气操作，同时利用蒸汽加入进行补充，蒸汽阀门开度每 5min 降低 5%。停车过程中，缓慢输送硫酸铵。防止因大量外排硫酸铵溶液导致塔内产生负压，造成吸收塔塔体出现破损、断裂。硫酸铵输送流量控制在 $1\sim2m^3/h$。

9.2.3　设备故障应对方法

（1）计算机与各设备之间的通信中断时，通知班长，外操岗位现场操作关闭相应设备，联系电气维修人员修复故障。

（2）仪表故障造成冒液现象时，立即联系电气维修人员到现场排除故障。岗位人员将地面废水清理至地坑，由地坑泵至废水缓冲池。

（3）泵打液速度慢或不打液时，应停止泵运转，开启备用泵，检查泵的管路及叶轮处是否有杂物堵塞；泵出现振动和异响时，检查泵的联轴器处滑块和叶轮；当纤维球过滤器出现故障时，使用备用设备。

（4）蒸汽循环风机颤动较大时，检查风机的脚螺栓是否松动或联轴器处胶圈是否损坏或检查风机叶轮是否磨损，破坏动平衡。

（5）当设备运转失常时，应开启备用设备，关闭故障设备。在没有备用设备情况下，立即关闭该设备电源，使设备停止运转，防止情况进一步恶化。

9.2.4　工艺事故应对方法

（1）脱氨后废水氨氮含量超过 40mg/L 时，按照氨回收系统异常应急处置措施进行处理。

（2）当硫酸铵浓度低于 270g/L，关闭硫酸铵输送阀门，增加循环量和循环次数；检测硫酸铵溶液 pH，确保吸收塔 pH 不超过 2.5。

（3）纤维球过滤器出现堵塞故障时，关闭纤维球过滤器阀门，将副线阀门打开，含氨废水由副线直接进入脱氨塔，观察进水流量变化，当流量明显降低时，清理副线管路 Y 型过滤器滤网。同时检查纤维球过滤器并更换纤维球。

（4）当脱氨塔塔体因腐蚀大量泄漏时，应先停止向脱氨塔废水进液，关闭液碱泵及液碱调节阀，将塔内废水排空后，关闭硫酸铵循环泵和吸收塔回液阀，逐步关闭蒸汽循环风机，关闭蒸汽调节阀和手动阀，打开补气阀门将塔内蒸汽放空后，处理塔体漏点。

（5）当吸收塔塔体因腐蚀大量泄漏时，应先停止硫酸铵循环泵，塔内硫酸铵溶液回流至硫酸预混罐或输送至硫酸铵储罐，将塔内硫酸铵溶液排空后，关闭废水进液泵、液碱泵，逐步关闭蒸汽循环风机，关闭蒸汽调节阀和手动阀，打开补气阀门将塔内蒸汽放空后，处理塔体漏点。

9.3　还原-煅烧-碱浸法从高铬型钒渣分离回收钒铬

9.3.1　工艺开发背景

钒钛磁铁矿是一种以铁、钒、钛为主伴有少量铬、镍、钴等多种有价金属元素的特殊矿种，其中钛、钒、铬的含量显著高于其他有价金属，因此近几十年关于从钒钛磁铁矿中高效回收钛、钒、铬的研究方兴未艾。在采用钒钛磁铁矿冶炼过程中，钒铬由于其性质相似，同时进入电炉铁水中，随着进一步氧化吹炼，钒铬最终转移到钒渣中。普通钒钛磁铁矿含铬量较低，钒渣中的铬含量为 1wt%～3wt%；经目前国内大多数钒厂通用的提钒工艺处理后，铬一部分由于未能浸出，仍存留在提钒尾渣内；另一部分则转移到废水和废酸中，经过中和、沉淀等工序后形成钒铬污泥。随着高铬型钒钛磁铁矿的逐步开发利用，高铬型钒渣经目前钒厂提钒工艺处理后，大量的铬仍然会存留在尾渣中，这些尾渣含有较高含量的钒、铬，不仅被列为危险废物，也导致大量的钒铬资源被浪费。因此，为保障高铬型钒钛磁铁矿的顺利开发和我国钒铬资源的高效利用，改进目前国内钒厂通用的焙烧-浸出-沉钒工艺势在必行。

在含钒铁水的吹炼等过程中，钒、铬由于化学性质相似，在冷却过程中形成尖晶石固溶体 $[Fe, Mn(Cr,V)_2O_4]$，另外尖晶石与铁橄榄石、辉石等其他矿物相互融合交互，形成复杂的矿物结构。从固相中直接分离钒铬在目前的技术范围内存在非常大的困难，因此将钒铬通过其他方式转移到液相中再进一步分离是目前较为可行的方法。尖晶石结构是一种化学性质非常稳定的矿物相结构，可有效抵抗酸碱溶液的破坏和侵蚀，因此常温下采用酸碱破坏尖晶石结构浸出钒铬的方法一般都较难获得高的钒铬浸出率。借鉴铬盐生产工艺，添加碱性物质，高温条件下可有效破坏铬尖晶石结构，高温反应过程中 Cr(III)可被氧气氧化成 Cr(VI)，反应方程式为

$$4FeCr_2O_4+7O_2+8CaO =\!=\!= 8CaCrO_4+2Fe_2O_3 \qquad (9-22)$$

$$4FeCr_2O_4+7O_2+8Na_2CO_3 =\!=\!= 8Na_2CrO_4+2Fe_2O_3+8CO_2 \qquad (9-23)$$

因此，目前常用的钒渣提钒及含钒物料提取钒铬的方法基本都是通过钠化或钙化焙烧工艺。钠化焙烧是通过添加碱性物质（Na_2CO_3、$NaOH$）在高温条件下破坏尖晶石结构将 Cr(III)和 V(III/IV)氧化成可溶性的 Cr(VI)和 V(V)，进一步通过酸性或碱性浸出将 Cr(VI)和 V(V)转移到液相中。由于添加碱性物质高温焙烧氧化

过程是气固反应过程，因此气固之间传质速率将严重影响 Cr(III) 和 V(III/IV) 氧化。特别是添加 Na_2CO_3 或 NaOH 时，高温条件下石英易与 Na_2CO_3 或 NaOH 形成一些熔点较低的钠长石等物质，提高了物料中液相的含量，影响了气固反应过程中气体的传输。另外，一些低熔点物质的生成，造成焙烧后物料结块、粘壁等问题。虽然当添加的碱性物质为 CaO 时，物料的黏结问题会显著改善，但是 V(III/IV) 将被氧化成不易溶于碱和水的钒酸钙类物质，影响了钒的浸出，因此钙化工艺未能大规模取代钠化工艺。

通过钠化-浸出工艺将钒铬从固相转移到液相后，由于浸出液的 pH 不同，钒铬离子在浸出液中的存在形态也有区别，但其价态不变 [Cr(VI) 和 V(V)]。由于钒铬在元素周期表中的位置相近，化学性质相似，因而即使是从液相中分离钒铬也存在着很大的难度。目前，从液相中分离钒铬较为有效的方法有化学沉淀法、萃取法、离子交换法、电化学法等。目前国内钒厂应用较多的是铵盐沉钒法，向浸出液加入铵盐，调节 pH 和反应温度，V(V) 与铵离子反应形成的产物多为钒酸铵沉淀，通过滤分离钒铬，滤液中 Cr(VI) 可进一步通过还原沉淀、吸附或者离子交换等方法分离提纯。该方法工艺简单成熟，不失为一种有效分离钒铬的方法，但研究表明浸出液中铬的存在对沉钒效果的影响非常显著，铬浓度越高，沉钒率越低，钒铬分离效果越差，因此该方法适合低铬型钒渣的提钒过程。另外该方法还存在耗水量大、废水产生量大等问题。离子交换法是根据离子交换树脂对钒铬的吸附优先性差异将钒铬分离的方法，目前研究中可行的离子交换树脂种类包括 D201、D296、D301、D311、717 型凝胶强碱性阴离子交换树脂、Dex-V 大孔弱碱性阴离子交换树脂等。离子交换方法分离效果好、操作自动化程度高，但也存在成本高的问题。溶剂萃取法作为一种成熟方法普遍用于分离化学性质相似的元素，广泛应用于稀土元素的分离和提纯。中国科学院过程工程研究所在溶剂萃取分离钒铬方面做了大量工作，先后采用了伯胺、季胺、磷酸三丁酯（TBP）等作为萃取剂，利用钒铬在萃取剂中溶解性差异达到分离的目的。萃取分离有分离效率普遍较高、得到的产品杂质少的优点，但也存在萃取分离钒铬体系耗酸量大、萃取剂乳化等问题。

基于目前国内钒厂普遍采用的方法，小幅改动或添加相应的铬回收单元是目前较为经济可行的方法，同时对于厂家来讲也更容易接受。目前国内的钒厂大多采用的是普通的钠化焙烧-浸出-铵盐沉钒工艺，浸出液中的铬未经有效回收直接还原沉淀后形成含钒铬的污泥。在总结了目前国内外关于钒铬共提的工艺方法后，笔者认为钠化焙烧-浸出是有效地将钒铬转移到液相中的方法，且钒厂也早已采用该种方法生产多年，设备运行稳定、效率较高，应在此基础上发展新的钒铬回收工艺。

9.3.2　工艺流程

笔者在对钒铬分离多年理解和研究的基础上提出一种较为贴近实际的分离工艺，钠化焙烧-酸浸-还原沉淀-水洗除盐-煅烧-碱浸取分离钒铬，该种工艺仍然属于传统的化学沉淀法，具体的工艺流程见图 9-3。

图 9-3　工艺流程图

9.3.3　工艺原理

通过钠化焙烧破坏尖晶石固溶体，将钒铬从尖晶石结构中释放出来，形成五价钒和六价铬。采用酸浸的方法可以更大限度提高浸出率，将钒铬转移到液相中。虽然钒铬离子形态化学性质相似，但其氧化物五氧化二钒（V_2O_5）和三氧化二铬（Cr_2O_3）的性质是截然不同的，五氧化二钒可以溶于酸碱，在加热过程中更加容易溶解，相反，三氧化二铬几乎是不溶于酸碱的，仅溶于热的 KI 溶液。因此根据五氧化二钒和三氧化二铬在酸碱中溶解度的不同，可以将溶液中的钒铬转变为固体氧化物形态，再由酸浸或者碱浸进行分离。

要将液相中的 V(V) 和 Cr(VI) 转变为氧化物，首先要将 V(V) 和 Cr(VI) 还原沉淀，V(V) 和 Cr(VI) 的氧化性较强，酸性 pH = 2 时，V(V) 和 Cr(VI) 的离子形态及其氧化还原电位为

$$VO_2^+ + e^- + 2H^+ \rel VO^{2+} + H_2O \quad E(V) = 1.0 \quad (9\text{-}24)$$

$$Cr_2O_7^{2-} + 14H^+ + 6e^- \rel 2Cr^{3+} + 7H_2O \quad E(V) = 1.33$$

$$(9\text{-}25)$$

由 V(V) 和 Cr(VI) 氧化还原电位可知，Cr(VI) 氧化性更强，在加入还原剂后 Cr(VI) 还原反应可能首先进行或者还原反应进行得更加彻底，从经济角度可选择的还原剂包括 H_2S、H_2SO_3、Na_2SO_3 等非金属单质类还原剂。在还原剂的作用下 Cr(VI) 将被还原为 Cr(III)，V(V) 可能被还原为 V(III) 或者 V(IV)，但由于 V(III) 容易被空气氧化为 V(IV)，因此主要以 V(IV) 形式存在。调节 pH 大于 8，V(IV) 和 Cr(III) 形成沉淀，反应方程式可以表示为

$$Cr^{3+} + 3OH^- \rel Cr(OH)_3 \quad (9\text{-}26)$$

$$VO^{2+} + 2OH^- \Longrightarrow VO(OH)_2 \tag{9-27}$$

由于还原剂的加入和酸碱调节过程较多的碱、碱土金属离子和阴离子的加入，钒铬污泥也夹杂了大量的杂质离子，这些离子不仅会影响后期产品的纯度，更严重的是影响下一步煅烧过程中钒铬是否能形成氧化物形态，因此，需要经过水洗尽可能地除掉钒铬污泥中的盐。$VO(OH)_2$ 经煅烧后先分解生成 V_2O_4 或者 VO_2，但不论 V_2O_4 还是 VO_2 在高温空气气氛下最终都会被氧化为 V_2O_5。$Cr(OH)_3$ 在高温煅烧后会分解生成 Cr_2O_3。通过碱浸的方法可将混合氧化物中 V_2O_5 提取出来，再通过铵盐沉钒的方法将钒沉淀和分离，碱浸剩余的残渣基本为 Cr_2O_3。

9.3.4　工艺过程研究

1）钒铬还原共沉淀

钠化焙烧-酸浸的工艺已经有很多的研究者详细考察过了，在此就不赘述。本工艺中采用的是 Na_2CO_3 作为焙烧添加剂，硫酸作为浸出介质。浸出液 V 和 Cr 的浓度分别为 8g/L 和 4.1g/L，浸出液 pH = 0.6。出于 Na_2SO_3 被氧化后生成 Na_2SO_4，没有在液相中介入新的杂质离子的考虑，探究还原剂的加入量时选择的还原剂是 Na_2SO_3。根据下面化学反应方程式，当加入的 Na_2SO_3 将 Cr(VI)和 V(V)还原为 Cr(III)和 V(IV)时为 1 个单位

$$2CrO_4^{2-} + 3SO_3^{2-} + 10H^+ \Longrightarrow 2Cr^{3+} + 3SO_4^{2-} + 5H_2O \tag{9-28}$$

$$VO_2^+ + SO_3^{2-} \Longrightarrow VO^{2+} + SO_4^{2-} \tag{9-29}$$

Na_2SO_3 加入量对于钒铬沉淀率的影响如图 9-4 所示，钒铬的沉淀率都是随着 Na_2SO_3 加入量的增加先上升后下降，当 Na_2SO_3 加入量为 1.5～2.0 单位时钒铬的沉淀率能达到 98%以上，继续增大其加入量，钒铬的沉淀率会明显下降。实验过程中发现，当 Na_2SO_3 加入量超过 2 时，溶液颜色发生变化，呈绿色，静止放置 6h 后，形成淡蓝色沉淀；或加入 NaOH 调节 pH 到 11 左右有沉淀形成。形成这种现象的原因是加入的 Na_2SO_3 过量，部分五价钒可能被还原成 V(III)，溶液中 SO_3^{2-} 可能与 V(III)形成配合物稳定存在；当静置时间较长时，空气中的氧气将 V(III)氧化成 V(IV)后，配合物失稳重新生成淡蓝色的 V(IV)沉淀。若加入碱液调节 pH 到碱性则直接破坏了该配合物稳定存在的 pH 范围，由于 V(III)在 pH 大于 2.2 时容易发生二聚沉淀，因此失稳的配合物直接形成沉淀。另外，也有研究表明，Cr(III) 在 SO_3^{2-} 大量存在的情况下也会形成配合物$[Cr_2(OH)_2SO_3]^{2+}$，因此当 Na_2SO_3 加入量超过 2 时，铬的沉淀率也会下降。

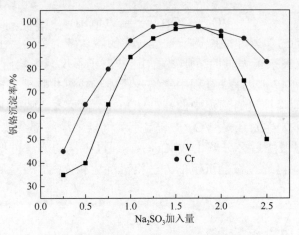

图 9-4　Na$_2$SO$_3$ 加入量对钒铬沉淀的影响

　　图 9-5 为加入不同量的 Na$_2$SO$_3$ 所得沉淀的 XRD 图谱，加入不同量 Na$_2$SO$_3$ 没有改变沉淀产物的物相形态，检测到的衍射峰是 Cr(OH)$_3$ 的特征峰，没有检测到明显的有关钒物相的衍射特征峰。图 9-6 所示为钒铬共沉淀的微观形貌分析及 EDS 分析，EDS 分析表明沉淀中并非只有铬而没有钒，且不同点处的 EDS 分析表明沉淀中钒铬的分布是均匀的。一般认为金属离子沉淀物的形态是无定型的水合物形态，从钒铬溶液中得到的沉淀可以认为是钒铬的共沉淀，所以未能检测到钒的物相特征峰。由于 +4 价钒电荷较高，因此溶液中的钒不是以 V^{4+} 存在，而是以 VO$_2^+$ 形式存在，其性质与过渡元素和碱土金属二价阳离子的性质相似，因此钒也是以水合物或者氢氧化物的形式存在的。

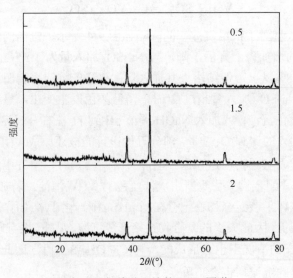

图 9-5　钒铬共沉淀的 XRD 图谱

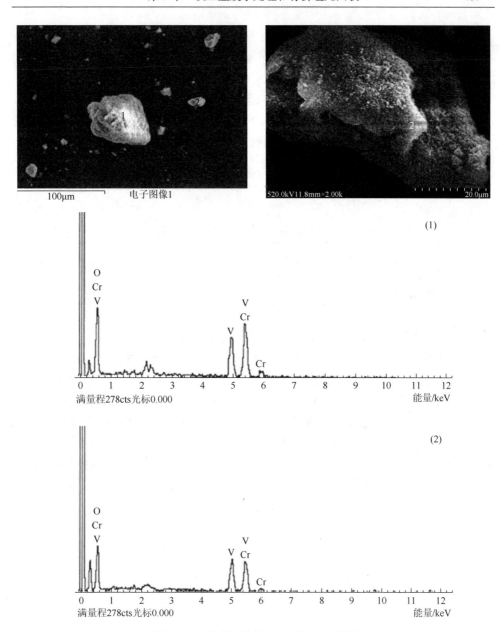

图 9-6　钒铬共沉淀的 SEM 及 EDS 分析

2）共沉淀水洗后煅烧

实验原料为实验过程中产生的共沉淀，其化学分析结果见表 9-4。共沉淀的主要成分是钒和铬，另外还检测到少量的硅酸盐和硫酸盐。硅酸盐是在钠化焙烧熟料经酸浸过程中由硫酸浸出的，硫酸盐的来源是酸浸、pH 调节、还原反应等过程中加入的硫酸根。钒铬在共沉淀过程中会吸附和夹杂大量的离子,因此共沉淀中夹杂有较多的硅酸盐和硫酸盐。这部分可溶盐对于下一步煅烧步骤中能否顺利生成 V_2O_5 和 Cr_2O_3 至关重要,不管 V(IV) 还是 V(III),在高温氧化性气氛下,都会被氧化为 V(V)。但是 Cr(III) 的氧化反应条件不同,当没有碱金属和碱土金属可溶盐存在时,Cr(III) 氧化成 Cr(VI) 的反应不会被激发,$Cr(OH)_3$ 高温脱水直接生成 Cr_2O_3;而当碱金属和碱土金属可溶盐存在时,Cr(III) 可被再次氧化成可溶态的 Cr(VI);经酸浸或碱浸 V_2O_5 过程再次进入浸出液,达不到钒铬分离的目的,因此在煅烧共沉淀生成 V_2O_5 和 Cr_2O_3 之前,一定要对共沉淀进行脱盐处理(图 9-7)。

表 9-4　共沉淀及水洗后共沉淀的 X 射线荧光光谱分析(wt%)

	Cr_2O_3	V_2O_5	SO_3	P_2O_5	SiO_2
共沉淀	51.62	43.72	3.5	0.5	0.38
水洗除盐后共沉淀	54.16	43.29	未检出	0.50	未检出

实验中采用去离子水反复冲洗共沉淀的方法脱除可溶盐,具体步骤是称取一定量干燥的共沉淀于三角瓶中,加入去离子水,固液比 1:20,将三角瓶置于摇床上摇晃处理 30min,摇晃结束,过滤,再加入去离子水(固液比 1:20),在相同条件下摇晃处理 30min,过滤沉淀后干燥。表 9-4 为水洗干燥后的沉淀经 X 射线荧光光谱分析所得结果,与未水洗的样品比较,其样品中硫酸根和硅酸根离子已经低于检出限,表明水洗过程可以有效地将共沉淀中的硫酸盐和硅酸盐除掉,磷酸盐去除效果不明显。从实验结果来看,采用水洗除盐效果尚可,更重要的是水洗除盐工艺简单、设备不复杂,且很多钒厂本身有水洗除盐的工艺和设备,不需要添购新的设备和培训员工,能够降低成本,有较大的实用价值。

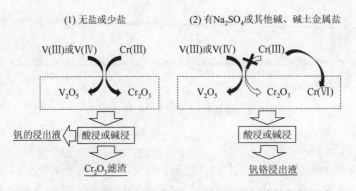

图 9-7　煅烧过程中碱金属或碱土金属盐对于钒铬氧化的影响

将水洗后的共沉淀在高温马弗炉内煅烧，煅烧时间为 1h，煅烧温度范围为650～1000℃，采用 NaOH 浸出，选择碱浸法是因为其具有工艺简单、对原料适应性强等优点，$n(NaOH) = 1.5mol/L$，浸出固液比为 1∶10，浸取温度为室温。不同温度煅烧后得到的产物经碱浸后残渣经 X 射线荧光分析，结果如表 9-5 所示。煅烧温度为 650℃或 750℃时，残渣中仍然含有高达 42wt%的钒，说明钒基本上没有被碱液浸出，继续升高温度到 850℃，钒大量被浸出，残渣中剩余少量的钒，当温度升高到 950℃或 1000℃时，残渣中 V_2O_5 只剩下 1wt%左右。因此从残渣中剩余钒的角度来看，最佳的煅烧温度应控制在 950～1000℃。

表 9-5　不同煅烧温度下沉淀经碱浸后残渣的元素分析结果（wt%）

煅烧温度	Cr_2O_3	V_2O_5	SiO_2	Al_2O_3	CaO
650℃	36.4	43.88	1.08	0.46	0.29
750℃	55.3	42.76	1.02	0.34	0.23
850℃	96.2	1.9	0.97	0.16	0.32
950℃	96.35	1.19	1.16	0.9	0.24
1000℃	94.06	1.27	2.0	1.09	0.26

对不同煅烧温度下的共沉淀进行 XRD 矿物相分析，结果如图 9-8 所示。650℃和 750℃时产物中的物相包括 $CrVO_4$、V_2O_5 和 Cr_2O_3。继续升高温度，$CrVO_4$ 的衍射特征峰强度明显下降，而 V_2O_5 和 Cr_2O_3 的特征衍射峰强度显著增强，这种现象表明，$CrVO_4$ 可能作为共沉淀高温分解的一种中间产物，且该产物能够分解生成 V_2O_5 和 Cr_2O_3。表 9-5 表明，650℃和 750℃时钒的浸出率较低，从物相表征来看这是由于在该温度时中间产物 $CrVO_4$ 是主要的物相。图 9-9 为干燥的共沉淀在室温到 1000℃之间的 TG-DTA 分析，在 100～200℃区间，共沉淀的质量有较大损失，同时伴随着强烈的吸热行为，这是由共沉淀中自由水及结合水的挥发导致的。在 545.7℃和 635.7℃，检测到比较强烈的放热和吸热峰，这表明在这两个温度范围内可能发生了明显的放热和吸热反应。结合 XRD 分析结果，这可能是中间产物 $CrVO_4$ 的生成和分解反应。因此综合以上分析，煅烧反应可分为两个阶段进行。第一个阶段为钒铬共沉淀中的 $Cr(OH)_3$ 和 $VO(OH)_2$ 首先反应生成 $CrVO_4$，该反应为放热反应即 $\Delta H < 0$，反应起始温度在 545℃左右，反应方程为

$$4Cr(OH)_3 + 4VO(OH)_2 + O_2 === 4CrVO_4 + 10H_2O \quad \Delta H < 0 \quad (9\text{-}30)$$

由于反应产物中含有水分，生成后在高温下立即挥发，因此体现在 TG-DTA 中该反应是失重的。第二阶段反应是 $CrVO_4$ 在高温下分解生成 V_2O_5 和 Cr_2O_3，为吸热反应，反应的起始温度在 635℃左右，其反应方程式为

$$2CrVO_4 === Cr_2O_3 + V_2O_5 \quad \Delta H > 0 \quad (9\text{-}31)$$

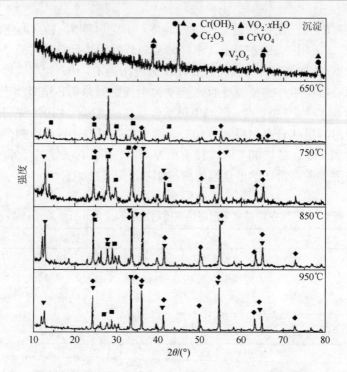

图 9-8　钒铬共沉淀经不同温度煅烧后残渣的 XRD 图谱

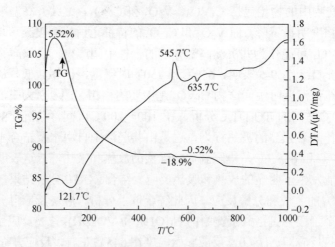

图 9-9　钒铬共沉淀的 TG-DTA 分析

从图 9-8 可以看到当温度为 950℃时，虽然 $CrVO_4$ 的衍射峰已经较小了，但是仍然可以检测到，这表明在该温度下 1h 之内 $CrVO_4$ 的分解并不彻底，需要延长时间来保证 $CrVO_4$ 的彻底分解。将煅烧温度固定到 950℃，NaOH 浸出液浓度 $n(NaOH) = 1.5mol/L$，浸出固液比为 1∶10，浸取在室温下进行。不同煅烧时间后经 NaOH 浸出后的残渣 XRF 分析结果如表 9-6 所示。随着煅烧时间的延长，经 NaOH 浸出后残渣中 Cr_2O_3 含量不断提高，V_2O_5 含量不断降低。当煅烧时间达到 120min 时，煅烧产物经 NaOH 浸出后剩余的 Cr_2O_3 含量在 97wt%左右，V_2O_5 含量低于 2wt%，另外还有 1wt%左右的杂质。通过检测浸出残渣表明，在 950℃，要让 $CrVO_4$ 彻底分解，煅烧时间至少要保持 120min 左右。将共沉淀在 950℃煅烧不同时间得到的产物做 XRD 分析，结果如图 9-10 所示。不同煅烧时间的煅烧产物的 XRD 图谱也表明了 $Cr(OH)_3$ 和 $VO(OH)_2$ 首先反应生成 $CrVO_4$，且该反应可以在较快的速率下完成，当反应 30min 时，该反应就已经完成。表 9-6 表明当煅烧时间小于 90min 时，钒铬的分离效果不好，XRD 分析表明，这是由于在 90min 之内，产物中 $CrVO_4$ 的衍射特征峰还很明显，$CrVO_4$ 的分解反应并不彻底。当煅烧时间超过 120min 时，$CrVO_4$ 的衍射特征峰强度显著降低，V_2O_5 和 Cr_2O_3 是图谱中主要的物相。

表 9-6　不同煅烧时间的钒铬共沉淀经碱浸后残渣的元素分析结果（wt%）

煅烧时间	Cr_2O_3	V_2O_5	SiO_2	Al_2O_3	CaO
未煅烧的共沉淀	51.49	42.7	1.02	0.2	0.1
煅烧 30min	53.49	44.9	0.85	0.08	0.18
煅烧 60min	64.9	33.76	0.79	0.26	0.4
煅烧 90min	91.38	6.78	0.85	0.35	0.28
煅烧 120min	96.9	1.59	0.68	0.14	0.25
煅烧 150min	97.51	1.28	0.61	0.15	0.23

通过上述的研究，为保证中间产物 $CrVO_4$ 分解彻底，煅烧过程温度控制在 950~1000℃，煅烧时间要延长至 2h。Cr_2O_3 是非常稳定的，其熔点超过 2000℃，因此在该工艺中煅烧的温度范围内并不会熔融损失，仍然会保持固体粉末形态。但是产物 V_2O_5 的熔点约为 680℃，且 V_2O_5 在 900℃条件下也具有明显的挥发性。另外，熔融的 V_2O_5 具有较强的侵蚀性，能够侵蚀二氧化硅，部分 V_2O_5 冷却后黏附在实验瓷坩埚上造成部分损失，因此高温煅烧过程可能会导致部分 V_2O_5 损失。共沉淀煅烧过程研究表明，虽然煅烧反应的路径并非如笔者根据钒铬的化学性质推测的一样，但是从产物来看仍然符合笔者初期的设计要求。中间产物的生成表明了钒铬在高温条件下仍然有结合的可能，笔者查阅了相关的一些技术文献资料，并未找到较为详细的关于 $CrVO_4$ 的化学性质特点，对于这种物质的了解所知甚少，如它的生成途径、其他杂质对它反应的影响、在酸碱中的溶解度、在其他物质存在时是否会影响它的分解等，后期研究中应当对该物质的化学性质投入足够的重

视。研究中发现中间产物 $CrVO_4$ 的生成是一个放热反应,且是氧化反应。该物质的生成并非需要很苛刻的反应条件,反应起始温度并不高,也不需要特别输氧的环境,而在空气气氛下就能较快地完成。这样的反应条件给整个工艺并未带来特殊的需求和投资,不需要建立富氧煅烧炉和专门的输氧设备,因而能大幅度地降低投资和生产成本。

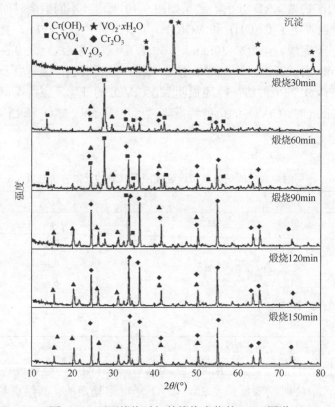

图 9-10　不同煅烧时间的煅烧产物的 XRD 图谱

3)浸出分离钒铬

经过 XRD 及 TG-DTA 对于共沉淀煅烧过程的表征,煅烧产物为 V_2O_5 和 Cr_2O_3。根据 V_2O_5 和 Cr_2O_3 在酸碱溶液中溶解度的差异来分离钒铬是本工艺的核心思想。V_2O_5 可溶于酸碱但 Cr_2O_3 却不能,那么首先探讨的是酸溶和碱溶哪种方式效果更好。研究过程中探讨了 H_2SO_4 和 NaOH 溶液对于 V_2O_5 的浸出效果,水洗后的共沉淀首先在 950℃煅烧 1h,固液比为 1:20,$n(H^+)$ 和 $n(OH^-)$ 相同,均为 1.5mol/L,经 H_2SO_4 和 NaOH 溶液浸出后残渣的 XRF 分析结果见表 9-7。由表可知 NaOH 的浸出效果更好,残渣中 Cr_2O_3 含量更高,V_2O_5 含量更低。这说明同等浓度下,NaOH 浸出钒的效果更好。另外,碱溶液能更好地溶出硅酸盐类物质,减少残渣即 Cr_2O_3

产品中的杂质含量。虽然实验表明碱浸是更好的浸取 V_2O_5 的方法，但从浸出残渣的分析来看，酸浸和碱浸的差别并不大，且从成本上来讲，硫酸的成本更低。另外，表 9-7 也只列出了几种杂质浸取前后含量的变化情况，但是酸浸能将更多的杂质浸出也是事实，酸浸取 V_2O_5 后形成 V(V)溶液，因为采用铵盐沉钒法沉钒需要在酸性条件下进行，因此后期采用酸浸取的方法将大幅节省后期沉钒过程酸的使用量，降低使用成本，因而酸浸出也可能是一种较好分离 V_2O_5 和 Cr_2O_3 的方法。

表 9-7　H_2SO_4 和 NaOH 对煅烧产物浸出后残渣的元素分析结果（wt%）

浸取剂种类	Cr_2O_3	V_2O_5	SiO_2	Al_2O_3	CaO
共沉淀	50.76	44.39	2.74	0.58	0.48
NaOH	89.7	3.4	4.6	0.75	0.32
H_2SO_4	88.9	4.03	5.17	1.04	未检出

用不同浓度的 NaOH 溶液浸出煅烧产物中的 V_2O_5，水洗后的共沉淀首先在 950℃煅烧 1h，固液比 1∶20，浸出时间 1h，浸出渣经 XRF 分析，结果如表 9-8 所示。提高碱浸出液中 NaOH 浓度可以有效提高 V_2O_5 的浸出率。当 NaOH 浓度大于 1.5mol/L 时，残渣中 Cr_2O_3 和 V_2O_5 含量已经基本稳定，表明 V_2O_5 基本全部被浸出到溶液中，继续提高碱溶液浓度，对提高钒浸出率影响不大，从经济和成本角度考虑，NaOH 浸出液的浓度可控制在 1.5～2mol/L。

表 9-8　不同 NaOH 浓度碱液浸出后残渣的元素分析结果（wt%）

NaOH 浓度	Cr_2O_3	V_2O_5	SiO_2	Al_2O_3	CaO
0.5mol/L	85.03	9.6	3.59	0.84	0.18
1mol/L	89.71	3.5	4.6	0.74	0.32
1.5mol/L	92.77	1.36	3.63	0.89	0.4
2mol/L	93.17	1.78	3.26	0.65	0.36
3mol/L	93.5	1.24	3.4	0.74	0.38

下面考察了浸出时间对于 V_2O_5 浸出效果的影响，水洗后共沉淀在 950℃煅烧 1h，采用 1.5mol/L NaOH 溶液浸出，固液比 1∶20，浸出温度为室温。煅烧产物经不同浸出时间处理后残渣经 XRF 分析，结果如表 9-9 所示。当浸出时间为 30min 时，残渣中的 V_2O_5 含量仅为 2.6wt%，延长浸出时间到 1h，残渣中 V_2O_5 含量下降到 1.61wt%，继续延长浸出时间对于提升 V_2O_5 溶解影响并不大。这些结果表明，V_2O_5 在碱液中的溶解较快，30min 就可达到较好的效果，且延长浸出时间多于 1h 对于提升 V_2O_5 浸出率并不显著，因此从效果和经济角度综合考虑，浸出时间可控制在 1～1.5h 之内。另外还考察了浸出温度对 V_2O_5 的浸出效果的影响，水洗后共沉淀在 950℃煅烧 1h，采用 1.5mol/L NaOH 溶液浸出，固液比为 1∶20，浸出时

间为 1h。不同浸出温度下所得残渣的元素分析结果如表 9-10 所示。提高浸出温度对于提升 V_2O_5 浸出效果有正面影响，但影响效果不显著。一般认为，提高浸出温度有利于浸出过程对钒和铬的浸出。这是因为浸出过程利用酸液或者碱液与钒铬渣中的钒铬反应将之转化为可溶态物质，而本实验中煅烧过程已将钒铬转化为氧化物，碱浸过程只是一个溶解过程，并不存在化学反应限制其溶解速率。另外，由于本实验中碱浸过程碱量已过量，提高温度对于提升五氧化二钒的溶解贡献不大，因此碱浸过程可选择在常温下进行。

表 9-9　采用 NaOH 溶液浸出不同时间所得残渣的元素分析结果（wt%）

浸出时间	Cr_2O_3	V_2O_5	SiO_2	Al_2O_3	CaO
30min	94.5	2.6	1.50	0.46	0.37
60min	95.11	1.61	1.57	0.52	0.42
90min	95.36	1.43	1.3	0.46	0.37
120min	94.44	1.32	1.63	0.43	0.4

表 9-10　在不同浸出温度下所的残渣的元素分析结果（wt%）

浸出温度	Cr_2O_3	V_2O_5	SiO_2	Al_2O_3	CaO
25℃	95.11	1.62	1.57	0.52	0.43
45℃	95.42	1.52	1.15	0.42	0.38
60℃	96.46	1.43	0.41	0.38	0.37
75℃	96.68	1.6	0.30	0.35	0.39
90℃	96.55	1.44	0.21	0.48	0.40

4）酸性铵盐沉钒

铵盐沉钒根据沉淀 pH 不同可分为弱碱性铵盐沉钒、弱酸性铵盐沉钒和酸性铵盐沉钒。碱性铵盐沉钒率低、铵盐消耗量大，弱酸性铵盐沉钒产物中含化学结合态钠，影响最终产品纯度，而酸性铵盐沉钒克服了上述两种方法的缺陷，受到人们的关注。酸性铵盐沉钒是根据在酸性溶液中钒酸根与铵盐作用生成六聚酸铵。其过程是调节 pH 到 5 左右，温度 65℃时加入铵盐，搅拌条件下继续加热到 95℃，并调节 pH 到 2.0～2.5，即可得到钒沉淀产物多钒酸铵 $(NH_4)_2V_6O_{16}$，其反应方程式为

$$6NaVO_3 + 2H_2SO_4 + (NH_4)_2SO_4 =\!=\!= (NH_4)_2V_6O_{16} + 3Na_2SO_4 + 2H_2O \quad (9\text{-}32)$$

下面考察酸性铵盐沉钒过程中加铵量、反应 pH、温度和反应时间对沉钒率的影响。加铵量可用加铵系数来表示，以 $(NH_4)_2SO_4$ 为例

$$加铵系数\ K = \frac{n[(NH_4)_2SO_4]}{n(V_2O_5)} \quad (9\text{-}33)$$

图 9-11 为加铵系数对于沉钒率的影响，沉淀时反应温度为 95℃，持续加热时间 30min，静止沉淀 40min。沉钒率随着加铵系数的增大显著提高，当加铵系数

为 1 时，沉钒率较低，只有 10%左右。当加铵系数为 2 时，沉钒率迅速提高到 80%
左右，当加铵系数为 4 时沉钒率达到最大值，继续加大加铵量，沉钒率略有降低。
实验过程中发现当加铵系数为 1 时，加热长时间无明显沉淀产生，加热结束后，
溶液中有少量红色絮状物沉淀产生。当加铵系数大于 3 时，加入铵盐后短时间内
就能产生大量的橙黄色沉淀。对不同加铵系数得到的沉淀产物进行 XRD 分析，
结果如图 9-12 所示。不同加铵系数得到的产物基本是相同的，产物经分析比对后
含有两种物质，分别是$(NH_4)_2V_6O_{16}$ 和 $NH_4V_3O_8$。从衍射峰的强度来看，加铵系数
不同，这两种物质的比例有所区别，当加铵系数小于 3 时，沉淀中 $NH_4V_3O_8$ 比例
更大一些，当加铵系数大于 3 时，$(NH_4)_2V_6O_{16}$ 的比例更大一些。酸性铵盐沉钒过
程实质是多钒酸铵中铵离子与钠离子的置换反应。铵盐的加入量主要取决于含钒
浸出液钒离子的浓度及存在形式，钒浓度越高，铵盐的加入量也越大；pH 不同，
钒酸根的结合形态也不同，最终多钒酸铵的形态也就不同。本实验是在 pH 2～2.5
之间进行的，钒酸根离子的主要存在形态是 $V_6O_{16}^{2-}$，相应的形成钒酸铵的形式为
$(NH_4)_2V_6O_{16}$ 和 $NH_4V_3O_8$。因此，当加铵系数为 1 时，由于铵根离子浓度较低，所
以不能形成沉淀。当加铵系数为 2 时，铵根离子数量足以置换多钒酸钠中的钠离
子，因此能形成大量沉淀，铵盐加入过多，溶液中硫酸根离子浓度升高，由于硫
酸根离子在钒溶液中会发生下列反应

$$VO_2^+ + SO_4^{2-} \Longrightarrow [VO_2SO_4]^- \qquad K = 9.32 \pm 0.43 \qquad (9\text{-}34)$$

$$VO_2^+ + HSO_4^- \Longrightarrow [VO_2SO_4]^- + H^+ \qquad K = 0.73 \pm 0.1 \qquad (9\text{-}35)$$

VO_2^+ 会络合部分 SO_4^{2-} 形成硫酸氧钒配合物，造成溶液中自由钒氧酸根离子浓度
降低，从而引起沉钒率的下降；同时高浓度的硫酸根离子也造成多钒酸铵中夹杂
着大量的硫酸根离子，降低后期产品纯度。

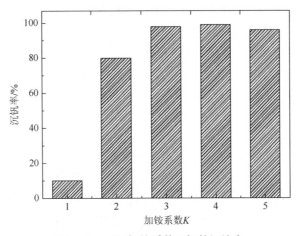

图 9-11　不同加铵系数下钒的沉淀率

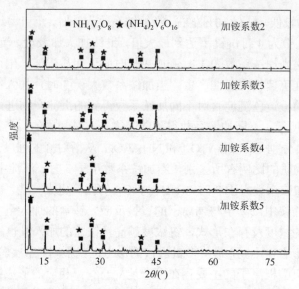

图 9-12　不同加铵系数条件得到多钒酸铵的 XRD 图谱

图 9-13 为反应 pH 对沉钒率的影响，在此研究中加铵系数为 4，持续加热时间 30min，静止沉淀 40min。由图可知钒的沉淀率随着反应 pH 的增大呈现出先上升后下降的趋势，且在 pH 大于 3.8 后下降很快，pH = 4.2 时，沉淀率小于 80%。沉淀 pH 直接影响了沉淀产物的组成，这是因为钒酸根离子在不同酸度下存在的形态不同。当 1.7＜pH＜2 时，钒酸根离子将发生水解反应，减少了溶液中自由钒酸根离子的浓度而影响了沉钒率，另外酸性水解反应造成 Na^+ 作为构晶离子夹杂在沉淀中，不易洗涤去除，影响了最终产品的质量。当 4＜pH＜6 时，钒酸根的聚集状态发生变化，主要以 $V_{10}O_{28}^{6-}$ 形式存在，发生的是弱酸性铵盐沉钒，沉钒率较酸性铵盐沉钒率低。pH 影响钒的沉淀率是通过影响钒酸根离子在溶液中的聚集状态实现的，所以 pH 对沉钒率的影响是非常重要的。图 9-14 所示为不同反应温度对沉钒率的影响，反应 pH = 2.2，加铵系数为 4，持续加热时间为 30min，加热结束静止沉淀 40min。钒的沉淀率随着温度的升高迅速上升，当反应温度为 80℃时，钒的沉淀率只有 20% 左右；当温度上升到 85℃，沉钒率迅速上升到 95%；当温度上升到 90℃时，钒的沉淀率已经达到 99% 以上，达到了很好的沉钒效果。继续升高反应温度对于提高钒的沉淀率贡献不大，因此酸性铵盐沉钒过程反应温度可控制在 95℃左右。通常认为沉钒的温度影响着沉钒产物的晶体大小，温度越高越有利于提高多钒酸铵结晶的扩散速度和相界面上的扩散速度，有利于沉淀的生成。但温度升高过快，也会导致晶核周围吸附大量的硫酸根离子，随着晶核的长大而被包裹在晶核周围，造成沉淀中硫酸根离子含量偏高。由于所含的硫酸根不是吸附在晶核周围，而是被包裹在晶体内部，水洗过程无法洗出大量的硫酸根离子，严重影响了后期 V_2O_5 的纯度。

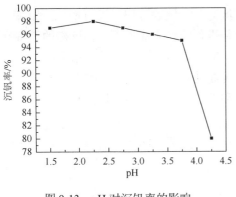

图 9-13　pH 对沉钒率的影响

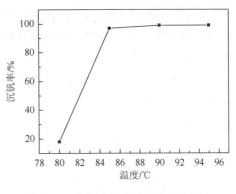

图 9-14　反应温度对于沉钒率的影响

图 9-15 所示反应时间对于沉钒率的影响，反应条件为加铵系数 4，反应温度 95℃，静止沉淀 40min。延长反应时间有利于沉钒率的提高，尤其在 10～15min 之间沉钒率增长显著，20min 后沉钒率基本达到 100%，所以酸性沉钒过程反应时间应控制在 15～20min 之间。沉淀反应时间与钒的回收率、产品纯度有直接关系，反应进行得越完全，回收率也就越高。有研究认为酸性铵盐沉钒过程反应达到理论终点的时间较长，因此若反应完全，势必反应时间较长，造成大量能量的损耗，生产实践中一般控制反应时间在 30min 左右。反应时间短，不仅钒的回收率低，过滤后滤液的钒含量超标，另外 NH_4^+ 与 Na^+、K^+ 置换不完全，影响后期产品质量；反应时间过长，加大了对设备的损耗，浪费了大量的能量，提高了产品的生产成本。

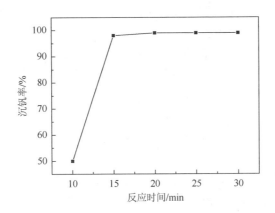

图 9-15　不同反应时间对沉钒率的影响

9.3.5　工艺的优缺点比较及改进措施

本实验中开发的工艺具有以下几个优点：

（1）工艺仍然采用传统的高温处理、沉淀、还原等过程，没有增加诸如离子交换、萃取等工段，采用目前国内钒厂使用设备即可完成，不需添购新的设备类型，只需更改钒厂现有设备顺序，贴近钒厂生产实际，有较大的应用价值。

（2）本工艺中还原过程产生的钒铬共沉淀其实与目前钒厂含铬废水产生的钒铬还原渣是一类物质，因此之前钒厂产生和堆积的大量钒铬还原渣也可以用本工艺来处理。

（3）采用煅烧-碱浸的方法分离 V_2O_5 和 Cr_2O_3 的方法简单、效率较高，相比萃取和离子交换有优势。

本工艺存在的问题如下：

（1）还原剂的选择及还原效率问题，最好添加的还原剂中的元素是浸出液中已有元素，可降低后期产品的纯度问题，另外还原效率也影响沉淀滤液中钒铬的含量及回收率。

（2）除盐是影响钒铬共沉淀中 V(IV) 和 Cr(III) 能否转化为 V_2O_5 和 Cr_2O_3 的关键，能否提高除盐效率是下一步研究重点。

（3）产品纯度并非优秀，V_2O_5 纯度可达到98%左右，但 Cr_2O_3 纯度在95%～98%。Cr_2O_3 纯度较低是因为煅烧的钒铬共沉淀在碱浸时没有完全浸出杂质和 V_2O_5。因此可开发 Cr_2O_3 提纯工艺，例如，改用酸浸或者 Cr_2O_3 产品再经一遍酸洗除杂工艺。

工艺可以改进的措施如下：

（1）本工艺中选择的还原剂是 Na_2SO_3，其溶于水后呈碱性，降低了酸浸液的pH，不仅需要消耗大量酸来调节pH，而且pH降低不利于还原反应的进行，因此可选择亚硫酸或者其他的还原剂。

（2）煅烧共沉淀后可选择改用酸浸出 V_2O_5，不仅能降低生产成本，且能提高 Cr_2O_3 的产品纯度。且当提高酸浸液中酸的浓度时，可能会获得更好的 V_2O_5 分离效果。

9.4　本 章 小 结

目前，针对钠化提钒工业废水的钒主要采用液态聚合硫酸铁（含全铁 11wt%）作为沉淀剂，在中性条件（pH = 5.5～6.5）下将钒以钒酸铁形式沉淀回收；铬主要采用二氧化硫或焦亚硫酸钠作为还原剂，在酸性条件下（pH = 2.0～3.5）将六价铬还原后在中性条件下（pH = 7.0～8.5）将铬以氢氧化铬形式回收；氨氮在碱性条件下（pH＞12），经高温蒸汽吹脱后以稀硫酸吸收得到的硫酸铵溶液回用于沉钒工段。化学沉淀-吹脱工艺技术成熟，运行稳定，可将废水中的有价元素充分回收、循环利用，从而降低废水处理成本，实现污染物零排放。

参 考 文 献

[1] Wilson S A，Weber J H. An EPR study of the reduction of vanadium（V）to vanadium（IV）by fulvic acid[J]. Chemical Geology，1979，26（3）：345-354.

[2] Wehrli B，Stumm W. Vanadyl in natural waters：Adsorption and hydrolysis promote oxygenation[J]. Geochimica Et Cosmochimica Acta，1989，53（1）：69-77.

[3] Barrera C E. A review of chemical，electrochemical and biological methods for aqueous Cr（VI）reduction[J]. Journal of Hazardous Materials，2012，223-224（2）：1-12.

[4] 张著，李婕，杨文，等. 石煤钒浸出液直接制备钒酸铁的研究[J]. 有色金属，2016（11）：49-51.

[5] 陈亮. 从钒浸出液中沉淀结晶型钒酸铁实验研究[J]. 湿法冶金，2010，29（3）：171-175.

[6] 关洪亮，操艳兰，顾逸雅，等. 硫酸亚铁沉淀法处理含钒废水[J]. 武汉工程大学学报，2012，34（12）：25-27.

[7] 欧阳玉祝，王继徽. 铁屑微电解——共沉淀法处理含钒废水[J]. 化工环保，2002，22（3）：165-168.

[8] 张晓辉，曹奇光，谢国莉，等. 不同还原剂处理实验室 Cr(VI)废水研究[J]. 环境工程，2014，32（6）：61-64.

[9] 付自碧，王永刚，王小江，等. 提高沉钒废水中 V^{5+}、Cr^{6+} 处理能力的途径[J]. 铁合金，2008，39（6）：40-43.

[10] 贾金平，谢少艾，陈虹锦. 电镀废水处理技术及工程实例[M]. 北京：化学工业出版社，2003.

[11] 刘莉丽. 沉钒废水处理能力影响因素研究[C]. 钒产业先进技术交流会，2013.

[12] 倪佩兰，郑学娟，徐月恩，等. 垃圾填埋渗滤液氨氮的吹脱处理工艺技术研[J]. 环境卫生工程，2001，9（3）：133-135.

[13] Yuan M，Chen Y，Tsai J，et al. Ammonia removal from ammonia-rich wastewater by air stripping using a rotating packed bed[J]. Process Safety and Environmental Protection，2016，102：777-785.

[14] 吴树彪，徐新洁，孙昊，等. 厌氧消化液氨氮吹脱回收整体处理装置设计与中试试验[J]. 农业机械学报，2016，47（8）：208-215.

[15] 吴海忠. 吹脱法处理高氨氮废水关键因素研究进展[J]. 绿色科技，2013，2：144-146.

[16] 周明罗，陈建中，刘志勇. 吹脱法处理高浓度氨氮废水[J]. 广州环境科学，2005，20（1）：9-11.

附录　烧结杯试验设备及操作规程

1. 适用范围

本规程适用于铁矿粉烧结杯试验，包括：烧结混合料制备、混合料的点火烧结、烧结产品处理、成品烧结矿的转鼓试验等。

2. 引用标准

标准《数值修约规则与极限数值的表示和判定》（GB 8170—2008）所包含的条文，通过在本规程中引用而构成为本规程的条文。使用本规程的各方应探讨使用该标准最新版本的可能性。

3. 试验设备

1）烧结杯主体

杯体 φ320mm，高度 700mm 可调，带保温，配有真空室；废气温度测定及显示装置；配套管路及配套阀门等。

2）混合造粒机

筒体 φ600mm×1200mm，具有调节充填率和圆筒倾角的功能，配置变频调速器和定时器，见附图 1（a）。

3）烧结平台

面积 3000mm×4000mm，具有调节充填率和圆筒倾角的功能，配置变频调速器和定时器，见附图 1（b）。

4）点火系统

点火器 φ320mm×600mm，液化气作燃料，温度可达 1000～1200℃。包括煤气、空气管路；空气和燃气调节装置；点火温度测定及显示装置；点火时间控制装置；助燃风机，风量 $4m^3/min$。

5）烧结抽风系统

配置负压抽风风机，风量 $16m^3/min$；消声器；手动闸阀；负压调节控制及显示装置；旁通管路等；含集中除尘系统，二级旋风除尘。

6）单辊破碎机

三排齿，φ430mm。转速 25r/min，最大破碎粒度为 90mm，耐热钢铸件，配电机、减速机。

7）多层往复筛

筛分面积 500mm×800mm，共 5 层，可分 6 级：>40mm，40～25mm，25～16mm，16～10mm，10～5mm，<5mm。驱动电机功率 2.2kW。装有计数定时器和点动开关；设备采用全封闭密封除尘；往复速度 60 次/min；计数器可设定次数。

8）落下强度试验机

密封框架，全封闭密封除尘；试料箱尺寸 560mm×420mm×300mm，接料箱尺寸 1500mm×1200mm×300mm，落下高度 2m，提升、倒料自动控制，一次装料，能按设定的落下次数自动完成；含卷扬装置等，见附图 2（a）。

4. 烧结配料

（1）根据烧结矿试验配比，从料场取来具有代表性的物料，混匀缩分待用。

（2）按照烧结混料配比，计算 100kg 烧结混料所用湿基物料的重量，用电子秤称量，准确到 0.01kg，将物料放到钢板上，根据物料的干湿程度，预加一部分水分，但要求总水分不超过 8%。

（3）将混合料在钢板上人工多次翻转混匀，并分取 500g 化验出混合料的水分。并制成化学分析试样，水分的测定按照 300g 物料在 175℃烘干 15min，减少的质量占 300g 的质量分数。

5. 混料造球

（1）将混合料加到混合造粒机中，盖上盖子。根据混合料的水分计算加水（标尺上每降低 10cm，代表加水 1.5kg），控制总水分在 8%左右。

（2）一混时间设定 3min，共进行两次。在第二次混合时，检查烧结混料的水分，如水分不足，可适当补水。

（3）二混造球时间设定为 3min，造球结束后，点击"上升"按钮，将混料机尾部抬起，将料卸到小车中，并将料移到钢板上混匀，否则会造成粒度偏析，影响试验结果。

6. 点火烧结

（1）将造球后的烧结料装到烧结杯中，每次 3kg，沿杯体内壁环形均匀加入，不要对物料压挤施加外力，装满后，将表面铺平，盖上 300g 焦粉。

（2）开启烧结平台控制电源；所有控制柜电源全部开启，并显示正常；控制面板开关全部打到自动状态；打开 PLC 控制柜电源与开关，待运行指示显示为绿灯时，表示 PLC 工作正常。

（3）打开工控机；烧结杯控制系统自动开启。

（4）设定点火时间，一般为 70～90s；点火温度为 1100～1150℃；点火负压为 6.0～8.0kPa；烧结负压为 10～12kPa。具体参数根据原料状况可适当调整。

（5）开启集中除尘风机。

（6）开启助燃风机（变频风机），等待 30s，等频率稳定后，观察助燃风流量计，当流量达到 120L/min 以上，表示管道及助燃风机工作正常。

（7）预点火：保证点火器在预燃位，先打开煤气罐开关，再点击点火按钮，开始点火。

（8）调整负压风机频率，使点火负压逐步达到设定值（6.0～8.0kPa）；转塔转到烧结杯中心位置前，完成此项操作。

（9）当点火温度达到设定值（1100～1150℃）后，点击转塔正转按钮，点火器自动达到烧结杯中心位置。如果略有偏差，可做手动调整。打开实时趋势界面，点击开始计时。

（10）待点火时间达到设定值（80s）后，及时关闭煤气罐阀门；点击转塔反转按钮，点火器自动返回预燃位；同时调整烧结负压到设定值（10～12kPa）。

（11）观察烧结过程中废气温度及负压的变化（软件自动记录）。

（12）待废气温度达到最高点温度，开始下降，表示烧结完成。

（13）待废气温度降低到 200℃ 以下，停负压风机，打开破碎机，将料车停放到破碎机正下方，点击烧结杯正转按钮；当烧结杯达到指定位置后，自动出料。

7. 落下强度试验

（1）接通电源，设定参数：落下试验次数 3 次，启动方式选择自动。接着按初始化按钮，再按复位按钮。

（2）把烧结矿装入试料箱内。

（3）按动提升电钮，提升试料箱达到指定高度后自动打开，烧结料下落到接料箱内（此距离 2m 高），此时试料箱延时自动返回地面（原位），并在降落地面前关上电磁阀，使试料箱落到地面后自动关好。接料器内的烧结矿自动倾翻到试料箱内。这样第一次落下完成。

（4）第二次、第三次自动完成（落下次数可设）。

（5）三次落下完成后，打到手动挡，按"提升"按钮将试料箱提升到一定高度，将料车推到试料箱的正下方，按"电磁铁"按钮，烧结矿自动落入料车内。

8. 层筛筛分试验

（1）打开层筛上盖，并把 40mm×40mm、25mm×25mm、16mm×16mm、10mm×10mm、5mm×5mm 筛片从上到下依次排列。把落下强度试验后的烧结料倒入层筛，并把盖盖好、拧紧。

（2）开通电源，并设定参数，筛分时间 1.5min，打到自动，按启动按钮进行筛分。

（3）筛分时，每次给料以 20kg 为准，最大不得超过 25kg。

（4）筛分时间为 1.5min，然后自动停止。

（5）打开盖分别取出各层六个级别粒度（>40mm、40～25mm、25～16mm、16～10mm、10～5mm、<5mm）的烧结料，分别进行称重，即可得出成品矿重量、返矿重量及成品矿粒度组成。

（6）粒度大于 5mm 的占总烧结矿的比率为成品烧结矿率，小于 5mm 的占总烧结矿的比率为返矿率。

（7）结果计算

$$返矿率 = \frac{m_1}{m} \times 100\%$$

式中，m_1 为粒度小于 5mm 烧结矿的质量（kg）；m 为烧结矿的总质量（kg）。

$$成品矿产率 = \frac{(m - m_1)}{m} \times 100\%$$

9. 转鼓试验

参见标准 YB/T 4605—2017，转鼓试验设备见附图 2（b）。

10. 烧结矿低温还原粉化试验

参见标准 GB/T 13242—2017，低温还原试验设备见附图 2（c）。

11. 烧结矿还原性试验

参见标准 GB/T 13241—2017，还原性试验设备与低温还原试验设备同。

(a)   (b)

附图 1 试验室滚筒制粒机（a）及烧结杯（b）

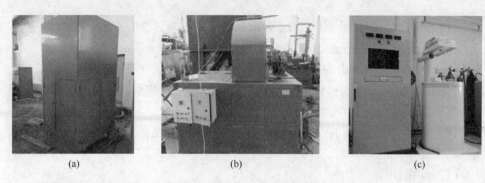

附图2 落下强度（a）、转鼓强度（b）及低温还原粉化（c）测定设备照片